“十四五”时期国家重点出版物出版专项规划项目
浙江省普通本科高校“十四五”重点立项建设教材
材料研究与应用丛书
本书获得温州大学著作出版资助（资助金额5万元）

材料现代研究方法与应用

Modern Research Methods and Applications in Materials

周永强　杨　植　主　编
杨昕宇　潘　霜　郭大营　副主编

哈爾濱工業大學出版社
HARBIN INSTITUTE OF TECHNOLOGY PRESS

内容简介

本书共10章，分别是绪论、X射线衍射法、红外光谱法、激光拉曼光谱法、核磁共振谱法、电子显微镜法、热分析法、色谱法、质谱法和其他分析方法。本书介绍了必要的材料基础知识，材料分析原理和方法，重点介绍了材料分析方法在高分子材料、无机非金属材料、金属材料和复合材料等材料中的应用。

本书可作为应用型高等学校材料科学与工程、材料物理、材料化学、新能源材料与器件、能源化学、高分子材料与工程、无机非金属材料工程、金属材料工程等专业的材料研究（分析）方法类课程的教材，也可供科研、生产等单位的相关研究、技术人员参考。

图书在版编目(CIP)数据

材料现代研究方法与应用/周永强，杨植主编.
哈尔滨：哈尔滨工业大学出版社，2025.5.—(材料研
究与应用丛书).—ISBN 978-7-5767-1988-8
Ⅰ.TB3—3
中国国家版本馆CIP数据核字第2025YD4680号

策划编辑　许雅莹
责任编辑　李青晏　张羲琰
封面设计　刘　乐
出版发行　哈尔滨工业大学出版社
社　　址　哈尔滨市南岗区复华四道街10号　邮编150006
传　　真　0451-86414749
网　　址　http://hitpress.hit.edu.cn
印　　刷　哈尔滨博奇印刷有限公司
开　　本　787 mm×1 092 mm　1/16　印张20.25　字数480千字
版　　次　2025年5月第1版　2025年5月第1次印刷
书　　号　ISBN 978-7-5767-1988-8
定　　价　58.00元

前　言

材料研究方法是高等学校材料科学与工程专业的主干课程，它是一门关于材料分析理论及技术的课程，也是一门实践性很强的学科。本书是为了满足应用型高等学校材料科学与工程专业的材料研究方法课程教学的需要而编写的教材。

在教材编写过程中，紧密围绕应用型高等学校培养一线所需要的应用型人才的目标和材料研究方法课程的教学要求，突破以往教材以介绍材料研究方法为主，理论知识介绍过多、过深，缺乏材料研究方法的实际应用知识等局限性，本着理论必需和够用、夯实基础、强化应用、注重技能和创新能力及应用能力培养的原则，精选教材内容，以常规的分析方法和手段为主，避免对仪器细节和公式推导的过多介绍，充实分析原理知识，扩展一些必要的材料基础知识，夯实基础；紧密结合科学研究和生产实际，尤其是新科技和国家战略性新兴产业的实际，精选材料分析方法应用的实例，大幅增加材料研究方法在各种材料中的应用内容，强化各种分析方法的应用，学以致用。本书以简明的材料基础知识、常用的材料分析方法及其在材料研究中的应用三部分内容构建了一个结构严密、内容脉络清晰、适应新时代人才培养特点和专业能力素质要求、有机融入课程思政元素和创新元素的内容体系，该体系既体现了科学性、权威性、系统性，又做到简明精要，突出时代性、前沿性和实用性，使学生能够较好地学习掌握当今的材料分析理论与方法，突出在材料分析中提高学生分析解决问题的能力及各种分析技能的培养。

在教材编写过程中，以习近平新时代中国特色社会主义思想为指导，立德树人为目标，对教材进行整体规划，紧密联系教材中的材料分析方法和技术的发展、重要新材料的分析等内容，充分挖掘利用其中蕴含的思政和创新元素，将思政教育、创新教育和专业教育三者有机融合。在专业知识传授和能力培养过程中，培养学生的科学精神和创新精神，激发学生的爱国情、强国志、报国行，弘扬社会主义核心价值观，树立远大理想。

本书内容共 10 章，分别是绪论、X 射线衍射法、红外光谱法、激光拉曼光谱法、核磁共振谱法、电子显微镜法、热分析法、色谱法、质谱法和其他分析方法。本书介绍了材料分析所需的材料基础知识，材料分析原理和方法，重点介绍了常用材料分析方法在高分子材料、无机非金属材料、金属材料和复合材料等材料研究中的应用。本书可作为应用型高等学校材料科学与工程、材料物理、材料化学、新能源材料与器件、能源化学、高分子材料与工程、无机非金属材料工程、金属材料工程等专业的材料研究（分析）方法类（包括材料分析测试方法、材料现代分析方法等）课程的教材，也可供科研、生产等单位的相关研究、技术人员参考。

本书主编为周永强、杨植教授，副主编为杨昕宇、潘霜、郭大营，参编为翟兰兰、陈亦皇、尹德武、赵梅、何坤。编写分工如下：周永强编写第 1 章、第 3 章、第 5 章，杨植编写第 2 章、第 6 章，杨昕宇编写第 4 章，潘霜编写第 7 章，翟兰兰编写第 8 章第 8.1～8.3 节，陈亦皇编写第 8 章第 8.4、8.5 节，郭大营编写第 9 章，尹德武编写第 10 章第 10.1 节，赵梅编写第 10 章第 10.2、10.3 节，何坤编写第 10 章第 10.4、10.5 节。全书由周永强统稿并负责内容取舍及章节编排。本书由温广武、田一光、张军杰主审。

本书在编写过程中参考了许多教材和著作及研究成果，对此，谨向相关的教师和研究人员表示衷心的感谢。

本书附有教学建议和教学大纲二维码，请扫描观看。本书配有课件，有需要的读者请联系编者(zhouyongqiang66@163.com)或者出版社(565394491@qq.com)获取。

教学建议和教学大纲

由于本书内容广泛，编者的学术水平有限，不完善之处在所难免，欢迎同行和读者批评指正。

编　者

2025 年 1 月

目　　录

第1章 绪 论

材料是人类赖以生存和发展的物质基础与先导。材料与人类的出现和进化有着密切的联系，一切经济活动与生活行为，都离不开材料。在历史上，每一次大的社会进步，都是以新材料的出现与应用为前提，因而历史学家用材料来划分历史。人类经历了石器时代、青铜器时代、铁器时代，如今，已跨进先进材料的新时代。在当今社会，人们把材料、能源、信息誉为现代文明的三大支柱，又把新材料与信息技术和生物技术并列为新技术革命的重要标志。材料发展与应用水平的高低，已成为衡量一个国家国力强弱、科学技术进步程度、人民生活水平的主要标志。因此，无论过去、现在还是将来，材料在国民经济与社会进步中的基础与先导的地位是永远不会改变的。

1.1 材料的定义和分类及应用领域

1.1.1 材料的定义

材料一般是指人类用以制造生产和生活所需的物品、器件、构件、机器和其他产品的物质。材料是物质，但不是所有的物质都可以称为材料。化学原料、工业化学品、燃料、药物和食物等通常都不归入材料，只有那些可为人类社会接受而又能经济地制造有用器件的物质，才称为材料。也有人把炸药、固体火箭推进剂也划入材料的范畴，称之为含能材料。材料总是和一定的用途相联系，可由一种或若干种物质制成。组成相同的材料，由于制备方法的不同，可成为用途迥异的不同类型和性质的材料。

1.1.2 材料的分类

材料的种类繁多，用途广泛，可以从不同的角度进行分类。

1. 依据材料的来源分类

依据材料的来源可将材料分为天然材料和人造材料两类。目前，用量较大的天然材料是石料、木材、橡胶等，但其用量在逐渐减少，许多原来使用天然材料的领域正在日益被人造材料所取代，如钢筋水泥轨枕代替枕木，人造橡胶代替天然橡胶，化学纤维代替植物纤维等。

2. 从研究材料的角度分类

从研究材料的角度分类，常按材料的物理化学属性将材料分为金属材料、无机非金属材料、高分子材料和复合材料四大类，每一类又可分为若干大类，如图1.1所示。金属材料、无机非金属材料、高分子材料因原子间的相互作用不同，在各种性能上表现出极大的差异。它们相互配合，取长补短，构成现代工业的三大材料体系。复合材料则是由上述三类材料相互之间复合而成，它结合了不同材料的优良性能，在强度、刚度、耐腐蚀性等使用性能方面比单一材料优越，具有广阔的发展前景。

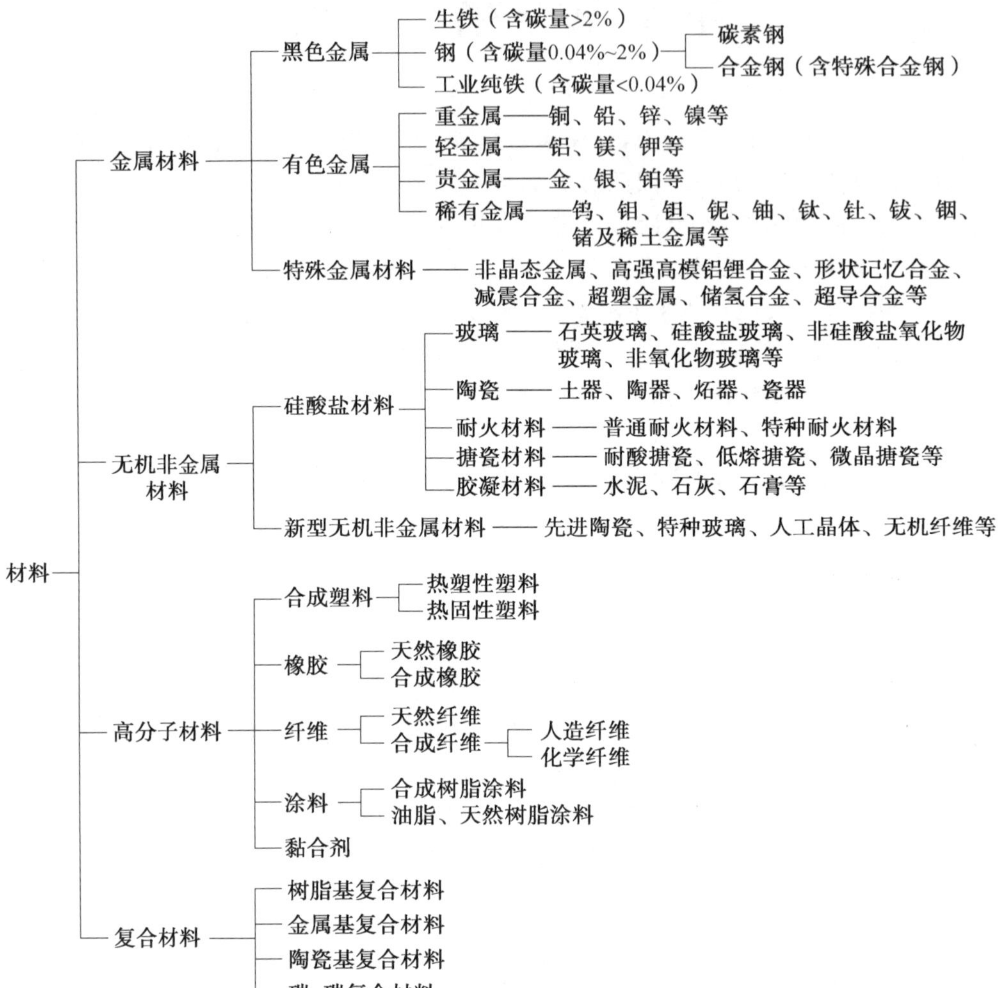

图 1.1　材料的分类

3. 从材料的使用性能考虑

从材料的使用性能考虑，将材料分为结构材料和功能材料两类，前者以力学性能为基础，用于制造以受力为主的构件。当然，结构材料对其他物理性能和化学性能也有要求，如光泽、热导率、抗辐照、抗腐蚀、抗氧化能力等。对性能的要求因材料用途而异。功能材料则是在光、电、磁、力、热、化学、生物化学等作用下具有特定功能的一类材料，这种材料涉及面很广，大致有电磁功能、光功能、分离功能、生物功能、形状记忆功能材料等，它们的应用对航天、导弹、新能源等先进技术的发展起着重要作用。一种材料往往既是结构材料又是功能材料，如铁、铜、铝等。

4. 按材料的历史分类

按材料的历史分类，材料分为传统材料和新型材料（又称新材料、先进材料）。传统材料是指已经成熟且在工业中已批量生产并已得到广泛应用的材料，如钢铁、水泥、塑料等，这类材料由于用量大、产值高、涉及面广泛，又是很多支柱产业的基础，所以又称为基础材料；新型材料是新近发展起来的具有优异性能和功能及良好的应用前景的一类材料。新型材料与传统材料之间并没有截然的界限，传统材料可以发展成为新型材料，新型材料在经过长期生产与应用之后也就成为传统材料。传统材料是发展新型材料的基础，而新型材料又往往能推动传统材料的进一步发展。

5. 按材料的用途分类

按材料的用途分类，材料可分为建筑材料、机械工程材料、航空航天材料、能源材料、电子材料、信息材料、生物材料、环境材料、核材料等。其中，电子材料是在电子技术和微电子技术中使用的材料，包括介电材料、半导体材料、压电与铁电材料、导电金属及其合金材料、磁性材料、光电子材料等。能源材料是在能源的开发、转换、运输、储存中使用的材料。信息材料是信息的接收、处理、显示储存和传播中使用的材料，如硅、砷化镓等半导体材料、光导纤维、电磁敏感材料、光敏材料、压电材料等。

1.1.3　材料的应用领域

由于材料与人类生产、生活息息相关，因此，材料的应用领域也十分广泛，除了日常生活领域以外，更多的是应用于建筑、机械、能源、化学化工、仪器仪表、航空航天、交通运输、电子信息、环境、生物、地质、冶金等领域。

1.2　材料的要素及相互关系

1.2.1　材料的四要素

20 世纪 60 年代开始，材料科学、材料工程和材料科学与工程的概念被相继提出。随着科学技术的发展和建立在原有的材料研究成果基础之上的材料研究的发展及对材料关键问题认识的日益深化，材料科学、材料工程和材料科学与工程学科开始形成并逐渐走向成熟。

材料科学是研究材料的组成、结构和性能以及它们之间的关系，探索材料的自然规律，这些属于材料的基础性研究。材料研究与开发的最终目的是使用材料，满足科学技术、经济和社会发展的需要。而材料只有采用合理的工艺流程和技术，通过批量生产才能制备出具有实用价值的材料产品。材料工程则是研究材料在制备过程中的工艺和工程技术问题。对于材料科学与工程而言，它是研究材料组成与结构、合成与加工（制备）、性质和使用效能以及它们之间的相互关系。因而把组成与结构、合成与加工、性质和使用效能称为材料科学与工程的四个基本要素，把四要素连接在一起，便形成一个四面体，图 1.2(a)所示为材料科学与工程四要素之间的关系。

无论哪种材料，都包括四个要素。性质赋予了材料的价值和应用性，使用效能是材料在使用条件下应用性能的度量，结构与成分包括决定材料性质和使用性能的原子类型和排列方式，合成与加工实现了特定的原子排列。

材料的四要素反映了材料科学与工程研究中的共性问题。其中合成与加工、使用效能是两个普遍的关键要素。在这四要素的基础上，各种材料相互借鉴，相互补充，相互渗透，共同发展。掌握了材料的四要素，就把握住了材料科学与工程研究的本质。各种材料都是其四要素的具体体现，反映出了该种材料与众不同的个性。如果这样去认识，则许多长期困扰材料科技工作者的问题都将迎刃而解。可以依据这四个基本要素，解决材料研究和生产中的问题，评估材料研究中的机遇，以新的或更有效的方式和方法研制和生产材料。

1.2.2 材料的五要素

考虑到材料四要素中的组成和结构并非同义词，即相同成分或组成，通过不同的合成或加工方法可以得到不同结构的材料，从而使材料具有不同的性质或使用效能。因此，我国有学者提出了一个五要素的模型，即组成、合成与加工、结构、性质和使用效能。如果把它们连接起来，则形成一个六面体，如图 1.2(b)所示。

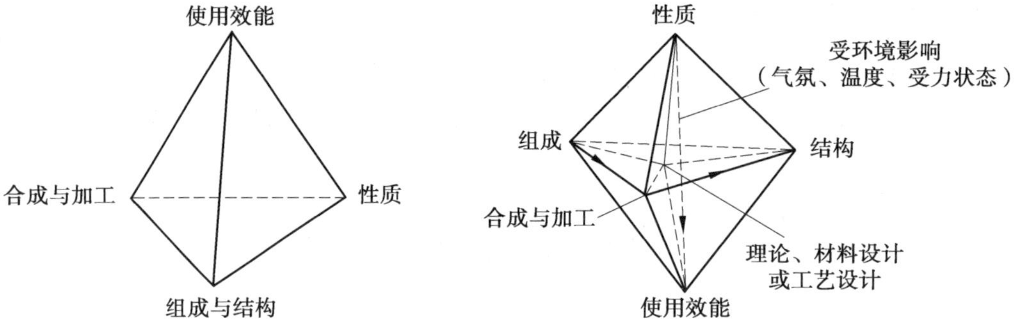

(a) 材料科学与工程四要素　(b) 材料科学与工程五要素

图 1.2　材料科学与工程要素模型

材料科学与工程五要素模型有以下两个主要的特点：

(1)性质与使用效能有一个特殊的联系。材料的使用效能是材料性质在使用条件下的表现。环境对材料性能的影响很大，如受力状态、气氛、介质和温度等。有些材料在一般环境下的性能很好，而在腐蚀介质下性能却显著下降。有的材料在光滑样品时表现很好，而在有缺口的情况下，性能则大幅下降。特别是有些高强度材料表现尤为突出，一旦有一个划痕，就会造成灾害性破坏。因此，环境因素的引入对工程材料来说十分重要。

(2)材料理论和材料设计或工艺设计有了一个适当的位置，它处在六面体的中心。

因为这五要素中的每一个要素，或几个相关要素都有其理论，根据理论建立模型，通过模型可以进行材料设计或工艺设计，以达到提高性能及使用效能，节约资源，减少污染或降低成本的最佳状态，这是材料科学与工程最终努力的目标。应该说明，目前国际流行的仍然是四要素模型。

1.2.3　材料四要素的相互关系

材料科学与工程四要素和五要素的提出，就是要在材料的组成、制备、结构、性能、使用效能之间建立一个整体和全貌的关系。

在各种尺度上了解材料的组成与结构及它们同合成与加工之间、性能与使用效能之间的内在联系，长期以来一直是材料科学与工程的基本研究内容。

材料的制备与材料的结构及性能之间具有密切的关系。材料的制备包括材料的合成过程及材料的加工过程，影响材料的组织、结构，因而对材料的性能有显著的影响。例如，用高压法合成的聚乙烯和用低压法合成的聚乙烯，在结构上有很大的差别，因而性能也显著不同。又如铸造法制造的铜棒与轧制法制造的铜棒，其组织结构不相同，晶粒的形状、尺寸和取向也都不相同，所以性能也不同。

材料的原始组织结构及性能常常决定采用何种方法将材料加工成所需要的形状，即材料的原始组织结构及性能又影响材料的制备。例如，热固性树脂与热塑性树脂因其组织结构及性能不同，选用的成型加工方法有很大差别；又如含有大缩孔的铸件不宜采用合金钢的成型加工方法等。

材料的组成与结构是材料的基本表征。它们一方面是特定的合成与加工条件的产物，另一方面又是决定材料性能与使用效能的内在因素，因而在材料科学与工程的四面体中占有独特的承前启后的地位，并起着指导性的作用。

材料的结构决定其性能，材料的组成通过其结构决定其性能，不同化学组成的材料有不同的结构，从而使其具有不同的性能。例如，铁碳合金，其性能与含碳量密切相关。如果不含碳，就是纯铁，性软、延展性极好，不能作为机械材料使用；当含碳量不超过2.11%时，称之为钢，钢中含碳量增加，钢的强度和硬度直线上升，但塑性、韧性急剧下降，工艺性能也变差；含碳量超过2.11%后，工业上称为铸铁。铸铁虽然强度较低，但有良好的切削、减摩、削振性能，加上生产简便，成本低廉，因此得到了广泛的应用。

而相同化学组成的材料由于其制备工艺条件的不同也会具有不同的结构和性能。例如，由水热法合成的水晶和由熔融法制备的石英玻璃，它们的组成都是二氧化硅，然而由于其制备工艺条件的不同，两者的结构完全不同，一个是晶态结构，另一个是非晶态结构，从而造成了两者性能上的较大差异。同样，金刚石和石墨都是由碳元素构成的，然而两者的结构却完全不同，即它们的碳原子的排列方式不同，从而造成了彼此性能上的很大差异。金刚石是最硬的一种物质，绝缘透明，折射光的能力极强，可以加工成装饰珍品（钻石）；也可以加工成钻探机钻头，穿透坚硬的岩层；还可以做成刀具加工最硬的金属，切割玻璃。而石墨正好相反，它是最软的矿物之一，用指甲就能在它上面刻划，用来制作铅笔芯；也可以利用其良好的导电体，做电极、电刷；还可以利用其良好的润滑作用，在机械中做固体润滑剂使用。

材料的组成和结构是材料合成和加工的结果。材料制备过程不同，其组成和结构不同，从而使其性能也不同。在材料的制备过程中，出于不同的目的，人们常将材料以不同的速率冷却、凝固。随着冷却速率的提高，材料内部结构会发生改变，从平衡态过渡到亚平衡态，甚至成为非平衡态材料，材料性能因此发生显著的改变。快冷技术（冷却速率达

$10^4 \sim 10^8$ K/s 量级）的采用，为金属材料的发展开辟了一条新途径。首先是金属玻璃的研制成功，提高了金属强度、耐磨腐蚀性能和磁学性能；其次是通过快冷可得到超细晶粒，成为改进金属性能的有效方法；最后是通过快冷发现了准晶，由此改变了晶体学的传统观念。又如普通玻璃加热到一定温度后快速冷却，就变成抗冲击、抗弯强度提高 3～5 倍，热稳定性良好的钢化玻璃。

材料的性质是人们关心的中心问题。它取决于材料的成分和各种层次上的结构。材料的性质对材料的使用效能有重要的影响。同时，材料效能的发挥与服役环境条件也是密不可分的，例如，碳石墨材料在真空或惰性气体环境中是难得的加热材料和隔热材料，可以用在 2 000 ℃的真空炉中。一旦处于氧化环境中，碳石墨材料将被烧蚀，故无法在普通加热炉中应用。由于碳石墨材料良好的隔热性质，而且在高温真空或惰性气体环境中不会被烧蚀、熔化、解体，因此，它被用在航天器前端，防止高速运动时高热对航天器的损害。

由上所述可知，材料的制备、材料的组成与结构和材料性能及使用效能之间具有相互依赖、相互制约的密切关系，了解并能动地利用这种关系是材料科学的关键问题之一。

1.3 材料的组成和结构

1.3.1 材料的组成

材料的组成是指构成材料的组元（原子、分子、物相或矿物）及其含量。材料的组成有化学组成和物相或矿物组成之分，通常是指化学组成（成分）。

材料的组元是指在一定的尺度范围内构成材料的最基本、独立的组成单元，在微观范围内是指原子、分子，在亚微观范围内是指某一物相，在宏观范围内是指单一或多种物相的聚集体。

物相是指材料中化学成分和结构均相同的均匀部分，一个相必须在物理性质和化学性质上都是完全均匀的，相与相之间有明显的界面，可以用机械方法将它们分离开。物相有晶相和非晶相及准晶相之分。

1. 化学组成

材料的化学组成是指构成材料的原子、分子及其含量。通常用质量分数表示，有时也用摩尔分数表示。材料的化学组成不仅影响材料的化学性质，而且是影响材料物理力学性质的重要因素。例如，高分子材料与无机材料的耐燃、耐热性能的不同，钢材与陶瓷、玻璃的抗蚀性差别较大等都是由于它们具有不同的化学组成。除主要组成以外，杂质对材料结构与性能有重要影响，微量添加物也不能忽略。

（1）金属材料的化学组成。

金属材料是由以金属元素或以金属元素为主构成的具有金属特性的材料，包括单质金属、合金两类。

①单质金属。在 80 多种金属元素中，大多数是以过渡金属为中心的纯金属状态使用，一般是从含金属元素的天然矿物中冶炼出来，然后再用电冶、电解等方法提纯，得到含

杂质很少的纯金属。工业上习惯分为黑色金属和有色金属两大类。铁、铬、锰三种金属属于黑色金属，其余的所有金属都属于有色金属。有色金属又分为重金属、轻金属、贵金属和稀有金属等四类。

②合金。金属合金是指由两种或两种以上的金属元素和金属元素与非金属元素构成的具有金属性质的物质，如黄铜是铜和锌的合金，硬铝是由铝、铜、镁等组成的合金。为了形成合金所加入元素称为合金元素。由两种元素构成的合金称为二元合金，由三种元素构成的合金称为三元合金。表 1.1 列出了主要金属合金的化学组成。它们一般都是多晶体。合金有时可以形成固溶体、共熔晶、金属间化合物以及它们的聚集体。非晶态合金具有许多优异性能，如强韧性、抗侵蚀、高磁导率、超导性等。

表 1.1　主要金属合金的化学组成

种类	母相金属	材料名称(加入的主要元素，质量分数/%)
钢	Fe	结构钢(C，0.1～0.6)；高速钢(W，13～20；Cr，3～6；C，0.6～0.7)；高强钢(C，<0.2；Mn，<1.25；S，<0.5)
铝合金	Al	Al－Cu 合金(Cu，4～8)；Al－Si 合金(Si，4.5～13)；硬铝(Cu，4；Mn，0.5；Mg，0.5；Si，0.3)；超硬铝：Al－Zn－Mg－Cu 系合金；耐热铝：Al－Cu－Li 系合金；防锈铝：Al－Mg 系合金；铸铝(Zn，0.5；Cu，3)
铜合金	Cu	黄铜[顿巴黄铜(Zn，8～20)；7－3 黄铜(Zn，25～35)；6－4 黄铜(Zn，35～45)；黄铜(Zn，45～55)]；白铜(Ni，25)；青铜(Sn，4～12；Zn＋Pb，0～10)；铝金(Al，9)
不锈钢、耐腐蚀钢	Fe	不锈钢[铬系(Cr，≥12)；铬镍系(Cr，17～19；Ni，8～16；Mo，<2.0；Cu，<2.0)；18－8不锈钢(Cr，18；Ni，8)]；耐腐蚀钢(Cr，<12；C，<0.30)
耐热钢	Fe	Fe－Cr 系合金(Cr，4～10)；Fe－Cr－Ni 系合金(Cr，18～20；Ni，8～70；Mn，0.5～2；S，0.5～3；C，<0.2)；Fe－Cr－Al 系合金(Cr，5～30；Al，0.6～5；Mn，0.5，Si，0.5～1.0；C，0.1～0.12；Co，1.5～3.0)
低熔点合金	—	铅－锡合金(Sn，39～40)；黄铜焊料(Zn，40)；铜合金(Sn，60～70；Pb，40～30)；银－铜－磷合金(Ag，15；Cu，80；P，5)；磷－铜合金(P，4～8)
钛合金	Ti	高强度 β 钛合金(Ti－8Mo－8V－2Fe－3Al)；高塑性钛合金(Ti－6Al－4V)
非晶态合金	—	Fe78Si10B12；Pd40Ni40P20；Fe80P13C7；Ti50Be40Zr10；Co70Fe5Si15B10

(2)无机非金属材料的化学组成。

无机非金属材料包括陶瓷(陶器、瓷器)、玻璃、水泥、耐火材料、搪瓷和黏土制品等材料。无机非金属材料都是由某些元素的氧化物(SiO_2、Al_2O_3、Fe_2O_3、CaO、MgO、BaO、B_2O_3、P_2O_5、Na_2O、K_2O、TiO_2 等)、碳化物(SiC、B_4C、TiC 等)、氮化物(Si_3N_4、BN、AlN 等)、卤素化合物、硼化物以及硅酸盐、硼酸盐、磷酸盐、铝酸盐等物质组成的材料。其化学组分几乎涉及元素周期表上所有元素。表 1.2 列出了一些具有代表性的无机非金属材料的组成及用途。

表 1.2　无机非金属材料的组成及用途

种类	材料组成	用途
绝缘材料	Al_2O_3，MgO，AlN，$MgO-Al_2O_3-SiO_2$ 玻璃	集成电路基片、封装陶瓷、高频绝缘瓷等
介电材料	TiO_2，$La_2Ti_2O_7$，$Ba_2Ti_9O_{20}$	陶瓷电容器、微波陶瓷等
铁电材料	$BaTiO_3$，$SrTiO_3$	陶瓷电容器
压电材料	$(PbBa)NaNb_5O_{15}$，$PbTiO_3-PbZrO_3$，$PbTiO_3$	超声换能器、滤波器、压电点火、谐振器等
半导体瓷	$LaCrO_3$，$ZrO_2-Y_2O_3$，SiC	温度传感器、温度补偿器等
	PTC(Ba－Sr－Pb)TiO_3	温度补偿器和自控加热元件
	CTR(V_2O_5)	热传感元件、防火灾传感器等
	ZnO 压敏电阻	避雷器、浪涌电流吸收器、噪声消除等
	SiC 发热体	电炉、小型电热器等
	快离子导体 $\beta-Al_2O_3$，ZrO_2，$AgI-AgO-MoO_3$ 玻璃	钠硫电池固体电解质、氧传感器陶瓷
铁氧体	$CoFe_2O_4$，$BaO_x\cdot Fe_2O_3$，Ni－Zn，Mn－Zn，Cu－Zn－Mg，Li、Mn、Ni、Mg、Zn 与铁形成的尖晶石型铁氧体	铁氧体磁石、记录磁头、计算机磁芯、电波吸收体等
透光材料	$Na_2O-CaO-SiO_2$ 玻璃	窗玻璃
	$Na_2O-Al_2O_3-B_2O_3-SiO_2$ 玻璃	透紫外光元件
	透明 MgO，As－Ge－Te 玻璃	透红外光元件
	SiO_2，$ZrF4-BaF_2-LaF_3$ 玻璃纤维	光学纤维
	透明 BeO，Y_2O_3，$K_2O-BaO-Sb_2O_3-SiO_2-Nd_2O_3$ 玻璃	激光元件
	透明 PLZT(Pb－La－Zr－Ti－O)	光存储元件、视频显示、光开关等
	$CdO-B_2O_3-SiO_2$ 玻璃	光致色器件
湿敏陶瓷	$MgCr_2O_4-TiO_2$，$TiO_2-V_2O_5$，$ZnO-Cr_2O_3$，Fe_2O_3，$NiFe_2O_4$	工业湿度检测、烹饪控制元件等
气敏陶瓷	SnO_2，$\alpha-Fe_2O_3$，ZrO_2，TiO_2，$CoO-MgO$，ZnO，WO_3 等	汽车传感器、气体泄漏报警、气体探测等
载体	$2MgO\cdot 2Al_2O_3\cdot 5SiO_2$，$SiO_2\cdot Al_2O_3$，$Al_2O_3$，$Na_2O-B_2O_3-SiO_2$ 多孔玻璃	汽车尾气催化载体、化学工业用催化载体、酵素固定载体、水处理等

续表1.2

种类	材料组成	用途
生物材料	Al_2O_3，$Ca_{10}(PO_4)_6(H)_2$，$Na_2O-CaO-P_2O_5-SiO_2$系玻璃，$Ca_3(PO_4)_2$	人造牙齿、人造骨、人造关节等
结构材料	Al_2O_3，MgO，ZrO_2，SiC，TiC，WC，AlN，Si_3N_4，BN，TiN，TiB_2，$MoSi_2$，C，Y－Al－Si—O－N玻璃	耐高温结构材料，研磨材料，切削材料，超硬材料，飞机、火箭零件，网球拍，钓鱼竿等
搪瓷、釉料	$Na_2O-CaO-Al_2O_3-B_2O_3-SiO_2-MO_x$（$MO_x$为过渡金属氧化物）	陶瓷、金属等装饰、保护用涂层等
硅酸盐水泥	$CaO-Al_2O_3-Fe_2O_3-SiO_2$	建筑用

普通硅酸盐水泥由硅酸盐水泥熟料、石膏和混合材组成。硅酸盐水泥熟料是一种主要由含CaO、SiO_2、Al_2O_3、Fe_2O_3的原料，按适当配比磨成细粉，烧至部分熔融所得以硅酸钙为主要矿物成分的产物，它主要由CaO、SiO_2、Al_2O_3、Fe_2O_3四种氧化物组成，其质量分数的总和通常都在95%以上，四种氧化物质量分数的波动范围为：CaO的质量分数62%～67%，SiO_2的质量分数20%～24%，Al_2O_3的质量分数4%～7%，Fe_2O_3的质量分数2.5%～6.0%。除了上述四种主要氧化物以外，通常还含有少量的MgO、SO_3、Na_2O、K_2O、TiO_2、P_2O_5等。

普通硅酸盐玻璃一般是在$Na_2O-CaO—SiO_2$三元系统的基础之上，适量引入Al_2O_3、MgO、BaO、ZnO、PbO、Na_2O、K_2O、Li_2O等，以改善玻璃的性能，防止析晶及降低熔化温度。

普通陶瓷是以黏土类及其他天然矿物原料（长石、石英等）经过粉碎加工、成型和煅烧等工艺过程而制成的产品，是一种多晶、多相（如晶相、玻璃相和气相）的硅酸盐材料。日用陶瓷的组成有$K_2O-Al_2O_3-SiO_2$系统、$MgO-Al_2O_3-SiO_2$系统、$CaO-Al_2O_3-P_2O_5-SiO_2$系统等；建筑卫生陶瓷的组成一般是$CaO-Al_2O_3-SiO_2$系统。许多先进陶瓷一般都是由单一化合物组成，如碳化物（SiC、B_4C、TiC等）、氮化物（Si_3N_4、BN、AlN等）。

(3)高分子材料的化学组成。

高分子材料是以高分子化合物（亦称聚合物、高聚物、树脂）为主要组分的材料。高分子化合物主要是指相对分子质量特别大的有机化合物。与低分子化合物相比较，高分子化合物最突出的特点是相对分子质量非常高，通常是在10^4以上，且相对分子质量事实上是一个平均值，存在相对分子质量的分布；低分子化合物的相对分子质量一般小于500，且相对分子质量是均一的。高分子化合物的另一个特点是其主链中不含离子键和金属键。

高分子材料根据其不同的来源可分为天然高分子材料，如木材、皮革、天然纤维、天然橡胶等与合成高分子材料（如各种塑料、合成橡胶、合成纤维等）。合成高分子化合物是由一种或几种简单的低分子化合物聚合而成的，如由氯乙烯聚合得到聚氯乙烯。聚氯乙烯是由许多氯乙烯小分子打开双键连接而成的，由相同结构单元多次重复组成的大分子链。这种可以聚合成高分子化合物的低分子化合物称为单体。组成高分子化合物的相同结构单元称为重复单元，每个重复单元又称作大分子链的一个链接，一个高分子化合物中重复单元的数目 n 称为链节数，在大多数场合下链节数可称为聚合度，记为 DP，例如，聚氯乙烯的单体是氯乙烯，链节是—CH_2—CHCl—，聚合度为 300～2 500，相对分子质量为 2 万～16 万。

2. 物相(矿物)组成

材料的物相(矿物)组成是指构成材料的物相(矿物)种类及其含量。

普通陶瓷通常由晶相和非晶相(玻璃相)组成，晶相是主要物相，它决定陶瓷的性能，玻璃相填充在晶相之间，起降低烧结温度、提高陶瓷的致密度和强度的作用。一些特种陶瓷一般由单一物相组成，如碳化物、氮化物和硼化物等，呈多晶状态。

某些材料如天然石材、无机胶凝材料等，其矿物组成是决定其材料性质的主要因素。水泥所含有的熟料矿物不同或其含量不同，即熟料矿物组成不同，表现出的水泥性质就各有差异。例如，在硅酸盐水泥中，熟料矿物硅酸三钙含量高，其硬化速度较快，强度也较高。

1.3.2 材料的结构

材料的结构决定其性能，而材料的性能最终又将影响到材料的使用效能(应用)。因此，为了获得预期性能的材料，需要了解和掌握材料的结构。

1. 材料结构的定义

材料的结构是指材料的组成单元(离子、原子或分子、相)的相互结合方式和空间排布情况。

在材料的组成单元中，各个原子、离子或分子通过化学键结合在一起形成固体材料。各类材料当键合方式(包括离子键、共价离子键、金属键或氢键)不同时，便具有不同的结构和特性。因此，金属材料、无机非金属材料和高分子材料的差异本质上是由不同的元素以不同的键合方式造成的。

实际上有的材料并不是由单纯的一种键构成，而是同时兼有几种键。如许多无机非金属材料的键性就是复杂型的，大多是离子键、共价键及金属键相互的杂交。

原子或分子结合成固体时，它们可能形成晶体，也可能形成非晶体。一般大多数金属属于晶体，有些陶瓷属于单晶或多晶体，还有些陶瓷属于晶体和玻璃的混合体。玻璃、某些高分子化合物则属于非晶体。不具有明显晶体结构的状态统称为无定形态或非晶态，非晶态也可称为玻璃态。通常认为是非晶态固体的有柏油(沥青)、煤焦油沥青、玻璃和某些塑料等。

非晶态的结构明显不同于晶态的结构。原子排列近程有序而远程无序的结构称为非晶态结构或无定形结构，玻璃的结构是最典型的非晶态结构，所以非晶态结构又称玻璃态结构。玻璃态结构的形成是由动力学因素决定的，即主要取决于熔体的黏度。熔体黏度大时，冷却过程中难以实现分子或离子长程有序的排列而形成玻璃态结构。黏度大的熔体在形成玻璃态时需含有聚合成链状或网状的大基团络合离子或分子。例如，SiO_2熔化时形成紊乱的网状格子，而且 Si—O—Si 键又不会断开，黏度很大，故容易形成玻璃。B_2O_3、P_2O_5、As_2O_3等都是容易形成玻璃态的物质。多数聚合物，由于具有长链状大分子，一般容易形成玻璃态结构。玻璃化的难易除黏度因素外，还与冷却速度密切相关，冷却速度越快，越易形成玻璃态结构。

具有非晶态结构材料的共同特点是：其结构长程无序；物理性质一般是各向同性的；没有固定的熔点，而是一个随冷却速度而改变的转变温度范围；塑性形变一般较大，热导率和热膨胀性都比较小。

材料一般都存在结构缺陷。物质中的不均匀部分，例如微裂纹等都可看作是结构缺陷。无论是晶体或非晶体都会存在各种结构缺陷，结构缺陷通常是指晶体的结构缺陷。

缺陷是属于结构变化的一部分。有结构缺陷并不意味着材料有缺陷，实际上有时是为了获得所要求的力学及物理性能而有意地造成某些结构缺陷。

材料的基本物理性质如密度、比热容、折射率、介电性等主要由材料的基本结构（结合键的性质和原子、离子的空间排列状态）所决定，与结构缺陷的关系不太密切，因此又称为结构并不敏感性能。材料另外的一系列物性，如导电性、介电损耗、塑性、脆性等，对材料的结构缺陷十分敏感，因此，这类物性也称为结构敏感性能。基本物性也称为基础物性，结构敏感物性也称为次生（派生）物性或高次物性。研究结构缺陷是了解材料性能与结构关系的十分重要的一个方面。

从几何学的角度，结构缺陷可分为点缺陷、线缺陷、面缺陷及体缺陷。这些缺陷对材料的性能（结构敏感性能）有极重要的影响，与晶体的凝固、固态相变、扩散等过程有极密切的关系，特别是对塑性变形、强度及断裂等力学性能起决定性作用。

点缺陷、线缺陷和面缺陷属于微观缺陷，它们并非静止不变的，而是随着各种条件的改变而不断变动，可以产生、发展、运动、相互作用或合并、消失。

2. 材料结构的分类

材料的结构在尺度上从宏观到微观可以分成不同的层次，包括纳米以下、纳米、微米、毫米及更宏观的结构层次，一般分成宏观结构、显微结构和微观结构三个层次，材料的结构通常是指材料的微观结构。在材料的结构方面，要注意把结构、织构、构造、形貌等概念区分开来。织构是指组成矿物（相）在空间做定向排列，使物质具有特种性能的一类特殊的显微结构；而构造的概念是用来描述构成材料的组成矿物（相）在空间分布排列关系的，一般也归于显微结构；形貌是指组成相的形状、大小和分布。

材料的组织是指材料内部的各种组成相或各个晶粒的形态、尺寸及分布。只含一种相的组织为单相组织。由多种相构成的组织为多相组织或复相组织。材料的组织分为显微组织与宏观组织。

材料的结构分析涉及原子与电子结构、分子结构、晶体结构、相结构、晶粒结构、表面与晶界结构、缺陷结构等。

（1）材料的微观结构。

材料的微观结构是指组成原子、分子的彼此结合形式、状态和空间分布，包括原子、离子、分子的结构以及原子和分子的排列结构，通常是指物质的原子、分子层次的微观结构。

因一般分子的尺寸很小，故把分子排列结构列入微观结构，但对高分子化合物，大分子本身的尺寸可达到亚微观的范围。微观结构一般要借助于电子显微镜、X 射线衍射(XRD)仪等具有高分辨率的设备进行观察、分析，其分析程度是以“埃”(Å，1 Å=0.1 nm)为单位表示的。

材料的微观结构可以分为晶体结构、玻璃体结构和胶体结构。

①晶体是指材料的内部质点(原子、分子或离子)呈现规则排列的、具有一定结晶形状的固体。因其各个方向的质点排列情况和数量不同，故晶体具有各向异性的性质。然而，晶体材料又由大量排列不规则的晶粒组成，因此，所形成的材料整体又具有各向同性的性质。按晶体质点及结合键的特性，可将晶体分成原子晶体、离子晶体、分子晶体和金属晶体，不同种类的晶体所构成的材料表现出的性质不同。

a. 原子晶体。它是由中性原子构成的晶体，其原子之间由共价键联结。原子之间靠数个共用电子结合，具有很大的结合能，结合比较牢固，因而这种晶体的强度、硬度、熔点都比较高。石英、金刚石、碳化硅等属于原子晶体。

b. 离子晶体。它是由正、负离子所构成的晶体，因为离子是带电荷的，它们之间靠得失电子形成离子键来结合在一起。离子晶体一般比较稳定，其强度、硬度、熔点较高，但在溶液中要离解成离子，如 $NaCl$、KCl、$MgCl_2$ 等。

c. 分子晶体。中性分子由于电荷的非对称分布而产生分子极化，或是由于电子运动而发生的短暂极化所形成的一种结合力称为范德瓦耳斯力。因为这种结合力较弱，故其硬度小，熔点也低。有机化合物一般为分子晶体。

d. 金属晶体。金属晶体是由金属阳离子排列成一定形式的晶格，如体心立方晶格、面心立方晶格和紧密堆积六方晶格。在晶格间隙中有自由运动的电子，这些电子称为自由电子。金属键是通过自由电子的库仑引力而结合的。自由电子可使金属具有良好的导热性及导电性。

在金属材料中，晶粒的形状和大小也会影响材料的性质。常采用热处理的方法，使金属晶粒产生变化，以达到调节和控制金属材料机械性能(强度、韧性、硬度等)的效果。金属晶体在外力作用下具有弹性变形的特点，当外力达到一定程度时，由于某一晶面上的剪应力达到一定限度，沿该晶面发生相对的滑动，因而材料产生塑性变形，软钢和一些有色金属(铜、铝等)都是具有塑性的材料。

②玻璃体是熔融物经急冷而形成的无定形体，是非晶体。熔融物经慢冷，内部质子可以进行规则的排列而形成晶体。若是冷却速度较快，达到凝固温度时，它还具有很大的黏度，致使质点来不及按一定的规则进行排列，就已经凝固成为固体，此时得到的就是玻璃体结构。因其质点排列无规律，具有各向同性，而且没有固定的熔点，故熔融时只出现软化现象。

③胶体是指一些细小的固体粒子(直径 1～100 μm)分散在介质中所组成的结构。一般属于非晶体，由于胶体的质点很微小，表面积很大，所以表面能很大，吸附能力很强，使胶体具有很强的黏结力。

胶体由于脱水或质点凝聚作用，而逐渐产生凝胶，凝胶体具有固体性质，在长期应力作用下又具有黏性液体的流动性质。这是由于固体微粒表面一层吸附膜，膜层越厚，流动性越大。如，混凝土的强度及变形性质与水泥水化形成的凝胶体有很大的关系。

(2)材料的亚微观结构。

材料的亚微观结构也称为显微、介观、细观结构，一般是借助光学显微镜、电子显微镜可观察到的晶粒、相的集合状态或材料内部的微区结构，其尺寸为$10^{-7}\sim10^{-4}$ m。天然岩石的矿物组成分析，分析金属材料的晶粒粗细和金相组织分析，组成混凝土材料的粗细骨料分析、水泥石的分析等都涉及亚微观结构分析范畴。

材料内部各种组织的性质各不相同，这些组织的特征、数量、分布，以及界面之间的结合情况等构成了材料的亚微观结构，其对材料的整体性质有重要的影响作用。因此，研究分析材料的亚微观结构有非常重要的意义。

(3)材料的宏观结构。

材料的宏观结构是指用肉眼或放大镜等能够观察到的粗大组织构成情况（晶粒、相的集合状态）。其尺寸约为毫米级大小或更大的尺寸，因此，这个层次的结构也可以称为宏观构造。

材料的宏观结构按孔隙尺寸可以分为致密结构、多孔结构和微孔结构。

①致密结构。致密结构是指基本上无孔隙存在的紧密结构，具有这类结构的材料例如钢铁、有色金属、致密天然石材、玻璃、玻璃钢、塑料等。

②多孔结构。多孔结构是指具有粗大孔隙的结构，如加气混凝土、泡沫混凝土、泡沫塑料、人造轻质材料等。

③微孔结构。微孔结构是指微细的孔隙结构。在生产材料时，增加拌和水量或掺入可燃性物料，由于水分蒸发或烧掉某些可燃物而形成微孔结构，如石膏制品，黏土砖瓦等。

材料的宏观结构按构成形态可分为：聚集结构、纤维结构、层状结构。

①聚集结构。聚集结构是由骨料与胶凝材料结合而成的材料。它所包括的范围很广，如水泥混凝土、砂浆、沥青混凝土、石棉水泥制品、陶瓷、增强塑料等材料均可属于这类结构。

②纤维结构。纤维结构是指玻璃纤维及矿物棉等纤维材料所具有的结构。其特点是平行纤维方向与垂直纤维方向的强度及导热性等性质都具有明显的方向差异，即各向异性。

③层状结构（复合结构）。层状结构是采用黏结或其他方法将材料叠合成层状的结构，如层状填料塑料板、纸面石膏板、隔热夹芯金属板。

从宏观、亚微观和微观三个不同层次上的结构来研究材料的性质才能深入其本质，对改进和提高材料性能以及开发新型材料都有着重要意义。

3. 金属材料的结构

金属材料一般都是晶体。金属的晶体结构随温度变化会发生变体转变。金属晶体的结构大部分是属于体心立方结构、面心立方结构和紧密堆积六方结构。ⅠA元素（碱金属元素）均为体心立方结构，每个元素的配位数为八；ⅡA主族元素（碱土金属元素）大部分为紧密堆积六方结构，每个原子配位数为12；过渡金属的晶体结构一开始主要是体心立方结构和紧密堆积六方结构，最后完全过渡到面心立方结构。面心立方结构和紧密堆积六方结构一样，是最密的堆积方式，其配位数也是12。由于金属键的作用，金属的晶体结构具有最致密的堆积方式,故配位数也特别高。

在常温下,铁、铬、钨等属于体心立方结构;镍、铝、铜、铅、银、金和 910～1 400 ℃之间的铁等属于面心立方结构;钛、镁、锌等属于紧密堆积六方结构;金刚石、硅、锗等半金属属于金刚石结构。

除单质金属外,由两种以上的金属元素或金属元素与非金属元素构成并具有金属性质的合金,一般都是多晶体,有时可以形成固溶体、共溶晶、金属间化合物以及它们的聚集体。典型的金属固溶体有 Cu－Au、Cu－Ni、Fe－Ni 等合金。组成合金的元素、相互之间作用可以形成化合物,也可以形成固溶体。特殊情况下,也可以形成既不属于化合物,也不属于固溶体的相,称为中间相。

4. 无机非金属材料的结构

(1)晶体的金刚石型结构。

以金刚石为代表,硅、锗等均属于金刚石型结构。

(2)硅酸盐晶体的结构

硅酸盐材料中的晶体都具有硅酸盐结构。在硅酸盐中,Si 与 O 的结合键为离子键和共价键的混合键。其结构特征是 Si 位于四个氧离子组成的四面体中心构成硅氧四面体 $[SiO_4]^{4-}$。硅氧四面体之间通过共顶点的氧以不同形式相互连接,形成岛状、链状、层状、架状等不同结构的硅酸盐。

(3)玻璃的结构。

玻璃可以看成是处在过冷状态的一种黏度极高的液体,整个结构不具有晶体的规则排列。玻璃的结构特点是原子排列近程有序、远程无序。

(4)陶瓷的结构。

从显微结构上看,绝大多数陶瓷材料通常含有一种或一种以上的晶相,一定数量的玻璃相,少量或极少量的气相,因而呈现出多相结构。不同类型的陶瓷有着不同的显微结构,但总的来说可以归纳为结晶相、固溶体相、玻璃相和气相。结晶相又可分为主晶相、次晶相及第三晶相。陶瓷材料中的晶相主要有硅酸盐、氧化物、非氧化物三种。晶相是陶瓷材料中最主要的组成部分,这是因为在瓷坯内晶相往往是大量的,同时晶体通常互相连接交织而形成结构的骨架。因此,晶相对陶瓷材料的物理、化学性质往往起决定性作用。在多晶材料中,较重要的显微结构参数是晶粒和晶粒尺寸,它们对材料的性能影响很大。当然,与晶界同时存在的空隙(或气孔)对材料的性能也有相当大的影响。

氧化物是大多数典型陶瓷尤其是特种陶瓷的主要组成和结晶相。在氧化物结构中,其中较大的氧离子组成密堆积的骨架,较小的金属离子填充间隙中,从而形成坚固的离子键。在密堆积结构中,一般有两种形式的间隙,即八面体和四面体间隙,如 MgO、CaO、BaO、ThO_2、UO_2、TiO_2、Al_2O_3、Fe_2O_3等。

非氧化物是指金属碳化物、氮化物、硅化物及硼化物等,它们是特种陶瓷(或金属陶瓷)的主要组成和结晶相。主要由强大的离子键结合,但也有一定成分的金属键和共价键,如 TiC、ZrC、NbC、Fe_3C、Mn_3C、Co_3C、Ni_3C、WC、MoC、Cr_7C_3、Mn_7C_3、Fe_3W_3C 等碳化物及 BN、Si_3N_4、AlN 等氮化物。

普通陶瓷中的玻璃相是以长石熔融液相为主体构成的非晶态。玻璃相组成随着坯料组成、分散度、烧成时间以及窑内气氛的不同而变化。玻璃相的作用是：填充晶相之间的空隙，将分散的晶相连接起来，提高材料的致密度；降低烧成温度，加快烧结过程；阻止晶体转变，抑制晶体长大及填充气孔空隙；获得一定程度的玻璃特性，如透光性等。但玻璃相对陶瓷的机械强度、介电性能、耐热性、耐火性等均是不利的。

陶瓷中的气相主要是来自坯料中各成分在加热过程当中单独或者相互发生物理、化学作用所生成的空隙。这些空隙除大部分被玻璃相填充外，还有少部分残留下来变成气孔。除多孔瓷外，气孔的存在对陶瓷性能是不利的，它降低了陶瓷的强度，是造成裂纹的根源，使介电损耗增大等。

5. 高分子材料的结构

高分子化合物由大量重复的结构单元连接而成。高分子材料的结构包括高分子链的结构和高聚物的结构及聚集态结构。

(1)高分子链的结构。

高分子化合物的分子由许多结构相同的链节组成。高分子化合物的链节与链节之间，和链节内各原子之间一样，也是由共价键结合的，即组成高分子链的所有原子之间的结合键都属共价键。聚合物总是含有各种大小不同(链长不同、分子量不同)的分子。

(2)高聚物的结构。

高聚物的结构分为均聚物结构和共聚物结构。

①均聚物结构。

均聚物结构有线形结构、支链形结构、网状形结构。

线形结构只含有一种单链节，若干个链节用共价键按一定方式重复连接起来，像一根又细又长的链子一样。支链形结构好像一根“节上小枝”的枝干一样，主链较长，支链较短。网状形结构是在一根根长链之间有若干个支链把它们交联起来，构成一种网状形状。如果这种网状的支链向空间发展便得到体形高聚物结构。

②共聚物结构。

共聚物是由两种以上不同的单体链节聚合而成的。由于各种单体的成分不同，共聚物的高分子排列形式也多种多样，可归纳为无规则型、交替型、嵌段型、接枝型。

无规则型是 M_1、M_2 两种不同单体在高分子长链中呈无规则排列；交替型是 M_1、M_2 单体呈有规则地交替排列在高分子长链中；嵌段型是 M_1 聚合片段和 M_2 聚合片段彼此交替连接；接枝型是 M_1 单体连接成主链，又连接了不少 M_2 单体组成的支链。

(3)高聚物的聚集态结构。

高聚物的聚集态结构是指高聚物材料本体内部高分子链之间的几何排列和堆砌结构，也称为超分子结构。

高聚物的聚集态结构按照大分子排列是否有序，可分为结晶态和非结晶态结构两类。结晶态聚合物结构是分子做有序规则排列，非结晶态聚合物结构是分子做杂乱无序的不规则排列。

结晶态聚合物由晶区(分子有规则紧密排列的区域)和非晶区(分子结构处于无序状态的区域)组成。高聚物部分结晶的区域称为微晶，微晶的多少称为结晶度。一般结晶态高聚物的结晶度有 50%～80%。

非晶态聚合物的结构总体上是聚合物大分子无规则相互穿插交缠而构成的。结构特点是小距离范围内是有序的，大距离范围是无序的，即近程有序，远程无序。

6. 多相复合材料的结构

复合材料可定义为由两个或两个以上独立的物理相，包含黏结材料（基体）和粒料、纤维、晶须或片状材料所组成的一种固体。因此，复合材料的组织是具有单一相组织所不具备的特性的复相组织。复合材料可以是一个连续物理相与一个分散相的复合，也可以是两个或多个连续相与一个或多个分散相在两个连续相中复合的材料。

以金属材料、无机非金属材料、高分子材料为基础的复合材料中，分散相（增强介质）可以是零维、一维、二维或三维的各类材料。通过复合工艺组合而成的多相材料，包括金属－金属、金属－陶瓷、金属－树脂、陶瓷－树脂、陶瓷－陶瓷或树脂－树脂的复合。复合材料的性能通常与其组成相的几何排列直接相关。最普通的相的排列方式是颗粒或纤维分散于基体中的颗粒状、纤维状和两相或多相叠加的层片状。

1.4　材料的合成与加工

材料的制备包括材料的合成过程及材料的加工过程，影响材料的组织、结构，因而对材料的性能有显著的影响。

材料的合成主要指促使原子、分子结合而构成材料的化学与物理过程。合成是在固体中发现新的化学现象和物理现象的主要源泉，合成还是新技术开发和现有技术改进中的关键性要素。合成的研究既包括有关寻找新合成方法的科学问题，也包括以适用的数量和形态合成材料的技术问题；既包括新材料的合成，也包括已有材料的新合成方法（如溶胶－凝胶法）及其新形态（如纤维、薄膜）的合成。

材料的制备也研究如何控制原子与分子使之构成有用的材料，这一点是与合成相同的，但制备还包括在更为宏观的尺度上或以更大的规模控制材料的结构，使之具备所需的性能和使用效能，即包括材料的加工、处理、装配和制造。简而言之，制备就是将原子、分子聚合起来并最终转变为有用产品的一系列连续过程。

材料的制备是提高材料质量、降低生产成本和提高经济效益的关键，也是开发新材料、新器件的中心环节。材料制备涉及许多学科，是科学、工程以及经验的综合，是制造技术的一部分，也是整个技术发展的关键一步，它利用了研究与设计的成果，同时也有赖于经验总结和广泛的实验工作。一个国家保持强有力的材料合成与制备技术研究能力，对各个工业部门实现高质量、高效率是至关重要的。

材料合成和加工是材料制备过程的两个阶段，但两者并不是截然分开的，是互相联系的关系。这是因为选择各种合成反应时往往必须考虑由此得到的产品是否适合于进一步加工、处理、装配等。高分子材料制造中的反应注射成型就是典型的一例，它是将单体快速混合、充模、聚合反应和成型融为一体，在瞬间完成。

材料的制备包括一系列各不相同的技术和工艺，如钢板的轧制、机械加工或切割成型、合金的形变热处理、涡轮叶片的抗腐蚀涂层、陶瓷粉末的压制和烧结、精细陶瓷粉末的溶胶－凝胶生产、硅的离子注入、砷化镓晶体的生长、聚合物改性混凝土的浇注、聚合物的化学反应制备、复合材料的铺层等。其中有些技术和工艺已经广泛应用，有些新的技术和工艺还有待于进一步改进和发展。

材料种类、品种众多，其制备工艺和方法也非常多，不同的材料各有其相应的制备工艺和方法。总体上来说，材料的制备方法分可分为气相法、液相法和固相法三大类。

1.4.1 气相法

气相法分为两种：一种是制备过程中不发生化学反应的物理气相沉积（physical vapor deposition，PVD）法（蒸发一凝聚法），另一种是通过气相化学反应制备材料的化学气相沉积（chemical vapor deposition，CVD）法。

1. 物理气相沉积法

物理气相沉积法是利用电弧、高频电场或等离子体等高温热源，将原料加热至高温，使之汽化或形成等离子体，然后通过骤冷使之凝聚成各种形态的材料（如晶须、薄膜、晶粒等）。其原理一般基于纯粹的物理效应，但有时也可以与化学反应相关联。

（1）PVD 法制备薄膜材料。

PVD 法主要用于在一定的基体表面制备薄膜层，膜层由元素和化合物从蒸气相凝结而成。PVD 法包括真空沉积（蒸镀）法、溅射法和离子镀法等，这些方法及其演变而成的其他方法都是在真空条件下进行的。真空蒸镀及溅射形成的薄膜和原始材料成分基本上是相近的，即在基体表面上没有化学反应发生。

对于 PVD 技术，沉积能够在一个很宽的衬底温度范围内进行，从几百摄氏度到液氮温度甚至更低的温度。因此，选择适当的材料和衬底特定条件，PVD 技术可适用于玻璃和塑料的镀膜。

（2）PVD 法制备超细粉体材料。

PVD 法也可用于制备单一氧化物、复合氧化物、碳化物或金属的微粉。其优点是可以通过输入惰性气体和改变压力，从而控制超细粒子的尺寸。该方法特别适用于制备由液相法和固相法难以直接合成的非氧化物系列（如金属、合金、氮化物、碳化物等）的超细粉，粒径通常在 0.1 μm 以下，且分散性好。

2. 化学气相沉积法

化学气相沉积法是一种利用气相反应制备材料的重要合成方法之一。它是挥发性原料化合物的蒸气通过化学反应合成所需物质的方法。

目前，CVD 法主要用于外延生长硅、砷化镓材料、金属薄膜材料、表面绝缘层、硬化层等，也用于粉末、纤维、块状材料等的合成，正成为许多工业领域重要的材料合成方法。

CVD 法所采用的反应有热分解反应和化学合成反应两类。

（1）热分解反应是最简单的沉积反应，已用于制备金属、半导体、绝缘体等各种材料。利用热分解反应的典型例子是半导体技术中外延生长薄膜、多晶硅薄膜的制备。如硅烷（SiH_4）在较低温度时分解，就能在基片上形成硅薄膜，为了在硅单质膜中掺入三价硼或五价磷元素，也可以在气体中加入其氢化物。此外，热分解反应还适合于获得热分解碳和高纯度金属以及由有机金属络合物获得新的化合物。

(2)化学合成反应包括氢还原反应、氧化反应、水解反应、固相反应、置换反应。绝大多数的CVD的沉积过程都涉及两种或多种气态反应物相互反应，这类反应可以统称为化学合成反应。与热解法比较，化学合成反应的应用更广泛，因为可用于热解沉积的化合物并不是很多，而任意一种无机材料原则上都可以通过合适的反应合成出来。除了制备各种单晶薄膜以外，还可用来制备多晶态和玻璃态的沉积层，如SiO_2、Al_2O_3、Si_3N_4、硼硅玻璃、磷硅玻璃以及各种金属氧化物、氮化物和其他元素间化合物等。

根据所制备的材料组成，利用合适的化学反应以及控制适当的外界条件，如温度、气体、浓度、压力等，采用CVD法可以制成多种组成的材料，如单质、化合物、氧化物、氮化物、碳化物等。

1.4.2　液相法

按材料制备时的反应状态、反应温度等的不同，液相法可分成熔融法、溶液法、界面法、液相沉淀法、溶胶－凝胶法、水热法和喷雾法等。

1. 熔融法

熔融法是指将合成所需材料的原料通过加热使其反应并熔融，在加热过程和熔融状态下产生各种化学反应，从而达到一定的结构。根据加热温度的高低，可分为高温熔融法和低温熔融法两类。

(1)高温熔融法是将矿物原料投入各种高温熔炉内，使其在高温下发生各种化学反应并熔融，如玻璃的熔制，单晶的熔体生长，高炉的炼铁和转炉的炼钢等均属于高温熔融法。

(2)低温熔融法是将原料投入各种反应器中，使其在较低的温度下发生各种化学反应并熔融。低温熔融法的典型代表是制备高分子化合物的本体聚合和熔融聚合。

①本体聚合是在不加入溶剂或其他介质的情况下，单体在引发剂、热、光、辐射的作用下进行的聚合方法。工业上进行本体聚合的方法分为间歇式和连续式两种。此法的缺点是散热不良，轻则局部过热，导致相对分子质量分布变宽，有气泡产生，从而影响到高分子化合物的物理－机械性能，重则温度失控，引起爆聚，这一缺点使其在工业上的应用受到限制，不如悬浮聚合、乳液聚合和溶液聚合应用广泛；此法的优点主要是工艺过程简单、产品纯净，尤其是可制得透明制品，适于制板材、型材，如聚苯乙烯、聚甲基丙烯酸甲酯(有机玻璃)、聚氯乙烯等。

②熔融缩聚是目前生产上采用最多的一种缩聚方法，通常用于生产聚酰胺、聚酯、聚碳酸酯、聚对苯二甲酸二醇酯等。一般在200～300 ℃于惰性气体中进行，此时，反应物和生成的聚合物都处于熔融状态，通常反应温度比生成的高分子化合物的熔点高10～20 ℃，此外，熔融反应后期常在真空中进行，反应时间也较长，一般要几小时。此法由于不用溶剂或介质，因此，副反应少，所得高分子化合物质量好，设备简单且利用率高，故可以连续生产。但是反应温度较高，对熔点太高的单体或热稳定性差的高分子化合物均不宜采用。

2. 溶液法

溶液法的典型代表是制备高分子化合物的溶液聚合和溶液缩聚。

(1)溶液聚合是指单体和引发剂溶于适当溶剂中进行的聚合。其优点是溶液聚合体系黏度低,混合和传热容易,温度易于控制,此外,引发剂分散均匀,引发效率高。缺点是由于单体浓度低,溶液聚合进行较慢,设备利用率和生产能力低;大分子活性链向溶剂链转移而导致高分子化合物相对分子质量较低;溶剂回收费用高,除净高分子化合物中的微量溶剂较难。这些缺点限制了溶液聚合在工业上的应用。氯乙烯、丙烯腈、丙烯酸酯、丙烯酰胺等均可用此法进行聚合反应。另外,常用此法生产各种黏合剂、涂料和合成纤维的纺丝液。按高分子化合物是否溶解在溶剂中,可分为均相溶液聚合和沉淀聚合。

(2)溶液缩聚是指在纯溶剂或混合溶剂中进行的缩聚反应。广泛用于生产树脂、涂料等,如聚砜、醇酸树脂、有机硅、聚氨酯等各种树脂。此法既可在高温也可在低温进行,一般在40～100 ℃,有时甚至低于0 ℃,故利用此法可以合成那些熔点接近其分解温度的高聚物。如与熔融缩聚相比,其产物有较高的相对分子质量,但因溶剂的存在,不仅副反应增多,后处理烦琐,且降低了设备的利用率。

3. 界面法

界面法是指在各种界面条件下发生反应制备材料的方法,主要有高分子材料的悬浮聚合、乳液聚合和界面缩聚。

(1)悬浮聚合是指单体以小液滴状态悬浮在水中进行的聚合。悬浮聚合体系一般由单体、引发剂、水、分散剂四个基本组分组成。悬浮聚合是最重要的工业生产方法之一,聚氯乙烯、聚苯乙烯等聚合物均采用此法进行大规模生产。

(2)乳液聚合是指借助于机械搅拌和剧烈振荡使单体在介质(通常是水)中由乳化剂分散成乳液状态进行的聚合。其最简单的配方是由单体、水、水溶性引发剂、乳化剂四组分组成。其优点是以水为介质,价廉安全,并可保证较快的聚合反应速度,反应可以在较低温度下进行,温度容易控制,能在较高的反应速率下进行,所获得产品的相对分子质量比溶液聚合的高,由于反应后期高分子化合物乳液的黏度很低,故可直接用来浸渍制品或制作涂料、黏合剂等。此法的缺点是若需要固体产物时,则聚合后还需要经过凝聚、洗涤、干燥等后处理工序,生产成本较悬浮液高;产品中留有乳化剂,难以完全除净,影响产品的电性能。

(3)界面缩聚是将两种单体分别用溶解在两种互不相容的溶剂(如水和烃类)中,当将两种单体溶液倒在一起时,在两相的界面处即发生反应。由于使用的是活性单体,所以在常温乃至低温下,反应都进行得极快,聚碳酸酯等通常采用界面缩聚法生产。

4. 液相沉淀法

液相沉淀法是在原料溶液中添加适当的沉淀剂(OH^-、CO_3^{2-}、$C_2O_4^{2-}$、SO_4^{2-}),使原料溶液中的阳离子形成沉淀物,即通过与沉淀剂之间的反应或水解反应产生沉淀,形成不溶性的草酸盐、碳酸盐、硫酸盐、氢氧化物、水合氧化物等沉淀物。沉淀颗粒的大小和形状可由反应条件来控制。然后再经过过滤、洗涤、干燥,有时还需要经过加热分解等工艺过程,最终得到超细粉体材料。沉淀法主要用于氧化物的制备。液相沉淀法又包括直接沉淀法、共沉淀法、均匀沉淀法、水解法、胶体化学法和特殊沉淀法等。

5. 溶胶—凝胶法

溶胶—凝胶法(简称 So—Gel 法)是近几十年来发展极为迅速的一种用化学的方法在低温下制备玻璃和合成其他无机新材料的新方法。近些年发展起来的包括采用有机金属化合物、高分子化合物以及应用醇盐或其他物质作为源物质的溶胶—凝胶过程,在整个无机非金属材料领域,显示出了巨大的优越性和广阔的应用前景。溶胶—凝胶法制备材料的过程可归纳为:溶液→溶胶→凝胶→材料。即将酯类化合物或金属醇盐等溶于有机溶剂中,形成均匀的溶胶,然后在一定温度下反应形成凝胶,最后经干燥处理制成产品。

溶胶—凝胶法的优点是可在较低温度制得玻璃和各种其他无机新材料;材料纯度高、均匀性好,易于均匀地掺杂微量元素。其缺点是原料价格比较高,有机溶剂对人体有害,制备时间较长,不易制得大尺寸产品。

溶胶—凝胶法在制备纳米粒子、玻璃、陶瓷、薄膜、纤维、复合材料等方面获得重要应用。

6. 水热法(溶剂热法)

水热法是指在密闭的压力容器中,以水为溶剂,在高温高压的条件下进行化学反应制备无机材料的方法。水热反应依据反应类型的不同可分为水热氧化、水热还原、水热沉淀、水热合成、水热水解、水热结晶等。其中水热结晶用得最多。水热法应用于制备无机超细粉及晶体材料等。

7. 喷雾法

喷雾法也称溶剂蒸发法,是将溶解度大的盐的水溶液雾化成小液滴,使其中的水分迅速蒸发,而使盐形成均匀的球状颗粒,再将微细的盐粒加热分解,即可得到氧化物超细粉。此方法已用于生产锆钛酸铅镧、铁氧体、氧化锆、氧化铝等超细粉。用喷雾法所得的氧化物粒子为球状,流动性好,易于制粉成型,由于盐类分解往往会产生大量的有害气体,对环境造成污染,所以在一定程度上限制了这类方法的工业化生产。喷雾法通常有喷雾干燥法、喷雾热分解法和冷冻干燥法三种,前两种工业上应用较多,其过程简单,容易控制。

1.4.3 固相法

固相法是以固态物质为原料,通过各种固相反应和烧结等过程来制备材料的方法,如水泥熟料的煅烧、陶瓷和耐火材料的高温烧结、金属材料的粉末冶金、人工晶体的固相生长、高分子材料的固相缩聚等。固相法包括高温烧结法、自蔓延高温合成法(self—propagating high—temperature synthesis,SHS)、热分解法、固相缩聚法等。

(1)高温烧结法通常用于陶瓷、耐火材料、粉末冶金以及水泥熟料等的制备。一般都是要把成型后的坯体或固体粉料在高温条件下进行烧结后才能得到相应的产品。在高温烧结过程中,往往包括多种物理、化学和物理化学变化,形成一定的矿物组成和显微结构,并获得所要求的性能。

(2)自蔓延高温合成法是由苏联科学家 Mcrzhanov 于 1967 年首次提出来的。它是利用反应本身放出的热量维持反应的继续进行,一旦被引发就不再需要外加热源,并以燃烧波的形式通过反应混合物，随着燃烧波的前进，反应物转化为产物。一般是将反应的原料混合物压制成块，在块状的一端引燃反应，反应放出的巨大热量又使得邻近的物料发生反应，结果形成一个以速度 v 蔓延的燃烧波。随着燃烧波推进，反应混合物转化为产物。SHS 法的优点是生产过程简单，时间短，消耗的外部能量少，集材料合成和烧结于一体，可以制得高纯度的产品。另外，在反应过程中，如果与某些特殊手段结合，可以直接制备出密实的陶瓷材料。SHS 法可制备的材料包括粉末、多孔材料、致密材料、复合材料、梯度材料和涂层等。它已在工业和高技术领域中得到广泛的应用。

(3)热分解法是将金属的碳酸盐、硫酸盐、硝酸盐等加热分解而获得特种无机材料用的氧化物粉末的一种方法。

(4)固相缩聚法可以在比较缓和的条件下(温度较低)合成高分子化合物，以避免许多在高温熔融缩聚反应下发生的副反应，从而提高树脂的质量，并可以制备特殊需要的高相对分子质量的树脂，某些熔融温度和分解温度很接近，甚至后者比前者还要低的高分子化合物，可以在熔点以下采用固相缩聚法制备。

普通无机非金属材料的生产是采用天然矿石作为原料，经过粉碎、配料、混合等工序，成型(陶瓷、耐火材料等)或不成型(水泥、玻璃等)，在高温下煅烧成多晶态(水泥、陶瓷等)或非晶态(玻璃、铸石等)，再经过进一步的加工如粉磨(水泥)、上釉彩饰(陶瓷)、成型后退火(玻璃、铸石等)，得到粉状或块状的制品。

特种无机非金属材料的原料多采用高纯、微细的人工粉料。单晶体材料用焰熔、提拉、水溶液、气相及高压合成等方法制造。多晶体材料用热压铸、等静压、轧膜、流延、喷射或蒸镀等方法成型后再煅烧，或用热压、高温等静压等烧结工艺，或用水热合成、超高压合成或熔体晶化等方法制造粉状、块状或薄膜状的制品。非晶态材料用高温熔融、熔体凝固、喷涂、拉丝或喷吹等方法制成块状、薄膜或纤维状的制品。

1.5 材料的性能和使用效能

1.5.1 材料的性能

材料的性能是指材料在一定的外界条件作用下所作出的反应情况。

材料的性能分为物理性能和化学性能两类，也可以分为力学性能(机械性能)、物理性能和化学性能三类。

1. 材料的力学性能

材料的力学性能是指材料受外力作用时的变形行为及其抵抗破坏的能力。力学性能是一系列物理性能的基础，又称机械性能。材料的机械性能通常包括强度(拉伸强度、压缩强度、抗冲强度、屈服强度等)、塑性、硬度、弹性(弹性模量)与刚性、韧性、疲劳等。

材料在使用过程中，都或多或少要受到拉伸、压缩、弯曲、剪切等力的作用。在选择材料和应用材料时，要使材料的力学性能与部件所需的工作条件相匹配。

2. 材料的物理性能

物质不需要经过化学变化就表现出来的性质，称为物理性质。材料的物理性能包括热学性能、电学性能、磁学性能、光学性能等。

(1)热学性能。例如，材料的热容、热膨胀、热导率、熔化热、熔点等。

(2)电学性能。包括电导率、电阻率、介电性能、击穿电压等。

(3)磁学性能。如顺磁性、反磁性、铁磁性等。

(4)光学性能。包括光的反射、折射、吸收、透射以及发光、荧光等性质。

3. 材料的化学性能

材料总是在一定的环境介质中使用，这些介质常与材料发生化学反应，影响材料性能的发挥。例如，随处可见的生锈现象，大大缩短了金属材料的使用寿命，甚至导致各种灾难性事故的发生。材料受到其他物质的化学作用而反映出来的性能称为化学性能。其中材料抵抗酸、碱、盐、水、空气及各种溶液等介质侵蚀的能力称为化学稳定性。材料在高温下防止与周围的氧作用而不被损坏的能力称为抗氧化性。材料化学性能还包括离子交换、吸收、吸附等性能。

材料的组成、结构等不同，材料的化学稳定性也不同。金属材料主要是易氧化腐蚀；硅酸盐类材料由于溶蚀、冻结溶化、水等作用而被损坏；高分子材料则因氧化、生物作用、虫蛀、溶蚀和受紫外线的照射老化降解而损害其耐久性。

不同的金属其化学稳定性有很大差别。如铂、铱、金、银等化学稳定性良好，而铁的化学稳定性较差。金属的腐蚀是一种常见的现象，导致金属腐蚀的基本原因可分为化学腐蚀和电化学腐蚀两种。化学腐蚀是指金属材料受周围介质作用引起的一种化学变化；电化学腐蚀是指金属与电解质接触时发生的一种腐蚀。

无机非金属材料中的玻璃、陶瓷、混凝土等都具有良好的耐久性。无机非金属材料的耐久性是由其密度、气孔率、溶解、溶出、氧化等化学作用和湿度、温度变化、冻融、溶化等物理作用的因素决定的。

高分子材料的化学性质，总的来说大多数是比较稳定的，具有良好的抗腐蚀能力，如聚四氟乙烯，具有极好的化学稳定性，即使在高温下也不与浓酸、浓碱、有机溶剂和强氧化剂等起反应，在沸腾的“水”中也毫无损伤，可在－195～250 ℃的温度范围内长期使用，所以获得“塑料王”的美称；聚氯乙烯是应用极广的重要塑料，其耐酸性和耐碱性好，而且有一定的强度和刚度，可制成各种规格的管道、阀门、泵、容器以及各种防腐衬里；酚醛树脂等热固性塑料，由于具有化学键交联形成的网状结构，耐腐蚀性能也很好。

高分子材料之所以具有良好的化学稳定性，其主要原因有三方面：一是分子链上各原子是由共价键结合而成的，键能较高，结合很牢；二是高分子的特殊形态，使得大分子链上能够参加化学反应的基团在与化学反应介质的接触上比较困难，如晶态高聚物由于长链分子间堆砌紧密，具有相当高的化学稳定性，无定形高聚物处于玻璃态时，因大分子链不能自由运动，反应基团被固定，化学反应也难以进行，即使在高弹性态和黏流态时，也因大分子链杂乱无章，彼此缠结，许多集团被包裹起来，难以与其他反应介质接触，故与低分子物质相比，化学反应仍然比较缓慢；三是高聚物大都是绝缘体，不会产生电化学腐蚀。聚四氟乙烯不仅 C—F 键结合很牢，而且分子规整对称易于结晶，加之氟原子组成了严密的保护层包围了碳链，故有非常高的化学稳定性。

高分子材料的老化是指在加工、储存和使用过程中，受化学结构影响，在光、热、氧、高能辐射、气候、生物等因素的综合作用下，使其失去原有性能而丧失使用价值的过程（即物理化学性质和机械性能变坏的现象）。在太阳光的照射下，高分子材料内部存在的不饱和键、支链、羰基、末端基、引发剂残渣等吸收紫外线而引发光化学反应，会使其老化。高分子材料的老化有两种情况：一是大分子链之间产生交联，使其从线形结构或支链型结构转变为体型结构，变脆，丧失弹性等；二是大分子链的降解，使其链长度减短，相对分子质量降低，即聚合度减少了，变软、变黏、脱色、丧失机械强度等。

任何一种材料都有其特征的性能和应用。例如，金属材料具有刚性和硬度，可以用作各种结构件，它也具有延性，可以加工成导电或受力用线材；一些特种合金，如不锈钢、形状记忆合金、超导合金等，可以用作耐腐蚀材料、智能材料和超导材料等。陶瓷有很高的熔点、高的强度和化学惰性，可用作高温发动机和金属切削刀具等；而具有压电、介电、电导、半导体、磁学、机械等特性的特种陶瓷，在相应的领域发挥作用，但陶瓷的脆性则限制了它的应用，开发具有高延伸率的韧性陶瓷成了材料科技工作者追求的目标。利用金刚石的耀度和透明性，可制成光灿夺目的宝石和高性能光学涂层；而利用其硬度和导热性，可用作切削工具和传导材料。高分子材料以其各种独特的性能使其在各种不同的产品上发挥作用，如汽车等各类交通工具的内饰件、外装件、功能件等，建筑材料、电子电器材料、航天航空材料等。反之，高分子材料组分的迁移特征，加速了其性能的退化，也对环境（尤其是室内环境）造成损害。而其耐热性低（少数使用温度在 300 ℃以下，多数使用温度为 150～200 ℃）、耐候性较差，又限制了其在需要耐热和耐候领域的应用。

由于材料组成和制备工艺的不同，各类材料在性能上存在很大的差异。材料按化学特性分类的性能比较见表 1.3。

表 1.3 材料按化学属性分类的性能比较

材料种类	化学组成	结合键	主要特征
金属材料	金属元素	金属键	有光泽、塑性、导电、导热、较高强度和刚度
无机非金属材料	氧和硅或其他金属的化合物、碳化物、氮化物	离子键、共价键	耐高温、高强、耐蚀、具有特殊物理性能（功能）、脆、无塑性
高分子材料	碳、氢、氧、氮、氯、氟等	共价键、分子键	轻、比强度高、橡胶具有高弹性、耐磨、耐蚀、易老化、刚度小、耐高温差
复合材料	两种或两种以上不同材料组合而成	—	比强度和比模量高、抗疲劳、高温和减震性能好、功能复合

通常情况下几种材料的性能比较如下：

(1)密度：钢铁＞陶瓷＞铝＞玻璃纤维增强复合材料＞塑料(由大到小)；

(2)耐热性：陶瓷＞钢铁＞铝＞玻璃纤维增强复合材料＞塑料(由高到低)；

(3)拉伸强度：钢铁＞玻璃纤维增强复合材料＞铝≈陶瓷＞玻璃＞塑料(由大到小)；

(4)比拉伸强度：玻璃纤维增强复合材料＞铝＞钢铁＞塑料＞玻璃＞陶瓷(由高到低)；

(5)韧性：钢铁≈铝≈玻璃纤维增强复合材料＞塑料＞陶瓷≈玻璃(由强到弱)；

(6)导热性：铝＞钢铁＞陶瓷＞玻璃＞玻璃纤维增强复合材料＞塑料(由高到低)；

(7)线膨胀率：塑料＞铝≈玻璃纤维增强复合材料＞钢铁＞玻璃≈陶瓷(由大到小)；

(8)导电性：铝＞钢铁＞陶瓷＞玻璃纤维增强复合材料＞玻璃＞塑料(由大到小)。

金属材料的性能特点是：良好的导电性和导热性，硬度大，强度大，密度高，熔点高，良好的金属光泽。

普通无机非金属材料的性能特点是：耐压强度高、硬度大、耐高温、抗腐蚀。此外，水泥在胶凝性能上，玻璃在光学性能上，陶瓷在耐蚀、介电性能上，耐火材料在防热、隔热性能上都有其优异的特性，为金属材料和高分子材料所不及。但与金属材料相比，它抗断强度低、缺少延展性，属于脆性材料。与高分子材料相比，密度较大，制造工艺较复杂。

特种无机非金属材料的性能各具特色。例如，高温氧化物等的高温抗氧化特性，氧化铝、氧化铍陶瓷的高频绝缘特性，铁氧体的磁学性质，光导纤维的光传输性质，金刚石、立方氮化硼的超硬性质，导体材料的导电性质，快硬早强水泥的快凝、快硬性质，光敏材料的光一电性质、热敏材料的热一电性质、压电材料的力一电性质、气敏材料的气体一电性质、湿敏材料的湿度一电性质等。

高分子材料的性能特点如下：

(1)质轻。密度平均为 1.45 g/cm^3，约为钢的 1/5、铝的 1/2。

(2)比强度高。接近或超过钢材，是一种优良的轻质高强材料。

(3)有良好的韧性，高分子材料在断裂前能吸收较大的能量。

(4)减摩、耐磨性好，有些高分子材料在无润滑和少润滑的条件下，它们的耐磨、减摩性能是金属材料无法比拟的。

(5)电绝缘性好，电绝缘性可与陶瓷、橡胶媲美。

(6)化学稳定性好，对一般的酸、碱、盐及油脂有较好的耐腐蚀性。

(7)导热系数小。

(8)易老化。高分子材料在光、空气、热及环境介质的作用下，分子结构会产生逆变，机械性能变差，寿命缩短。

(9)易燃。塑料不仅可燃，而且燃烧时发烟，产生有毒气体。

(10)耐热性。高分子材料的耐热性是指温度升高时其性能明显降低的抵抗能力。主要包括机械性能和化学性能两方面，而一般多指前者，所以耐热性实际常用高分子材料开始软化或变形的温度来表示。

(11)刚度小。如塑料弹性模量只有钢材的 1/20～1/10，且在长期荷载作用下易产生蠕变。但在塑料中加入纤维增强材料，其强度可大大提高，甚至可超过钢材。

1.5.2 材料的使用效能

材料的使用效能通常指材料以特定产品形式在最终使用条件下所表现出的行为(效能)。它与材料的使用性能既有区别又有联系，有时并不加以严格区分。材料的使用性能是指材料在使用时主要利用的某个或某几个方面的性能，例如，结构材料主要是利用其力学性能好来满足使用时的要求，所以，力学性能是结构材料的主要使用性能。材料的使用效能是材料固有性质与产品设计、工程特性、使用环境、效益和人类需要相融合在一起的综合表现，必须以使用效能为基础进行材料设计才能得到最佳的方案。因此，往往将材料的合成和加工、材料的性质看作是元器件或设备设计过程中必不可少的一个组成部分。材料的性质是在元器件或设备实现预期的使用性能而得到利用的，即使用效能取决于材料的基本性能。使用效能包括可靠性、有效寿命、速度(器件或车辆的)、能量利用率(机器或常用运载工具的)、安全性和费用等。因此，建立使用效能与材料基本性能相关联的模型，了解失效模式，发展合理的仿真实验程序，开展可靠性、耐用性、预测寿命的研究，以最低代价延长使用期，对先进材料研制、设计和工艺是至关重要的。这些问题，不仅对大型结构和机器用的材料，而且对电子器件、磁性器件和光学器件中的结构元件和其他元件所用的材料，都是十分必要的。

必须指出，在使用效能的研究过程中，也应特别注意加工工艺技术对其影响。钢是基础的材料，其性能可精确地预测和再现，经过加工可以显示出比其他任何材料更宽的综合力学性能。钢对加工技术，包括成分、机械变形、热处理变化的敏感性和响应范围是非常好的，可以利用加工工艺技术的不同获得所需的使用性能。

1.6 材料分析的定义和内容及意义

1.6.1 材料分析的定义和内容

材料分析是关于研究材料的成分、组织、结构和缺陷等化学信息的分析方法及理论的一门科学，是分析化学的一个重要分支。它的主要任务是鉴定材料的化学组成(元素、离子、官能团或化合物)、测定材料的有关组分的含量、确定材料的结构和缺陷及其组成、结构与材料性质之间的关系等。材料分析根据分析对象的不同分为未知材料的分析和已知材料的分析两类。

以未知材料的鉴别为主的分析称为材料的剖析，它广义上也可以理解为对材料(未知材料和已知材料)未知信息(组成、结构、缺陷等)的一种分析，例如对已知材料在生产过程中产生的缺陷和性能改变原因的分析也属于材料剖析的范畴。它是以鉴定未知材料的化学组成(元素、离子、官能团或化合物)(定性分析)为主，也涉及测定材料的有关组分的含量(定量分析)、确定材料的结构(化学结构、晶体结构、空间分布、价态、配位态)和缺陷以及组成、结构与材料性质之间的关系等。

1.6.2 材料分析的意义

材料品种繁多,生产过程各异,应用极其广泛。无论是企业、科研及检测分析单位还是个人在材料的研究、设计、开发、生产、使用和回收利用等方面都离不开材料的分析技术,使得材料分析已成为非常实用的一门技术。在日常生活中,人们需要鉴别材料的真假(如宝石、玉石的真假,不锈钢的真假,金银首饰的真假和成色),材料制品的种类(陶还是瓷),各种食品包装材料(瓶、罐、袋)是否无毒、无害,或识别织物是什么纤维;当材料制品破损时,要知道其组成以便选用适当的材料和方法修补。在生产中,分析人员须进行材料控制分析,监视生产过程;须对原料和产品进行分析,寻找出现质量问题的原因;须对使用中的材料产品进行跟踪分析,观察材料的疲劳、老化、失效情况;须对竞争企业的产品进行评价,掌握发展动态;须区分回收的材料废料,以便分类利用。因此,材料分析对于正确识别和选用材料、合理回收利用材料、跟踪竞争企业材料产品的发展动态等都有重要的意义和作用。

1.7 材料分析的方法

1.7.1 材料分析的方法

材料分析的方法有三种:材料的物理分析法、材料的化学分析法及仪器分析法。

(1)材料的物理分析法是根据材料的物理性质来分析鉴别材料。它主要包括观察法(即利用人们的耳、鼻、舌、身等感官感知的方法,也称感官法)和测量法,具体涉及外观状态、颜色、气味、熔点、硬度、导热性、延展性,以及熔化、凝固、升华、挥发情况等分析。如可以通过观察材料的颜色、状态、熔点和溶解性鉴别材料,可以闻气味鉴别材料,也可以用仪器测量物质的熔点、密度、硬度、导电性、导热性和延展性等鉴别材料。

(2)材料的化学分析法是根据材料的化学性质来测定材料的组成及相对含量。它包括滴定分析和称量分析。

(3)材料的仪器分析法是根据材料的物理性质或材料的物理化学性质借助仪器来测定材料的组成、结构等信息。但不能认为用到仪器就一定是仪器分析法。例如,称量分析法开始于用天平称量样品,结束于再用天平称沉淀质量。天平是物理仪器,称量是物理过程,但称量分析法却是公认的典型化学分析法,原因是称量分析主要靠预测离子与沉淀剂作用而定量析出沉淀来进行分析。

也有介乎化学分析和仪器分析二者之间的方法。原子发射光谱法和原子吸收光谱法基本上采用湿法预处理,然后在相应仪器中测定,可认为是介于二者之间的方法,也可看作是化学法与仪器法的联合使用。

仪器分析法的具体方法很多,根据测定的方法原理不同,可分为电化学分析法、光学分析法、色谱分析法、其他分析法等四大类。

电化学分析法包括电位分析法、电导分析法、电解分析法、库仑分析法、极谱分析法等。光学分析法又分为光谱分析法和非光谱分析法两类，光谱分析法包括原子光谱法、分子光谱法、X 射线光谱法、核磁共振波谱法等。色谱分析法包括气相色谱法、高效液相色谱法、薄层色谱分析法、纸色谱法等。其他分析法包括质谱分析法、热分析法、放射化学分析法等。

在实际的材料的鉴别过程中，有时用一种分析方法就可鉴别材料；而更多的是经常要用到两种或三种分析方法，才能准确地鉴别材料。例如，要鉴别一种材料，一般首先用物理分析法初步地判断一下它的大致种类，它属于四大类材料的哪一类，然后再用化学分析法或仪器分析的方法分析出它究竟是什么材料。

1.7.2　材料分析的程序

对一个未知材料试样进行剖析时，首先应该尽可能地了解其来源和生产及使用情况等信息。这些信息对指引下一步的剖析方向是很重要的，常可以使我们在剖析时少走弯路。材料剖析的程序遵循先简单后复杂的原则，一般先用观察法鉴别，然后再用测量法或化学分析法、仪器分析法鉴别。

对已知材料进行分析相对简单，根据分析目的，往往直接采用一种方法或两种方法按照其分析程序分析即可。例如，对金属的成分分析，一般采用化学分析方法或仪器分析法即可达到目的。当然，在采用某一大类方法分析时，具体使用的方法可能用到一种或多种方法。

1.7.3　材料组成分析和结构分析的方法

1. 材料组成分析的方法

材料组成分析的方法有化学分析法和仪器分析法两类。

(1)化学分析法主要是滴定分析法，除此之外还有称量分析法。滴定分析法包括酸碱滴定法、配位滴定法、氧化还原滴定法、沉淀滴定法。

(2)仪器分析法主要有 X 射线衍射法、紫外－可见光谱法、红外光谱法、色谱法、质谱法、核磁共振谱法、X 射线荧光光谱法等。

2. 材料结构分析的方法

材料的结构除宏观结构可直接用肉眼观察外，其他层次结构一般需借助于仪器进行研究。材料结构分析的方法主要有 X 射线衍射法、红外光谱法、激光拉曼光谱法、核磁共振法、电子显微镜法、色谱法、质谱法、X 射线荧光光谱法等。

思考题与作业

1. 什么是材料？材料是如何分类的？
2. 材料的四要素有哪些？如何理解材料的四要素？
3. 材料的结构层次有哪些？四大材料的结构有何特点？

4. 四大材料的组成有何特点？
5. 材料的制备方法有哪些？
6. 什么是材料分析？如何理解材料分析的重要性？
7. 材料分析方法是如何分类的？
8. 各种材料分析方法都是根据什么进行材料分析的？
9. 材料分析的内容是什么？
10. 材料组成和结构分析方法有哪些？

第 2 章　X 射线衍射法

2.1　X 射线物理学基础

2.1.1　X 射线的产生和性质

1. X 射线的发现

1895 年，德国物理学家伦琴（W. C. Roentgen）在研究阴极射线管放电现象时发现了一种穿透力强、肉眼又看不见的射线，由于当时对于其本质和特性尚不了解，故称其为 X 射线。伦琴因此而于 1901 年获得首届诺贝尔物理学奖。

X 射线被发现后，很快就被用于骨折诊断和定位以及测定晶体的结构等许多方面。现在，X 射线已广泛用于材料学、物理学、化学、生物、地质、环境、医疗和工业等领域。

2. X 射线的产生

凡是高速运动的电子流或其他高能辐射流（如 γ 射线、X 射线、中子流等）被突然减速时均能产生 X 射线，原子的内层电子跃迁也会产生 X 射线。实验室中所用的 X 射线通常由 X 射线管产生，如图 2.1 所示。

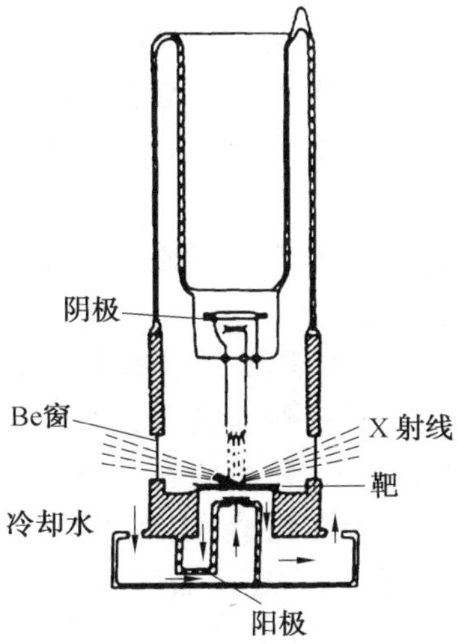

图 2.1　X 射线管结构示意图

X 射线管实质上就是一个真空二极管，其结构主要由产生电子并将电子束聚焦的电子枪（阴极）和发射 X 射线的金属靶（阳极）两部分组成。电子枪的灯丝用钨丝烧成螺旋状，通以电流后，钨丝发热释放自由电子。阳极靶通常由传热性能好、熔点高的金属材料（如铜、钴、镍、铁、钼等）制成。

整个X射线管处于真空状态。当阴极和阳极之间加以数万伏的高电压时，阴极灯丝产生的电子在电场的作用下被加速并高速射向阳极靶，高速电子与阳极靶的碰撞使阳极靶产生X射线，这些X射线通过用金属铍(厚度约为0.2 mm)制成的窗口射出，即可提供给实验所用。

实验用X射线产生的另一种方法是利用同步辐射产生，即利用高速运动的电子辐射电磁波产生。在电子同步加速器中，将电子加速到数千兆电子伏特，并使其在电子储存环的强大磁场偏转力的作用下做圆周运动，在圆周的切线方向产生包括从红外至X射线各个频段的辐射，这种辐射简称为同步辐射，这种辐射也包括了波长为0.1～400 Å的连续X射线。同步辐射的主要特点是强度高，X射线的强度可为常规X射线管10^3～10^4倍，因此衍射实验所需曝光时间很短，准直性好，发散度小，稳定性好，而且是完全的平面偏振波。

3. X射线的性质和特点

(1)X射线和可见光一样属于电磁辐射，是一种较短波长的高能电磁波，波长范围为0.01～100 Å，介于紫外线与γ射线之间，但没有明显的分界线。波长小于0.1 Å的称为超硬X射线，在0.1～1 Å范围内的称为硬X射线，在1～100 Å范围内的称为软X射线。

(2)X射线穿透能力很强。X射线因其波长短，能量大，照射在物质上时，仅一部分被物质所吸收，大部分经由原子间隙而透过，表现出很强的穿透能力。X射线可穿透千页书、2～3 cm厚的木板、15 mm厚的铝板等，可是1.5 mm厚的铅板几乎就完全把X射线挡住了。X射线穿透物质的能力与X射线光子的能量有关，X射线的波长越短，光子的能量越大，穿透力越强。工业上用此性质对材料进行探伤，医学上用此性质进行某些疾病的诊断。X射线对人体有害，应特别注意防护。另外，X射线的穿透力也与物质密度有关，利用物质的差别吸收这种性质可以把密度不同的物质区分开来。

(3)X射线具有波粒二象性。它是一种以光速运动的粒子流，不同频率和波长的X射线，其光子的能量是不同的，频率越高，波长越短，光子能量越大。X射线的粒子性特征突出地表现在它以光子形式与物质相互作用时具有一定的质量、能量和动量；X射线的波动性则表现在它以一定的频率和波长在空间传播，反映物质运动的连续性，可以解释在传播过程当中发生的干涉、衍射等现象。

(4)X射线与可见光一样能产生干涉、衍射和吸收等现象。但由于其波长与可见光相差较大，也有其截然不同的性质：①X射线在光洁的固体表面不会发生像可见光那样的反射，因而不易用镜面把它聚焦和变向；②X射线在物质分界面上只发生微小的折射，折射率稍小于1，可认为X射线穿透物质时沿直线传播，因此不能用透镜加以会聚和发散；③可见光的波长远大于晶体中原子间距，通过晶体不会产生衍射，而X射线波长与晶体中原子间距相当，在穿过晶体时会发生衍射现象，因而可用X射线的衍射研究晶体内部结构。

(5)X射线照射磷、硫化锌镉、钨酸钙等物质时能够产生荧光，X射线还能够使照相底片感光以及空气电离。

(6)X射线作用于物质时，物质所吸收的X射线大部分被转变成热能，使物体温度升高。

2.1.2　X 射线谱

X 射线强度随波长变化的关系曲线称为 X 射线谱。X 射线谱有两种类型：X 射线连续谱和 X 射线特征谱。常规的 X 射线管发出的 X 射线束并不是单一波长的辐射，随 X 射线管管电压的不同，其产生的 X 射线谱也不同，任何管电压下都会出现连续谱；而只有管电压加到一定的电压后才会出现特征谱。

如图 2.2 所示，在某一临界管电压之下，X 射线管产生强度随波长连续变化的 X 射线，即形成 X 射线连续谱；当管电压大于临界管电压时，X 射线管产生强度随波长连续变化的 X 射线和在某些波长处强度很大的 X 射线，即此时形成的 X 射线谱是由强度随波长连续变化的 X 射线连续谱和波长一定、强度很大的 X 射线特征谱叠加而成。

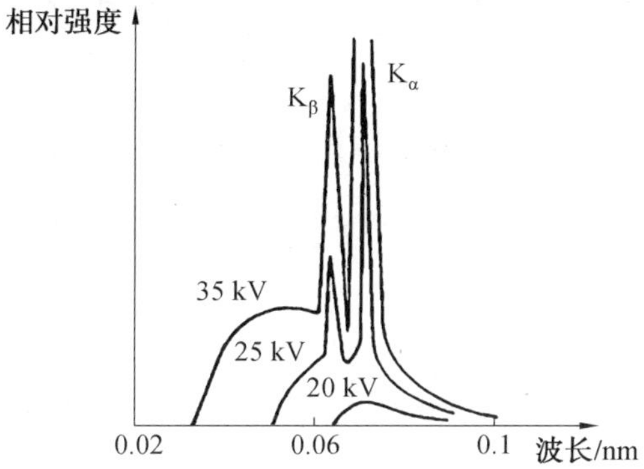

图 2.2　不同管电压下钼靶 X 射线管产生的 X 射线谱

1. X 射线连续谱

当高速电子轰击阳极靶时，电子穿过靶材原子核附近的强电场时被减速，电子所减少的能量转为光子的能量而导致韧致辐射。阴极发射出的电子数目极多，它们到达阳极时的情况和碰撞过程等不同，损失的动能也不同，所辐射出的 X 射线光量子的波长必然是按统计规律分布在一个较大的波长范围，因此，产生了连续（多色、白色）X 射线，构成了连续谱，如图 2.3 所示。

X 射线连续谱是从某个最短波长开始，强度随波长连续变化，曲线呈丘包状的 X 射线谱。当施加不同的管电压时，在每一条连续谱的短波段都有一个突然截止的极限波长值 λ_0。根据量子理论，如果在外加电场的作用下，电子在一次碰撞中将全部能量转为一个光量子，这个具有最高能量的光量子的波长就称为短波极限 λ_0。连续谱的短波极限 λ_0 只与管电压有关，但固定管电压而改变管电流或改变阳极靶材的原子序数时，短波极限 λ_0 不变，只是各波长的 X 射线的强度发生变化。随管电压增高，击靶电子的动能、电子与靶材原子碰撞次数和辐射出来的 X 射线光量子的能量都会增加，则连续谱各波长强度都相应增高，最高强度所对应的波长和短波极限 λ_0 值都向短波方向移动。连续 X 射线谱中的最大值并不在光子能量的最大的 λ_0 处，而是在大约 $1.5\lambda_0$ 处。

X 射线管发射 X 射线的效率是很低的，绝大多数的电子能量在撞击阳极时会因转化成热能而损失。为了提高 X 射线管发射连续 X 射线的效率就要选用重金属靶（钨靶）X

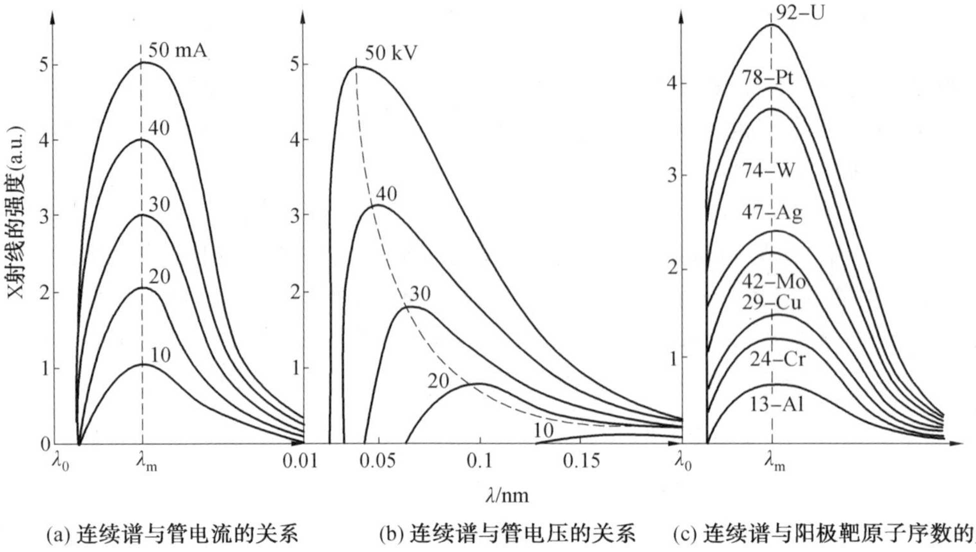

图 2.3　管电流、管电压和阳极靶的原子序数对连续谱的影响

射线管并施以高电压(60～80 kV)。

在晶体衍射实验中，只有劳埃法和能量色散型衍射仪需要使用连续 X 射线，而在其他的晶体衍射方法中通常则要求使用单色 X 射线，连续光谱对这些方法所得的结果是不利的。

2. X 射线特征谱

当 X 射线管管电压超过一定程度时，在某些特定波长位置出现强度很高、非常狭窄的谱线，它们叠加在连续谱强度分布曲线上，这些谱线构成了 X 射线特征(标识)谱。

X 射线特征谱产生的机理为：当高速电子轰击靶原子，将原子内层电子电离，内层产生一个电子的空位，外层电子跃迁到内层空位而产生出某些分立的电磁辐射线，形成了 X 射线特征谱。当改变管电压或管电流时这类谱线只改变强度而波长值不变，即 X 射线线状特征谱的波长与 X 射线管管电压、管电流无关，而只与靶材料有关。

X 射线特征谱线的产生与靶材的原子结构与原子内层电子跃迁过程有关，如图 2.4 所示。原子中同一壳层上的电子并不处于同一能量状态，而是分属于若干个亚能级，亚能级间有微小的能量差，因此，电子从同层但不同亚层向同一内层能级跃迁所辐射的特征谱线波长必然有微小的差值。此外，电子在各能级间的跃迁并不是随意的电子的跃迁，必须服从选择法则，因此，$L_Ⅰ$亚能级上的电子就不能跃迁至 K 层，所以 K_α谱线是由 $L_Ⅲ$ 到 K 和 $L_Ⅱ$ 到 K 电子跃迁时辐射出来的两根谱线(即 $K_{\alpha1}$ 和 $K_{\alpha2}$)所组成的。同理电子从 M 层的各亚能级跃迁至 K 能级产生 $K_{\beta1}$、$K_{\beta2}$ 等谱线，$K_{\beta1}$ 谱线通常称为 K_β谱线。

实际上，X 射线物相分析及结构分析主要用 K_α谱线作为单色 X 射线源，其他谱线均为干扰因素，需将它们除去。由于 $K_{\alpha1}$ 和 $K_{\alpha2}$ 的波长相差很小，故统称为 K_α 谱线，K_α 谱线的波长一般用双线波长的加权平均值来表示，即 $\lambda_{K_\alpha}=(2\lambda_{K_{\alpha1}}+\lambda_{K_{\alpha2}})/3$。同样，由于电子跃迁概率的关系，K 系谱线中 K_α谱线的强度大于 K_β谱线的强度，两者的比值大约为 5∶1。

特征 X 射线波长 λ 与靶材原子序数 Z 之间的关系符合莫塞莱定律，其关系式为

$$\left(\frac{1}{\lambda}\right)^{\frac{1}{2}}=K(Z-\sigma) \tag{2.1}$$

式中，K、σ 为常数。

式(2.1)表明特征谱波长与原子序数的平方成反比，由于不同元素具有不同的原子结构，故相对于同一系的特征谱，其波长也不同，这说明随着原子序数的增加所产生的 K 线谱线波长变短。特征谱波长反映了原子结构的特征或者说提供了辨别不同元素的判据。此规律已成为现代 X 线射线光谱分析的基础。

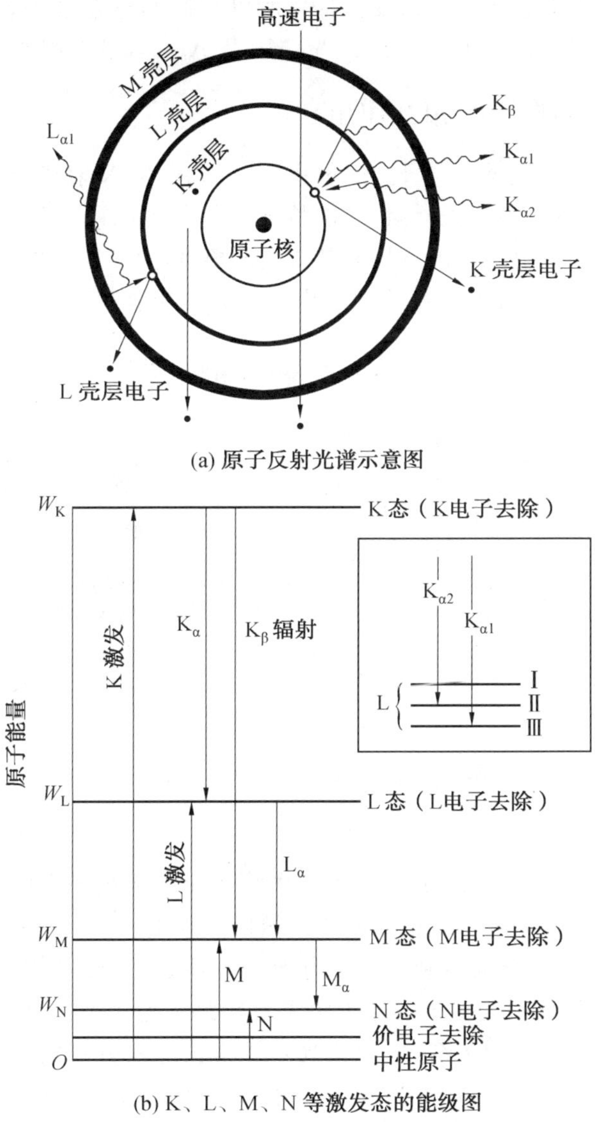

(b) K、L、M、N 等激发态的能级图

图 2.4　特征 X 射线产生机理

特征谱线的辐射强度随管电流及管电压的增大而增大。当管电压增大时，特征谱线

强度随之增大,同时连续谱强度也增大,这对于需要单色特征辐射的 X 线衍射分析是不利的。为了获得较大的特征 X 射线强度又要考虑避免其他谱线的干扰,经验表明,欲得到最大特征 X 射线与连续 X 射线的强度比,X 射线管工作电压选择 3～5 倍临界电压时为最佳。

由于 L 系及 M 系的特征谱线波长较长,容易被物质吸收,所以在晶体衍射分析中主要应用 K 系谱线。对于轻元素靶材,即使利用 K 系辐射,其波长也较长,很容易被吸收而无法利用;而重元素靶材所产生的 K 系谱线的波长又太短,且连续辐射所占比例太大,同样不能利用。由于从 V(Z=23)至 Ag(Z=47)的 K 系谱线的波长均落在物相分析及结构分析所用的 X 射线波长(0.5～2.5 Å)范围内,所以它们均适合成为物相分析用的 K_α 光源的靶材,宜采用的靶材为 Cr、Fe、Co、Ni、Cu、Mo 及 Ag 等,最常用的是 Cu 靶。

2.1.3 X 射线和物质的相互作用

X 射线是电磁波,具有波粒二象性,通过物质时,会产生 X 射线相干散射和非相干散射(康普顿效应)、光电效应和荧光辐射(二次特征辐射)、俄歇效应等一系列的效应(如图 2.5 所示),这是 X 射线应用的基础。从能量变化的角度考虑,X 射线通过物质时,发生散射、吸收和透过现象。透过物质后的 X 射线束由于吸收和散射,强度发生衰减。

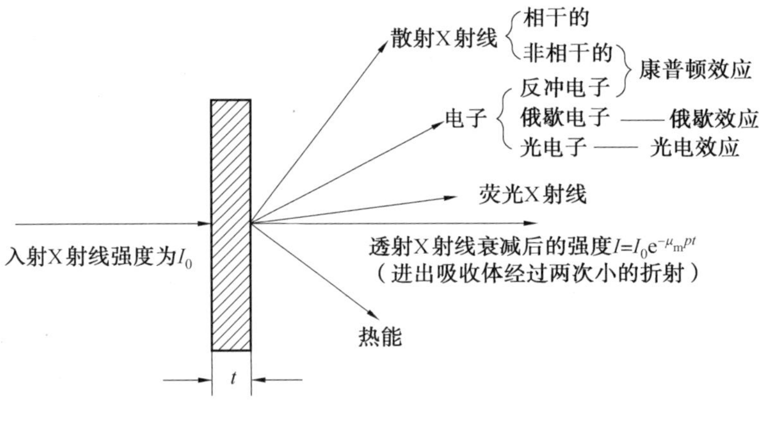

图 2.5 X 射线与物质的相互作用

1. X 射线散射

X 射线穿过物质时,物质的原子可能使 X 射线光量子偏离原射线方向,即发生散射,X 射线的散射现象可以分为相干散射和非相干散射两种类型。

X 射线是电磁波,当电磁波遇到任何带电粒子时,均将迫使其做受迫振动,并向四周辐射电磁波。当入射 X 射线光量子与原子中束缚较紧的电子发生弹性碰撞时,X 射线光量子的能量不足以使电子摆脱束缚,电子的散射线波长与入射线波长相同有确定的相位关系,在同一方向上各散射波符合相干条件,这种散射称为相干散射或汤姆逊(Thomson)散射。相干散射波之间产生相互干涉就可获得衍射,故相干散射是 X 射线衍射技术的基础。

当 X 射线光量子与原子中束缚较弱的电子,如原子中的外层电子发生非弹性碰撞时，光子将部分能量交给电子，光子本身能量减少而以角度 2θ 改变运动方向，X 射线散射波散布于空间的各个方向，不仅波长不相同，而且这些散射波之间不存在确定的位相关系，故这种散射波是不相干的，称为非相干散射或称康普顿一吴有训散射，如图 2.6 所示。发生碰撞的电子被撞离原子并带走光量子的一部分能量而成为反冲电子或康普顿电子。

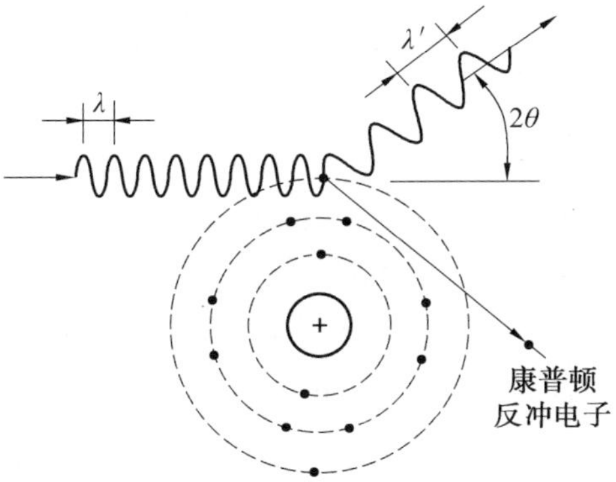

图 2.6　X 射线非相干散射

非相干散射不能在晶体中参与衍射，只会在衍射图像上形成强度随 $\sin\theta/\lambda$ 增大而增大的连续背景，从而给衍射分析工作带来干扰和不利的影响。入射 X 射线波长越短，被照射物质元素越轻，则非相干散射效应越显著。

2. X 射线吸收

X 射线光量子与原子中电子相互作用会产生光电效应以及俄歇效应，同时伴随着热效应。由于这些效应而消耗的入射 X 射线能量，统称为物质对入射 X 射线的真吸收。

(1)光电效应和荧光辐射。

当 X 射线具有足够高的能量时，可以将物质中的内层电子激发出来，使原子处于激发状态，通过电子跃迁辐射出 X 射线特征谱线，即二次特征辐射也称为荧光辐射，同时产生俄歇效应。

入射 X 射线光量子的能量大于原子某一内壳层的电子激发所需要的能量，X 射线能量被吸收，内层电子被激发，称为自由电子，被激发的电子称为光电子，这种因入射光子的能量被吸收而产生光电子的现象称为光电效应。能够产生光电效应的 X 射线的最大波长称为吸收限波长。在原子内层电子被激发后，较外层高能级的电子产生跃迁，填充其空位进而发射出新的特征 X 射线，称为二次特征 X 射线或荧光 X 射线。因其本质上属于光致发光的荧光现象，故称为荧光效应(辐射)。

荧光 X 射线的波长与原射线的波长不同，位相也与原射线的位相无确定关系，因而不会产生衍射，但所产生的背底比非相干散射产生的背底严重得多，所以在 X 射线衍射研究中，应正确选择所使用的 X 射线波长，以尽可能避免产生明显的荧光辐射。

(2)俄歇效应。

当较外层电子填充空穴时所释放的能量不产生次生 X 射线，而是转移给同层的另一个电子，并使之发射出来时，这个次生电子称为俄歇电子，这种现象称为俄歇效应(图 2.7)。俄歇电子的能量分布曲线称为俄歇电子能谱。俄歇电子能谱反映了该电子从属的原子以及原子的结构状态特征，因此，俄歇电子能谱分析（AES）可以分析固体表面组成元素的分布，可用于精确测量包括价电子在内的化学键能，也可测量化学键之间细微的能量差。扫描俄歇电子能谱仪还可观测被测物质的表面形貌。

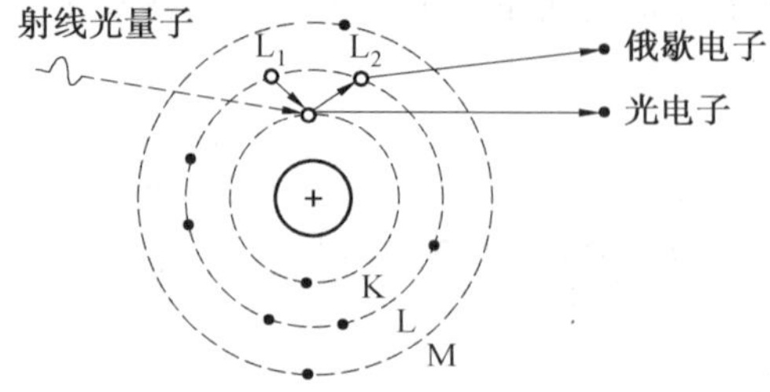

图 2.7　俄歇效应

（3）当 X 射线照射到物质上时，可导致电子运动速度和原子振动速度加快，部分入射 X 射线能量转化为热能，从而产生热效应。

3. X 射线的衰减

X 射线穿透过物质时，由于吸收和散射，其强度要衰减，衰减的程度与物质的厚度有关，即

$$I=I_0 e^{-\mu_l t} \tag{2.2}$$

式中，I 和 I_0 分别为入射 X 射线强度和穿过厚度为 t 的物质后的 X 射线强度；μ_l 为衰减系数，也称线吸收系数，对于同一物质，线吸收系数正比于它的密度 ρ，为此引入质量吸收系数 μ_m，$\mu_m=\mu_l/\rho$。质量吸收系数在很大程度上取决于物质的化学成分和被吸收的入射 X 射线波长。当波长变化到一定值时，质量吸收系数会产生一个突变，这是由于入射 X 射线的能量达到激发该物质元素的 K 层电子的数值而被吸收并引起二次特征辐射。

当 X 射线透过多种元素组成的物质时，X 射线的衰减情况受到组成该物质的所有元素的共同影响，由被照射物质原子本身的性质决定，而与这些原子间的结合方式无关。

2.2　X 射线衍射的基本原理

X 射线衍射分析方法是以材料结构分析为基本目的的现代分析方法。X 射线与材料相互作用产生相干散射（弹性散射），相干散射相长干涉的结果——衍射，是材料 X 射线衍射分析方法的技术基础。

1. X 射线衍射的基本原理

X 射线照射晶体，晶体中电子受迫振动产生相干散射，同一原子内各电子散射波相互干涉形成原子散射波，各原子散射波相互干涉，在某些方向上一致加强，即形成了晶体的衍射波（线）（图 2.8）。

衍射方向（衍射线在空间分布的方位）和衍射强度是据以实现材料结构分析等工作的两个基本特征。衍射方向以衍射角即入射线与衍射线的夹角 2θ 表达，其与产生衍射晶面的间距 d_{HKL}（HKL 为干涉指数表示的晶面）及入射线波长（λ）的关系，即衍射产生的必要

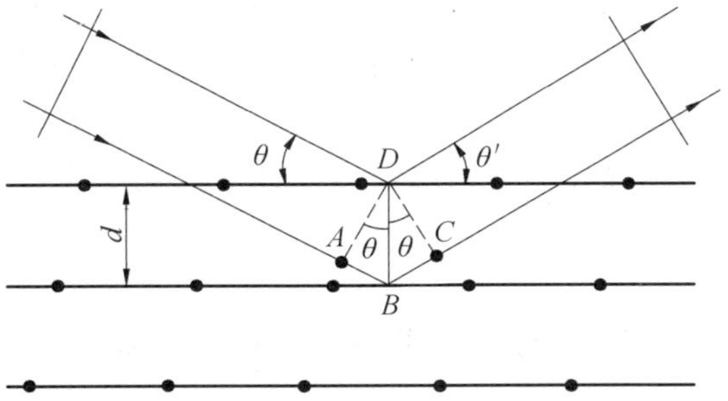

图 2.8　X 射线衍射示意图

条件，遵循布拉格方程：

$$2d_{HKL}\ \sin\theta=\lambda \tag{2.3}$$

布拉格方程的用途主要包括两个方面：一方面是用已知波长的 X 射线去照射未知试样，通过测量衍射角求得试样中的晶面间距，这属于常规衍射结构分析的范畴；另一方面则是利用一种已知面间距的晶体，反推从未知试样发射出的 X 射线，通过测量衍射角求得 X 射线的波长，这属于 X 射线光谱学或称为 X 射线波谱分析，它不但可进行光谱结构研究，还可以确定试样的组成元素。

2. X 射线衍射分析的基本方法

多晶体 X 射线衍射分析的基本方法为衍射仪法与（粉末）照相法。（粉末）照相法以光源（X 射线管）发出的单色光（特征 X 射线，一般为 K_{α}射线）照射（粉末）多晶体（圆柱形）样品，用底片记录产生的衍射线。用其轴线与样品轴线重合的圆柱形底片记录者称为德拜（Debye）法，用平板底片记录者称为针孔法。较早的 X 射线衍射分析多采用照相法，而德拜法是常用的照相法，一般称照相法即指德拜法，德拜法照相装置称德拜相机。衍射仪法分析装置称衍射仪，由光源、测角计、检测器（计数管）、辐射测量电路（信号处理器）及读出部分组成。衍射仪法亦以单色光照射（置于测角计中心样品架上的）多晶体（平板）样品，检测器与样品台同步转动（保持 2∶1 的角速度比），扫描接收衍射线并转换为电脉冲信号，再经信号处理并记录或显示，得到 I（衍射强度）-2θ 曲线。现在，衍射仪法已在绝大多数场合下取代了照相法，成为衍射分析的主要方法。

单晶体 X 射线衍射分析的基本方法为劳埃（Laue）法与周转晶体法。劳埃法以光源发出的复合光即连续 X 射线照射置于样品台上不动的单晶体样品，用平板底片记录产生的衍射线。底片处于样品前方者称为透射劳埃法，底片处于光源与样品之间者称为背射劳埃法。劳埃法照相装置称劳埃相机。周转晶体法以光源发出的单色光照射转动的单晶体样品，用以样品转动轴为轴线的圆柱形底片记录产生的衍射线。周转晶体法应用较少，可用于对称性较低的晶体（如正交、单斜等晶系晶体）结构分析。

四圆衍射仪是在综合衍射仪法与周转晶体法基础上发展起来的单晶体衍射方法，已成为单晶体结构分析的最有效方法。四圆衍射仪由光源、样品台、检测器等部件构成，其特点是实现样品在空间 3 个方向的圆运动（转动）以及检测器的圆运动（转动），前 3 个圆运动共同调节晶体样品的取向，后者保证衍射线进入检测器。

衍射仪法主要应用于物相定性和定量分析,点阵常数测定,宏观或微观应力测定,晶粒度测定,织构测定,单晶定向(单晶样品要转动),非晶态结构分析等方面。

四圆衍射仪法主要应用于单晶结构分析(晶胞参数,化学键的键长、键角的测定等),晶体学研究(晶体的对称性、晶体的空间群等),晶体的取向和完整性的确定,晶体是否是单晶的鉴定等方面。

2.3　X射线衍射仪与测量

2.3.1　X射线衍射仪

衍射仪法利用计数管来接收衍射线,可以省去照相法中的暗室工作,具有快速、灵敏及精确等优点。X射线衍射仪包括X射线发生器、测角仪、探测器、检测记录装置、控制和数据处理系统等。X射线发生器包括X射线管、高压变压器、管电压和管电流控制器、循环水泵等部件;测角仪是衍射仪的核心组成部分,包括精密的机械测角仪、光缝(指梭拉(Soller)狭缝、发射狭缝(DS)、防散射狭缝(SS)、接收狭缝(RS))、样品架和探测器的传动系统等;探测器包括计数器、前置放大器及电子设备;检测记录装置主要由电脉冲高度分析器、计数率计、记录仪、定标器、打印机、绘图仪、图像显示终端等组成;控制和数据处理系统实现了衍射分析全过程的计算机自动化,包括各种硬件和软件,如操作控制软件,数据采集、处理和分析软件及各种应用软件包;还可以安装各种附件,如高低温衍射、小角散射、织构及应力测量等。

对X射线衍射仪性能的要求主要体现在:一是衍射角测量要准确,二是采集衍射计数要稳定可靠,三是尽可能除掉多余的辐射线并降低背底散射。

X射线衍射仪工作过程大致为:X射线管发出单色X射线照射试样,所产生的衍射线光子用辐射探测器接收,经检测电路放大处理后在显示或记录装置上给出精确的衍射数据和谱线。这些衍射信息可作为各种X射线衍射分析应用的原始数据。

2.3.2　X射线衍射仪的测试

1. 测试条件的选择

(1)X射线波长的选择。

X射线衍射测试首先要考虑的问题是选择适当的阳极靶的X射线管从而获得适合的X射线波长。实验采用哪种靶的X射线管,要根据被测样品的元素组成而定。选择阳极靶的原则是:避免使用能被样品强烈吸收的波长,防止样品产生强的荧光辐射,增高衍射图的背景。根据元素吸收性质的规律,选靶的规则是X射线管靶材的原子序数要比样品中最轻元素的原子序数小或相等,相差最多不宜大于1。在实际工作中,Cu靶是使用最广的靶材,常用靶材的特征X射线波长见表2.1。

表 2.1　常用靶材的特征 X 射线波长

阳极物质名称	原子序数	K 系特征射线的波长/Å				吸收限 λ_k /A	激发电压 /kV	工作电压 /kV
		K_α	$K_{\alpha1}$	$K_{\alpha2}$	K_β			
Cr	24	2.290 92	2.289 62	2.293 51	2.084 80	2.070 12	5.98	20～25
Fe	25	1.937 28	1.935 97	1.939 91	1.756 53	1.743 34	7.10	25～30
Co	27	1.790 21	1.788 92	1.792 78	1.620 75	1.608 11	7.71	30
Ni	28	1.660 41	1.657 84	1.661 69	1.500 10	1.488 02	8.29	30～35
Cu	29	1.541 78	1.540 51	1.544 33	1.392 17	1.380 43	8.86	35～40
Mn	42	0.710 69	0.709 26	0.713 54	0 632 25	0.619 77	20.1	50～55
Ag	47	0.562 31	0.559 36	0.563 78	0.497 01	0.485 82	25 5	55～60

(2)X 射线的单色方法的选择。

X 射线单色化和背底的消除对于微小峰的检测是一项重要的测试技术。正确选择滤波片可大量吸收掉 K_β 辐射，使 K_β 变成一个很小的峰，其强度大致为同一衍射面 K_α 强度的 1/100。单色器可以除掉除特征射线以外的任何其他波长的射线，利用波长分辨率高的探测器和波高分析器的组合可以将 X 射线单色化，可能将康普顿散射去除，对于测定轻元素非晶的径向分布函数等工作是有效的。

在测角仪中，除梭拉狭缝固定外，发散狭缝(DS)、防散射狭缝(SS)和接收狭缝(RS)均有若干不同规格可供选择。

狭缝宽度影响强度、峰位及峰形。大狭缝可得到较大的衍射强度，但降低了分辨率；小狭缝可提高分辨率，但降低了衍射强度。在实际工作中应根据实际情况，兼顾两者，选用合适的狭缝宽度。

①发散狭缝(DS)。

如果使用较宽的发散狭缝，X 射线强度虽然增加，但平板样品两侧的衍射线聚焦程度越差，产生的衍射峰宽化也越明显，且移向低角一侧；而且在低角处入射线将超出试样范围，照射到边上的试样架，出现试样架物质的衍射信息，改变了试样的相对衍射强度，给定量分析工作带来不利的影响。因此，有必要按实验目的选择合适的发散狭缝宽度。在定性分析时常选用 1°发散狭缝，当低角衍射特别重要时可使用(1/2)°或(1/6)°发散狭缝。

②防散射狭缝(SS)。

在一般情况下，狭缝宽度应与发散狭缝选取一致。如果插入防散射狭缝后发现衍射强度明显减弱，则说明狭缝宽度太小，应换成较宽的狭缝。X 射线衍射峰强度通常随 2θ 的增大而减小，部分原因是入射线束变窄。避免方法是使用可变的入射狭缝代替标准的固定狭缝。

③接收狭缝(RS)。

衍射谱线的分辨率取决于接收狭缝的宽度。采用较细的接收狭缝，衍射分辨率虽高但其强度降低。接收狭缝宽度的变化还影响衍射线与散射线的强度比，采用较宽的接收狭缝，衍射谱线信噪比(峰值强度与背底之比)较大，衍射峰宽化，叠峰概率增加，实验结果不理想。在定性分析中，一般采用 0.3 mm 的接收狭缝。当分析有机化合物的复杂谱线时，为获得较高分辨率，宜采用 0.15 mm 的接收狭缝。

(3)管电压和管电流的选择。

特征 X 射线的强度正比于管电压和最低激发电压之差的 n 次方,又正比于管电流。管电压小时 n 值接近于 2,且随着管电压的增加而变小。在 K_β滤波方法中成为背底的连续 X 射线强度正比于管电压的平方,且正比于管流。因此,对于各种不同的靶,有不同的最佳管电压值,见表 2.2。根据靶的种类和发生器装置的最大容量确定最大管电流值。

表 2.2 最佳管电压值

靶	最低激发电压/kV	最佳管电压/kV		
		强度最大	峰背比最大	常用值
Mo	20.0	60	45～55	55
Cu	8.86	45～55	25～35	40
Co	7.71	35～50	25～35	35
Fe	7.10	35～45	25～35	35
Cr	5.98	30～40	20～30	30

(4)扫描方式和参数的选择。

衍射仪扫描方式有连续扫描和步进扫描(阶梯扫描)两种方法。

①连续扫描。

连续扫描方式是探测器在以固定速度均匀转动的过程中同时连续地进行计数测量,一定角度间隔内的积累计数即为间隔的强度值,此强度是计数管在角度间隔内连续运动期间测得的。现代衍射仪均采用步进电机来驱动测角仪转动。连续扫描的优点是工作效率高。

②步进扫描。

步进扫描(阶梯扫描)方式就是让探测器依次转到各角度间隔 $\Delta\theta$ 位置,停留并采集数据,其积累计数即为该角度的强度值,此强度是探测器在角度间隔停留期间测得的,探测器转动期间并不采集衍射数据。如此一步步进行下去,完成衍射图的扫描。

阶梯扫描通常要比连续扫描的测量精度高。当需要准确测定峰形、峰位和累积强度时(如定量分析、晶粒大小测定、微观应力测定、未知结构分析及点阵参数的精确测定),需用步进扫描,主要应用于要求较高的分析工作中。这种扫描方式由时间常数和角度间隔参数来描述,时间常数就是计数管在各角度间隔停留的时间,是阶梯扫描方式中的一个重要参数,直接影响衍射线质量。时间常数过小则扫描速度太快,虽然可节约测试时间,但由于每个角度的积累计数强度不足,因此衍射线的质量较差。时间常数过大则扫描速度太慢,虽然可以提高积累计数强度,使衍射谱线光滑,但需要过长的测试时间。在进行定量分析及点阵参数测定时,可采用时间常数 2 s 及角度间隔 0.01°的阶梯扫描。步进扫描测量准确,但所花费的时间较多。

在连续扫描和步进扫描中设置平滑和寻峰条件,可避免出现一些伪峰(由强度测量中统计起伏和可能存在的噪声小尖峰引起)。平滑次数增加,峰高强度会减小。在衍射仪中随机软件可有多种寻峰条件供选择。在平滑寻峰过程中,所有那些超过设定宽度和陡度的峰都作为峰而被记录,并打印对应的 2θ、d 值,所有未超过设定宽度和陡度的峰都做无峰处理。带有平滑和寻峰条件的扫描测量对于快速寻找衍射峰,从而鉴定物相是非常有利的。

③步长的选择。

步进扫描采用步宽(步长)表示计数管每步扫描的角度,有多种取值来表示扫描速度的快慢。用计算机进行衍射数据采集时,可选定连续扫描方式,也可以选定步进扫描方式。这两种方式都要适当选择采集数据的"步长"。采样步长小,数据个数增加;每步强度总计数小,计数误差大;但能更好地再现衍射的剖面图。采样步长大,能减少数据的个数,减少数据处理时的数据量,每步强度总计数较大,计数误差较小;但若步长过大,将影响衍射峰形的再现。步长取衍射峰半高宽的 1/5～1/10 作为基准。定性分析时把 0.02°作为基准,精确测定衍射峰形时步长通常取 0.01°～0.005°。

④扫描范围与扫描速度。

扫描范围就是 2θ 角的测量范围,通常与被测试样材料和实验目的有关。利用 Cu 靶对无机化合物进行常规定性分析时,扫描范围一般为 5°～90°即可满足要求。在定量分析时,可以只对待测衍射峰的附近区进行扫描。在点阵参数及应力测定时,为了减小晶面间距 d 值测量误差,扫描范围通常选取高角衍射区,并且也可以只对待测衍射峰的附近区进行扫描。在连续扫描中,扫描速度就是计数管在测角仪圆上均匀转动的角速度。如果扫描速度太慢,虽然可使衍射峰形光滑,但需要漫长的测试时间,从而浪费仪器资源。如果扫描速度太快,则由于计数强度不足,峰值下降,峰形不对称宽化,峰位后移,分辨率下降,这样的结果缺乏准确性和可靠性。尤其是当扫描速度太快时,不但可造成强度和分辨率的下降,同时还导致衍射峰的位置向扫描方向偏移。在定性分析检测试样的主要组成相时,常用 2(°)/min 或 4(°)/min 的扫描速度;在进行定量分析及点阵参数测定时,一般采用 0.5(°)/min 或 0.25(°)/min 的扫描速度。扫描速度的选择,还要根据具体情况,当被测物相的衍射强度很高时,一般定性分析允许使用更快的扫描速度,其扫描速度甚至允许超过 20(°)/min。

常见的 X 射线衍射仪法标准测试条件见表 2.3。

表 2.3 常见的 X 射线衍射仪法标准测试条件

测定条件	未知试样的简单物相分析	铁化合物的物相分析	有机物高分子物相测定	微量物相分析	定量物相分析	点阵参数测定
靶	Cu	Cr,Fe,Co	Cu	Cu	Cu	Cu,Co
K_β滤波片	Ni	V,Mn,Fe	Ni	Ni	Ni	Ni,Fe
管压/kV	35～45	30～40	35～45	35～45	35～45	35～45
管流/mA	30～40	20～40	30～40	30～40	30～40	30～40
量程(cps)	2 000～20 000	1 000～10 000	1 000～10 000	200～4 000	200～2 0000	200～4 000
时间常数/s	1,0.5	1,0.5	2,1	10～2	10～2	5～1
扫描速度/[(°)·min^{-1}]	2,42	2,4	1,2	1/2,1	1/4,1/2	1/8～1/2

续表2.3

测定条件	未知试样的简单物相分析	铁化合物的物相分析	有机物高分子物相测定	微量物相分析	定量物相分析	点阵参数测定
发散狭缝 DS/(°)	1	1	1/2,1	1	1/2,1,2	1
接收狭缝 RS/mm	0.3	0.3	0.15,0.3	0.3,0.6	0.15,0.3,0.6	0.15,0.3
扫描范围/(°)	90(70)～2(2θ)	120～10	60～2	90(70)～2	需要的衍射线	需要的衍射线(尽可能在高角区)

2. 样品的制备

X射线衍射可做粉末样品、固体样品、液体样品等，X射衍射仪都配有专用的样品托(架)，通常为带有凹槽的表面平整光滑的玻璃板，或开有窗孔或凹槽的铝板等，测试时将样品放入其中进行测定。

(1)粉末样品的制备。

①将被测试样在玛瑙研钵中研成5 μm左右(通过320目筛，手触摸无颗粒感)的细粉；

②将适量(0.2～0.3 g)研磨好的细粉填入凹槽，并用平整光滑的玻璃板将其压紧；

③将槽外或高出样品板面的多余粉末刮去，重新将样品压平，使样品表面与样品板面一样平齐光滑。若是使用带有窗孔的样品板，则把样品板放在一表面平整光滑的玻璃板上，将粉末填入窗孔，捣实压紧即成。

粉末样品的制备须注意不能造成样品表面产生择优取向，以防止衍射线相对强度的变化而造成误差。为防止样品的择优取向，可采取撒落法制样，即把样品粉末散落在倾斜放置的黏胶平面上，也可以采取向样品中添加各向同性的MgO、CaF_2等物质制成混合物的方法制样等。另外，如果样品量很少，则可用毛玻璃样品板制样，用玻璃板把细粉压在毛玻璃面上即可。还可以用乙醇或丙酮等不溶的易挥发溶剂进行分散后，均匀地涂覆在样品板表面制样，待溶剂挥发至干即可进行测量。

(2)特殊样品的制备。

对于金属、陶瓷等块状试样，可将其锯成窗孔大小，磨平一面，再用橡皮泥或石蜡将其固定在窗孔内。对于片状、纤维状或薄膜样品，也可取窗孔大小直接嵌固在窗孔内。但固定在窗孔内的样品其平整表面必须与样品板平齐，并对着入射X射线。对于液体样品，直接装入样品托的凹槽内进行检测。

3. 测试过程

(1)首先打开衍射仪开机总电源，再开冷却水；

(2)打开与衍射仪相连的计算机，并打开其测试软件程序；

(3)设置参数：起始角度、扫描方式、电压等；

(4)装样品：按照规定的方式将需要测试的样品装好，关好衍射仪的防辐射铅门；

(5)点击开始按钮开始测量；

(6)听到“叮”的一声表示测试完毕,将数据保存,再更换需要测试的其他样品继续测试,全部试样测量完后,关闭测量程序窗口,关计算机、电源和冷却水;

(7)数据分析:利用该软件的专用软件进行数据分析。

4. X 射线衍射图提供的分析信息

图 2.9 为粉末样品的 X 射线衍射图,从一张 X 射线衍射图可以获得的分析信息有:衍射峰的位置(角度)、衍射峰的强度、衍射峰的形状。

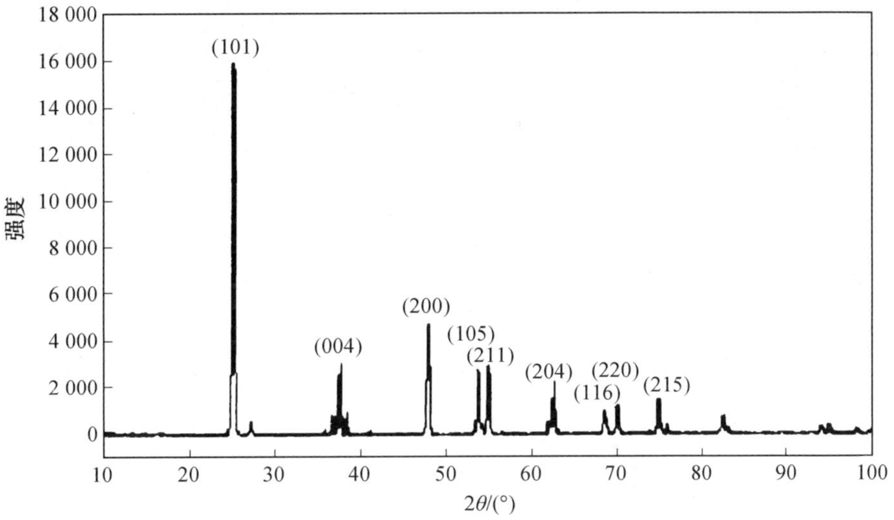

图 2.9　粉末样品的 X 射线衍射图

从衍射峰的位置可以得知衍射晶面的面间距 d,可以定性地进行物相分析和点阵参数分析;从晶面间距 d 值的变化可以进行残余应力、固溶体固溶度分析;从衍射峰的半高宽(去除背底,峰高 1/2 处的宽度)可以判断结晶性的好坏、晶粒大小、晶格的畸变程度;从衍射峰的整个峰形的积分强度可以进行定量分析;从衍射峰的形状可以判断所测样品的状态。如气体无衍射峰,非晶体材料或者液体产生馒头形衍射峰(弥散峰),非晶和晶体混合材料(如微晶玻璃)产生馒头峰叠加较尖锐的衍射峰,只有晶体材料才能产生尖锐的衍射峰。

2.4　X 射线衍射物相分析和点阵常数的精确测定

物相是材料中由各元素作用形成的具有同一聚集状态、同一结构和性质的均匀组成部分。它分为化合物和固溶体两类(同种元素原子则形成单质(相))。

物相分析是指确定材料由哪些相组成(即物相定性分析或称物相鉴别)和确定各组成相的含量(常以体积分数或质量分数表示,即物相定量分析)。物相是决定或影响材料性能的重要因素(相同成分的材料,相组成不同则性能不同),因而物相分析在材料、冶金、机械、化工、地质等行业中得到广泛应用。

2.4.1 物相定性分析

1. 基本原理

任何一种晶体物质都具有各自特定的晶体结构(点阵类型,晶胞形状与大小,晶胞中的原子、离子或分子数目以及它们所在的位置等),因而具有各自的 X 射线衍射花样特征(衍射线位置与强度)。对于多相物质,其衍射花样则由其各组成相的衍射花样简单叠加而成。由此可知,物质的 X 射线衍射花样特征就是分析物质相组成的"指纹脚印"。制备各种标准单相物质的衍射花样并使之规范化(制成 PDF 卡片),将待分析物质(样品)的衍射花样与之对照,从而确定物质的组成相,这就是物相定性分析的基本原理与方法。

2. PDF 卡片

各种已知物相衍射花样的规范化工作于 1938 年由哈那瓦特(J. D. Hanawalt)开创。他的主要工作是将物相的衍射花样特征(位置与强度)用 d(晶面间距)和 I(衍射线相对强度)数据组表达并制成相应的物相衍射数据卡片。卡片最初由"美国材料实验学会(ASTM)"出版,故称 ASTM 卡片。1969 年国际性组织"粉末衍射标准联合会(JCPDS)"成立,由它负责编辑出版"粉末衍射卡片",称 PDF 卡片。图 2.10 所示为氯化钠(NaCl)的 PDF 卡片。

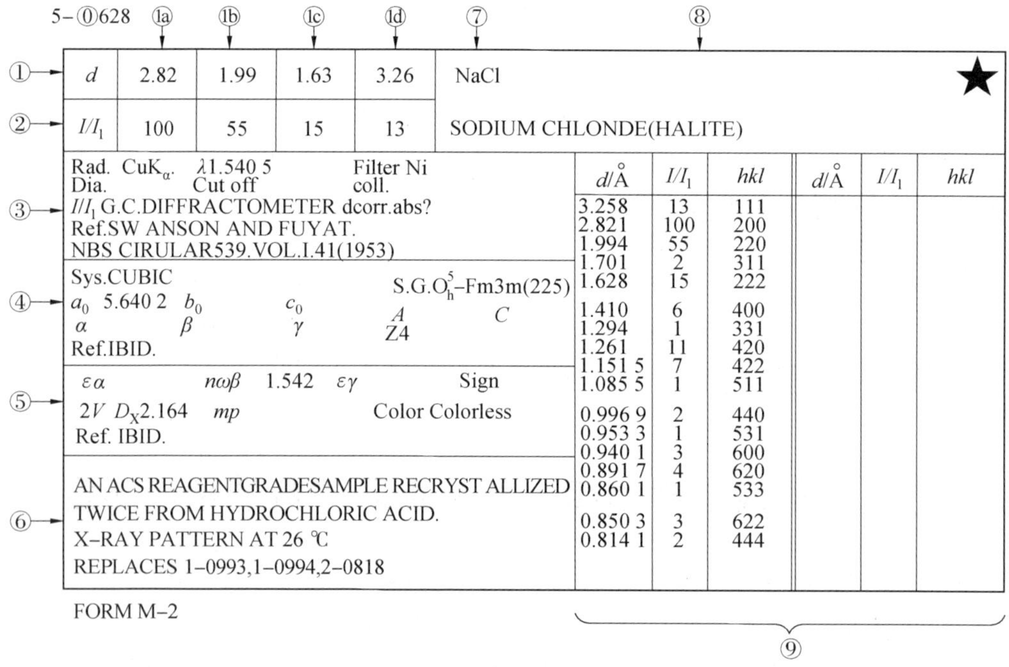

图 2.10 NaCl 的 PDF 卡片

(1)①a、①b、①c为该物相的 3 条最强衍射线的面间距。①d为样品中的最大面间距。

(2)第②栏为第①栏各线条以最强线之值为 100 时的相对强度。

(3)第③栏为摄照时的实验条件。其中的"Rad."为辐射的种类(CuK_α);"λ"为波长

(10^{-8}cm)；“Filter”为滤光片名称；“Dia.”为夹底片的圆筒的直径；“Cut off”为该设备所能测得的最大面间距；“coll.”为光栏狭缝的宽度或圆孔的尺寸；“I/I_1”为测量线条相对强度的方法(“Calibrated strip”为强度标法，“visual inspection”为视觉估计等)。“dcorr. abs?”为所测的“d”值是否经过吸收校正(No 为未作，Yes 为已作)。

(4)第④栏指所测材料的晶体学数据。其中的“Sys.”为晶系(如 Hexagonal—六方系等)；“S. G.”为空间群(按熊氏系统(Schoenflies System)与国际系统(Geneva System)标明)；“a_0、b_0、c_0”为点阵参数；轴比“$A=a_0/b_0$，$C=c_0/b_0$”；“α、β、γ”为晶胞轴间夹角；“Z”为晶(阵)胞中化学式单位(在元素方面指原子，在化合物方面指“分子”)的数目。

(5)第⑤栏为所测材料的光学及其他性质数据。其中的“$\varepsilon\alpha$、$n\omega\beta$、$\varepsilon\gamma$”为折射率；“sign.”为光学性质的“正”(+)或“负”(−)；“$2V$”为光轴间夹角；“D”为密度(如由 X 射线法测得者则标以 D_X)；“mp”为熔点；“Color”为颜色(如“Colorless”为无色)。

(6)第⑥栏为样品来源、制备方法、德相的摄照温度，以及化学分析数据和卡片的更正等进一步的说明。

(7)在⑦的部位为该物质的化学式及英文名称。

(8)在⑧的部位为该物质的结构式(如为有机物时)及其矿物学名称或通用名称。

(9)第⑨栏为所观测到的线条的“d”值及其相对强度与晶面干涉指数[注意：卡片标注是(hkl)，实际指数是(HKL)]。

(10)各栏中的“Ref.”均指该栏数据的来源。

此外，在卡片的右上角标有“★”号时，表明数据有高度的可靠性；若标有“i”则表明已指标化并估计强度，但可靠性不如前者；无标注者表示一般；若标有“o”号，则表明其可靠程度较低；若标有“c”，则指衍射数据来自理论计算。

3. PDF 卡片索引

为方便、迅速地查对 PDF 卡片，JCPDS 编辑出版了多种 PDF 卡片检索手册：Hanawalt 无机物检查手册、Hanawalt 有机相检查手册、无机相字母索引、Fink 无机索引、矿物检索手册等。检索手册按检索方法可分为两类：一类以物质名称为索引(即字母索引)，另一类以 d 值数列为索引(即数值索引)。被测样品的化学成分完全未知时，采用数字索引；若已知被测样品的主要化学成分，宜用字顺索引或两者结合使用。

(1)数值索引。以 Hanawalt 无机相数字索引为例，其编排方法为：一个相一个条目，在索引中占一横行，其内容依次为按强度递减顺序排列的 8 条强线的晶面间距和相对强度值、化学式、卡片编号和参比强度值。条目示例如下：

★$2.09_{\times}$　2.55_9 1.60_8 3.48_8 1.37_5 1.74_5 2.38_4 1.40_3　Al_2O_3 10−173 1.00

$3.60_{\times}$　6.01_8 4.36_8 3.00_6 4.15_4 2.74_4 2.00_2 1.81_2　Fe_2O_3 21−920

线条相对强度写在 d 值的右下角。相对强度分为 10 个等级，分别以×(最强线，100%)和数字表示(如 5 表示 50%，7 表示 70%等)。

考虑到强度受实验条件等因素的影响，可能偏差较大，因而索引中将每个相的前三强线条按 $d_1d_2d_3$、$d_2d_3d_1$、$d_3d_1d_2$ 的排列顺序(其余 5 个 d 值顺序不变)分列为 3 个条目，即每个相在索引中不同部分可出现 3 次。

索引按 d 值分组并按 d 值大小递减排列。每个条目按 d_1 值决定它属于哪一组，每组内按 d_2 值递减顺序编排条目；d_2 值相同的条目，则按 d_3 值递减顺序编排。

芬克(Fink)无机数值索引与哈那瓦特数值索引相类似，主要不同的是其以八强线条的 d 值循环排列，每种相在索引中可出现 8 次。

(2)字母索引。此种索引以物相英文名称字母顺序排列。每种相一个条目，占一横行。条目的内容顺序为：物相英文名称、三强线 d 值与相对强度、卡片编号和参比强度号。条目示例如下：

★Aluminum Oxide: Corundum Syn Al_2O_3 $2.09_{\times}$ 2.55_9 1.60_8 3.48_8 1.37_5 1.74_5 2.38_4 1.40_3 10—173 1.00

Iron Oxide Fe_2O_3 $3.60_{\times}$ 6.01_8 4.36_8 3.00_6 4.15_4 2.74_4 2.00_2 1.81_2 21—920

4. 物相定性分析的基本步骤

(1)单相物质的分析。

①制备待分析物质样品，用衍射仪法或照相法获得样品衍射花样。

②确定各衍射线条 d 值及相对强度 I/I_1 值(I_1 为最强线强度)。

衍射仪法，以 $I-2\theta$ 曲线峰位求得 d，以曲线峰高或积分面积得 I/I_1，配备微机的衍射仪则能够给出衍射图，并可直接打印或读出 d 与 I/I_1 值。

照相法，测定 θ 后则可得到 d 值，I/I_1 值可根据底片上衍射线条的感光情况目测估计，可分为 5 级或 10 级，最强线强度则定为 I_1。

③检索 PDF 卡片。物相均为未知时，使用数值索引。将各线条 d 值按强度递减顺序排列；按三强线条 d_1、d_2、d_3 的 $d-I/I_1$ 数据查数值索引；查到吻合的条目后，核对八强线的 $d-I/I_1$ 值；当八强线基本符合时，则按卡片编号取出 PDF 卡片。若按 d_1、d_2、d_3 顺序查找不到相应条目，则可将 d_1、d_2、d_3 按不同顺序排列查找。查找索引时，d 值可有一定误差范围：一般允许 $\Delta d=\pm(0.01\sim0.02)$。

④核对 PDF 卡片与物相判定。将衍射花样全部 $d-I/I_1$ 值与检索到的 PDF 卡片核对，若一一吻合，则卡片所示相即为待分析相。检索和核对 PDF 卡片时以 d 值为主要依据，以 I/I_1 值为参考依据。

(2)多相物质分析。

多相物质的衍射花样是其各组成相衍射花样的简单叠加，这就带来了多相物质分析(与单相物质相比)的困难：检索用的三强线不一定属于同一相，而且还可能发生一个相的某线条与另一相的某线条重叠的现象。因此，多相物质定性分析时，需要将衍射线条轮番搭配、反复尝试，比较复杂。

多相物质物相分析的方法是按上述基本步骤逐个确定其组成相。首先将能核对上的卡片作为第 1 相确定下来，然后将未对上的剩余线条做强度归一化处理，即将剩余线条中最强线作为 100，其余线条的强度乘以相同的归一化因子，再用查索引核对卡片的方法确定第 2 相，直至所有线条都有归属相为止。在某些情况下，最后还可能有少数衍射线对不上，这可能是因为混合物中某些相含量太少，只出现几条较强线以致无法鉴定。

5. 计算机自动检索

物相分析是繁重而又耗时的工作(对于相组成复杂的物质，尤其如此)。自 20 世纪

60 年代中期，开始了计算机自动检索的研究工作，现在，用计算机控制的 X 射线衍射仪一般都配备有自动检索软件。

(1)自动检索软件。

目前，用于 X 衍射分析的软件主要有 PCPDFWIN、Search－Match、High－Score、Jade 等。

①PCPDFWIN 软件属于第二代物相检索软件。它是在衍射图标定以后，按照 d 值进行检索，包括限定元素、三强线、结合法等分析方法。一张复杂的衍射图有时候需要用几天的时间进行检索。

② Search－Match 软件是一个专门的物相检索程序，属于第三代检索软件，采用图形界面，根据衍射图进行比对，实现和原始实验数据的直接对接，可以自动或手动标定衍射峰的位置，对于一般的图都能很好地应对。一张含有 4～5 相的衍射峰图，检索只需 3 min，效率比较高。

③High－Score 软件几乎具备 Search－Match 中的所有功能，而且比 Search－Match 更实用，比如手动加峰或减峰更加方便，可以对衍射图进行平滑等操作，衍射图更漂亮，可以编辑原始数据的步长、起始角度等参数，可以对峰的外形进行校正，进行半定量分析，物相检索更加方便，检索方式更多。

④Jade 软件是目前比较常用的 XRD 检索软件，具有以下优点：可以进行衍射峰的指标化，进行晶格参数的计算，根据标样对晶格参数进行校正，轻松计算峰的面积等，作图更加方便，支持随意编辑。

(2)Jade 分析软件与应用。

Jade 分析软件是 MDI(Materials Date，Inc)的产品，具有 X 射线衍射分析的强大功能，如平滑曲线、K_α分离扣除、去背景、寻峰、图谱拟合(可按照不同的峰形函数对单峰或全谱拟合，拟合过程是结构精修、晶粒大小、微观应变、残余应力计算等功能的必要步骤)、物相检索、结晶度计算、晶粒大小分析计算、晶格畸变与应力分析、晶格常数计算、衍射图指标化、残余应力计算、角度校正以及衍射图计算、显示和打印衍射图等功能。从 Jade 6.0开始增加了全谱拟合 Rietveld 法定量分析，还可以对晶体结构进行精修。Jade 目前已经发展至 9.0 和 2010 版本，新版本增加了新功能，简化了部分操作。

①定性分析。

定性分析的步骤包括：a. 给出检索条件，包括检索子库(有机还是无机、矿物还是金属等)、样品中可能存在的元素等；b. 计算机按照给定的检索条件进行检索，将最可能存在的前 50 种或 100 种物相列成表；c. 从列表中检定出一定存在的物相。

简单的衍射数据处理如下：

a. 数据导入。选择菜单“File | Patterns…”打开一个读入文件的对话框。也可以点击文件夹图标进入。

b. 数据平滑。右键单击平滑按钮，打开对话框，移动滑轮，可以查看平滑效果，移动滑轮到合适位置，然后点击图中的 Close，最后左键单击平滑按钮，就会应用平滑效果。

c. 背底测量与扣除。单击带有“BG”字样的按钮，利用鼠标微调红色圆点，对基线进行调节，基线确定之后，再一次点击照“BG”字样的按钮，基线自动被扣除。

d. 物相检索。右键单击“S/M”按钮，出现物相搜索与匹配界面。选择相应的数据库，点击 OK，软件随即进行自动检索。在图中相应的卡片检索结果前勾选，完成检索。

②定量分析。

定量分析的步骤包括：a. 对物质进行多物相检索，确定图谱中存在的物相种类，选定物相；b. 在 Option 菜单中，选择 WPF Refine 模块，进入全谱拟合界面；c. 在全谱拟合界面中，对包括峰型函数、峰宽函数、背底函数、结构参数在内的参数进行修正。点击 Refine，进行精修，根据 WPF 模块中 Display 窗口中显示的 R 值来判断精修的好坏，一般情况下 R 值在 10%以内可以认为精修的结果是正确的。

③晶粒尺寸分析。

谢乐(Scherrer)公式是 XRD 分析晶粒尺寸的著名公式：

$$D=\frac{K\lambda}{B\cos\theta} \tag{2.4}$$

式中，K 为 Scherrer 常数；D 为垂直于晶面方向的晶粒尺寸；B 为实测样品衍射峰半高宽度；θ 为衍射角；λ 为 X 射线波长，λ 为 0.154 nm。

使用谢乐公式时，需要扣除仪器宽化的影响。如果用 Cu 靶 K_α 线衍射，$K_{\alpha1}$ 和 $K_{\alpha2}$ 必须扣除一个。计算晶粒尺寸时，一般采用低角度的衍射线，如果晶粒尺寸较大，可用较高衍射角的衍射线来代替。谢乐公式求得的是平均晶粒尺寸，且是晶面法向尺寸，如果是大角度衍射，最好取衍射峰足够强的峰。该计算公式适用的晶粒大小范围为 1～100 nm。

利用 Jade 软件计算晶粒尺寸的过程为：通过 Jade 软件导入样品 X 射线衍射测试获得的 txt 文件数据，经物相检索，分别扣除背底和 $K_{\alpha2}$ 线、平滑曲线、全谱拟合，然后点击 Report/Size&Strain Plot，在弹出的对话框内，选择 ConstantFWHM 菜单，即可得到平均晶粒尺寸数据。

6. 物相定性分析应注意的几个问题

从理论上来说，只要未知物各组成相的 PDF 卡片存在(即已出版)，物相定性分析工作就能完成。但在实践中，却存在着各种困难。除因多相物质中各相衍射线条叠加导致分析工作的困难外，未知物衍射花样数据误差与 PDF 卡片本身的差错等都是造成分析工作困难的原因。为此，物相分析工作中一般应注意下述几个问题。

(1)d 值的数据比相对强度的数据重要。考虑到影响衍射强度的因素较多，如晶体样品的择优取向(织构)以及样品表面的氧化物、硫化物等导致线条强度异常等；又考虑到 PDF 卡片本身的可能误差或差错以及目测强度的不准确等因素，故在定性分析过程中以 d 值为主要依据，而相对强度仅作为参考依据。

在核查 d 值时，还应考虑到低角度衍射线的分辨率较低，因而测量误差比高角度线条大的情况。

此外，实验条件影响衍射花样。采用衍射仪法，吸收因子与 2θ 无关；而采用照相法则吸收因子因 θ 角减小而减小，故衍射仪法低角度线条相对于中或高角度线条的衍射强度，比在照相法中高。由此可知，在查核强度数据时，要注意样品实验条件与 PDF 卡片实验条件之异同。

(2)在分析工作中应尽可能地了解试样的来源、化学组成、物理和化学性能、生产原料、工艺过程和加工情况、使用情况、外观形状和颜色等信息，并充分利用这些信息进行物相鉴别。

有时在检索和查对 PDF 卡片后不能给出唯一准确的卡片，应在数个或更多的候选卡片中依据上述有关资料判定唯一准确的 PDF 卡片。

有关资料、信息的应用有助于简化多相物质的分析工作，如在粉末样品中用磁铁吸出磁性相、用溶剂溶掉易溶相，在样品中萃取碳化物相等。若能依据相关资料或化学成分分析等初步判定物质中可能存在某个相，则可按字母索引查出其 PDF 卡片，核对其数据；若确有此相，则可将此相各线条数据去除，再对样品剩余线条进行分析。

(3)应特别注意低角度区域的衍射数据。因为低角度的衍射线对应 d 值较大的晶面，不同的晶体差别较大，相互重叠的机会少或不易相互干扰。而高角度的衍射线对应 d 值较小的晶面，不同的晶体的晶面间距相近的机会多，容易相互混淆，特别是当试样的结晶完整性较差，晶格扭曲，有内应力或晶粒很小，往往使高角度线条漫散宽化，甚至无法测量。

(4)在物相鉴别遇到困难时，还应把其与化学成分鉴定、热分析、红外光谱分析等分析手段结合起来进行物相鉴别。

(5)固溶体相的鉴定。固溶体点阵常数随固溶体成分(溶质含量)而改变，故其 d 值也随成分而变化。因而必须预先制作固溶体点阵常数或 d 与其成分的关系曲线，然后按其不同成分制作一套标准衍射卡片，方可实现固溶体的鉴定。

2.4.2　物相定量分析

定量分析的任务是确定物质(样品)中各组成相的相对含量。设样品中任一相为 j，其某(HKL)衍射线强度为 I_j，其体积分数为 f_j，样品(混合物)线吸收系数为 μ；定量分析的基本依据是：I_j 随 f_j 的增加而增高；但由于样品对 X 射线的吸收，I_j 也不正比于 f_j，而是依赖于 I_j 与 f_j 及 μ 之间的关系。

由于需要准确测定衍射线强度，因而定量分析一般都采用衍射仪法。

多相混合物样品，其 μ 可表示为

$$\mu=\rho\mu_{\mathrm{m}}=\rho\sum_{i}(\mu_{\mathrm{m}})_j\cdot w_j \tag{2.5}$$

式中，$(\mu_{\mathrm{m}})_j$ 为 j 相质量吸收系数；ω_j 为 j 相质量分数；ρ 为密度。

衍射仪法吸收因子为$\dfrac{1}{2\mu}$，混合物样品中任一相 j 的强度(I_j)可表示为

$$I_j=I_0\frac{\lambda^3e^4}{32\pi R^3m^2c^4}\cdot\frac{V_j}{2\mu}\left[\frac{1}{V_0^2}|F_{HKL}|^2\cdot P_{HKL}\cdot\phi(\theta)\mathrm{e}^{-2M}\right]_j \tag{2.6}$$

式中，R 为观测点到电子所在位置的距离；m 为电子质量；c 为光速；F_{HKL} 为结构因子；P_{HKL} 为多重性因子；$\phi(\theta)$ 为角因子；V_j 为 j 相参与衍射(被照射)的体积，设样品参与衍射(被照射)的总体积 V 为单位体积，则 $V_j=V\cdot f_j=f_j$。

设式 $I_0\dfrac{\lambda_0e^4}{32\pi R^4m^2c^4}\cdot\dfrac{1}{2}=B$(显然，对于同一样品各相之 I_j 而言，B 值相同)，又设

$$\left[\frac{1}{V_0^2}|F_{HKL}|^2\cdot P_{HKL}\cdot\phi(\theta)\mathrm{e}^{-2M}\right]_j=C_j$$

[对于给定之 j 相;C_j 是取决于衍射线条指数(HKL)的量],则式(2.6)可写为

$$I_j=\frac{BC_jV_j}{\mu}=\frac{BC_jf_j}{\mu} \tag{2.7}$$

式(2.7)即为物相定量分析的基本依据。

设多相样品中任意两相为 j_1 和 j_2,按式(2.7),有

$$\frac{I_{j_1}}{I_{j_2}}=\frac{C_{j_1}}{C_{j_2}}\cdot\frac{V_{j_1}}{V_{j_2}}=\frac{C_{j_1}}{C_{j_2}}\cdot\frac{f_{j_1}}{f_{j_2}} \tag{2.8}$$

式(2.8)中,I_{j_1} 与 I_{j_2} 由 j_1 相与 j_2 相的衍射线条强度测量可得,而 C_{j_1} 与 C_{j_2} 通过计算可求。故按式(2.8),可得 V_{j_1}/V_{j_2} 或 f_{j_1}/f_{j_2},以此为基础,若已知样品为两相混合物,即有 $f_{j_1}+f_{j_2}=1$,则可分别求得 f_{j_1} 与 f_{j_2},此即为物相分析之直接对比法。若在样品内加入一已知含量的物相(s,称内标物),据待分析相(a)与 s 相之强度比 I_a/I_s,亦可求得 a 相含量,此即为物相分析之内标法,内标法又分为内标曲线法、K 值法与任意内标法等方法。

2.4.3　点阵参数的精确测定

点阵参数是物质的基本结构参数,任何一种晶体物质在一定状态下都有一定的点阵参数。通过点阵参数的确定,可以研究物质的热膨胀系数、固溶体的类型与含量、固相溶解度曲线、测量金属材料中的宏观应力和测定有关的晶体性质数据等。

金属材料中的应力分为宏观应力和两种微观应力。这三种应力对应于材料晶体结构三种情况的畸变,这些畸变能分别对 X 射线衍射线产生线条位移、线条宽化和线条强度降低三种效应,因此可以利用 X 射线衍射方法来测量金属材料中的各种应力。

1. 样品衍射图的测试

严格按要求制备样品,是获取精确实验数据的前提。采取合适的措施尽可能消除仪器的系统误差后,将制备好的样品放入 X 射线衍射仪进行测试,获得样品的 X 射线衍射图。

2. 计算各衍射线对应的布拉格角及对应晶面族的晶面间距 d

由布拉格公式即可计算各衍射线对应的布拉格角及对应晶面族的晶面间距 d,其关键是衍射峰位的确定和衍射线的选择。

为精确确定衍射线的峰位 2θ,可用抛物线和重心法等精确确定衍射线的峰位。在选择衍射线方面,一般总是尽可能利用 θ 接近 $90°$ 的高角度衍射线来计算晶胞参数。

3. 标定各衍射线的衍射指数 HKL

标定衍射图中各衍射线的衍射指数有三种常用方法:查卡法、图解法和解析法。一般首先通过查 PDF 卡片,确定各衍射线对应晶面族的晶面指数,并确定该晶体所属晶系。当 PDF 卡片上没有衍射线的衍射指数时,则要用图解法或解析法来标定,不论是用图解法还是解析法,衍射图的标定工作都是烦琐而费时。图解法要用专用图表对衍射图进行标定,解析法虽然也很烦琐,但是使用计算机进行标定工作则比较方便,现已有计算晶胞参数的应用程序可以使用。

4. 消除误差，计算晶胞参数

由 d 及相应的 HKL 计算晶胞参数，在此过程中要消除误差，得到精确的晶胞参数。消除误差的方法有内标法和实验数据处理法。内标法是用晶胞参数已知的标准物质与待测试样以一定比例混合来校正待测试样的测试数据；实验数据处理法是由误差分析得到系统误差的规律性以及偶然误差的统计分布特点，通过数据处理的方法消除其影响，进而得到精确的晶胞参数值。

现在已有计算机计算晶胞参数的应用程序，可很方便地计算晶胞参数，只要学习掌握了计算晶胞参数的应用程序，即可进行晶胞参数计算。

2.5　X 射线衍射法在材料研究中的应用

2.5.1　X 射线衍射法在高分子材料研究中的应用

X 射线衍射法在聚合物研究方面的应用包括定性物相分析、取向度测定、结晶度测定、微晶尺寸估算、点阵畸变研究、晶体结构分析和聚合物的结晶状况随加工条件变化的研究等。

当一束单色的 X 射线照射到试样上时，可观察到两种过程：

(1)如果试样具有周期性结构(晶区)，则 X 射线被相干散射，入射光与散射光之间没有波长的改变，这种过程称为 X 射线衍射效应，在大角度上测定，所以又称为大角 X 射线衍射(WARD)。

(2)如果试样是具有不同电子密度的非周期性结构(晶区和非晶区)，则 X 射线被不相干散射，有波长的改变，这种过程称为漫射 X 射线衍射效应(简称散射)，在小角度上测定，所以又称为小角 X 射线散射(SAXS)。

小分子晶体主要用 WARD 研究，但对高分子材料，SAXS 也相当重要。

1. 大角 X 射线衍射法

(1)高分子材料的定性鉴别。

①定性物相分析。

对于一块未知结构的聚合物样品，可以用多种方法来对它进行鉴别。X 射线衍射法也是常用的一种方法。它是通过把未知样品的 X 射线衍射谱与“粉末衍射卡组”提供的各卡片进行对比，来定性地鉴别出该试样是什么聚合物。对于聚乙烯、聚丙烯、聚甲醛、聚酯、聚酰胺和聚四氟乙烯等常用聚合物，这种方法是比较有效的。例如图 2.11 是两种等规聚丙烯的 X 射线衍射谱。其中图 2.11(a)谱是 α—晶型的，在 2θ 为 17°～22°的范围内有五个强峰。图 2.11(b)谱是 β—晶型的，在 2θ 为 17°～22°的范围内只有两个强峰。该谱图的 $d=0.552$ nm 处的衍射峰两侧还有两个小峰，与 α—晶型有关。说明该样品的结晶部分并不完全是由 β—晶型的晶粒构成，也含有少量 α—晶型的晶粒。

如果测得未知样品的 X 射线衍射谱如图 2.12 所示，那么就可以推定该样品是 α—PP。因为该谱图中 2θ 为 10°～25°范围内的五个衍射峰的峰位和图 2.11(a)中的情况十

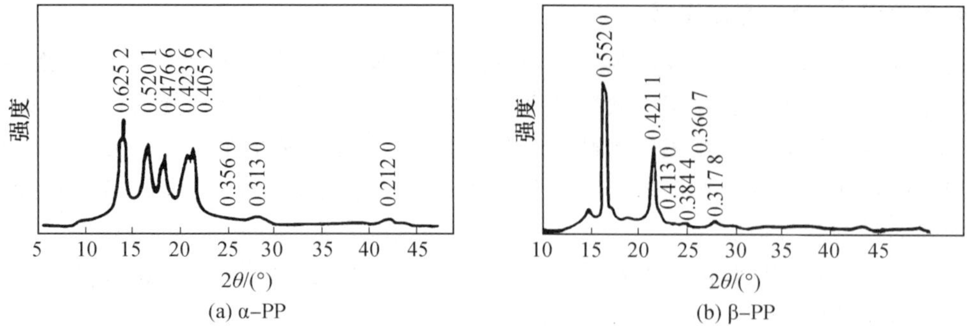

图 2.11　α—晶型和β—晶型两种等规聚丙烯的 X 射线衍射谱

分相似。另外，如果从一个未知样品的 X 射线衍射谱中计算得到两个强衍射峰的 d 值分别在 0.552 nm 和 0.421 nm 左右，而且衍射谱的形状也与图 2.11(b)相当类似，那么就可以初步推测该样品为 β—PP。

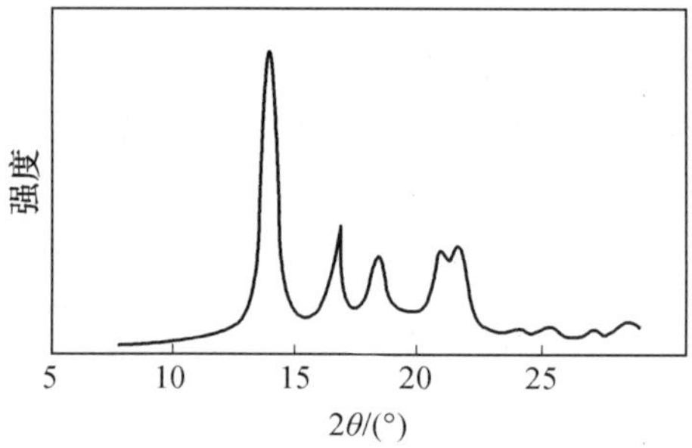

图 2.12　未知聚合物样品的 X 射线衍射谱

不过由于聚合物试样的衍射峰较少和较宽，而且又容易与非晶弥散环重叠等原因，常常会为那些不常见聚合物的鉴别带来一定的难度，不能立即作出明确的结论。这时，可以找一个初步认定的聚合物样品做 X 射线衍射分析，并对两个谱图进行对比，也可以与文献中相应聚合物的 X 射线衍射谱做对比，加以确认。还可以通过红外光谱和 DSC 谱图等其他测试方法，加以协助鉴别。

高分子结晶不像低分子结晶，通过众多衍射线条的“指纹”特征就能进行定性分析，也没有系统的标准衍射数据可查，所以 X 射线方法在高分子材料的定性方面的应用是很有限的。

② 结晶高分子与非晶高分子的区别。

非晶高分子的粉末衍射图是一个弥散峰或弥散环(图 2.13)，峰的位置(约 20°)所相应的间距是分子的平均距离，为 0.4～0.5 nm，与液相中分子平均间距相同。

而结晶高分子应有锐峰(环)，图 2.14 是聚对苯二甲酸乙二醇酯的衍射图，对于结晶更好的样品，图上每个宽峰还会进一步分开成两个或三个峰。

比较两种聚乙烯的衍射曲线(图 2.15)可见，高密度聚乙烯(HDPE)比低密度聚乙烯(LDPE)的结晶度高，结晶有序性好，因而衍射锐利，而且在高角度上还有比较弱的锐峰。两种聚乙烯的非晶漫散射峰最大强度都出现在 $2\theta=20°$处，相应的 $d=0.414$ nm。

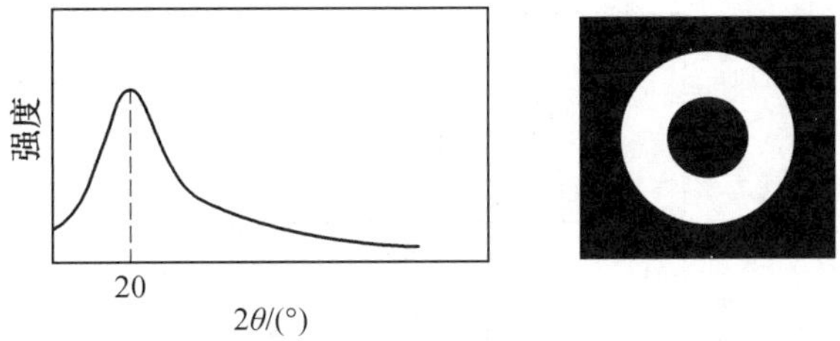

(a) 扫描法　　(b) 平板照相法

图 2.13　非晶高分子的粉末衍射图

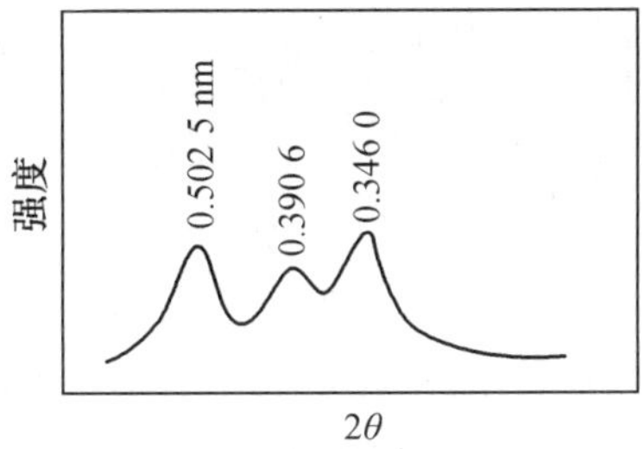

图 2.14　聚对苯二甲酸乙二酯的衍射图

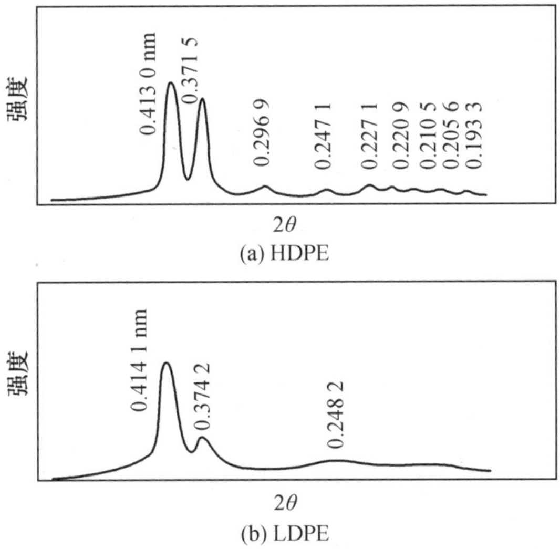

图 2.15　聚乙烯的衍射曲线图

③不同晶型的鉴别。

同种聚合物在不同的结晶条件下可能会形成不同的晶型(或称变态)的晶体。典型的情况如聚丙烯和尼龙 6。

全同聚丙烯的 α 晶型属单斜晶系,是最常出现的一种;β 晶型属六方晶系,是在相当高的冷却速度下或含有易成核物质时,于 130 ℃以下等温结晶或在挤出成型时产生的;γ 晶型为三方晶系,只有在高压下或低分子量试样中才会形成。三种晶型的衍射图完全不同,很易识别(图 2.16,图中阴影区为非晶漫散峰)。

尼龙 6 的 α 晶型和 β 晶型同属单斜晶系,它们的区别是 β 型在 $2\theta=11^\circ$ 有明显的

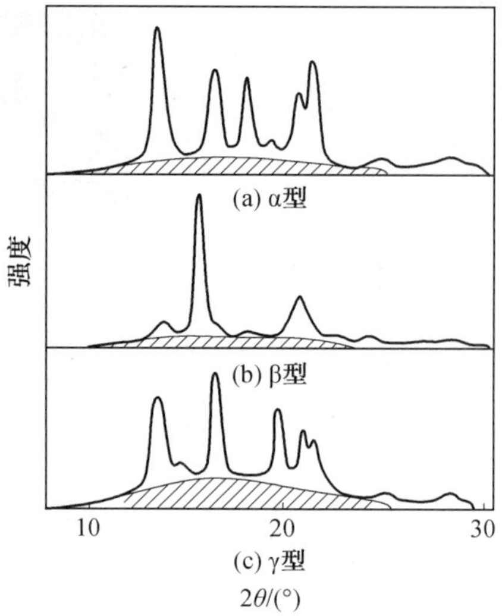

图 2.16 不同晶型的全同聚丙烯的 WARD 图

(002)晶面的峰。γ 型是拟六方晶系，是急冷时形成的，衍射图上只出现反映分子平均间距 20°左右的一个峰，不过此峰比非晶峰要尖锐(图 2.17)。

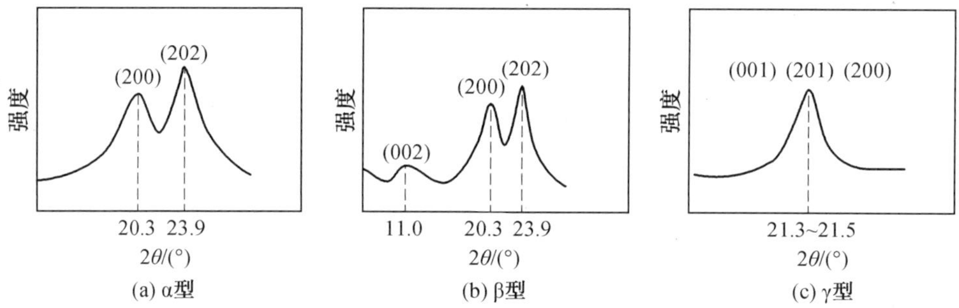

图 2.17 不同晶型的尼龙 6 的 WAXD 图

④聚丁二烯异构体的区别。

用 X 射线衍射法鉴别聚丁二烯不同异构体是十分有效的。各种结构聚丁二烯的 WARD 图示于图 2.18。

⑤共混物与共聚物的分析。

共聚物结构取决于各单体在形状和尺寸上是否相似，也与分子链侧基的大小有关，因而共聚物的 X 射线衍射图可能有以下三种情况：

a. 两种均聚物衍射图重叠，各自的晶胞参数和衍射强度有些改变；

b. 得到一个与各均聚物完全不同的新衍射图；

c. 共聚后不结晶，衍射图为弥散峰。

一般来说，共混物要比共聚物简单，共混物的衍射常是各组分衍射的叠加，而且各组分对强度的贡献与组成成正比。但有时结晶生长时两组分的分子链互有扩散，则衍射图取决于共混和结晶的条件。

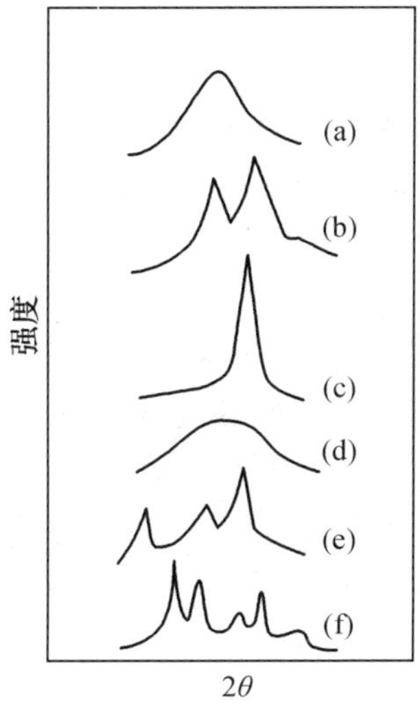

图 2.18　不同异构体聚丁二烯的 WARD 图

(a)无规 1,4—聚丁二烯;(b)顺 1,4—聚丁二烯;(c)反 1,4—聚丁二烯;
(d)无规 1,2—聚丁二烯;(e)全同 1,2—聚丁二烯;(f)间同 1,2—聚丁二烯

现以聚乙烯醇—聚丙烯腈共混物为例来说明(图 2.19)。将该共混物溶于二甲基亚砜中干法纺丝,测定纤维衍射图的赤道线(零层线)。当纤维未经热处理时(图 2.19(a)),可以看出共混物保持了两组分各自的结构,尽管衍射峰略有变化。但纤维经 100 ℃热处理 1 h 后(图 2.19(b)),衍射线条的位置和强度相对于原组分都有很大变化,说明至少在重结晶区结构有了改变。

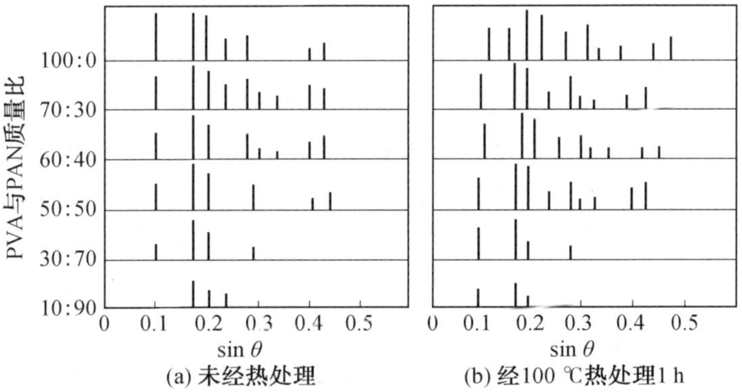

图 2.19　聚乙烯醇—聚丙烯腈共混物纤维的赤道线 X 射线衍射图

⑥添加剂分析。

高分子材料中结晶性添加剂多为无机材料,衍射峰都比较尖锐,很容易与聚合物的衍射相区别。

当添加剂含量较低时,可能只出一两条衍射线,而且较弱。此时可以用分离方法分离例如焙烧法,以除去聚合物而留下添加剂,再用传统的 X 射线分析方法确定无机添加剂的组成。

(2)高聚物结晶结构的确定。

到目前为止,还没有一种可靠的技术能直接测出高聚物晶体内部原子的排列情况,即使是分辨率最高的电镜,由于高聚物对电子束的不稳定性,最高能达到的分辨率也只有1～1.5 nm,比晶体中原子间距离大好几倍。因而晶体结构还主要依靠X射线技术间接推断。

在聚合物学科创立的初期,关于聚合物结构,尤其是结晶结构和各种纤维结构的研究主要采用X射线衍射法。随着多种分析仪器的不断成熟,聚合物结构的分析也越来越多样化,不再以X射线衍射法为主了,但它仍然是经常采用的一种研究方法。

利用WAXD测定高分子的结晶结构参数常会遇到很多困难,原因如下:

①衍射峰(或线条)很少,这是因为高分子结晶对称性低,分子在结晶中的排列又相当复杂。衍射线强度大部分集中在低角区,以及与分子链平行的两三个衍射上,高角度反射常常由许多晶面的反射叠加而成。

②峰较宽,因为晶粒小且分布宽(10^{-3}～10^{-6} mm),点阵畸变严重。

③总有非晶弥散峰混于结晶峰中,峰的分离困难。即使是单晶,也有5%～8%的非晶成分。

一般X射线衍射法测定晶体结构的步骤如下:

①测定晶胞的形状和大小;

②测定晶胞中原子数目;

③将X射线衍射线条指标化;

④测定点阵类型及对称情况;

⑤根据衍射线条的强度测定晶胞中的原子位置。

(3)结晶度测定。

绝大多数聚合物都很难得到大尺寸的单晶体,只能得到半晶聚合物,所以结晶度的测定就十分重要。然而,半晶聚合物并非由一些完善的晶区和一些非晶区简单地拼合而成,实际上还会由点阵发生畸变的不完善晶区和晶粒间界区的存在。但为了计算的方便,作为一级近似,此处暂且把半晶聚合物简化为完善的晶区和非晶区的拼合体。在这一前提下,聚合物质量结晶度 X_c 的定义可写为

$$X_c = M_c / M_s \tag{2.9}$$

式中,M_c 是晶区的总质量;M_s 是非晶区的总质量。

用X射线衍射法测量聚合物的结晶度的原理是根据能量守恒定律衍生出来的,即用固定的X射线强度入射试样时,固定质量(即固定原子数 N)的散射体的相干散射的强度是确定的,它仅与散射原子的种类和总数有关,而与原子的聚焦状态无关。这个原理在数学上可以表述为整个倒易空间的积分散射强度是一个确定的常数,即

$$\int_0^\infty I(s)\mathrm{d}V = 4\pi\int_0^\infty s^2 I(s)\mathrm{d}s = \text{常数} \tag{2.10}$$

式中,散射矢量的模 $|\boldsymbol{s}| = s = 2\sin\theta/\lambda$;$I(s)$是倒易空间某 s 处的局部散射强度。

如果能把X射线衍射谱中的晶区散射强度 I_c 和非晶区散射强度 I_a 简单地加以区分,那么衍射谱中的总散射强度 I 就等于两者的简单加和:$I = I_c + I_a$。于是,X射线衍射

法测试的结晶度可表示为

$$X_{c,X}=I_c/(I_c+I_a)=\frac{\int_0^\infty s^2 I_c(s)\mathrm{d}s}{\int_0^\infty s^2 I(s)\mathrm{d}s} \tag{2.11}$$

式中，质量结晶度符号中的下标 X，表明它是由 X 射线衍射法测得的。由于半晶聚合物的结构并不是由一些完善的晶区和一些非晶区简单地拼合而成的，所以同一种样品用不同分析方法测得的结晶度并不相同。因此，注明结晶度的测试方法是十分重要的。

用 X 射线衍射法测试聚合物结晶度时，针对不同类型的聚合物，应该采用不同的具体方法。对于那些容易把 X 射线衍射谱中的结晶峰与非晶漫散射分开的聚合物（如聚乙烯、聚丙烯、聚甲醛和聚四氟乙烯等），适合采用分峰法。如图 2.20 就把一个用实线记录下来的衍射谱，分解为用三个虚线画出的对称结晶衍射峰和一个非晶漫散射峰。对于单组分聚合物，在这种情况下可以把式(2.11)的积分形式改写为求和的形式：

$$X_{i,X}=\frac{\sum_i C_{i,HKL}(\theta)I_{i,HKL}(\theta)}{\sum_i C_{i,HKL}(\theta)I_{i,HKL}(\theta)+\sum_j C_j(\theta)I_j(\theta)k_i} \tag{2.12}$$

式中，i 是结晶峰的数目；j 是非晶漫散射峰的数目；$C_{i,HKL}(\theta)$是(HKL)晶面组的校正因子；$I_{i,HKL}(\theta)$是该晶面组衍射峰的积分强度；$C_j(\theta)$和 $I_j(\theta)$分别是第 j 个非晶漫散射峰的校正因子和漫散射峰的积分强度；k_i 是一个校正系数。

对某聚合物的结晶度进行具体计算时，应该选择几个结晶衍射峰和漫散射峰，相应的参数和校正因子的数据，可以查阅相关的文献。

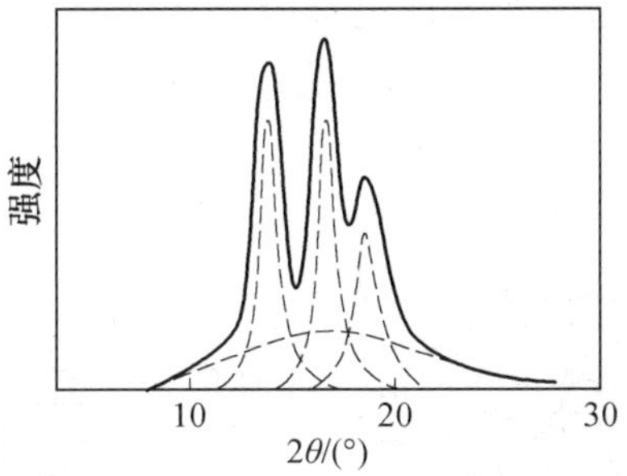

图 2.20　聚合物 X 射线衍射谱的分峰举例

对于那些结晶峰与非晶漫散射不易分开的聚合物（如聚酯等），比较适合采用差强度法。即通过把待测试样的 X 射线衍射谱，与一个高结晶度参考试样的衍射谱和另一个非晶（或低结晶度）参考试样的衍射谱进行比较，找出相应 2θ 角时的强度差的方法来间接求出待测聚合物的结晶度。

而对于那些容易制得 100%非晶样品，而且非晶的主漫散射峰不受晶区衍射峰严重干扰的弹性体聚合物，则适合采用非晶标样法，即在测试条件相同的情况下，通过对比待测试样和标样的非晶漫散射峰的强度，先求得待测试样的非晶百分含量，然后再转换成它的结晶度。

(4)聚合物结晶状况随加工条件变化的研究。

用X射线衍射法研究聚偏氟乙烯(PVDF)压电膜片的制备工艺对聚合物中 α→β 晶型转变的影响,取得了很明显的效果。

PVDF也是一种半晶聚合物,其结晶时可以出现 α、β、γ 和 δ 等多种晶型。聚合所得的PVDF原料由 α—晶型组成。含 α—晶型的PVDF膜片不会有压电性能,而含 β—晶型的PVDF膜片经强直流电场极化以后,就具有很好的压电性能,并有实际应用价值。为了使普通PVDF膜片中的 α—晶型转变成 β—晶型,可以采取几种不同的方法。其中最方便和有效的方法就是对膜片进行适当的热拉伸。通常采用的是膜片在整体加热条件下的拉伸工艺。为了能使膜片中更多的 α—晶型的晶粒转变成 β—晶型的晶粒,将其改变为在局部移动加热条件的拉伸工艺,取得了很好的效果。从两类膜片的X射线衍射谱的对比中可以看得十分清楚。

图2.21是含 α—晶型的PVDF膜片,经过两种不同的单轴热拉伸工艺使膜片拉伸四倍后,测得的X射线衍射谱(膜片厚度从拉伸前的约100 μm降低到拉伸后的约30 μm)。图中 $2\theta=35.1°$ 的衍射峰是 β—晶型的(001)晶面的衍射峰,$2\theta=38.99°$ 的衍射峰是 α—晶型的(002)晶面的衍射峰。由图2.21(b)可见,经过75～105 ℃下的局部移动加热拉伸后,膜片中的 α—晶型都已经消失,存在的都是 β—晶型。而且在这个温区中,温度越高,β—晶型越多。但是随着加热温度的继续提高,拉伸后的膜片中出现了 α—晶型。而且是随着温度的继续提高,α—晶型的含量越来越多。由图2.21(a)可见,在用整体加热拉伸工艺制得的膜片中,只有在75 ℃的拉伸温度下,才使 α—晶型全部消失,膜片中存在的都是 β—晶型。而在85～125 ℃的温区中,拉伸以后的膜片中,虽然也出现了 β—晶型,但还都有 α—晶型存在,而且 α—晶型的含量随温度的升高而增多。通过上述两个X射线衍射谱图的对比,可以清楚地看到,仅就PVDF膜片发生 α→β 晶型转变而言,局部移动加热拉伸工艺要优于整体加热拉伸工艺。

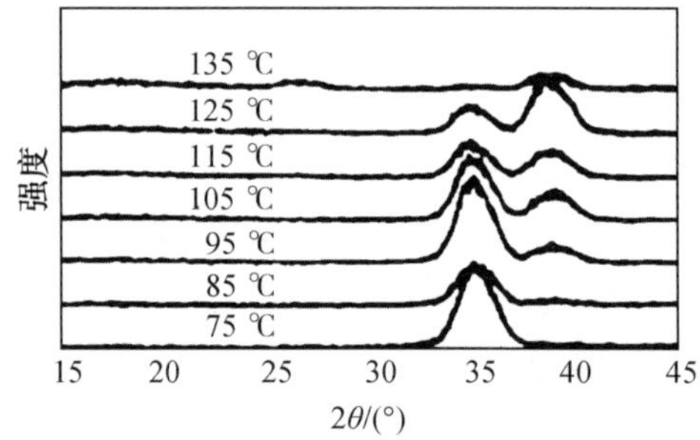

(a) 整体加热拉伸下伸长率达400%

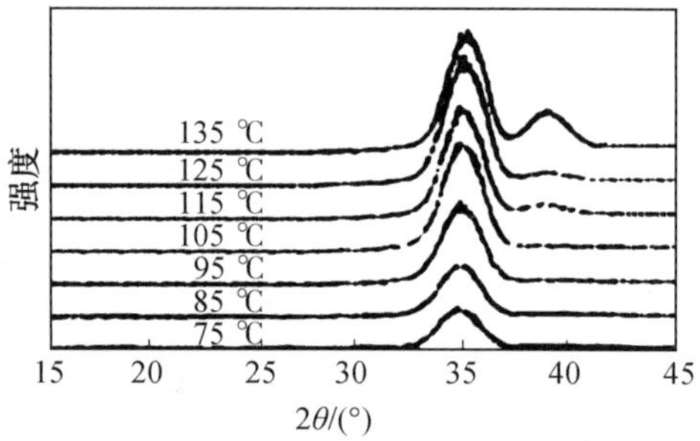

(b) 局部移动加热拉伸下伸长率达400%

图2.21　整体加热下拉伸和局部移动加热下拉伸四倍后PVDF膜片的X射线衍射图

2. 小角X射线衍射法

SAXS能用于研究数纳米到几十纳米的高分子结构,如晶片尺寸、长周期、溶液中聚合物分子的回转半径、共混物和嵌段共聚物的层片结构等。

(1)长周期和晶片厚度。

根据统计结果,在结晶高分子的折叠链晶片中,一个分子来回折叠不会超过三至四次，晶片与晶片之间必然存在一定间距，该间距是链端及链从一个晶片到另一个晶片的过渡部分，为非晶区。在 SAXS 测定中，从散射峰值求得的间距 L 并不是晶片厚度 D，而包括了这部分非晶区 d，被称为长周期(见图 2.22)，故 $L=D+d$。

只有在单晶的情况下才能得到晶片厚度 D。例如，使聚乙烯单晶的板面几乎平行于 X 射线，即在极小角度下进行测定，结果如图 2.23 所示，左边第一个散射峰位于 $14'$，右边第一个散射峰位于 $13'$，从而求得平均厚度 $\overline{D}=38.5$ nm。由于晶片厚度存在分布，D 和 L 不像晶格的定义那么严格，都只是统计平均值。

由于散射角非常小，$\sin 2\theta \approx 2\theta$，定义散射角 $\varepsilon=2\theta$，则布拉格公式可改写为

$$n\lambda = L \cdot \varepsilon \tag{2.13}$$

这是用于计算长周期的基本公式。

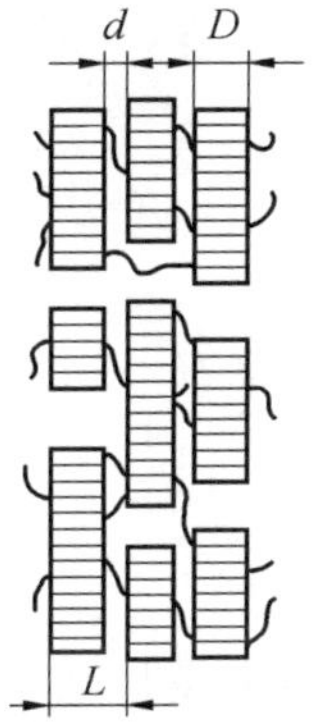

图 2.22　长周期的定义

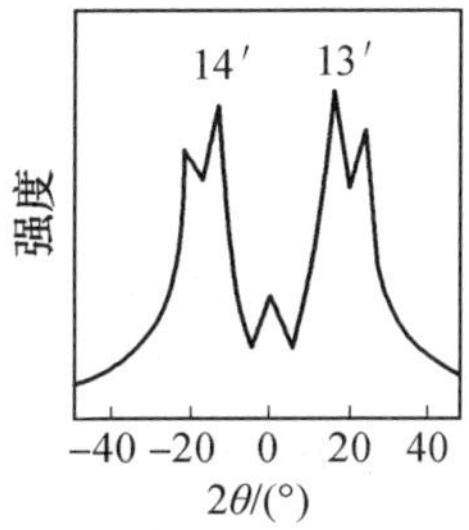

图 2.23　聚乙烯单晶的小角 X 光散射图

图 2.24 是测定长周期的一个实例，偏氯乙烯一氯乙烯共聚物的长周期随组成的改变而改变，因而通过长周期的测定可分析组成比。

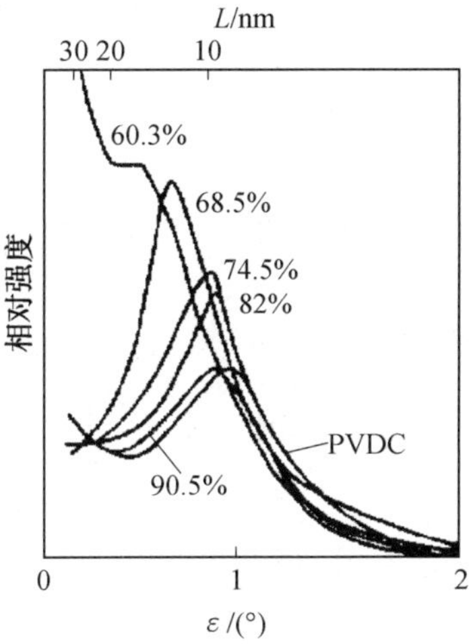

图 2.24　偏氯乙烯一氯乙烯共聚物的小角 X 光散射图

（曲线上的数字是偏氯乙烯的质量分数）

(2)晶片的形态。

SAXS能提供晶片宽度、倾斜度和规整性等方面的信息。晶片较宽,散射为斑点;晶片较窄时,散射成为带状(图2.25)。当晶片倾斜时,散射花样也倾斜,倾斜方向为晶片的法线方向(图2.26)。当晶片规整性不好时,斑点变大(图2.27)。

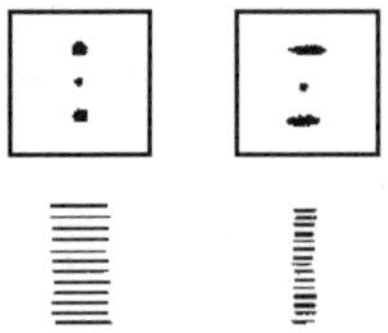

图2.25 不同宽度晶片的SAXS图
(每条横线代表一个晶片(下同))

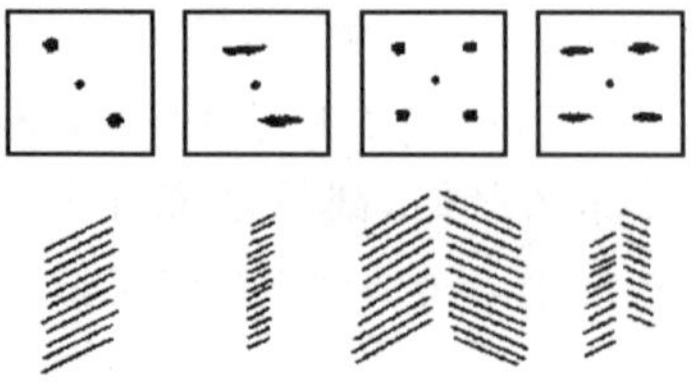

图2.26 倾斜晶片SAXS图

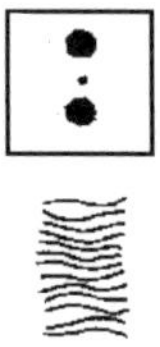

图2.27 不规则晶片的SAXS图

(3)球晶的形变。

SAXS能用于观察球晶的形变过程。以聚乙烯醇的取向薄膜为例,未拉伸时,散射花样是圆环,表明是未形变球晶。在低拉伸倍数(如20%)下,散射花样成为椭圆,说明球晶只是均匀地形变,此时观察到长周期在拉伸方向上增大,在垂直方向上缩小,在较大的拉伸倍数下,散射环分裂成弧,晶片方向产生明显改变,弧的角度表明了晶片倾角的分布。当进一步增加拉伸倍数时,弧退化成层状散射点,指示晶片垂直于取向方向而排列。

(4)粒子尺度的测定。

小角散射中心强度与粒子尺度有如下关系:

$$I=M\cdot n^2\cdot\varphi(\varepsilon) \tag{2.14}$$

式中,I为测得的强度;M为体系中的粒子数;n为每个粒子中电子的数目;$\varphi(\varepsilon)$为与形状大小有关的函数。

对于不规则粒子,$\varphi(\varepsilon)$可用回转半径R_0表示:

$$\varphi(\varepsilon)=\exp\left(-\frac{4}{3}\ \frac{\pi R_0^2\varepsilon^2}{\lambda^2}\right) \tag{2.15}$$

式中,ε为散射角。

将$\varphi(\varepsilon)$表达式代入前式,并取对数,得

$$\ln I=C-\frac{4}{3}\pi R_0^2\varepsilon^2 \tag{2.16}$$

式中,C为常数。

以$\ln I$对ε^2作图,从斜率可求得R_0。因为R_0是一个估算值,所以称尺度而不称尺寸。

2.5.2 X 射线衍射法在无机非金属材料研究中的应用

无机非金属材料工业产品的种类很多，有人形象地称之为工艺岩石，也就是人造岩石。按其形成的方式，也和天然的岩石一样，可类似地分为三种成因：第一种类似于火成岩，由熔融的方式形成的，这类产品有铸石、熔铸耐火材料、玻璃等。第二种与变质岩相似，是固相受热“变质”而成的，即烧结而成的，这类产品有陶瓷、耐火材料、砖瓦等。第三种类似于沉积岩，是在“常温常压”下形成的，这类产品有混凝土。

无论是无机非金属材料工业产品，还是用于生产工业产品的矿物或岩石原料，在实际生产、研究过程中，都要对它们进行鉴定分析，而 X 射线衍射分析方法是行之有效的一种重要手段。对硅酸盐矿物原料，工业产品的鉴定分析同地质学中的矿物鉴定分析在大多数情况下是不一样的。在地质学中遇到的常常是未知成分的矿物或岩石，而无机材料工业中原料是为某种工艺目的才被选为原料的，所以，它们的成分大体上是已知的，对它们的鉴定分析可利用矿物和共生组合规律来验证鉴定。同样，工业产品鉴定时，总成分往往是已知的，这时借助于平衡相图来鉴定，再考虑非平衡相的存在性，就能很快地达到目的。自然，当研究对象无论是单相、多相，它们是完全未知的情况时，就要尽量了解样品来源、工艺条件，按前面所述的 X 衍射花样的三强线或八强线，逐个分析鉴定。

因为 X 射线衍射分析可以反映出材料微观中晶胞的大小、形状、原子的种类及它们在晶体中的坐标位置等信息，所以这种分析方法，不仅可以做无机非金属材料的物相定性和定量分析，还可以应用于晶体结构测定、晶胞参数测定、相变的研究、晶体生长的研究、固溶体的研究、晶粒度测定、微观应力测定、有序度测定、单晶的对称性和取向方位的判定、材料内部缺陷分析等。

X 射线衍射分析法是研究物质的物相和晶体结构的主要方法。在无机非金属材料剖析中主要利用其进行物相定性分析，在物相定性分析时应注意以下问题。

(1)一般在对试样分析前，应尽可能详细地了解样品的来源、化学成分、工艺状况，仔细观察其外形、颜色等性质，为其物相分析的检索工作提供线索。

(2)尽可能地根据试样的各种性能，在许可的条件下将其分离成单一物相后进行衍射分析。

(3)由于试样为多物相化合物，为尽可能地避免衍射线的重叠，应提高衍射仪的分辨率。

(4)对于数据 d 值，由于检索主要利用该数据，因此处理时精度要求高，而且在检索时，只允许小数点后第二位才能出现偏差。

(5)特别要重视低角度区域的衍射实验数据，因为在低角度区域，衍射所对应 d 值较大的晶面，不同晶体差别较大，衍射线相互重叠机会较小。

(6)在进行多物相混合试样检验时，应耐心细致进行检索，力求全部数据能合理解释，但有时也会出现少数衍射线不能解释的情况，这可能由于混合物相中，某物相含量太少，只出现一、二级较强线，以致无法鉴定。

(7)在物相定性分析过程中，尽可能地与其他的相分析结合起来，互相配合，互相印证。

从目前所应用的粉末衍射仪看，绝大部分仪器均是由计算机进行自动物相检索过程，但其结果必须结合专业人员的丰富专业知识，判断物相，给出正确的结论。

1. 原料的分析

黏土矿物是陶瓷工业中的主要矿物原料之一，从晶体结构特点来划分，黏土矿物都属于层状结构硅酸盐，它们的晶体结构中的基本结构层是硅－氧四面体层以及铝－氢氧(氧)或镁－氢氧(氧)八面体层，然后再由这些基本结构层以一定的方式结合而形成结构单元层。可将层状结构硅酸盐分为以下三种主要结构类组：

(1)1∶1或两层结构，由一层四面体层和一层八面体层结合而成，如高岭石、多水高岭石(埃洛石)等。

(2)2∶1或三层结构，由相对的两层四面体层中间夹一层八面体层结合而成，如蒙脱石、蛭石、伊利石等。

(3)3∶1或四层结构，由一个2∶1的三层结构与另一层镁－氢氧八面体层结合而成，如绿泥石。

黏土矿物的(001)面的衍射很强，它反映了层状结构的特点，这种类型的衍射称为底面衍射，d_{001}直接取决于层的厚度。另外，d_{060}值也是它们的一个特征衍射，表2.6给出黏土矿物的X射线衍射图特征，根据特征衍射可鉴定区别它们。

表2.6　层状硅酸盐的衍射特征

矿物	d_{001}	d_{060}	备注
高岭石	7.1	1.50	结构550 ℃破坏
多水高岭石	10.1	1.50	125～160 ℃失去水；d_{001}变为7.2
滑石	9.3	1.53	
叶蜡石	9.14	1.49	在600 ℃以上才脱水
伊利石	10	1.50	
金云母	10	1.53	
黑云母	10	1.54	
蛭石	14	1.50～1.53	300 ℃脱水，14 Å→13.8 Å→11.6 Å→9 Å
钙蒙脱石	15	1.49	300 ℃脱水、15 Å消失，出现9 Å，乙二醇盐处理后15 Å→17 Å
钠蒙脱石	13	1.49	200 ℃脱水、13 Å消失，出现9.4 Å
绿泥石	14	1.53	与蛭石加热和膨胀性质不同

黏土原料中常常伴生有石英、长石、碳酸盐(如方解石)、赤铁矿、针铁矿等，区别鉴定它们可根据它们各自的特征线来实现：石英d=4.25 Å、3.34 Å、1.82 Å，钾长石d=4.20 Å、3.20 Å，方解石d=3.04 Å、2.29 Å、2.10 Å，赤铁矿d=2.69 Å，针铁矿d=4.18 Å、2.69 Å。

但需要指出的是，由于黏土矿物的结构相似，有时某些黏土矿物会出现一些类似的衍射数据。因此，必须对样品做一些必要的处理，如用甘油或乙二醇等有机溶液饱和样品，使具有膨胀性的黏土矿物的层间距离增大；或用加热处理，不仅可使某些黏土矿因失水而使层间距离缩小，而且还能使某些黏土矿物的晶体结构破坏；或用各种化学处理颗粒，使得一些黏土矿物各自显示其特有的某种性质等，以此来区别它们。如表 2.7 所示，在表中可看出它们各自有一些相同的衍射线，使得不易区别；但是如图 2.28 所示，采取上面所述的一些方法进行处理后，就可以直观地区别它们。

表 2.7　几种硅酸盐的衍射特征

矿物	d_{001}	d_{002}	d_{003}	d_{004}	d_{005}
蒙脱石	12～15		4～5		2.4～3
绿泥石	14.2	7.1	4.7	3.53	2.8
蛭石	14.2	7.1	4.7	3.53	2.8
伊利石	10	5	3.33	2.5	
高岭石	7.15	3.58	2.37		

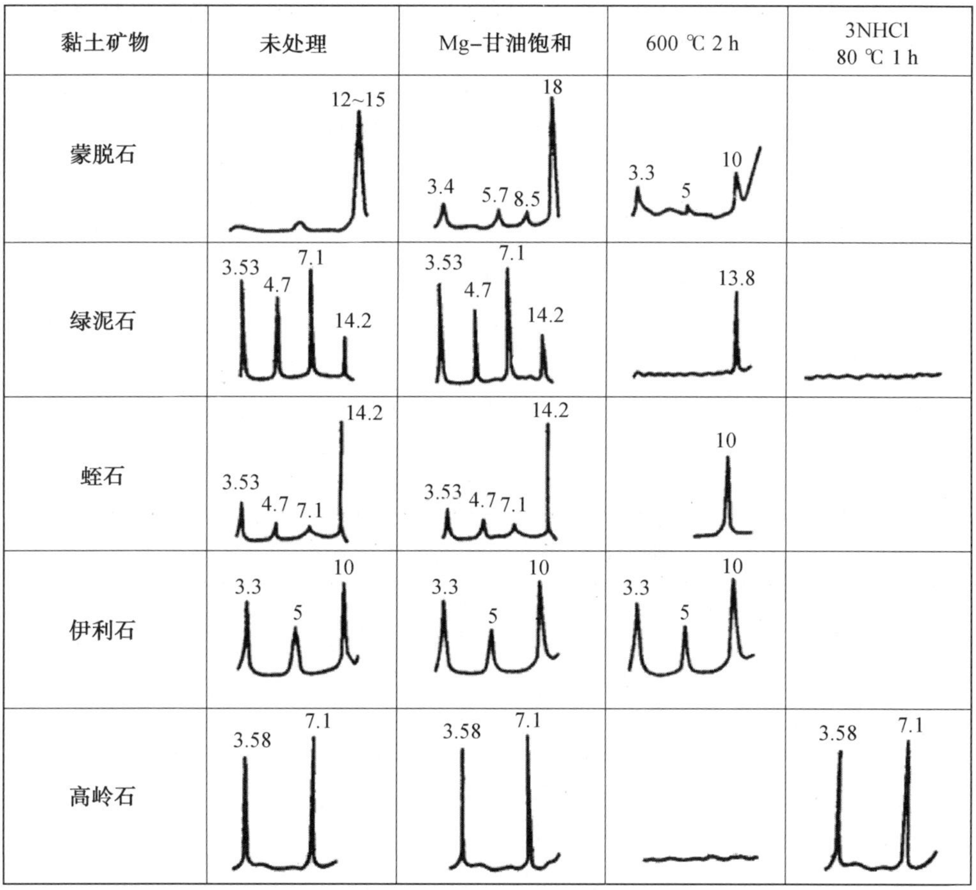

图 2.28　主要黏土矿物在用各种不同方法处理后 d_{001} 的变化
（图中数字表示晶面间距，单位为 Å）

2. 材料主要结晶相的鉴定

(1)由待分析样品衍射花样得到其 $d-I/I_1$ 数据组,如表 2.8 所列。由表可知其三强线顺序为 2.848_x、3.27_8、2.726_7,检索 Hanawalt 数值索引,在 d_1 为 0.284～0.28 nm 的一组中,有几种物质的 d_2 值接近 0.327 nm,但将三强线对照来看,却没有一个物相可与其一致,由此判断可能待分析试样由两种以上物质组成。假设最强线 0.284 8 nm 与次强线 0.327 nm 分别由两种不同相所产生,而第三强线 0.272 6 nm 与最强线为同一相所产生,查找剩余 d 值中最大值 0.159 6 nm,重新确定三强线顺序为 2.848_x、2.726_7、1.596_4,查找数字索引找到一个条目 11－557($LaNi_2O_4$),其八强线条与待分析样品中八强线条数据相符,按卡片号取出 $LaNi_2O_4$ 卡片进一步核对,发现 $LaNi_2O_4$ 大部分 $d-I/I_1$ 数据(如表 2.9 所示)与表 2.8 所列待分析样品部分 $d-I/I_1$ 数据吻合(以 * 号标识),故可判定待分析样品中含有 $LaNi_2O_4$。将表 2.8 中属于 $LaNi_2O_4$ 的各线条数据去除,将剩余线条进行归一化处理(即将剩余线条中之最强线 0.327 nm 的强度设为 100,其余线条强度值也相应调整),按定性分析方法的步骤重新进行检索和核对,结果表明这些线条与 La_2O_3 的 PDF 卡片所列数据一致(如表 2.10)。至此,可以确定待分析样品由 $LaNi_2O_4$ 和 La_2O_3 两相组成。

表 2.8　未知样品衍射花样数据

d	I/I_1	d	I/I_1
13.7 *	25	2.003	32
3.27	80	1.927 *	35
3.16 *	15	1.702	20
2.848	100	1.64 *	25
2.832	28	1.596 *	40
2.726 *	70	1.423 *	20
2.111 *	30	1.365 *	20
2.063 *	35	1.249 *	15

表 2.9　$LaNi_2O_4$ 的 PDF 卡片数据

d	I/I_1	hkl	d	I/I_1	hkl
6.3	1	002	1.668	10	116
3.7	25	101	1.64	25	107
3.16	15	004	1.596	40	213
2.848	100	103	1.581	5	008
2.726	70	110	1.423	20	206
2.502	3	112	1.365	20	220
2.111	30	006	1.279	3	301
2.063	35	114	1.249	15	217
1.927	35	200	1.229	10	303
1.707	10	211			

表 2.10　La_2O_3的 PDF 卡片数据

d	I/I_1	hkl	d	I/I_1	hkl
4.62	10	211	1.836	10	611
3.27	100	222	1.747	5	541
2.832	35	400	1.702	25	622
2.668	10	411	1.669	10	631
2.413	5	332	1.298	10	662
2.22	10	431	1.266	10	840
2.003	40	440			

(2)不同沉积条件制备的 ITO 薄膜的物相分析。

图 2.29 是不同沉积条件制备的 ITO 薄膜的 XRD 图。由衍射图可知，薄膜在 21.3°、30.4°、35.3°、50.7°和 60.3°出现了强的衍射峰，分别对应 In_2O_3 的立方相结构的(211)、(222)、(400)、(440)和(622)晶面(表 2.11 为编号 06－0416 的 In_2O_3标准卡片)。XRD 图中并没有发现 In、Sn 及其亚氧化物的衍射峰。由衍射峰的相对强度和锐度变化可以判断薄膜的结晶性能，随着溅射功率的增加，晶体结构得以完善，结晶质量提高，溅射功率在 13～74 W 范围时，(222)衍射峰的强度随着溅射功率的增加而增加，继续增加溅射功率，(222)衍射峰的强度逐渐减弱，同时(400)衍射峰逐渐增强，这表明薄膜的结晶取向发生了变化，薄膜由(222)方向的择优取向转变为(400)方向的择优取向。表 2.11 中列出了从 XRD 图谱上得到的所制备的 ITO 薄膜的晶面间距、晶格常数和晶粒大小等数据。由表 2.11 可知，所制备的 ITO 薄膜的晶面间距 d 均大于 In_2O_3晶体中(222)和(400)晶面的晶面间距，这说明薄膜中有应力存在，并且随着功率的增大，d 值减小，应力变小。溅射功率在 93 W 以下时，随着溅射功率的增大，(222)衍射峰的半高宽逐渐减小，晶粒尺寸变大。93 W 与 112 W 的溅射功率下沉积的薄膜的半高宽相差无几。

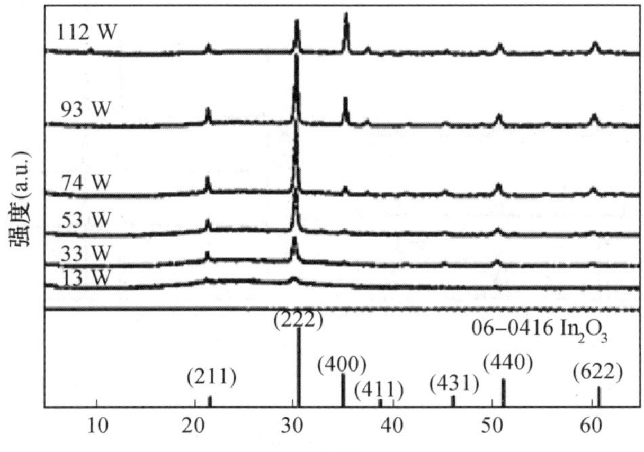

图 2.29　ITO 薄膜的 XRD 图

表 2.11　由 XRD 图得到的 ITO 薄膜的参数以及 In_2O_3 标准卡片

溅射功率/W	取向	d/Å	In_2O_3 晶格常数/nm	半峰宽 (FWHM)/(°)	平均粒径 /nm
33	(222)	2.966 7	1.027 7	0.402	20.5
53	(222)	2.952 7	1.022 8	0.366	22.5
74	(222)	2.947 4	1.021 0	0.279	29.5
93	(222)	2.944 2	1.019 9	0.244	4.6
	(400)	2.546 4	1.018 6	0.235	
112	(222)	2.938 1	1.017 8	0.246	34.4
	(400)	2.541 1	1.016 4	0.236	
In_2O_3(06—0416)的 JCPDS 卡	(222)	2.921 0	1.011 8		
	(400)	2.529 0	1.011 6		

(3)不同含氮碳源包覆 MnO 纳米材料的物相分析。

将 $MnCO_3$ 放入马弗炉中，于 500 ℃下分解 3 h，定义为 M。1.5 g 样品 M 与 0.5 mL 的碳源混合，然后放入 30 mL 的高压釜中，在 600 ℃下保温 5 h。以吡咯、丙烯腈和吡啶作为碳源，得到的氮掺杂碳包覆样品分别命名为 M1、M2 和 M3。所制备样品 M 的 XRD 图谱如图 2.30(a)所示。从图中可以看出，主要的衍射峰能够与 Mn_2O_3 对应，其他较弱的峰对应 Mn_5O_8，这是由于在烧结过程中 Mn^{2+} 被氧化成 Mn_2O_3，Mn_2O_3 又被部分氧化生成 Mn_5O_8。当在 600 ℃碳化 5 h 后，高价态的氧化物被彻底还原为 MnO，如图 2.30(b)所示。

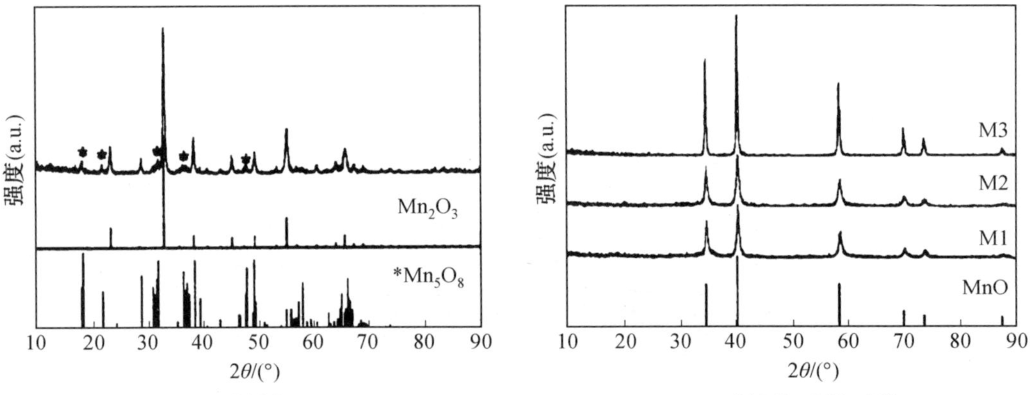

(a) M　　(b) M1、M2、M3

图 2.30　样品 M 和 M1、M2、M3 的 XRD 图

(4)青瓷是中国陶瓷的一个重要分支，李国桢等在明、清代景德镇仿青瓷的研究中采用 X 射线衍射方法对其瓷器的胎、釉及制品的断面进行分析，它们的 X 射线衍射图谱如图 2.31、图 2.32、图 2.33 所示。图 2.31 中的第一条衍射线是明宣德仿龙泉青瓷，第二条衍射线是清雍正仿官窑青瓷，第三条衍射线是清雍正仿汝窑青瓷，从图中可看出明代仿龙

泉青瓷中的石英较多，而清代的两种则是方石英较多，瓷胎中大量方石英的出现，这和坯料的组成和瓷胎的烧成过程有关，由于坯料中使用了大量的高岭石代替瓷石，高岭石在加热过程中转变为莫来石并放出反应能力很强的无定形的二氧化硅，在从 1 100～1 000 ℃缓慢冷却的过程中，无定形的二氧化硅会转变成方石英，这是瓷胎中方石英形成的主要原因，表明前者主要晶体是石英一莫来石，而后者则是方石英一莫来石，清代制瓷中大量使用了高岭石。图 2.32 中的样品顺序与图 2.31 相同，在图中可看出，明代的釉中，只有很少量的石英和钙长石能被检测到，而在清代的釉中，钙长石的主要特征峰很强，大量钙长石晶体出现在釉层里是使这些青瓷釉产生乳浊并获得玉质感的主要原因。图 2.33 中列出的是清代仿汝瓷从釉面到瓷胎的五个不同剖面上的衍射图，在釉层表面和釉层中，钙长石是主要晶相，在胎釉中间层里同时存在有钙长石和莫来石两种晶体，在胎釉之间紧靠瓷胎的一侧存在一个莫来石层，其中既不存在釉层中的钙长石也没有胎中的方石英，这个莫来石层，反映了景德镇当时生产青瓷所采用的多层施釉技术和烧成方法，正是景德镇具有各种精湛的制瓷技术，使青瓷的制作达到了“无所不仿、无仿不精”的地步。

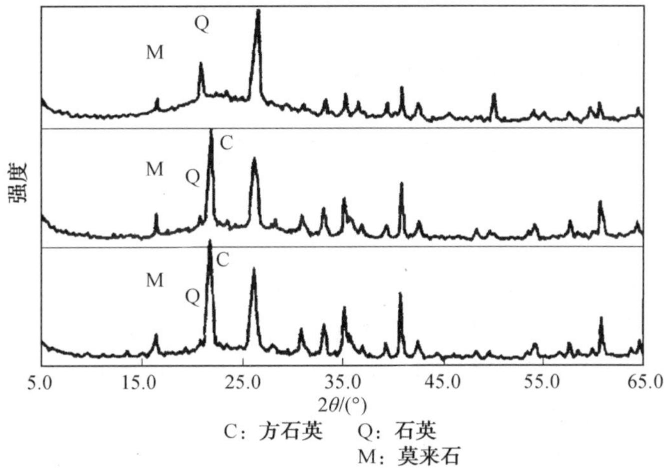

图 2.31　胎的 X 射线衍射图

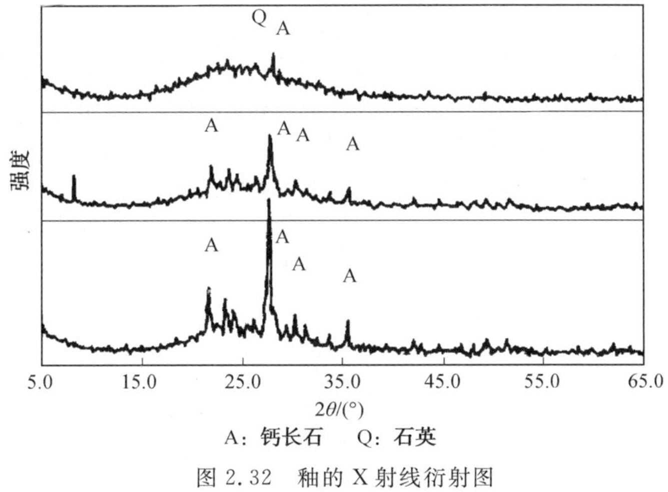

图 2.32　釉的 X 射线衍射图

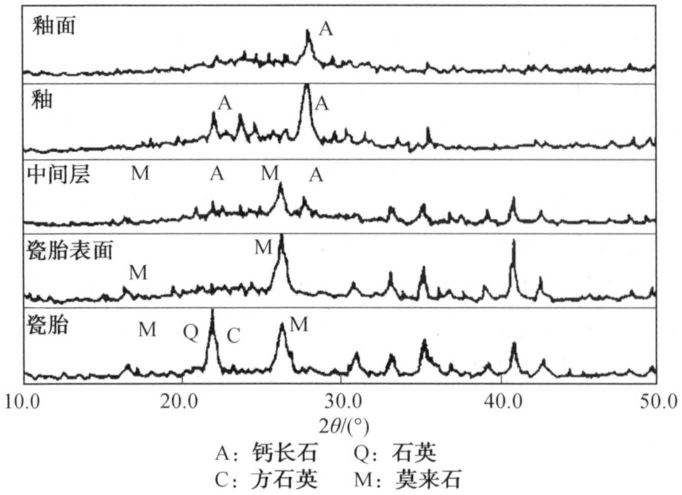

图 2.33　仿汝瓷胎、釉截面的 X 射线衍射图

2.5.3　X 射线在金属材料研究中的应用

在金属材料领域中，X 射线主要用于物相分析、点阵常数的精确测定、晶粒大小的测定、织构分析、残余应力分析等方面。

1. 物相定性分析

由待分析物衍射花样得到其 $d-I/I_1$ 数据组如表 2.12 所列。由表可知其三强线顺序为 2.09_x、2.47_7和 1.80_5，检索数值索引 d_1为 2.09～2.05 Å 的一组中，发现有好几种物相的 d_2值接近 1.80 Å；但将三强线连贯起来看，却没有一个物相（条目）可与其相一致。此种情况可能是由于待分析物为多相物质且上述三强线条可能不属于同一相。假设最强线（d=2.09 Å）与次强线（d=2.47 Å）分别由两种不同相所产生，而第三强线（d=1.80 Å）与最强线为同一相所产生，即按某相 d_1＝2.09 Å 和 d_2＝1.80 Å 检索。在索引中 d_1为 2.09～2.05 Å的数据组中，d_2＝1.80 Å 附近找到一个条目（卡片号 4－0836，铜），其八强线条与待分析物中 8 根线条数据相符。按卡片号取出铜的卡片进一步核对可知，铜所有 $d-I/I_1$数据（如表 2.13 所列）与表 2.12 所列待分析物中部分线条（以 * 号标示）$d-I/I_1$数据吻合很好，故可判定待分析物中之一相为铜。

表 2.12　未知物衍射花样数据表

d/Å	I/I_1	d/Å	I/I_1
3.01	5	1.28 *	20
2.47	70	1.08 *	20
2.13	30	1.04 *	3
2.09 *	100	0.98	5
1.80 *	50	0.91 *	5
1.5	20	0.83 *	10
1.29	10	0.81 *	10
1.22	5		

将表 2.12 中属于铜的各线条数据去除，将剩余线条进行归一化处理（即将剩余线条中之最强线 $d=2.47$ Å 强度设为 100%，其余线条强度值也相应调整），按定性分析的基本步骤再进行检索和核对 PDF 卡片的工作，结果表明这些线条与氧化亚铜（Cu_2O）PDF 卡片所列线条数据相一致。至此可知，待分析物由铜与氧化亚铜两相组成。

表 2.13　铜衍射花样（PDF 卡片）

d/Å	I/I_1
2.088	100
1.808	46
1.278	20
1.090 0	17
1.043 6	5
0.903 8	3
0.829 3	9
0.808 3	8

2. 晶粒大小的测定

当微晶尺度在 1～100 nm 的相干散射区时，这种尺度足以引起可观测的衍射线宽化。利用微晶相干散射导致衍射宽化的原理，Scherrer 导出了微晶宽化表达式：

$$D_{hkl}=\frac{0.89\lambda}{\beta_{hkl}\cos\theta} \tag{2.17}$$

式中，D_{hkl} 为垂直于反射面（hkl）的晶粒平均尺度；λ 为入射 X 射线波长；β_{hkl} 为衍射线的半高宽；θ 为半衍射角。Scherrer 公式的适用范围 D_{hkl} 为 3～200 nm。

具体计算平均晶粒尺寸可以利用 Jade 软件进行。通过 Jade 软件导入样品 X 射线衍射测试获得的 txt 文件数据，经物相检索，分别扣除背底和 $K_{\alpha2}$ 线、平滑曲线、全谱拟合，然后点击 Report/Size&Strain Plot，在弹出的对话框内，选择 Constant FWHM 菜单，即可得到平均晶粒尺寸数据。

3. 残余应力的测定分析

微观应力是发生在数个晶粒甚至单个晶粒中数个原子范围内存在并平衡着的应力。因微应变不一致，有的晶粒受压，有的晶粒受拉，还有的弯曲且弯曲程度也不同，这些均会导致晶面间距有的增加，有的减少，致使晶体中不同区域的同一衍射晶面所产生的衍射线发生位移，从而形成一个宽化峰。由于晶面间距有的增加，有的减小，服从统计规律，因而宽化峰的峰位基本不变，只是峰宽同时向两侧增加。根据微观应力使 X 射线衍射线宽化的现象，经过数学推导，可得到残余应力的公式：

$$\sigma=E\cdot\frac{\pi\beta\cot\theta}{180^\circ\times 4} \tag{2.18}$$

式中，E 为材料的弹性模量；β 为 X 射线线型的半高宽；θ 为半衍射角。

4. 晶体取向及织构的测定

理想的多晶体中，各晶粒的取向为无规则分布，宏观表现为各相同性。实际多晶体材料的晶粒存在择优取向,称为织构。织构的形成与材料制备工艺有关,织构造成多晶材料的物理、化学、力学等性能发生各向异性。织构分为丝织构和板织构。通过 XRD 测定织构有极图、反极图和取向分布函数等方法。

5. 宏观应力参数的测定

微观和宏观应力的存在使得样品内部晶面间距发生变化,通过测定衍射角的变化可以算出宏观应力变化,衍射峰的位移是测定宏观应力的依据。

思考题与作业

1. 简述 X 射线管的工作原理。

2. X 射线有哪些性质和特点？利用哪一个特点可以区分两个密度不同的物质？

3. 简述连续 X 射线和特征 X 射线产生的原理与特点。

4. 特征 X 射线与荧光 X 射线的产生机理有何不同？

5. X 射线有哪两大方面的应用？在材料研究中有哪些应用？

6. X 射线谱由哪两部分构成？X 射线谱与 X 射线管管电压有何关系？

7. X 射线管阳极靶物质有哪些？常用的是哪些？Cu 靶 K_α射线的含义是什么？

8. 如果选用不同的阳极靶材进行 X 射线衍射测试,例如用铜靶或者钴靶,得到的衍射谱图会一样吗？如果不同,峰的位置有规律吗？

9. X 射线与物质的相互作用有哪些现象产生？利用这些现象可以进行哪些科学研究工作？有哪些实际应用？

10. 试阐述 X 射线衍射原理和布拉格方程的物理意义。

11. 已知 NaCl 晶体的主晶面间距为 0.282 nm,对单色 X 射线的布拉格一级反射角为 15°,求对应的入射 X 射线波长。

12. 什么是相？什么是物相分析？

13. X 射线衍射实验中使用的是连续 X 射线,还是单色 X 射线？

14. X 射线衍射物相定性和定量分析的原理是什么？

15. X 射线衍射分析可以使用哪些样品？对粉末样品的粒度要求是多少？

16. 衍射仪扫描方式有哪些？有机物和无机物的扫描范围是多少？

17. PDF 卡片最核心的内容是什么？如何使用 PDF 卡片索引？

18. X 射线衍射物相定性分析的基本步骤有哪些？

19. 计算机按元素或 d 值检索时,检索结果是唯一的吗？

20. 多相物质物相定性分析难在哪里？如何解决？相对强度不符合,怎么办？

21. 多晶体与非晶体的 X 射线衍射图有何异同？

22. X 射线衍射法在高分子材料和无机非金属材料及金属材料中有哪些应用？

第 3 章 红外光谱法

红外光谱法是检测有机高分子材料组成与结构的最重要方法之一，同时可用来检测无机非金属材料及其与有机高分子形成的复合材料的组成与结构。随着光学及计算机技术的不断发展与应用，红外光谱在材料研究中的应用不断扩展，已成为研究材料结构的重要手段。虽然光子理论的应用为红外光谱提供了理论基础，但对于复杂分子来说，理论分析仍存在一定的困难，大量光谱的解析还依赖于经验方法。尽管如此，红外光谱仍是材料表征的非常有力的手段之一。

3.1 红外光谱的基本原理

1. 红外吸收和红外吸收光谱

分子从整体而言，呈电中性，但因空间构型的不同，正负电荷中心可能重合，也可能不重合，分子呈现不同的内极性。前者称为非极性分子，后者称为极性分子，分子极性大小用偶极矩 μ 来度量，偶极矩定义为正、负电荷中心所带的电荷量 q 与正、负电荷中心间的距离 d 的乘积($\mu=q\cdot d$)，偶极矩的 SI 单位是库(仑)米(C · m)。分子内原子不停地振动，振动时正负电荷不变，但其中心距离发生变化，因此，分子的偶极矩发生变化。

当用波长连续变化的红外光照射分子时，与分子固有频率相同的特定波长的红外光被吸收，即产生共振，光的辐射能通过分子偶极矩的变化传递给分子，此时分子中某种基团就吸收了相应频率的红外辐射，从基态振动能级跃迁到较高的振动能级，产生了红外吸收。如果将照射分子的红外光用单色器予以色散，按其波数(或波长)依序排列，并测定不同波数处被吸收的强度，得到波数与吸收强度之间的关系曲线，即红外吸收光谱，如图3.1所示。

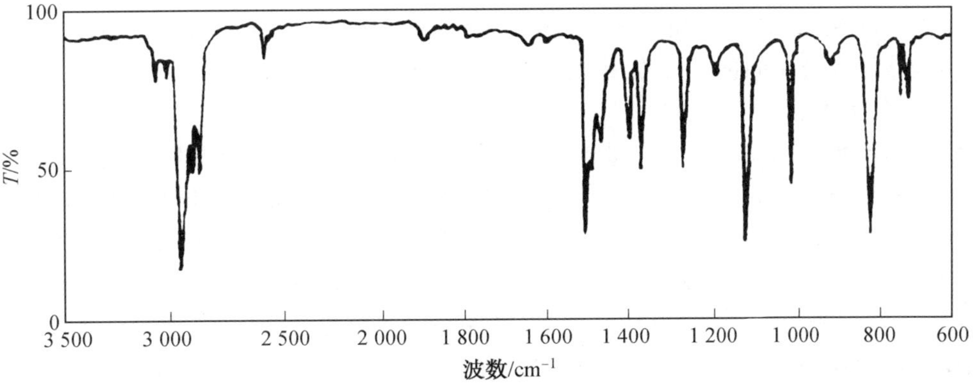

图 3.1 $C_{10}H_{14}S$ 的红外吸收光谱

对称分子如N_2、O_2等，由于其正负电荷中心重叠，原子振动没有偶极矩的变化，所以不吸收红外辐射，故不会产生红外吸收光谱。

红外光谱的波谱段分为近、中、远红外三部分，红外光谱应用最广泛的是中红外区：400～4 000 cm^{-1}，有机结构分析主要在这一区域；10～400 cm^{-1}为远红外区，主要用于元素有机物的分析；4 000～15 000 cm^{-1}则为近红外区，主要用于天然有机物的定量分析。

2. 红外光谱提供的分析信息

红外光谱中有许多峰，它们分别对应于分子中某个或某些基团的吸收，所以红外吸收光谱提供了基团的信息。即每一种物质的红外光谱都反映了该物质的结构特征，通常用峰的数目、位置、强度和形状这四个基本参数来表征，四者结合就可以得出分析的结果。

(1)峰的数目。

分子振动过程中偶极矩变化时产生红外共振吸收，相同或相近频率的振动可能发生简并、倍频、组合频等效应将导致红外光谱峰(谱带)的数目与理论数目不符。但是，每种物质的实测红外光谱峰的数目都是一定的，它是定性分析的重要指标。

(2)峰的位置。

峰的位置即谱带所对应的频率，对应着化合物中分子或基团的某种振动形式，如3 756 cm^{-1}、3 657 cm^{-1}对应着 OH^- 键的伸缩振动，1 430 cm^{-1}对应着 CO_3^{2-} 的伸缩振动，1 120 cm^{-1}对应着 SO_4^{2-} 的伸缩振动。因此，谱带位置是指示某一分子或某一基团存在的标志，它是红外定性分析和结构分析的依据。

对于同一基团来说，伸缩振动频率较高，弯曲振动频率较低。对不同基团来说，价键越强，振动频率越高；同一键连接的原子越轻，振动频率越高。

在谱图分析中要特别注意对基团特征吸收峰的分析，特征吸收峰是指代表某种基团存在并有较高强度的吸收峰。特征吸收峰所在的位置称为特征频率。通过查阅基团特征频率图和基团特征频率表可以对分子的基团做初步的鉴别确认。

特征频率具有如下特点：不同化合物中，同种基团的吸收峰位置大致相同，不受分子其余部分的影响或影响较小。例如碳基($C=O$)的伸缩振动吸收峰在各种化合物中总是出现在 1 800～1 650 cm^{-1}，一般在 1 710 cm^{-1}处。再如，当化合物中有 $C=C$ 键时，其吸收峰总是出现在 2 500～2 000 cm^{-1}。但要注意，基团的特征吸收频率会随分子中基团所处的不同状态及分子间的相互作用而发生相应的变动。

(3)峰的强度。

峰的强度常用来作为红外定量计算的依据，一般物质含量越高则特征吸收峰的强度就越大。每一吸收峰的强度都是一定的，是由该吸收谱带所对应的价键的振动决定的。当价键振动时，引起偶极矩的变化大，红外吸收谱带的强度大；对同一基团来说，伸缩振动吸收谱带强度大，弯曲振动吸收谱带强度小，反对称伸缩振动吸收谱带强度大，对称伸缩振动吸收谱带强度小；对不同基团来说，强极性基团吸收谱带强度大，弱极性基团吸收谱带强度小；官能团的偶极矩与结构的对称性有关，对称性越强，振动时偶极矩变化越小，吸收峰越弱。因此，每一种物质的各个红外吸收谱带的相对强度变化是有一定的规律的，可作为检验结构基团或化合物存在的佐证。另外，同一基团谱带强度的变化还可提供与其相邻基团的结构信息，如 C—H 基团邻接氯原子时，将使它的变形振动谱带由弱变强，因此从对应谱带的增强可以判断氯原子的存在。

一般对不同强度的吸收用不同的符号进行表示：s 表示强吸收；b 表示宽吸收带；m 表示中等强度吸收带；W 表示弱吸收；Sh 表示尖锐吸收峰；v 表示吸收强度可变。谱带强度的表示方法有两种：透光度法和吸光度法。

（4）峰的形状。

红外光谱带的形状也是由物质分子内或基团内价键的振动形式决定的。每一物态、每一基团、每一振动形式对应着一定的谱带形状。因此，红外光谱带的形状也能揭示物质结构的信息。如结晶好的物质吸收谱带较尖较窄，结晶不好的物质吸收谱带宽而漫散；无机物基团的吸收谱带大而宽，有机物基团的吸收谱带尖而窄；对称性高的分子或基团谱带连续完整，对称性较低者出现分裂谱带。此外，谱带的形状也包括谱带是否有分裂，可用以研究分子内是否存在缔合以及分子的对称性、旋转异构、互变异构等。因此，物质的红外吸收谱带位置能指示基团的存在，而谱带的形状能反映物质的状态和结构细节。

应该指出，一种物质的红外光谱的谱带数目、谱带位置、谱带形状及相对强度随物质分子间键力的变化、基团内甚至基团外环境的改变而变化。如固体物质分子之间产生相互作用会使一个谱带发生分裂，晶体内分子对称性降低会使简并的谱带解并成多重谱带；分子间氢键的形成会使谱带形状变宽，伸缩振动频率向低波数位移，而弯曲振动频率向高波数位移。

总之，一种物质的红外光谱记录了其组成分子的振动（包括转动），而振动的频率取决于组成原子的质量、化学键的强弱和物质内部的结构基团。原子的种类、键力的变化及基团的组合都可以在红外光谱图上表现出来。因此，每一种具有确定化学组成和结构特征的相同物质，都应具有相同的吸收谱带数目、谱带位置、谱带形状和谱带强度的红外光谱。

当化合物的化学组成或结构特征不同时，其红外特征谱带就发生变化。这样，就可以根据红外光谱的特征吸收谱带鉴定物质，比如确定阴离子结构基团和水的形式，鉴别类质同相和同质多相，研究配位体和聚合体以及鉴定各种化合物等。

3. 吸收峰的位置

（1）分子振动方式。

分子振动方式可分为：伸缩振动与弯曲振动。伸缩振动是沿着键轴做规律性运动，这种振动使原子间的距离增大或减短。伸缩振动有对称伸缩振动与不对称伸缩振动之分。弯曲振动则是使键角发生改变，可有面内弯曲振动和面外弯曲振动之分。上述每种振动形式都具有其特定的振动频率，即有相应的红外吸收峰。有机化合物一般由多原子组成，因此，红外吸收光谱的谱峰一般较多。

一个由三原子组成的分子或基团，其振动方式如图 3.2 所示。多原子分子振动比双原子、三原子分子振动要复杂得多。N 个原子组成的分子，共有 $3N-6$ 个基本振动，称为简正振动。每一个简正振动代表一种振动方式，有它自己的特征振动频率。在红外光照射下，并不是分子的所有简正振动均可以产生红外吸收。只有当振动时有偶极距改变者才可吸收红外光子产生红外吸收。如果在振动时没有偶极距的改变，则不会产生红外吸收。这即是红外光谱的选择性定则。对称伸缩振动，在振动时无偶极矩的变化，例如在CO_2分子的 4 个简正振动中，对称伸缩振动没有偶极矩的变化，所以，显示出红外非活性，因此在CO_2的红外光谱中，仅在 2 368 cm^{-1}（反对称伸缩振动）及 668 cm^{-1}（弯曲振动，两个弯曲振动的振动方式相同，振动方向互相垂直）附近观察到两个吸收带。

对于分子中振动过程无偶极矩变化的振动，其往往具有极化率的改变，具有拉曼活性，可以利用拉曼光谱进行表征。

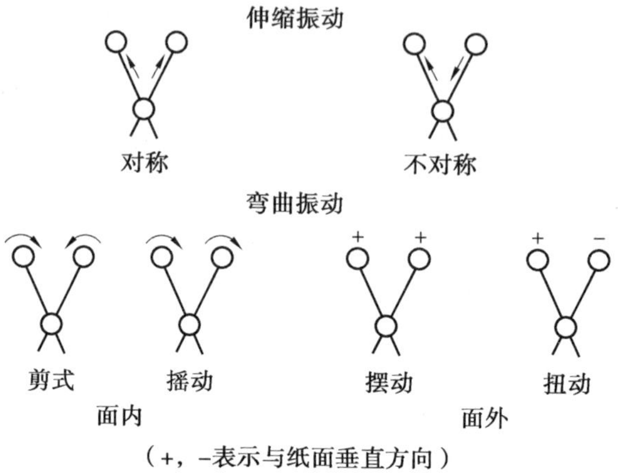

图 3.2　分子的振动方式

（2）红外吸收区域与基团振动的关系。

按照红外光谱与分子结构的特征，红外光谱大致可分为官能团区（4 000～1 330 cm^{-1}）及指纹区（1 330～400 cm^{-1}）。

官能团区即化学键和基团的特征振动频率部分，它的吸收光谱主要反映分子中基团的特征振动，基团的鉴定工作主要在这一光谱区域进行。

指纹区大多数是单键的伸展振动和各种弯曲振动。此区域的振动类型复杂且吸收谱带重叠，谱带位置变化范围大，特征性差。但该区域的光谱对结构的变化十分敏感，分子结构的微小变化都会引起区域光谱的改变，即它能反映分子结构的细微变化，每一种化合物在该区的谱带位置、强度和形状都不一样，相当于人的指纹，用于认证有机化合物是很可靠的。此外，在指纹区还有一些特征吸收带，对于鉴定官能团也是很有帮助的。指纹区常用来推测有机基团的周围环境及比较化合物的同一性以及鉴定异构体。

利用红外光谱鉴定化合物的结构，需要熟悉重要的红外光谱区域频率和基团的关系，通常将中红外区分为 4 个区。

（1）X—H 伸缩振动区（4 000～2 500 cm^{-1}）。

X 为 C、N、O、S 等原子。X—H 伸缩振动区位于 4 000～2 500 cm^{-1}，该区主要包括 O—H（3 700～3 100 cm^{-1}）、COO—H（3 600～2 500 cm^{-1}）、N—H（3 500～3 300 cm^{-1}）等的伸缩振动，如果存在氢键则会使谱峰展宽。

O—H 伸缩振动在 3 700 ～3 100 cm^{-1}，氢键的存在使频率降低，谱峰变宽，积分强度增加，它是判断有无醇、酚和有机酸的重要依据。当无氢键存在时，O—H 或 N—H 呈一尖锐的单峰出现在频率较高的部分。

N—H 伸缩振动在 3 500～3 300 cm^{-1}区域，它和 O—H 谱带重叠。但峰形比 O—H 略尖锐。伯、仲酰胺和伯、仲胺类在该区都有吸收谱带。

3 000 cm^{-1}为 C—H 伸缩振动的分界线，不饱和碳（双键及环）碳氢伸缩振动频率高于 3 000 cm^{-1}，而饱和碳（除三元环外）的碳氢伸缩振动频率低于 3 000 cm^{-1}。后者一般可见到四个吸收峰，其中 2 960（ν_{as}）和 2 370（ν_s）属于—CH_3，2 925（ν_{as}）和 2 850（ν_s）属于—CH_2。由这两组峰的强度可大致判断—CH_2和—CH_3的比例。

（2）叁键和累积双键区（2 500～2 000 cm^{-1}）。

该区域红外吸收谱带较少，主要包括—C≡C—、—C≡N—等叁键的伸缩振动以及—C═C═C—、—C═C═O等累积双键的不对称伸缩振动。除了空气中的 CO_2 在 2 365 cm^{-1}处的吸收峰外，任何小峰都不能忽视。

（3）双键伸缩振动区（2 000～1 500 cm^{-1}）。

该区域是提供分子官能团特征吸收峰很重要的区域，该区主要包括 C═O、C═C、C═N、N═O 等的伸缩振动以及苯环的骨架振动，芳香族化合物的倍频或组频谱带。

大部分 C═O 峰在 1 600～1 900 cm^{-1}之间，羰基化合物如酮、醛、酐等在该区域都有特征的最强峰或次强的尖峰，是判断有无羰基化合物的主要依据，C═O 伸缩振动谱带的位置还和邻接基团有密切关系，因此对判断羰基化合物的类型有重要价值。

C═C、N═O、C═N 等的峰出现在 1 500～1 670 cm^{-1}，其中芳环和芳杂环的特征吸收峰在 1 500 cm^{-1}和 1 600 cm^{-1}附近；而 1 500～1 300 cm^{-1}则主要提供 C—H 的弯曲振动信息。

C═C 伸缩振动出现在 1 660～1 600 cm^{-1}，一般情况下强度较弱，当各邻接基团差别比较大时，正己烯 CH_2═CH—CH_2—CH_2—CH_2—CH_3的 C═C 吸收带就很强。单核芳烃的 C═C 伸缩振动出现在 1 500～1 480 $cm^{=1}$和 1 610～1 590 cm^{-1}两个区域。这两个峰是鉴别有无芳核存在的重要标志之一，一般前者较强，后者较弱。

苯的衍生物在 2 000～1 667 cm^{-1}区域出现面外弯曲振动的倍频和组频谱带，它们的强度较弱，但该区吸收峰的数目和形状与芳核的取代类型有直接关系，在判别苯环取代类型上非常有用。为此常常采用加大样品浓度的方法给出该区的吸收峰。利用这些倍频及组频谱带和 900～600 cm^{-1}区域苯环 C—H 面外弯曲振动吸收带共同确定苯环的取代类型是很可靠的。

（4）指纹区（1 300～400 cm^{-1}）。

主要为单键和部分含重原子的基团，如 O—H、S═O、P═O、P═S 等的伸缩振动。其中 900～650 cm^{-1}为苯环取代特征区。

利用红外光谱鉴定化合物结构时，可以通过查找各种文献中列举的各种基团的吸收频率进行鉴定。表 3.1 对一些主要化学基团的红外光谱性质做了简要的总结，从中可以看到基团的特征吸收大多集中在 4 000～1 350 cm^{-1}的特征频率区内。

表 3.1　红外光谱中一些基团的吸收区域

区域	基团	吸收频率 /cm^{-1}	振动形式	吸收强度	说明
第一区域	—OH(游离)	3 650～3 580	伸缩	m,s,b	判断有无醇类、酚类和有机酸的重要依据
	—OH(缔合)	3 400～3 200	伸缩	s,b	判断有无醇类,酚类和有机酸的重要依据
	$—NH_2$,—NH(游离)	3 500～3 300	伸缩	m	
	$—NH_2$,—NH(缔合)	3 400～3 100	伸缩	s,b	
	—SH	2 600～2 500	伸缩		不饱和 C—H 伸缩振动出现在 3 000 cm^{-1}以上
	C—H 伸缩振动		伸缩	s	
	C—H(不饱和)		伸缩	s	末端—C—H_2 出现在 3 085 cm^{-1} 附近,强度比饱和 C—H 稍弱,但谱带较尖锐
	C—H(叁键)	3 100 附近	伸缩	s	饱和 C—H 伸缩振动出现在 3 000～2 800 cm^{-1},取代基影响小
	C—H(双键)	3 040～3 010		s	
	苯环中 C—H	3 030 附近	反对称伸缩	s	
	饱和 C—H		对称伸缩	s	
	$—CH_3$	2 960±5	反对称伸缩	s	三元环中的 > CH_2 出现在3 050 cm^{-1}
	$—CH_3$	2 870±10	对称伸缩		叔氧出现在 2 890 cm^{-1},很弱
	$—CH_2$	2 930±5			
	$—CH_2$	2 850±10			
第二区域	—C≡N	2 260～2 220	伸缩	s 针状	干扰少
	—N≡N	2 310～2 135	伸缩	m	R—C≡C—H,2 100～2 140
	—C≡C	2 260～2 100	伸缩	v	R—C≡C—R,2 190～2 260,若 R′≡R,对称分子,无红外谱带
	—C═C═C—			v	

续表3.1

区域	基团	吸收频率 /cm^{-1}	振动形式	吸收强度	说明
第三区域	C═C	1 680～1 620	伸缩	m,W	
	苯环中 C═C	1 600,1 580 1 500,1 450	伸缩	v	苯环的骨架振动
	—C═O	1 850～1 600	伸缩	s	其他吸收带干扰少,是判断羰基(酮类、醇类、酯类、酸酐等)的特征频率,位置变动大
	$—NO_2$	1 600～1 500	反对称伸缩	s	
	$—NO_2$	1 300～1 250	对称伸缩	s	
	S═O	1 220～1 040	伸缩	s	
第四区域	C—O	1 300～1 000	伸缩	s	—C—O 键(酯、醚、醇类)的极性极强。故强度大,常成为谱图中最强的吸收
	C—O—C	1 150～900	伸缩	s	醚类中,C—O—C 的 ν_{as}=1 100±50 是最强的吸收,C—O—C 对称伸缩在 900～1 000,较弱
	$—CH_3$,$—CH_2$	1 460±10	$—CH_3$,反对称变形	m	大部分有机化合物都含$—CH_3$、$—CH_2$基,因此此键经常出现
	$—CH_3$	1 380～1 370	$—CH_2$ 变形对称变形	m～s	很少受取代基的影响,且干扰少,是 CH_3 基的特征吸收
	$—NH_2$	1 650～1 560	变形	s	
	C—F	1 400～1 000	伸缩	s	
	C—Cl	800～600	伸缩	s	
	C—Br	600～500	伸缩	s	
	C—I	500～200	伸缩	s	
	$—CH_2$	910～890	面外摇摆	s	
	C—$(CH_2)_n$—,$n\geqslant4$	720	面内摇摆		

4. 影响基团频率的因素

分子中各基团的振动不是孤立的,是受到分子其他部分以及外部条件的影响,因此,同一基团的振动在不同结构中或不同环境中其吸收频率都或多或少要有所移动,其强度和形状及峰宽也可能会有所不同,例如 C═O 的伸缩振动频率在不同的羰基化合物中有一定的差别,酰氯在 1 790 cm^{-1},酰胺在 1 680 cm^{-1}。这就为分析鉴别化合物及研究分子内基团相互作用和分子间相互作用提供了判据。影响基团频率位移的因素可分为内部因素和外部因素两类。

(1)内部因素。

主要是结构因素,如相邻基团的影响,分子结构的空间分布等因素,使基团频率位移,其中包括以下几种。

①诱导效应。当基团旁连有电负性不同的原子或基团时,通过静电诱导作用,引起分子中电子云密度的变化,从而引起基团化学键的键力常数变化,影响了基团频率的位移。

②共轭效应。它使共轭体系(即两个以上双键(或叁键)以单键相联结的体系)中的电子云密度平均化,双键性减弱,键的键力常数减小,结果使基团频率向低频方向移动。在一个化合物中,经常是诱导效应和共轭效应同时存在,哪种效应占优势,吸收峰就向哪边移动。

③空间效应。主要是分子内空间的相互作用,立体障碍,环张力的影响等。

④偶合效应。当两个频率相同或相近的基团联结在一起时会发生偶合作用,分裂成两个峰。一个比原来吸收峰的频率高一点,另一个则低一点。

⑤氢键效应。氢键的形成使谱带加宽,强度增大,且向低频方向位移。但是对于弯曲振动来说,氢键的形成则引起谱带变窄,同时向高频方向位移。

(2)外部因素。

主要是由于样品的测定状态不同及溶剂极性等引起的频率位移。

①样品测定状态的影响。红外光谱可在气、液、固等不同相中测定,一般情况下气态测定时,伸缩振动频率最高,在液态或固态测定时,伸缩振动频率降低。

②溶剂影响。同一物质在不同溶剂中,由于溶质和溶剂之间的相互作用不同,测得的吸收光谱也不同,通常,极性基团的伸缩振动频率随溶剂极性增大而向低频移动。

3.2　红外光谱仪与测试

3.2.1　红外光谱仪

红外光谱仪是获得物质红外吸收光谱图的仪器,其种类很多,按照分光原理的不同可将其分为两大类:一类是色散型红外光谱仪,另一类是傅里叶变换红外光谱仪。

1. 色散型红外光谱仪

主要部件有:光源、吸收池、单色器、检测器。

(1)光源。能够发射高强度连续红外辐射的物体。常用的光源有能斯特灯和硅碳棒。前者工作温度为 1 750 ℃,使用波数范围为 400～5 000 cm^{-1},稳定性好,发光强度大,但机械强度较差,性脆易碎;后者工作温度为 1 200～1 400 ℃,使用波数范围为 400～5 000 cm^{-1},发光面积大,坚固耐用,寿命长。

(2)吸收池。由于中红外光不能透过玻璃和石英,因此通常用一些无机盐的单晶体制作红外吸收池窗口。‘

(3)单色器。早期用棱镜作为色散元件多用 NaCl、KBr 等无机盐大晶体制作。目前多用反射光栅，对恒温、恒湿条件要求不高，而且具有线性色散、分辨率高和光能量损失小等优点。

(4)检测器。常用的红外检测器有真空热电偶、热电量热计和光电导管三种。

2. 傅里叶变换红外光谱仪

该仪器是利用干涉谱的傅里叶技术获得红外光谱，它与色散型红外光谱仪的主要区别在于用 Michelson 干涉计取代了单色器和使用了计算机。仪器的主要部件有：光源、干涉计、样品仓、检测器、计算机、记录器。

傅里叶变换红外光谱仪具有以下优点。

(1)扫描速度极快。一般 1 s 左右即可完成一次扫描，所以可以测定不稳定物质的红外光谱，进行快速化学反应的研究工作。

(2)具有很高的分辨率。用干涉方法获得谱图，其多路的优点可使分辨率提高。

(3)灵敏度高。用干涉仪测定光谱，不用狭缝和单色器，能量损失小。同时反射镜面大，辐射能量大，到达检测器后信号强。因此它比常规分光光度计灵敏度高，可检出 10^{-8}g 数量级的待测物，适于弱谱的测定。

此外，傅里叶变换红外光谱仪还具有测定精度好，重复性好，光谱测定范围宽，杂散光干扰小，便于与气、液色谱联机等优点，是近代化学、材料研究领域不可缺少的基本设备之一。

3.2.2　红外光谱的测试

1. 样品的制备

制样技术对红外光谱图的质量有很大影响，必须依据试样的状态，分析的目的和测定装置的种类等，选择合适的制样方法，制备出合格的样品。对于材料样品来说，最重要的是材料样品厚度的影响。样品厚度太薄，会使一些弱的吸收峰和光谱的细微部分不能显示出来；但样品太厚，又会使吸收峰变宽，甚至产生截顶(强的吸收峰超越标尺刻度)而无法确定吸收峰的真实位置。适当的样品厚度应在 10～30 μm，才能有理想的谱图；其次，在样品表面会发生反射，一般表面反射的能量损失为百分之几，但在强吸收峰附近可达 15%以上，为了补偿由于反射引起的吸收峰变形，可以在参比光路中放一个组分相同但厚度薄得多的样品；另外，反射还会有产生干涉条纹的影响，尤其在低频区更为突出，消除的方法是使样品表面变粗糙，可用楔形薄膜或在样品表面涂上一层折射率相近的不吸收红外光的物质。

(1)压片法。

压片法适用于固体粉末样品的制样。用酒精棉清洁玛瑙研钵和不锈钢取样勺并用红外灯干燥，然后用不锈钢取样勺取少许样品粉末(约 2 mg)和为其质量 100～200 倍的光谱纯的 KBr 粉末，一起在玛瑙研钵中于红外灯下充分研磨成细粉。装好模膛、底模片和底座，用不锈钢铲将磨好的粉末转移到底模面上并刮平。再用柱塞旋转抹平样品粉末后将顶模片轻轻放入，其上放上柱塞，即可放在油压机上压成透明的薄片。通常使用 10 t 压力，保持压力 3 min 即可。

(2)薄膜法。

①直接采用法。如果试样本身就是透明的薄膜,若其厚度合适就可以直接使用,若较厚,则可以通过轻轻拉伸使其变薄后使用。

②热压成膜法。热塑性高聚物可以通过加热到软化点以上或熔融后压成适当厚度的薄膜。在热压时要防止高聚物的热老化。为了尽可能降低温度和缩短加压时间,可以采用增大压力的办法。一般采用 1×10^{8} Pa 左右的压力,在熔融状态迅速加压 10～15 s,然后迅速冷却。

③溶液铸膜法。将样品(如高聚物)溶解在适当的溶剂中,将溶液(质量分数一般为1%～4%)均匀地均匀涂在平滑的玻璃板表面,待溶剂完全挥发后,将薄膜即可用刮刀剥离。在液体表面上铸膜也是可行的。这种方法特别适用于制备极薄的膜,通常可以在水表面或汞表面进行。在汞表面铸膜时,可将一钢圈浮在汞表面,高分子溶液铺在圈内,溶剂挥发后,即得到所需要面积大小的薄膜。

采用热压成膜或溶液铸膜制备样品时,要注意高聚物结晶形态的变化。另一个简便的制膜方法是在氯化钠晶片上直接涂上高聚物溶液,膜制成后可连同晶片一起进行红外测试。这种制膜法在研究高聚物的反应时很适用。

(3)液膜法。

①溶液法。将高聚物溶液在 KBr 晶片上涂成薄薄的一层液膜,就可以直接进行测定。若溶液黏度很小,可夹在两片 KBr 晶片中测定,即用不锈钢取样勺或玻璃棒,蘸取适量液体样品,轻涂在下晶片的表面中央,小心盖上盖晶片,用样品夹固定,保证试样均匀分布在晶片中央,有一定的厚度,即可进行测试。由于绝大多数有机溶剂在红外光谱区内有较强的吸收,所以这个方法很少用于高聚物样品的制备。

②悬浮法。将 50 mg 左右的极细的固体颗粒悬浮在尽可能少的石蜡油(1 滴)或全氟煤油中,研磨成糊状物,然后涂在 NaCl 晶片上使用,但一般高聚物制样也很少用该法。

2. 测试

这里以美国的布鲁克(BLUK)公司的 TENSON37 型傅里叶变换红外光谱仪为例介绍红外光谱图的测试过程。

(1)开机。

①打开仪器光学台的电源开关。

②打开计算机电源,双击“OPUS”图标进入测试平台,检查仪器工作状态;在该窗口菜单下右下角指示器显示绿色表示正常。

(2)收集样品的红外光谱图。

①设定光谱收集参数:分辨率 4 cm^{-1},扫描范围 400～4 000 cm^{-1},纵坐标“ittance”;按表格要求输入样品名和测试人员姓名。

②单击“Cellect background”钮:单击前检查光路中有无样品,确认没有之后单击“OK”,计算机开始收集背景的干涉图谱信息。所谓“background”在这里即为样品室内的空气。

③单击“Cellect sample”钮,放入样品并在样品架上固定好,确认后单击 “OK”。计算机自动收集样品的谱图信息。

(3)在计算机内对红外光谱图进行处理。

在对红外光谱图进行处理前，首先要检查谱图是否符合要求。通常对谱图的要求是：①基线的透过率%Transmittance 一般约 90%；②谱图上没有明显的平头峰现象；③谱线的波数范围为 400～4 000 cm^{-1}，且在此范围内谱峰清晰。满足上述三点，可以认为是符合要求的谱图。否则，需要调整相关参数，或重新制样进行再次测试。如果谱图符合要求，则可以开始对红外光谱图进行处理。

①单击“Absorbance”按钮，将收集到的样品的光谱从%Transmittance 形式转换成吸光度的形式。

②单击“baseline conection”按钮进行基线校正。

③单击“smooth”按钮对谱图进行适当平滑。

④在谱图上标注吸收峰的位置。

(4)打印出该样品的谱图。

3.3　红外光谱的谱图解析和分析方法

3.3.1　红外光谱的谱图解析

所谓红外光谱的谱图解析就是根据实际测得的红外光谱的吸收谱带的位置、强度和形状，利用基团振动频率与分子结构的关系，确定吸收谱带的归属，确认分子中所含的基团或键，并进而依据其特征振动频率的位移、谱带强度和形状的改变，推定出化合物的种类及其分子结构。

同一基团（化学键）的振动频率是非常相近的，总是出现在某一范围内。例如 CH_3CH_2Cl 中的 CH_3 基团具有一定的吸收谱带，而很多具有 CH_3 基团的化合物，在这个频率附近(3 000～2 800 cm^{-1})亦出现吸收峰，因此可以认为此出现 CH_3 吸收峰的频率是 CH_3 基团的特征频率。这个与一定的结构单元相联系的振动频率称为基团频率。但是它们又有差别，因为同一基团在不同的物质中所处的环境各不相同，这种差别常常能反映出结构上的特点。例如 C—O 伸缩振动的频率范围在 1 850～1 600 cm^{-1}，当与此基团相连接的原子是 C、O、N 时，C—O 谱带分别出现在 1 715 cm^{-1}、1 735 cm^{-1}、1 680 cm^{-1} 处，根据这一差别可区分酮、酯和酰胺。因此，特征吸收峰的位置和强度取决于分子中各基团(化学键)的振动形式和所处的化学环境。只要掌握了各种基团的振动频率(基团频率)及其位移规律，即可应用红外光谱确定化合物中存在的基团及其在分子中的相对位置。

1. 谱图解析的程序

为了准确地解析谱图，有必要先排除可能出现的“假谱带”(非试样本身的吸收)以及微量杂质的存在所造成的红外光谱的变化。常见的“假谱带”主要有水(3 400 cm^{-1}、1 640 cm^{-1}、650 cm^{-1})和二氧化碳(2 350 cm^{-1}、667 cm^{-1})的吸收。水分的引入可能由于试样本身混有微量水或试样与空气接触而吸湿，以及在样品的制备过程中使用溶剂或锭剂等而造成的。二氧化碳的吸收是由于某些试样能吸附二氧化碳，特别是某些液体试样长期保存在干冰中容易造成二氧化碳被吸收。

谱图解析可大体分为两步：

(1)确定所含的基团或键的类型。

每种分子都具有其特征的红外光谱，谱图上的每个吸收谱带是代表分子中某一基团或键的一种振动形式，并可由特征吸收谱带的位置、强度和形状确定所含基团或键的类型。以甲基为例，在 2 960 cm^{-1}、2 870 cm^{-1}、1 450 cm^{-1}、1 380 cm^{-1}附近出现了四个特征吸收谱带，分别归属甲基的 C—H 反对称和对称伸缩振动和变形振动的吸收，且有其一定的相对强度顺序和形状。这四个特征吸收谱带就作为甲基的“指纹”，来确认试样中甲基存在与否。但由于分子结构和测量环境等的不同，其特征吸收谱带的位置将做相应的移动，就可进一步推测属于何种化合物中的甲基。

化合物的基团或键的特征频率已由实验测得并汇集成基团或键的特征频率表，因而我们可以借助于查“字典”的方法来确认基团或键的类型。

在实际的谱图解析中，首先从基团判别区(4 000～1 350 cm^{-1})入手，按谱图上出现的强峰到弱峰的顺序，依次加以确认，并结合指纹区(1 350～850 cm^{-1})的吸收加以肯定。指纹区虽没有明显的基团或键与特征振动频率的对应关系，但它能反映整个分子结构的特点，尤其是对分子骨架的振动吸收很敏感。以醇类的羟基(缔合的)为例，虽然可由基团判别区的 3 400 cm^{-1}附近的伸缩振动吸收加以确认，但尚不能肯定是伯醇、仲醇或叔醇，而必须结合指纹区的 1 040～1 160 cm^{-1}的吸收谱带的位置予以推断。伯醇出现在 1 050 cm^{-1}、仲醇出现在 1 100 cm^{-1}、叔醇出现在 1 150 cm^{-1}。因而作为官能团的定性，必须通过基团判别区和指纹区的特征吸收加以综合推定，即基团的特征吸收峰和旁证峰都存在，才表明样品中含有此官能团，但当两个基团或键的特征频率较接近时，尤其在共存的情况下，由谱图直接辨认是异常困难的。例如羟基(缔合的)和仲氨基共存的场合，由于两者的伸缩振动频率和变形振动频率都很相近，于是给推断增加了困难。遇到这种情况，可根据溶剂对特征吸收谱带位置的影响而加以分离鉴定。亦可利用化学反应制备衍生物等方法，确定分子中所含有的基团或键。

(2)推定化合物及其结构。

按照上述步骤，根据特征吸收谱带和分子结构的关系，依据谱图上出现的特征吸收谱带的位置、强度、形状来确定分子中各个基团或键所邻接的原子或原子团(可参照各类化合物的特征振动频率图表和有关文献)之后。根据基团及化学合理性，结合试样信息(试样来源、元素种类、相对分子质量、熔点、沸点、溶解度、不饱和度等)，即可推定该物质是何种化合物及其分子结构。在推断分子结构时，有时还需结合紫外光谱、核磁共振谱和质谱等分析手段。

在有关试样信息方面，分子的不饱和度计算对图谱分析非常有利，据其可推测分子结构中是否有双键、三键及芳香烃等基团。

所谓有机分子的不饱和度是指分子中碳原子的饱和程度，等于 π 键数与环数之和。计算公式如下：

$$U = l + n_4 + (n_3 - n_1)/2 \tag{3.1}$$

式中，n_1、n_3、n_4分别为分子中所含的一价、三价和四价元素原子的数目。

①$U=0$ 时，分子是饱和的，分子为链状烷烃或其不含双键的衍生物；

②$U=1$ 时，分子可能有一个双键或脂环；

③$U=3$ 时，分子可能有两个双键或脂环；

④$U=4$ 时，分子可能有一个苯环（可理解为一个环加三个双键）。

一些杂原子如 O 及 S 等不参加计算。

需要强调的是，依据分子红外光谱推定分子结构主要是从基团或键的特征振动频率位移，推定基团或键所邻接的原子或原子团，因而对其特征振动频率位移的规律要侧重地加以掌握和熟记，特别是对前人已做过的工作要尽可能地加以收集、归纳、总结和运用。

2. 具体解析方法

(1)直接法。

将未知物的红外光谱图与已知化合物的红外光谱图直接进行比较。这就要求样品与标准物在相同条件下记录光谱，既要使用仪器的性能（如所用仪器分辨率高，则在某些峰的细微结构上会有差别）和谱图的表示方式（等波数间隔或等波长间隔）相同的仪器，而且样品的制备方法也要一致（指样品的物理状态、样品浓度及溶剂等）。若不同则谱图也会有差异。尤其是溶剂因素影响较大，须加注意，以免得出错误的结论。如果只是样品浓度不同，则峰的强度会改变，但是每个峰的强弱顺序（相对强度）通常应该是一致的。固体样品，因结晶条件不同，也可能出现差异，甚至差异很大。

(2)否定法。

根据红外光谱与分子结构的关系，谱图中某些波数的吸收峰，反映了某种基团的存在。当谱图中不出现某吸收峰时，就可否定某种基团的存在。例如，在 2 975～ 2 845 cm^{-1} 区域内不出现强吸收峰，就表示不存在 CH_3 和 CH_2。

(3)肯定法。

借助于红外光谱中的特征吸收峰，以确定某种特征基团存在的方法。例如，谱图中 1 740 cm^{-1} 处有吸收峰，且在 1 260～1 050 cm^{-1} 区域内出现两个强吸收峰，波数高的表现为第一吸收，则可判断该化合物中含有酯基。

在实际工作中，往往是三种方法联合使用，以便得出正确的结论。

3. 谱图解析举例

例 3.1　图 3.3 为一聚合物的红外谱图，判断该未知物为聚苯乙烯。

解　在 3 100～3 000 cm^{-1} 处有吸收峰，可知含有芳环或烯类的 C—H 伸缩振动，但究竟属于哪种类型就要看 C—H 的其他峰。以 2 000～1 668 cm^{-1} 区域的一系列的峰和 757～699 cm^{-1} 处出现的峰为依据查图，可知为苯的单取代苯，这样可判断 3 100～3 000 cm^{-1} 处的峰为苯环中的 C—H 的伸缩振动；再检查苯的骨架振动，在 1 601 cm^{-1}、1 583 cm^{-1}、1 493 cm^{-1}、1 452 cm^{-1} 的谱带可证实是有苯环存在；然后依据 3 000～2 800 cm^{-1} 的谱带判断是饱和碳氢化合物的吸收，而且 1 493 cm^{-1} 和 1 452 cm^{-1} 处的强吸收也可以说明有—CH_2 或 C—H 弯曲振动与苯环骨架振动的重叠，由上可初步判断为聚苯乙烯。

例 3.2　化合物的分子式为 C_6H_{14}，它的红外光谱如图 3.4 所示，试推断其可能的分子结构。

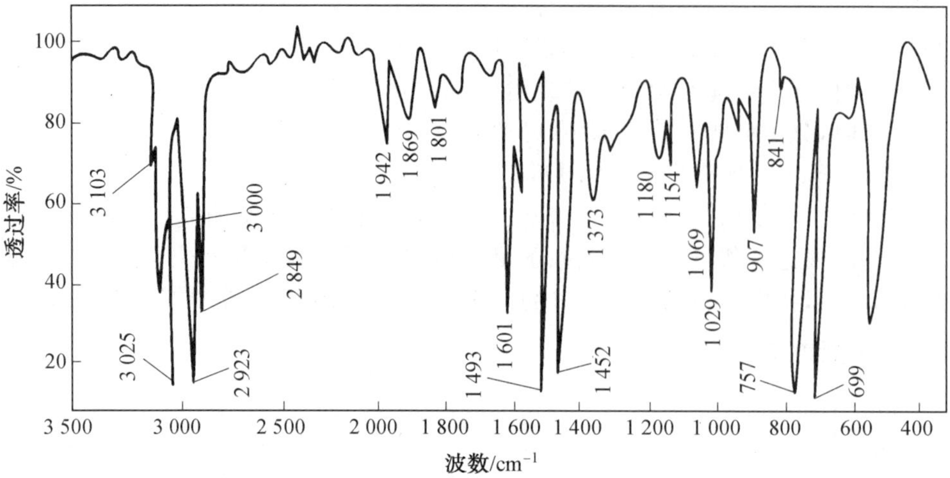

图 3.3　某聚合物的红外光谱

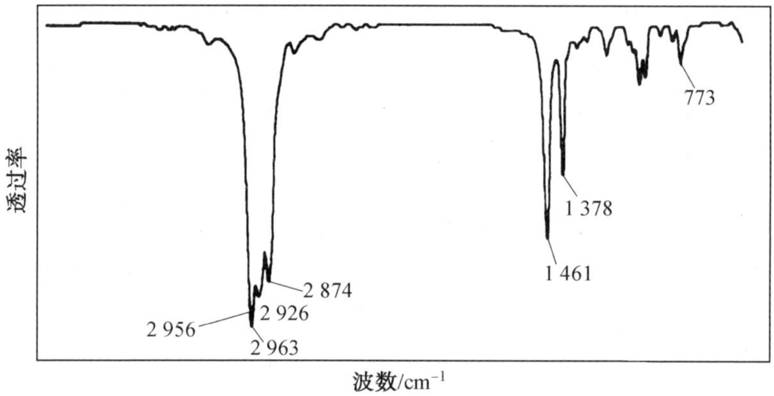

图 3.4　未知化合物 C_6H_{14} 的红外光谱

解　①从谱图看，谱峰少，峰形尖锐，谱图相对应的可能化合物为对称结构。

②从分子式可看出该化合物为烃类，不饱和度的计算 $U=(6\times2+2-14)/2=0$，表明该化合物为饱和烃类。

③由于 1 378 cm^{-1} 的吸收峰为一单峰，表明有甲基存在。773 cm^{-1} 的峰表明亚甲基基团是独立存在的。因此结构式应为 $CH_3—CH_2—\underset{}{\overset{\displaystyle CH_3}{\overset{|}{C}H}}—CH_2—CH_3$ 。

④吸收峰归属。2 800～3 000 cm^{-1} 属于饱和 C—H 的反对称和对称伸缩振动（甲基：2 960 cm^{-1} 和 2 872 cm^{-1}，亚甲基：2 926 cm^{-1} 和 2 953 cm^{-1}）。1 461 cm^{-1} 对应亚甲基和甲基弯曲振动（分别为 1 470 cm^{-1} 和 1 460 cm^{-1}）。1 380 cm^{-1} 对应甲基弯曲振动。775 cm^{-1} 对应乙基—CH_2—的平面摇摆振动。

例 3.3　化合物的分子式为 C_8H_8O，它的红外光谱图如图 3.5 所示，试推断其可能的分子结构。

解　①计算不饱和度。$U=1+8-(8-0)/2=5$，有苯环存在。

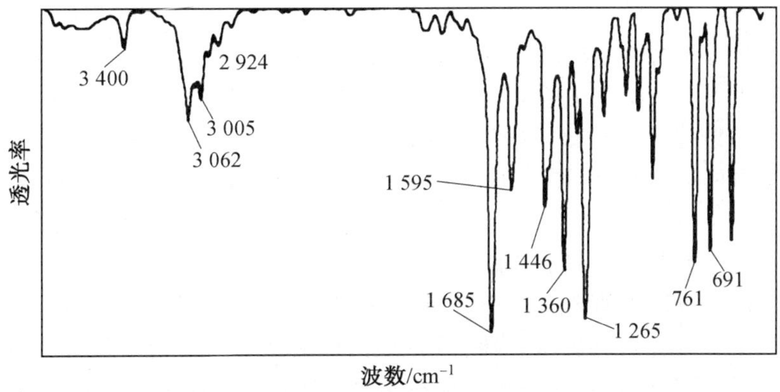

图 3.5　未知化合物 C_8H_8O 的红外光谱

②在 3 300～3 500 cm^{-1}区间内无任何吸收(3 400 cm^{-1}附近吸收为水干扰峰)，证明分子中无—OH。2 850 cm^{-1}与 2 740 cm^{-1}没有明显的吸收峰，可否认醛的存在。1 680 cm^{-1}吸收峰说明是酮，且发生共轭。3 000 cm^{-1}以上及 1 600 cm^{-1}、1 580 cm^{-1}、1 450 cm^{-1}附近的峰的出现，以及泛频区弱的吸收证明为芳香族化合物，而 760 cm^{-1}及 690 cm^{-1}出现的吸收峰进一步提示为单取代苯。2 960 cm^{-1}及 1 360 cm^{-1}吸收峰出现提示有—CH_3存在。综上所述，化合物应该是苯乙酮，结构式为

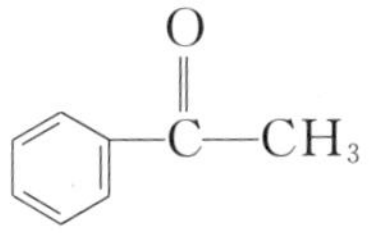

3.3.2　红外光谱的分析方法

1. 红外光谱的定性分析

红外光谱定性分析的基本方法通常分为两大类：一类是对已知物质的确认，另一类是对未知物质的指认。

(1)已知物质的确认。

大多数的红外光谱分析工作都是验证某一结构基团或某一化合物是否存在于被测试样中，或评价某一化合物是否含有杂质，或者研究制备工艺对物质结构的影响等，所有这些分析工作都属于用红外光谱对已知物质的确认范畴。

对于已知物质的确认，通常采用标准试样法或标准谱图法。

①标准试样法。

标准试样通常是指用化学试剂或根据已知物质的化学式采用人工合成的方法制备的物质。制备的物质是否符合标准，要用其他方法，如 X 射线衍射法等进行验证。

在相同的制样方法和实验条件下测绘标准试样和待测试样的红外光谱，并将二者进行对比，若二者的吸收谱带数目、位置、形状及相对强度完全吻合，待测物质即与标准物质相同。

②标准谱图法。

标准谱图法是将待测物质的红外光谱与标准谱图相对比，从而进行物相鉴定。标准谱图可以通过查阅日常工作中收集到的一些纯物质的红外光谱，或查阅标准谱图集获得。常用的标准谱图集有 *Infrared Analysis of polymers, Resins and Additives, An Atlas*、《单体和聚合物的红外光谱图》、*Introduction to Infrared and Raman Spectroscopy*、*Infrared Spectroscopy Its Use In the Coating Industry*、《矿物的红外光谱图集》、*Infrared Spectra of Inorganic Compound* 等。

赫梅尔（Hummel）和肖勒（Scholl）等著的 *Infrared Analysis of Polymers, Resins and Additives, An Atlas*，已出版三册。第一册为《聚合物的结构与红外光谱图》，第二册为《塑料、橡胶、纤维及树脂的红外光谱图和鉴定方法》，第三册为《助剂的红外光谱图和鉴定方法》。

萨特勒（Sadtler）的《单体和聚合物的红外光谱图》目前已收集了 1 万多张聚合物和单体的红外谱图。

Colthup、Daly 和 Wiberley 编著的 *Intreduction to Infrared and Raman Spectroscopy*，对分子的基团频率做了详细的介绍。值得一提的是，书中收录的 624 种常见有机化合物光谱图中，对主要谱带的归属做了标识，使用十分方便。

Afremow 和 IsaKson 等编的 *Infrared Spectroscopy Its Use In the Coating Industry*，谱图按聚合物类别划分。该书介绍了“否定法”及“肯定法”剖析光谱的技巧，在作为光谱图解析的几十种常见聚合物的图例中，对主要谱带的归属做了标识。

在查阅标准谱图时，要注意标准图的试样状态、制样方法及光谱测绘条件，只有相同条件下的对比才是有意义的。与标准试样法一样，只有在全部谱带数目、位置、形状和相对强度完全吻合时才能确认。

必须说明，在比较待确认物质与标准试样的红外光谱时，若二者吸收谱带的数目、相对强度没有变化，吸收谱带的形状没有变化或变化较小，吸收谱带的频率发生位移或位移较小，说明二者结构基本相同，但结构的某些畸变引起了谱带频率或形状的微小变化。

(2)未知物质的指认。

如果是单相物质，根据其红外光谱的特征谱带查阅标准谱图，并结合样品的来源、性能及使用情况等信息，通常不难鉴定。而且，还可以由结构单元和分子式推测其可能的结构。

但若未知物为多相混合物质，各种物质的红外吸收带都将在未知物的红外光谱图上出现，谱带可能重叠，频率可能位移，给未知物的分析鉴定工作造成困难。通常按下面的鉴定程序进行分析。

①采用合适的制样方法和测试条件，测绘一张高质量的红外光谱。

②根据样品来源、颜色、状态、气味、制备工艺、化学成分及其他测试资料，估计可能的物相。

③排除可能的干扰带（即假谱带，KBr 或试样的吸湿引起水的吸收带，大气中 CO_2 的吸收带或仪器部件污染引起的吸收带），鉴定未知物中可能存在的结构基团。

对结构基团的确定，应先从高频区入手，找出表征结构基团的特征频率，再查对该基团的低频区的相关吸收带的频率，只有当基团特征频率与相关频率同时出现时才能作出基团的鉴定。这种鉴定方法只适宜于未知物中各相吸收带不重叠或重叠很少时。若各相吸收带重叠较多，通常不能对未知物中的结构基团作出准确的鉴定。

(3)化合物的鉴定。

尽管确定了结构基团或估计了可能的结构基团，但进一步利用红外光谱鉴定未知物中有哪几种化合物却是一件困难的工作。通常根据可能的结构基团选用合适的化学方法(如分馏、萃取、重结晶、层析等)对未知物各组分进行分离提纯，分别测定提纯物的红外光谱，按已知物确认的鉴定方法来鉴别化合物。

在未知物的指认时，要注意对含有相同结构基团的化合物的鉴定。对于含有相同结构基团的未知化合物，它们的红外光谱谱带重叠严重，采用组分分离提纯的方法往往又较困难，这时必须根据特征结构基团中的特征峰来予以识别。例如，硅酸盐材料中含相同结构基团的矿物很多，当无法分离提纯时，根据所测红外光谱，查阅有关标准谱图并注重特征基团中的特征峰，往往可以作出正确的鉴定。

2. 红外光谱的定量分析

光谱定量分析的基础是朗伯一比尔(Lambert—Beer)定律：

$$A=\log\frac{I_0}{I}=Klc \tag{3.2}$$

式中，A 为吸光度或光密度；I_0、I 为入射光和透射光强度；K 为吸光系数或消光系数(也写成 ε)；l 为试样厚度；c 为物质浓度。

选择合适的分析谱带是定量分析的一个首要问题。要选择吸收强度大(透过率 25%～50%为宜)且不受其他组分干扰的特征谱带。

吸光度的测定一般采用基线法(即峰高法)。峰高法虽然简便，但不能反映峰的宽窄(即吸收能量的差别)，很多仪器操作条件因素都会导致定量误差。因而更准确的方法是用积分强度法(即峰面积法)，所测数据能通用于各型号仪器。

计算方法主要有以下几种：

(1)直接应用朗伯一比尔定律。

由于样品厚度是可准确测量的，因而只需用一个已知浓度的标准样品测定吸光度 A 就可求出比例常数——吸光系数 K。

由于红外狭缝较宽，单色性较差，朗伯一比尔定律有时会有偏差。当浓度变化范围较大时，吸光度可能与浓度不呈线性关系，此时应当测定一系列已知浓度的标准样品的吸光度，画出工作曲线，然后在相同的实验条件下利用工作曲线分析未知物浓度。这种方法很可靠，但也费时，一般应用于重复性的常规分析中。

(2)比例法。

这是利用吸光度的比值求出样品组分含量的方法。对二元体系，若两组分特征谱带不重叠，则根据朗伯一比尔定律得到

$$A_1=K_1lc_1 \tag{3.3}$$

$$A_2=K_2lc_2 \tag{3.4}$$

$$c_1+c_2=1 \tag{3.5}$$

两谱带的吸光度比值为

$$R=\frac{A_1}{A_2}=\frac{K_1c_1}{K_2c_2}=K\frac{c_1}{c_2} \tag{3.6}$$

利用已知浓度比的样品求出 K 值，再反过来利用已知的 K 值计算未知样品的浓度 c_1 和 c_2。这种方法不需要测量样品厚度，对于高分子薄膜、涂膜或溴化钾压片等样品特别方便，因而在高分子共混物或共聚物等的定量分析中最常用。

类似地，当浓度变化范围较大，K 值不是常数时，可利用工作曲线。这个方法也可推广到三元体系，不过需要作两条工作曲线。

比例法也可用于测定多组分体系中的某一个组分，此时需要应用内标，所以又称内标法。方法是在未知样品内混入一定量的内标物质，根据朗伯－比尔定律有

$$A_{未}=K_{未}lc_{未} \tag{3.7}$$

$$A_{标}=K_{标}lc_{标} \tag{3.8}$$

$$\frac{A_{未}}{A_{标}}=K\frac{c_{未}}{c_{标}} \tag{3.9}$$

因为未知样品与内标物质的浓度比是已知的，所以测定两者在各自分析谱带的吸光度就可求出 K 值。同样，当 K 不恒定时内标法也可利用工作曲线进行计算。有时不必外加内标物质，而是利用样品中已有的与要分析的结构无关的另一特征谱带作为测量厚度的内标。

(3)联立方程法。

在多组分体系中，若每一个组分的分析谱带受到其他组分谱带的干扰，应采用联立方程法。根据吸光度加和定律，当某一组分对一分析谱带有主要贡献，而在这个波数位置上其他组分的吸收也有贡献时，总吸收应等于各组分吸收的加和。据此可列出联立方程式，解方程获得计算结果。

3.4　红外光谱法在材料研究中的应用

3.4.1　红外光谱法在高分子材料研究中的应用

红外光谱法在高分子材料研究中主要用于高聚物的定性鉴别、定量分析、聚合物反应的研究、高聚物结晶过程的研究、高聚物物理老化的研究、高分子共混相容性的研究、高聚物的取向的研究等。

1. 高聚物的定性鉴别

对一张未知高分子的红外光谱进行定性鉴别的主要方法可归纳为四种：谱图对照法、元素组成分组分析法、最强谱峰分组分析法、流程图法。

(1)谱图对照法。

一个分子的红外光谱是由各原子基团的吸收峰组成的，反过来通过这些吸收峰确定原子基团，可以分析出分子的化学组成。对每个吸收峰进行归属常常是烦琐和困难的，尤其对高分子材料更是如此。简单的方法是将测得的未知物的整个红外光谱与已知红外光

谱相对照,如果完全吻合,就可直接确定分子的归属。即将测得的未知物红外光谱图当作“分子指纹”,与已知红外光谱图相对照,如果完全吻合,就可以直接确定分子。该法理论上要求峰的位置和强度都必须吻合,但实际上主要看峰的位置,而峰的强度由于跟试样的厚度、仪器的情况等有关,所以常难以一致。

目前已出版了许多种有关高分子材料剖析方面的红外光谱书籍和谱图集,常用的有以下两种:

①萨特勒(Sadtler)谱图集。为美国费城萨特勒研究室所编制。它分两大类:一类为纯度在98%以上的化合物的红外光谱;另一类为商品(工业产品)光谱,其中包括单体和聚合物、橡胶、纤维、天然树脂、增塑剂、颜料等与高分子有关的光谱,还包括了聚合物裂解光谱。萨特勒标准谱图备有四种索引。对于已知物,可查阅分子式索引和字母顺序索引;对于已知大概类型和可能的官能团,可按化学分类索引查找,该索引以官能团类别为序;对于未知物,依据谱线索引检索,该索引以第一强峰为序。

②赫梅尔(Hummel)和肖勒(Scholl)等著的 *Infrared Analysis of polymers, Resins and Additives, An Atlas* 一书,该书已出版了三册。第一册为《聚合物的结构与红外光谱图》,第二册为《塑料、橡胶、纤维及树脂的红外光谱图和鉴定方法》,第三册为《助剂的红外光谱图和鉴定方法》。

随着计算机技术的进步,当代的一些红外光谱仪已能用计算机检索,如伯金—埃尔默(Perkin—Elmer)红外工作站的软件就提供了大量高分子红外光谱作为查索对照。

在采用标准谱图对照定性时,要注意高聚物结构的复杂性,它使得谱图与标准谱图之间终归会有差异,所以由红外光谱图进行结构判断时,应特别注意以下几点。

①由不同分辨率的仪器所给出的谱图质量可能相差很大,吸收峰的位置可能相差到 100 cm^{-1},某些峰的形状也会有一些变化;有时两个相同组成的高聚物,由于聚合加工时的规整度、结晶度不同,或提纯过程中纯度的差异,皆可能引起红外光谱图的细小差别,在做结构推断时应仔细分析这些差异的原因和结合其他分析数据才能给出可靠的分析结论。

②有些高聚物虽然单体、原料、性能等不同,但分子中含有相同的结构单元,其红外光谱图差异不大,因此可能导致结构类型判断的失误。

③当共聚物中某种单体组分的含量小于5%时,在高聚物红外光谱中的结构特征表现不明显,结构推断时可能遗漏这些含量较少的单体组分。

④两种或多种单体的共聚物,与各单体单独聚合物共混融的混合物材料,其红外光谱图可能没有明显的差异,仅由红外光谱图难以准确推断材料是共聚物还是混炼物。利用这个特性,可将几种单一单体的聚合物,按不同的比例混炼或研磨成均一体系,将它的红外光谱图与未知样品的图相比较,可以方便地推测出未知样品中共聚单体的组成种类及比例。

⑤热固性的交联体形树脂,由于交联剂的结构在反应中已发生变化,因此在材料的红外谱图中,往往找不到交联剂的特征结构信息。

⑥当样品的纯度不够好时,会出现不相关的异常峰,特别是有无机填料存在时,可能会使红外光谱图出现宽而强的吸收峰。

⑦如果在聚合物的红外谱图集中找不到相同或相近的红外图，这种聚合物可能为一种新型的高聚物材料，仅从它的红外谱图很难推测出它的确切结构，必须再采用其他的结构分析方法做进一步的结构分析。但是在作出"新型高聚物"的结论时还必须考虑到材料的用途和价值，新型高聚物材料一般价格较高，只能在某些特种材料和高科技领域内使用。在普通的民用商品材料中一般很少应用。因此应考虑到样品的红外图是否可靠，样品的纯度如何，是否存在某些杂质的干扰。

(2)元素组成分组分析法。

如果从化学分析中已初步知道试样所含元素，就可以根据这一条件将高分子分成五组进行鉴别，这五组分别为无可鉴别元素，含氮，含氯，含硫、磷或硅和含金属高分子。

①无可鉴别元素的高分子。

这类高分子可以是只含 C、H，也可以是含 C、H、O。一般含氧基团都能产生中等以上强度的吸收峰，所以在 O—H 或 C ═O 区域内有一个或更多个中等以上强度的吸收峰存在，可以说明未知物含氧。另一方面从 C—O 峰也能判断。C—O 峰总是很强，若 900～1 350 cm^{-1}出现的峰强度超过 2 900 或 1 400 cm^{-1}附近 C—H 峰的强度，则表明有氧存在。O—H、C ═O、C—O 等三种含氧基团的波数范围和强度情况列于表 3.2。

表 3.2 C、H、O 化合物中含氧基团的吸收峰

基团	谱带位置/cm^{-1}	备注
—OH	3 150～3 550 或 3 550～3 700	弱，锐
>C═O	1 550～1 825	弱，宽
>C—O—	900～1 350	强，宽度有变化，通常多峰

a. 只含碳和氢的高分子。所有饱和烃高分子都在 2 940 cm^{-1}左右和 1 430～1 470 cm^{-1}出峰（经常是多峰），大多数烃还含有甲基，在 1 370 cm^{-1}左右有吸收。环烷烃没有特殊的规律，只是在 770～1 430 cm^{-1}范围内有几个中强的锐峰。

不饱和烃除 $(R_1)(R_2)C{=}C(R_3)(R_4)$ 外，都在 670～1 000 cm^{-1}有特征峰，可用于鉴别。这些谱带可用来区别聚烯烃和聚二烯烃。但由于这些谱带受邻近基团的影响很大，所以利用价值有限。

芳烃在 670～900 cm^{-1}有一些相对较强的峰，可表征苯环及各种取代苯环，它们用于鉴定烃基苯、氯代苯和酚都很可靠。但对另一些化合物，特别是苯核与羰基共轭时，这些峰会有所变化而失去可靠性，不过仍可以由此确定芳烃。多数芳烃在 1 430～1 670 cm^{-1}有若干弱的锐峰，是苯环骨架振动的吸收。在 1 600～2 000 cm^{-1}内，对应于不同的取代苯类型会出现一系列弱的但很特征的谱带，归属于苯环上 C—H 面外弯曲振动的倍频与合频。

b. 含碳、氢、氧的高分子。

含羰基的高分子虽然 1 550～1 825 cm^{-1}内的 C ═O 伸缩振动峰可作为含羰基高分子的主要判据，但其他波数的证据也是必需的。

脂肪酯与醚、酮难以区分，它们的羰基峰位置差别很小。许多醛和酮在 910～1 330 cm^{-1}有强的吸收峰，但易与酯的 C ═O 吸收峰相混淆。大多数醛在 2 720 cm^{-1}有 C—H 的吸收峰可以区别开来，幸运的是在高分子中很少遇到脂肪醛和酮。

在酸中由于羧基与羟基形成很强的氢键，因此羟基在 3 330 cm^{-1}的峰难以观察。酸的证据只有 C—H 在 2 900 cm^{-1}的峰加宽，以及 C ═O 峰向低波数位移。

含羟基的高分子。羟基吸收峰在 3 130～3 700 cm^{-1}区域内。对于任何情况下都不形成氢键的"自由"状态羟基（如酚羟基附近有大的取代基时），在 3 570～3 700 cm^{-1}有宽峰。多数羟基化合物的分子间会形成氢键，从而在 3 130～3 570 cm^{-1}出现强的宽峰。这类化合物若在惰性溶剂的稀溶液中测定，羟基峰变得很锐利，且落入 3 570～3 700 cm^{-1}范围。如果在稀溶液中测定也没有变化，说明羟基与分子的其他极性基团形成氢键，羟基间不存在氢键。形成分子内氢键时羟基吸收峰是 3 130～3 570 cm^{-1}的锐峰。

3 130～3 700 cm^{-1}区域的谱带对于指示羟基的存在是很可靠的，尤其是酚。但要注意水的干扰，以及 N－H 基团和羰基伸缩振动的倍频的干扰。

醚类高分子。在 910～1 330 cm^{-1}范围出现最强吸收峰的化合物可能是醚。但脂肪醚易与醇混淆，而芳香醚类似于酚或某些芳香酯。因此在确定醚之前必须证实是否有羰基和羟基的存在。

②含氮高分子。

许多含氮基团有特征峰，但要注意—N ═N—结构和叔氮原子没有特征吸收，从而使偶氮化合物和叔胺（包括季胺）的谱图分析产生困难。

a. 酰胺基团。二级酰胺在 1 560～1 640 cm^{-1}有两个强度相等的峰，是谱图中的主峰。830～1 670 cm^{-1}间的峰是复杂的，一般聚酰胺在这个区域有很多峰，峰的位置和强度受结晶态的影响较大。而脲醛树脂和天然蛋白质内的酰胺峰则通常较宽而且不确定。一级酰胺只在 1 640 cm^{-1}附近有一个峰，通常形状复杂但非常强。

b. 聚酰亚胺。聚酰亚胺最有用的吸收峰是酰亚胺环上羰基的 1 720 和 1 780 cm^{-1}双峰。1 780 cm^{-1}是弱的锐峰，而 1 720 cm^{-1}则较宽和较强。

c. 聚酰胺酰亚胺。它的谱图中酰胺和酰亚胺的吸收峰并存。因而在 1 670 cm^{-1}附近有四个强峰表明未知物是聚酰胺酰亚胺，很可靠。

d. 聚氨酯。存在二级酰胺的一对峰，但位置在 1 540 和 1 690 cm^{-1}。

e. 腈类和异氰酸酯。这两类基团都在 2 270 cm^{-1}附近有一个特征峰，由于此峰离其他峰较远，较易识别。但这两类基团间的区别是困难的，差别表现在异氰酸酯的峰很强，约是腈类的 100 倍，形状也经常是双重的或不规则的。

f. 其他含氮高分子。共价硝酸酯和硝基化合物产生易识别的峰，1，3，5 －三嗪（如在三聚氰胺甲醛树脂中）在 1 540 和 1 560 cm^{-1}有强峰，同时在 830 cm^{-1}有弱峰。

③含氯高分子。

C—Cl 基团产生中强、常常较宽的峰，但位置变化太大而用处有限。聚偏二氯乙烯的

CCl_2基团在1 060 cm^{-1}的强峰很有用，在结晶聚合物中分裂成锐利的双峰，是很有意义的特征峰。PVDC的CH_2变角振动变化很大，可用于观测、分析共聚序列分布。

④含硫、磷或硅的高分子。

S—S、S—C没有特征峰，S—H峰也很弱。但是S═O峰很强，例如在高聚物中遇到的硫酸盐、二芳砜、磺酸酯和磺胺等的峰都是很强的。1 110～1 250 cm^{-1}间的强峰可以说明硫的存在。如果化学实验中发现有氮，则在1 320 cm^{-1}处应有吸收峰，表明是磺酰胺。

和硫类似，磷的有用的吸收峰来自P—O键。P—H基团是例外，在2 380 cm^{-1}附近有中强的特征峰。磷在高分子中常以磷酸酯的形式存在，其P—O—C基团在970 cm^{-1}有吸收，在1 030 cm^{-1}有一个更强且宽的峰。

硅出现许多有用的吸收峰。Si—H峰在2 170 cm^{-1}非常突出，很易识别。Si—O在1 000～1 110 cm^{-1}之间有强的复杂的宽峰。Si甲基和Si苯基分别在1 250和1 430 cm^{-1}出现尖锐的峰。Si—OH峰类似于醇的OH基峰。

⑤含金属的高分子。

这类高分子主要是羧酸盐，在1 540～1 590 cm^{-1}有非常强的吸收，其位置更多地取决于金属阳离子而不是羧酸。该峰十分尖锐，有时有双重峰。在低浓度时羧酸盐的峰与芳环的峰有些相混淆。

(3)最强谱峰分组分析法。

一般地，较强的谱带对应的基团浓度较大，所以在鉴定上特别重要。如果高分子中含有极性基团，对应于极性基团的谱带往往是最强的；一些杂原子如硅、硫、磷、卤素等也有显著的谱带，能够很特征地反映这种高分子的结构。

按高分子红外光谱中的第一吸收，可将谱图从1 800～600 cm^{-1}分为六组即六个区，含有相同极性基团的同一类高分子的吸收峰大都在同一个区内。需要说明的是，有些高分子的第一吸收出现在此范围外，如聚乙烯在2 900～3 000 cm^{-1}，酚类、醇类可能在3 200～3 500 cm^{-1}等，这些区域易受水分、溴化钾压片的散射等外界因素的干扰，因此对于这种情况按第二吸收来分组。具体分区如下：

①1区：1 700～1 800 cm^{-1}，聚酯、聚羧酸、聚酰亚胺等；

②2区：1 500～1 700 cm^{-1}，聚酰胺、脲醛树脂、蜜胺树脂等；

③3区：1 300～1 500 cm^{-1}，聚烯烃，有氯、氰基等取代的聚烯烃，某些聚二烯烃(天然橡胶等)；

④4区：1 200～1 300 cm^{-1}，聚芳醚、聚砜，一些含氯聚合物等；

⑤5区：1 000～1 200 cm^{-1}，脂肪族聚醚、含羟基聚合物、含硅和氟的高分子；

⑥6区：600～1 000 cm^{-1}，苯乙烯类高分子、聚丁二烯等含不饱和双键高分子，一些含氯聚合物(氯含量较高者)。

(4)流程图法。

同传统的谱图鉴别的肯定法或否定法类似，高分子鉴别中也可以利用一些基团的特征谱带进行肯定、否定或肯定与否定结合的鉴定。由于常见高分子的品种有限，因而有可能排在一个流程图(图3.6和图3.7)里，按流程的顺序进行肯定(用＋表示)或否定(用－表示)的分析。

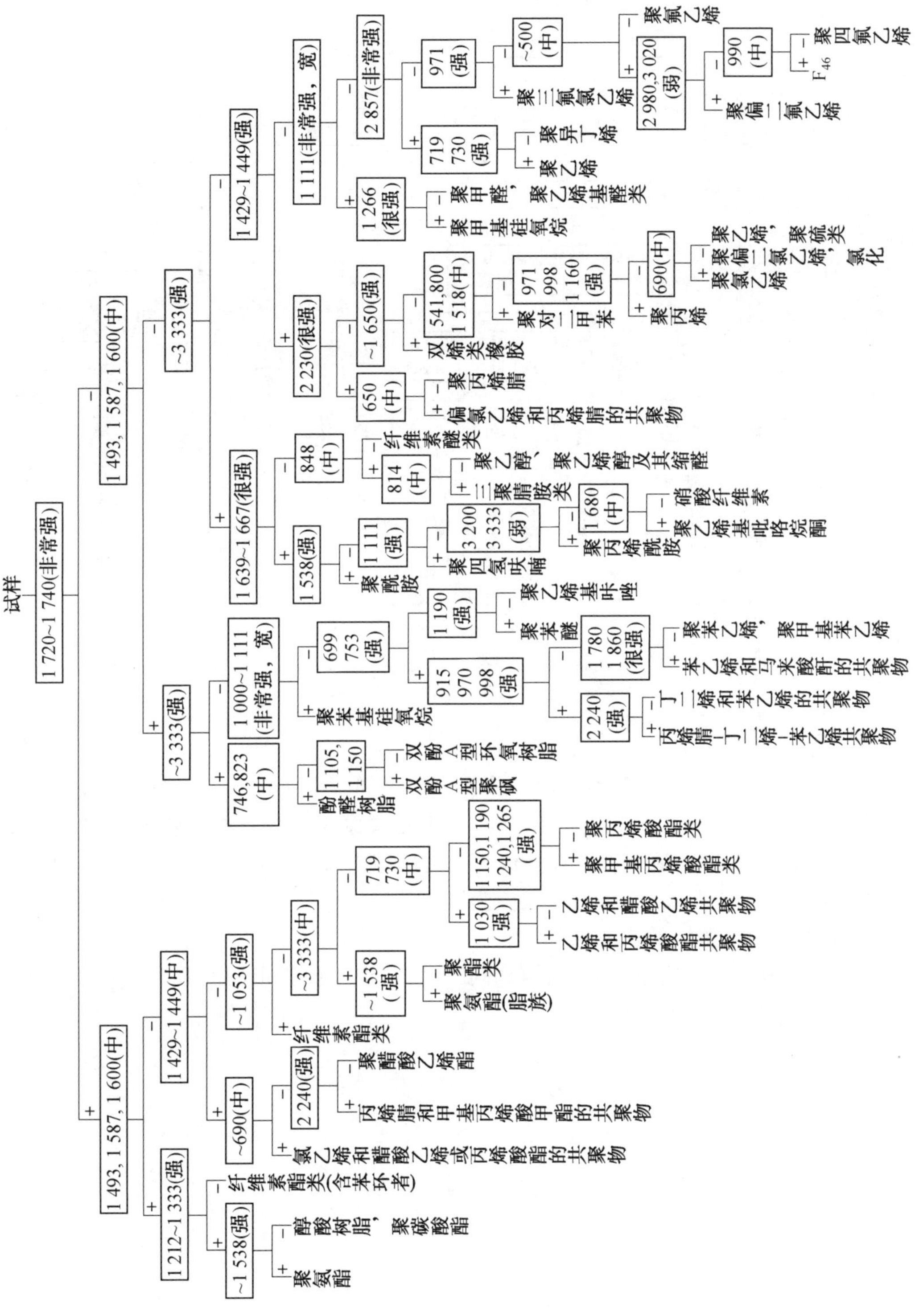

图 3.6　高分子材料鉴别流程图(cm^{-1})

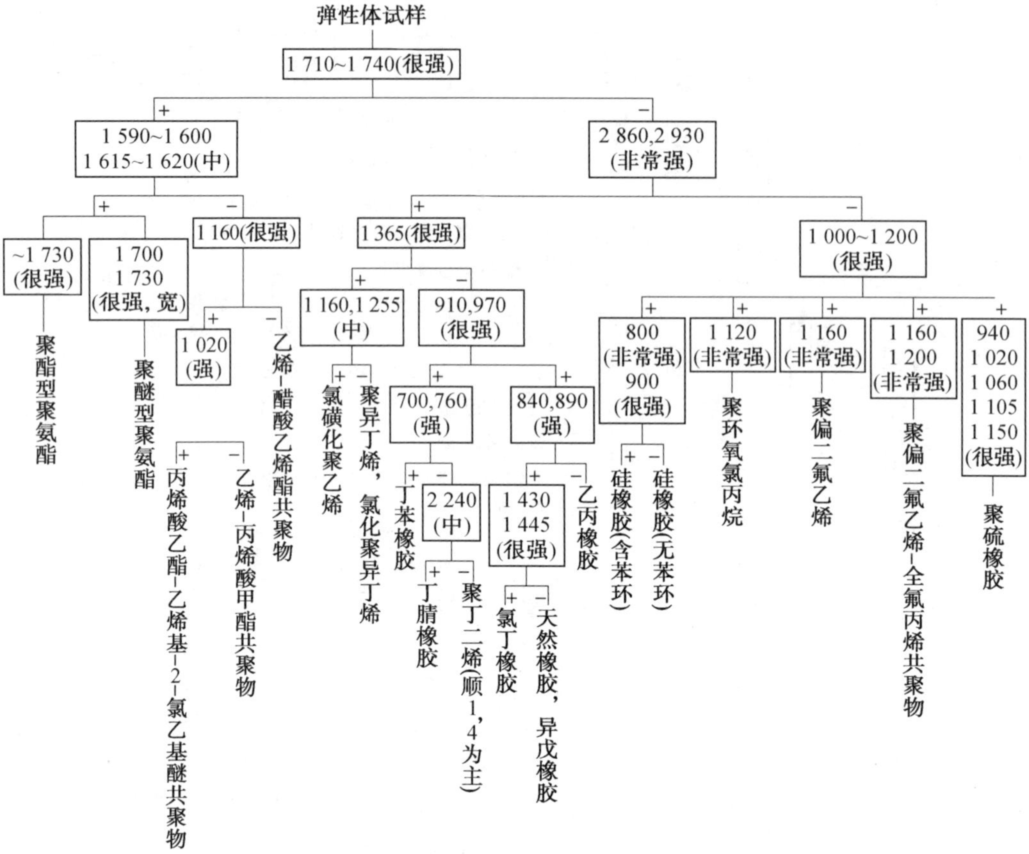

图 3.7　弹性体鉴别的流程图(cm^{-1})

图 3.8 为只进行羰基(约为 1 725 cm^{-1}，吸收应在 85%以上)和芳基(1 490、1 590、1 600 cm^{-1}附近)鉴别的流程图。在分成四大类后利用高分子其他特征谱带进一步区分。该图中各谱带未注明强度，但一般应在中强以上。

(5)高分子定性鉴别的快速指南图。

图 3.9 和表 3.3 分别是高分子材料的红外光谱中主要谱带的波数与结构的关系，用作高分子材料鉴定的快速指南。

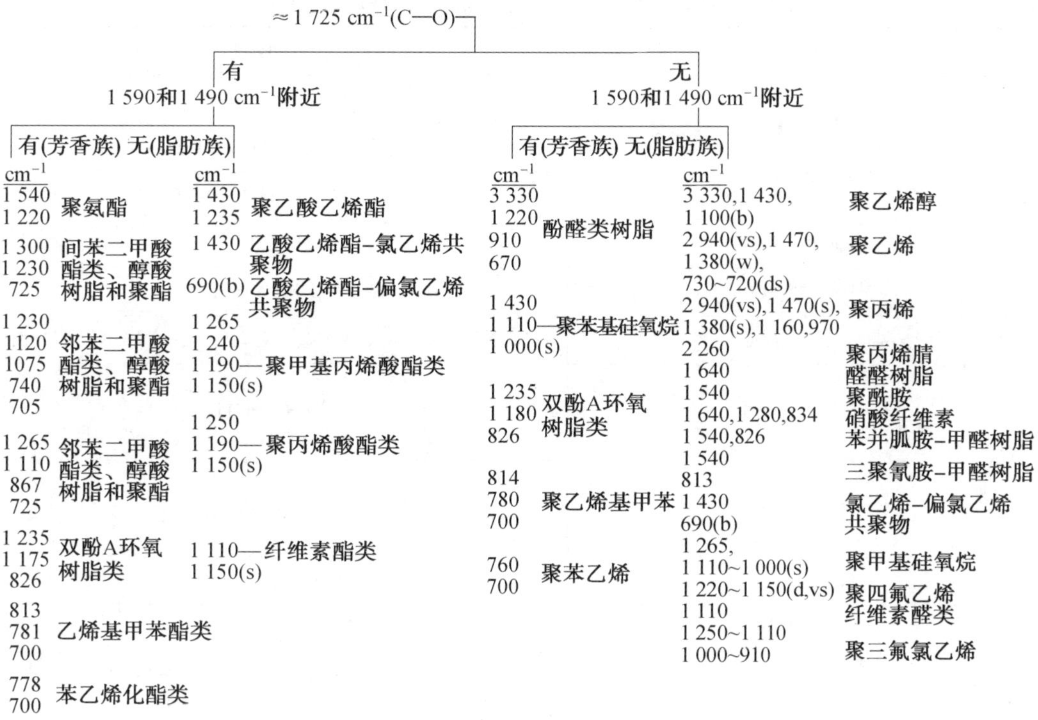

图 3.8 利用主要谱带鉴别高分子的流程图(cm⁻¹)

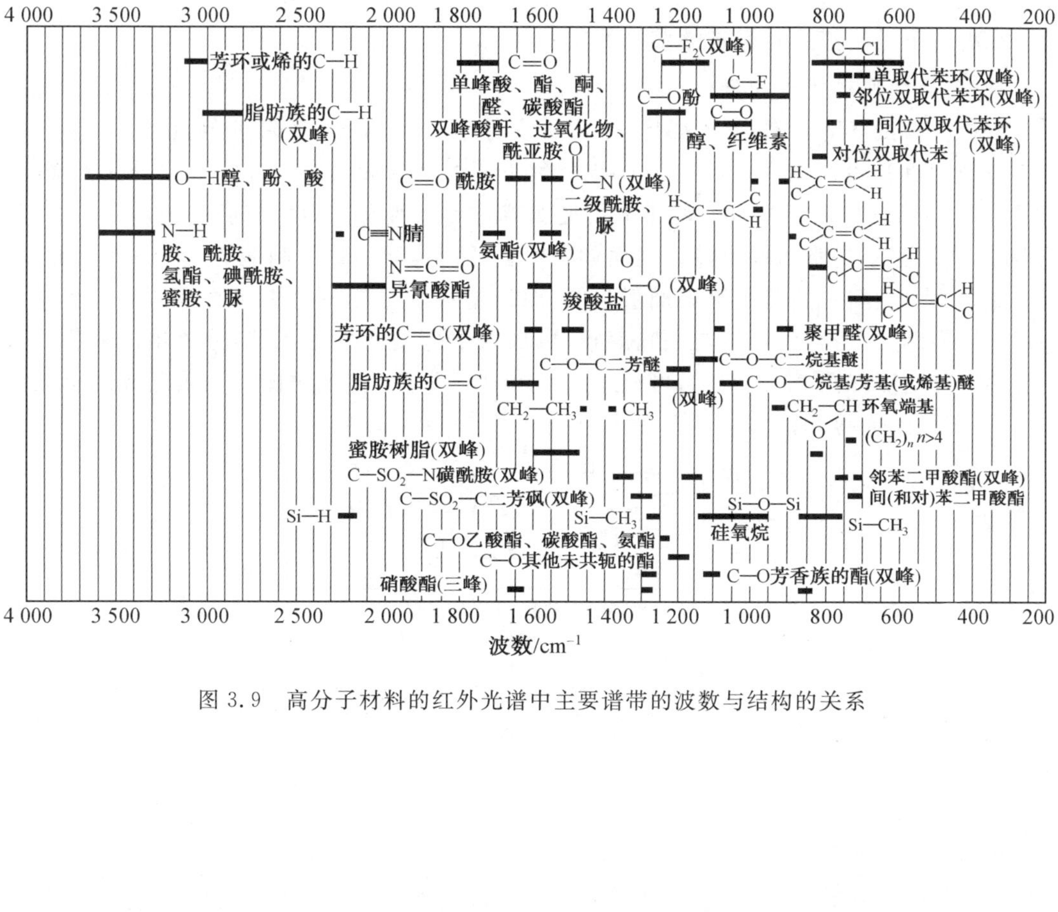

图 3.9 高分子材料的红外光谱中主要谱带的波数与结构的关系

表 3.3　高分子材料的主要红外谱带的波数范围与归属

波数/cm^{-1}	官能团结构
3 700～3 100	—OH、—NH、≡CH
3 100～3 000	—OH(芳香胺)、$=CH_2$、—CH =OH—
3 000～2 800	—CH、$—CH_2$、$—CH_3$
2 800～2 700	—CHO
2 700～2 400	—PH、—SH
2 400～2 000	—C≡N、$—N^-—N^+≡N$、—C≡C—、—N =C =O、SiH
2 000～1 900	$>C=C=CH_2$
1 900～1 650	>C=O
1 650～1 550	—C =C—、—C =N—、—N =O、—NH、$—COO^-$
1 550～1 300	$—CH_2$、$—CH_3$、$—NO_2$
1 300～1 000	C—O—C—、C—OH、C—F、S =O、P =O
1 000～800	Si—O、P—O
800～650	C—Cl、C—Br

2. 高分子材料红外光谱定性鉴别的实例

(1)食品用塑料托盘的剖析。

塑料托盘试样的红外光谱如图 3.10 所示。除 2 900 cm^{-1} 附近的峰外，其强峰为 1 250 cm^{-1} 和 1 730 cm^{-1}。因 1 500～1 600 cm^{-1} 处无吸收，900～650 cm^{-1} 处又无强峰，所以 1 730 cm^{-1} 和 1 250 cm^{-1} 峰不太可能属芳香聚酯所有。而 1 150～1 050 cm^{-1} 间又无强峰，所以也不是脂肪族聚酯。因而如果塑料托盘是通用塑料制造的，则 1 730 cm^{-1} 峰很可能是由于塑料中的酯类增塑剂引起的，而该塑料则可能就是聚氯乙烯。进一步工作还需将样品进行分离，先用四氢呋喃溶解，再加入甲醇使之发生沉淀，分离出沉淀物。沉淀物的红外谱图如图 3.11 所示，可见 1 730 cm^{-1} 峰消失，整个谱图与聚氯乙烯的标准红外谱图一致，从而得到证实。

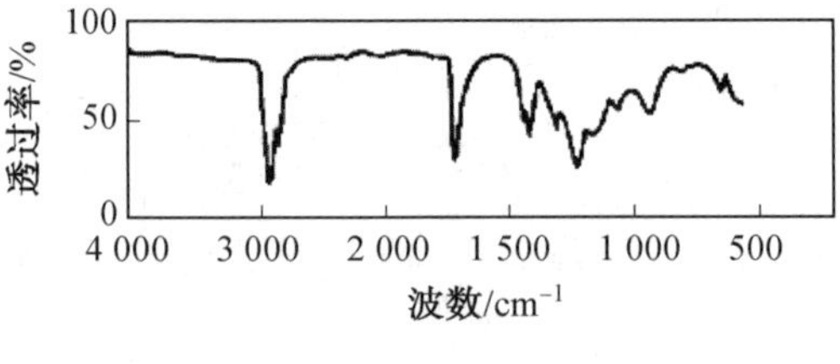

图 3.10　塑料托盘试样的红外光谱

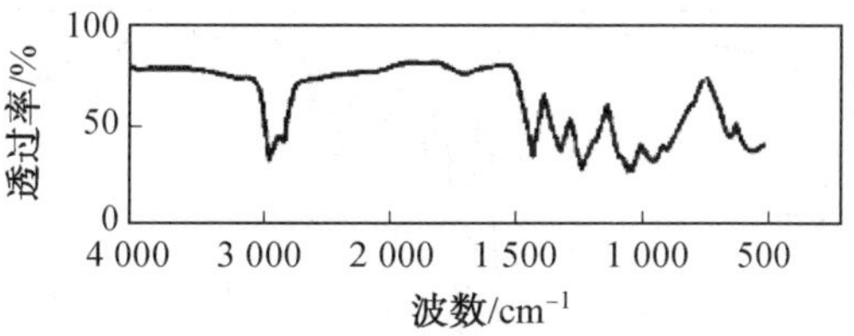

图 3.11　塑料托盘中高聚物的红外光谱

(2)尼龙拉链的剖析。

20 世纪 80 年代初，当时国产的塑料拉链的材质是尼龙 6，而进口拉链的机械强度、耐磨、耐热寿命等各项性能均高于国产的，为此需要剖析进口拉链。首先用甲酸浸泡试样，发现样品溶于甲酸，初步可以证实仍是尼龙，只不过是其他品种的尼龙。接着将样品制成甲酸溶液再浇铸成高分子薄膜，然后用红外测定，将其谱图与各种尼龙的标准谱图对照，认真比对 900～1 500 cm^{-1}间诸峰的差别，确定进口拉链的材质是尼龙 66。

(3)尼龙类材料的鉴别。

由于尼龙 6、尼龙 7 和尼龙 8 都是聚酰胺高聚物，具有相同的官能团。从图 3.12 可以看出，其官能团的谱带是一样的，N—H 为 3 300 cm^{-1}，酰胺Ⅰ和Ⅱ带分别在 1 635 cm^{-1}和 1 540 cm^{-1}。这三种高聚物区别是$(CH_2)_n$基团的长度不同(即 n 的数目不同)，因此，它们在 1 400～800 cm^{-1}指纹区的谱图不一样，从而把这三种聚合物区别开来。

(4)光谱差减技术及其应用。

① 光谱差减技术。

光谱差减技术可以用来分离混合物的红外光谱或检测样品的一些微变化。例如，某一样品中含有两种组分，则在任一波数的红外吸收可以表达为各组分的红外吸收之和：

$$A_T = A_P + A_X \tag{3.10}$$

式中，A_T为混合物的红外吸收；A_P 和 A_X 分别为纯组分 P 及纯组分 X 的红外吸收。为了得到组分 X 的光谱，必须从 A 中减去组分 P 的吸收。假设已知聚合物样品 P 的红外光谱为 A'_P，则组分 X 光谱为

$$A_X = A_T - KA'_P \tag{3.11}$$

式中，K 为可校正的比例参数。选择某一波数范围，在此波数内仅组分 P 有红外吸收，调整比例参数进行差减计算，直至该区域内红外吸收为零，则得到的差减光谱即为组分 X 的红外光谱。这一差减光谱程序的优点在于不必知道混合物中聚合物的确切含量，通过调整比例参数 k，即可把聚合物光谱从混合物光谱中全部减去。

傅里叶变换红外光谱差减技术在材料定性及定量研究中有广泛的应用。使用这种光谱差减技术也可以不经物理分离而直接鉴定混合物的组分，甚至是微量的组分，如聚合物中的添加剂等。

②聚合物反应过程跟踪及反应动力学。

在环氧树脂与环氧酸酐的共聚固化反应中，可以通过检测 1 858 cm^{-1}酸酐的羧基谱带的强度变化，测定反应动力学。在这一共聚体系中加入 0.5%质量的二胺促进剂，在 80 ℃条件下固化，用红外光谱可测定交联度。图 3.13 为不同固化时间测得的红外光谱

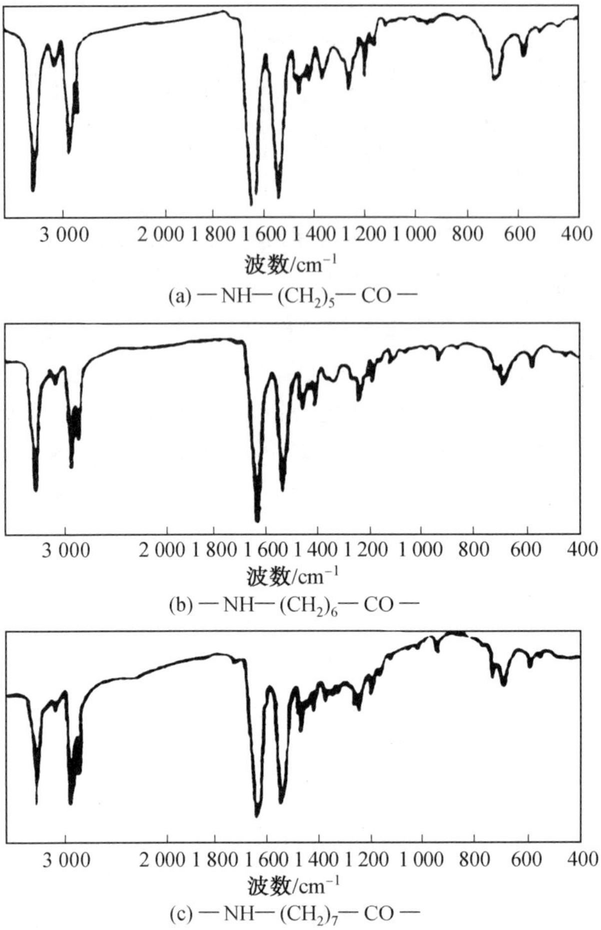

图 3.12　尼龙类材料的红外光谱

及它们的差减谱。在差减谱中，芳环在 1 511 和 1 608 cm^{-1}的吸收被抵消了。基线上方的谱带代表反应后生成的酯基，基线下方的倒峰表示反应过程中消失的酸酐及环氧官能团。

③聚乙烯(PE)支化度的测定。

PE 可以用低压催化法或高压法制得。前者得到线形分子，密度较大；后者得到有支链的分子，密度较小。它们的红外光谱如图 3.14 所示。图中 1 378 cm^{-1}谱带归属于支链顶端的甲基振动，但是这个谱带与无定形态的亚甲基的三条谱带互相干扰，它们是位于 1 304、1 352 及 1 368 cm^{-1}，其中以 1 368 cm^{-1}干扰尤为严重。采用光谱差减法，即从 PE 光谱中减去标准线形聚亚甲基光谱，就可以得到游离的、不受干扰的 1 378 cm^{-1}谱带，从而进行定量测定。

用红外光谱测量甲基含量另一个困难是它的吸收度随支化链长度而变化。例如甲基、乙基或更长的支链顶端的甲基的吸收度比例为 1.5∶1.25∶1，因此通常用红外测得的 1 378 cm^{-1}谱带吸收度是各种不同长度的支链的平均值。准确的支链分布数据须由固体 NMR 谱来测定，但若每个 PE 样品都用固体 NMR 测定费用太大，故商品 PE 支化度

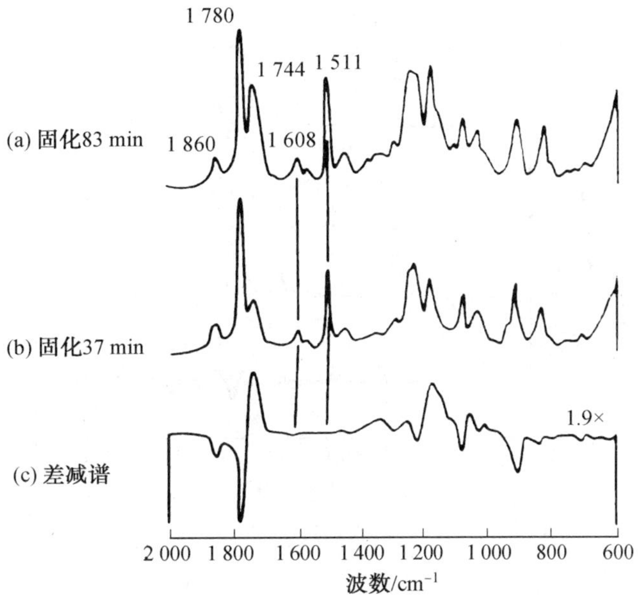

图 3.13　不同固化时间测得的环氧树脂的红外光谱及差减谱

仍用红外测定,商品 PE 上标注的支化度就是用红外光谱法测定的。

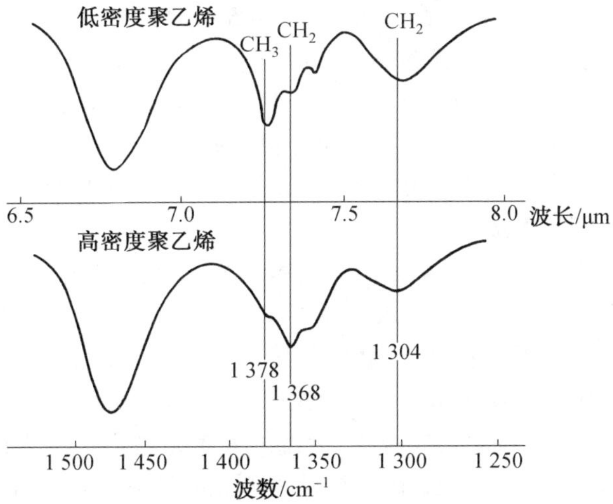

图 3.14　高密度和低密度聚乙烯的红外光谱

④聚合物共混研究。

两种聚合物能否均匀共混,与它们的相容性有关。FTIR 可以用来从分子水平角度研究共混相互作用。从红外光谱角度来看,共混物的相容性是指光谱中能否检测出相互作用的谱带。若两种均聚物是相容的,则可观察到频率位移、强度变化,甚至峰的出现或消失。如果均聚物是不相容的,共混物的光谱只不过是两种均聚物光谱的简单叠加。图 3.15 是 50∶50 PVF_2—PVAc 共混物经过 75 ℃处理的样品的光谱及减去均聚物光谱后得到的“相互作用光谱”。从“相互作用光谱”中可以看到,均聚物共混后分子间相互作用引起的频率位移及强度变化。

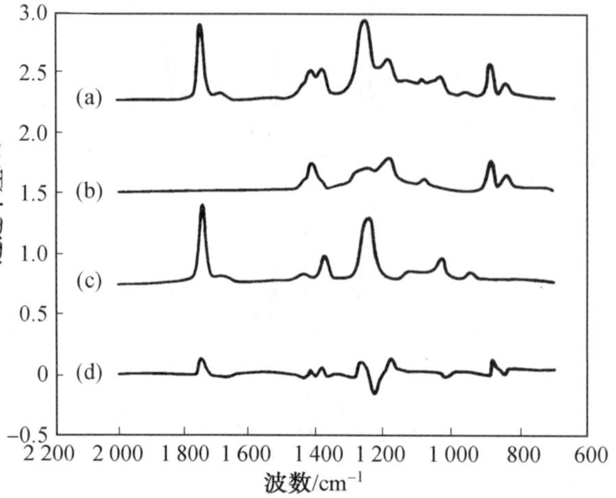

图 3.15　50∶50 PVF_2—PVAc 共混物经过 75 ℃处理的样品的光谱及减去均聚物光谱后得到的“相互作用光谱”

(a)50∶50 PVF_2—PVAc 共混物光谱;(b)、(c)PVF_2 及 PVAc 均聚物光谱;(d)“相互作用光谱”。(a)−(b)−(c)=(d)

⑤聚合物的构象及结晶形态的测定。

PE 是研究得最多的结晶聚合物。PE 的结晶部分是由全反式构象(T)组成的。在光谱中也能找到无定形态异构体的谱带含有旁式构象(G)。最强烈的无定形吸收是亚甲基面外摇摆振动,位于 1 303、1 353 及 1 369 cm^{-1}。TG 序列构象对应于 1 303 及 1 369 cm^{-1} 的谱带,而 1 353 cm^{-1} 谱带归属于 GG 结构的面外摇摆振动。当 PE 加热达熔点以上时,TG 及 GG 构象增加。但是在熔点以下相当低的温度时,TG 构象同样会增加,标志着结晶聚合物内部局部构象缺陷的形成。

对聚合物构象的研究在于难以得到纯的异构体样品,即使结晶态的高聚物也不是 100%的晶体,其光谱中含有无定形成分的影响。然而,完全无定形样品是容易得到的,这样就可以通过光谱差减法得到各种异构体的 IR 光谱。例如,结晶形等规 PS 的光谱,可从退火处理的半结晶薄膜光谱中减去淬火处理的无定形样品光谱来得到。差减过程中以 538 cm^{-1} 谱带为标准,将其强度差减为零,所得的差示光谱即可认为是等规 PS 的结晶状态的光谱,如图 3.16 所示。严格地讲,所得的差减谱还不完全是结晶形 PS 谱,因为链之间的作用尚未被消除掉。更准确地说,这是典型的长链段的螺旋结构,这种结构的多数链存在于晶相之中。

应用红外光谱可以测量聚合物的结晶度,但其测量应选择对结构变化敏感的谱带作为分析对象,如晶带,亦可是非晶带。结晶带一般比较尖锐,强度也较大,因此有较高的测量灵敏度。但由于任何聚合物都不可能 100%结晶,因此没有绝对的标准,不能独立地测量,一般需要用其他的测试方法,如用量热法、密度法、X 射线衍射法的测量结果作为相对标准,来计算该结晶谱带的吸收率。此外,使用非偏振辐射测量取向样品的结晶度时,往往会产生误差。另一方面,也可使用非晶带来测量高聚物的结晶度,这时样品取向的影响就不重要了。非晶带一般较弱,因此可使用较厚的样品薄膜,这对于准确地测量薄膜厚度

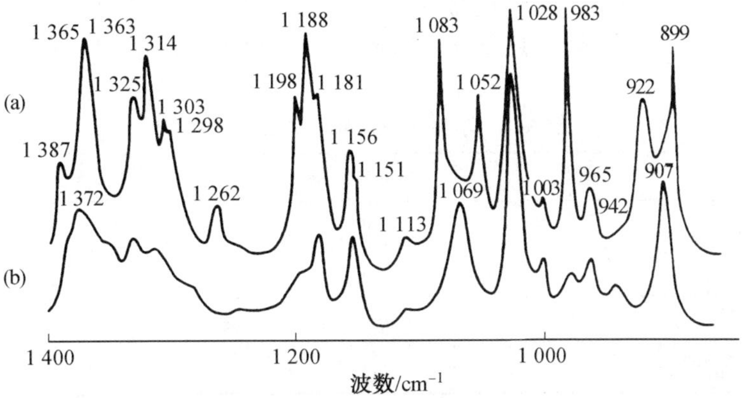

图 3.16　聚苯乙烯的红外光谱

(a)等规聚苯乙烯结晶态差减红外光谱；(b)无规聚苯乙烯红外光谱

是有利的。由于完全非晶态的高聚物是可以得到的，可用作测量的绝对标准，因而可独立地测量高聚物的结晶度。虽然高聚物在熔融时是完全非晶态的，但由于谱带的吸收率可能随样品温度变化，故最好在室温下测量。为了得到完全非晶态的样品，可把熔融的高聚物在液氮中淬火。如还不能满足要求，可用 β 射线辐射熔融的高聚物，使其部分交联，这样在冷却时不会重结晶。另一方法是应用相同聚合物的低相对分子质量样品，它们在室温下是非晶态的。

现以聚氯丁二烯光谱为例，说明结晶度的测定方法。在该聚合物光谱中，位于 953 和 780 cm^{-1} 的谱带是结晶的谱带，可作为测量样品结晶度的分析谱带。由于薄膜的厚度不易准确地测量，可把位于 2 940 cm^{-1} 的 C—H 伸缩振动谱带作为衡量薄膜厚度的内标。其他对结晶不敏感的谱带，如 1 665 cm^{-1} 处的 C═C 伸缩振动和 1 450 cm^{-1} 处的 CH_2 变形振动的谱带也可用来表征薄膜的相对厚度。样品的结晶度 x 可由下式得到：

$$x = A(953)/A(2\,940) \times k(2\,940) \tag{3.12}$$

式中，$A(953)$ 和 $A(2\,940)$ 分别为该样品的 953 和 2 940 cm^{-1} 谱带的吸光度；$k(2\,940)$ 为比例常数。应用不同的谱带测量，k 值也随着改变。为了测定 k 值，需要有结晶度已知的样品，可采用密度法测量的结果作为相对标准。

3.4.2　红外光谱法在无机非金属材料研究中的应用

无机化合物在中红外区的吸收主要是由阴离子(团)的晶格振动引起的，它的吸收谱带位置与阳离子的关系较小，通常当阴离子的原子序数增大时，阴离子团的吸收位置将向低波数方向做微小的位移。因此，在鉴别无机化合物的红外光谱图时，主要着重于阴离子团的振动频率。下面举例说明。

(1)水的红外光谱。

在进行红外光谱实验时，由于窗口材料的要求，试样必须是干燥的，这里的水指的是化合物中以不同状态存在的水，在红外光谱图中，它们分别所表现出的吸收谱带亦有差异，见表 3.4。

氢氧化物中，水主要是以 OH^- 存在，无水的碱性氢氧化物中 OH^- 的伸缩振动频率都在 3 720～3 550 cm^{-1} 范围内，如 KOH 为 3 778 cm^{-1}，NaOH 为 3 778 cm^{-1}，$Mg(OH)_2$ 为 3 637 cm^{-1}，$Ca(OH)_2$ 为 3 660 cm^{-1}，$Zn(OH)_2$、$Al(OH)_2$ 分别为 3 260 cm^{-1} 和3 420 cm^{-1}。

表 3.4　不同状态水的红外吸收频率　　cm^{-1}

水的状态	O—H 伸缩振动	O—H 弯曲振动
游离水	3 756	1 595
吸附水	3 435	1 630
结晶水	3 250～3 200	1 685～1 670
结构水(羟基水)	～3 640	1 350～1 260

(2)碳酸盐的基团(CO_3^{2-})振动。

碳酸盐离子 CO_3^{2-} 和 SO_4^{2-}、PO_4^{3-} 及 OH^- 都具有强的共价键，力常数较高，它们的红外吸收频率分别为：

对称伸缩振动	1 064 cm^{-1}	红外非活性(拉曼活性)
非对称伸缩振动	1 415 cm^{-1}	红外＋拉曼活性
面内弯曲振动	680 cm^{-1}	红外＋拉活性
面外弯曲振动	879 cm^{-1}	红外活性

通常，碳酸盐离子总是以化合物存在，自由离子的频率是很难测定的。在硅酸盐学科领域中常见到的方解石以及一些具有方解石结构的其他碳酸盐均具有类似的红外光谱图(图 3.17)。后者的阳离子是中等大小的二价元素，如 Mg^{2+}、Cd^{2+}、Fe^{2+}、Mn^{2+} 等。

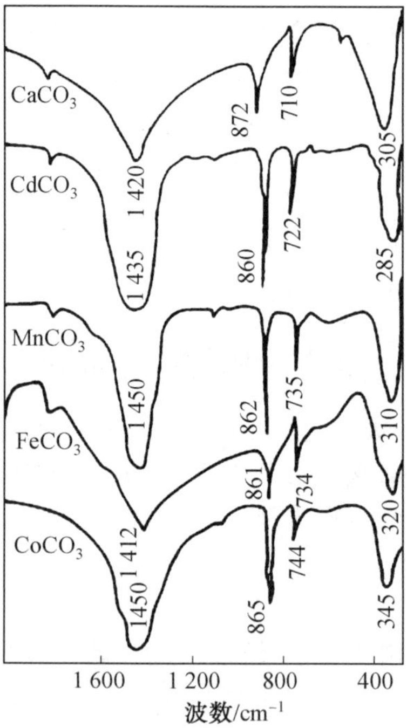

图 3.17　方解石结构的矿物的红外光谱图
(粉末，KBr 压片法)

(3)无水氧化物。

①MO 化合物。这类氧化物大部分具有 NaCl 结构，所以它只有一个三重简并的红外活性振动模式，如 MgO、NiO、CoO 分别在 400 cm^{-1}、465 cm^{-1} 和 400 cm^{-1} 有吸收谱带。

②M_2O_3化合物。刚玉结构类氧化物有 Al_2O_3、Cr_2O_3、Fe_2O_3等，它们的振动频率低且谱带宽，在 700～200 cm^{-1}。其中 Fe_2O_3的振动频率低于相应的 Cr_2O_3。这三种氧化物的红外光谱如图 3.18 所示。

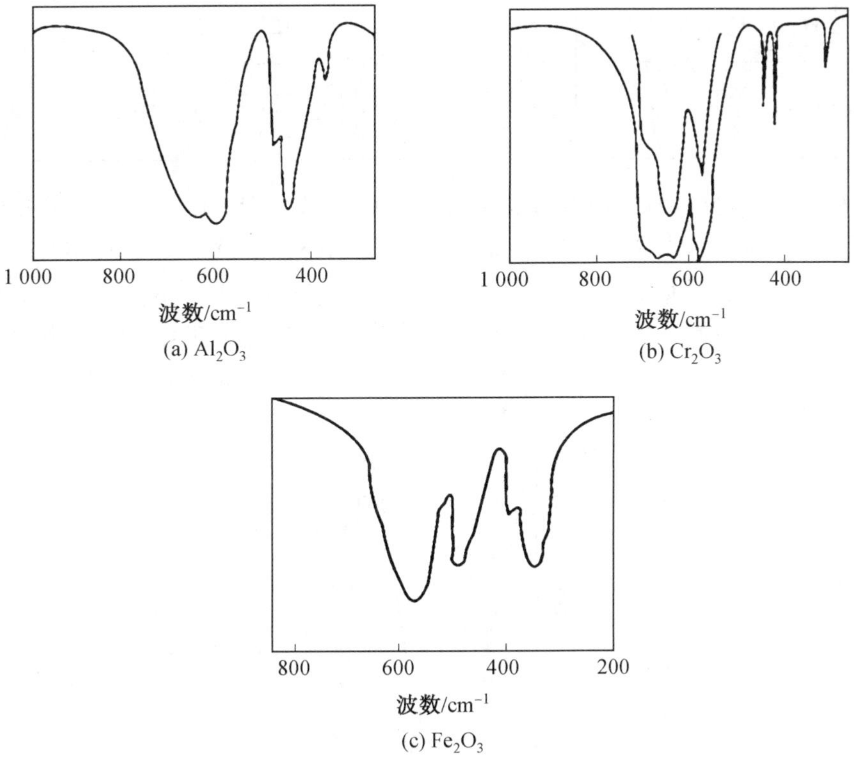

图 3.18　刚玉结构 M_2O_3的红外光谱

(4)硫酸盐化合物。

以 SO_4^{2-} 孤立四面体的阴离子团与不同的阳离子结合而成的化合物。在硅酸盐工业中石膏是最常见的硫酸盐化合物，也是常用的原料之一，它可分为二水石膏 CaSO·$2H_2O$、半水石膏 CaSO·$\frac{1}{2}H_2O$ 和硬石膏(无水)。三者的红外光谱有一定的差别，表 3.5 列出了石膏的红外吸收频率。

(5)硅酸盐矿物。

这是以 SiO_4四面体阴离子基团为结构单元的硅酸盐矿物，振动光谱着重研究其中 Si—O、Si—O—Si、O—Si—O 以及 M—O—Si 等各种振动的模式。

通常，硅酸盐结构可分成三类：正硅酸盐、链状和层状硅酸盐、架状结构硅酸盐。硅酸盐中 SO_4^{4-} 阴离子 Si—O 伸缩振动分别为：孤立 SiO_4 四面体 1 000～800 cm^{-1}，链状

1 100～800 cm^{-1}，层状聚合 1 150～900 cm^{-1}，架状 1 200～950 cm^{-1}，聚合 SiO_6 八面体 950～800 cm^{-1}。

表 3.5　石膏的红外吸收频率　　cm^{-1}

名称	ν_1	ν_2	ν_3	ν_4	水
硬石膏	1 013	515 420	1 140,1 126 1 095	671,612 592 667,634	—
$CaSO\cdot\frac{1}{2}H_2O$	1 012	465	1 156,1 120		3 625,1 629
$CaSO_4\cdot 2H_2O$	1 000 1 006	492 413	1 131,1 142 1 116,1 138	602～669	3 555,1 690 3 500,1 629

在正硅酸盐矿物中，常见的有石榴子石族$[M_3^{2+}\ M_3^{2+}(SiO_4)_3]_2$、铝硅酸盐(红柱石、硅线石、莫来石)以及水泥熟料中的硅酸盐矿物 $3CaO\cdot SiO_2$ 和 $2CaO\cdot SiO_2$ 等。它们虽同属孤立的 SiO_4^{2-} 阴离子结构，可是 Ca^{2+} 离子数不同导致最后结构不同，在红外光谱中表现出一定差异。C_2S 在 990 cm^{-1}是尖锐的强吸收，而 C_3S 是在 940 cm^{-1}附近有两个特征吸收，它们的吸收强度可作为定量测定 C_2S 和 C_3S 的特征吸收谱带(图 3.19)。

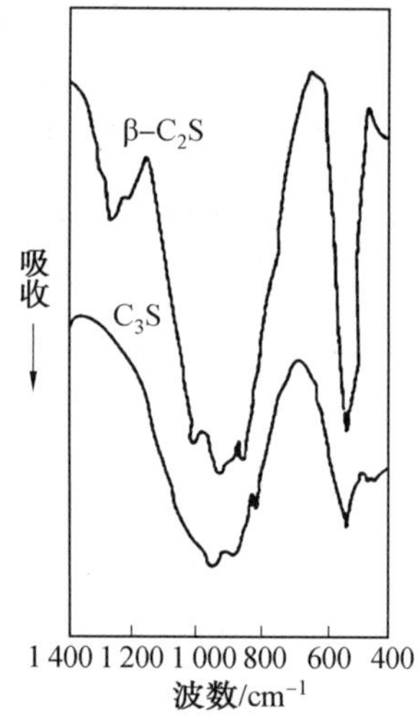

图 3.19　C_2S 和 C_3S 红外光谱图

一些无机化合物基团的基本振动列于表 3.6。

表 3.6　常见无机物中阴离子红外吸收峰位置　　cm^{-1}

基团	吸收峰位置	基团	吸收峰位置
$B_2O_7^{3-}$	1 480～1 340(强、宽),1 150～1 100,1 050～1 000,950～900,～825	PO_4^{3-}	1 120～940(强、宽)
CN^-	2 230～2 130(强)	AsO_4^{3-}	850～770(强、宽)

续表3.6

基团	吸收峰位置	基团	吸收峰位置
SCN^-	2 160～2 040(强)	$P_2O_7^{4-}$	1 220～1 100(强、宽),1 060～960(常以宽的双峰或多峰出现),950～850,770～705
HCO_3^-	3 300～2 000(宽、多个峰),1 930～1 840(弱、宽),1 700～1 600(强),1 000～940,840～830,710～690	AsO_3^{3-}	840～700(强、宽)
CO_3^{2-}	1 530～1 320(强),1 100～1 040(弱)、890～800,745～670(弱)	VO_4^{3-}	900～700(强、宽)
SO_3^{2-}	1 010～970(强、宽)	HSO_4^-	～299(宽),2 600～2 200(宽),1 350～1 100(强、宽),1 080～1 000,990～850
SO_4^{2-}	1 175～850(强、宽)	SO_4^{2-}	1 210～1 040(强、宽),1 036～960(弱、尖),680～530
TiO_3^{2-}	700～500(强、宽)	$S_2O_4^{2-}$	1 310～1 260(强、宽),1 070～1 050(尖),740～690
ZrO_3^{2-}	770～700(弱),600～500(强、弱)	SeO_3^{2-}	770～700(强、宽)
SnO_3^{2-}	700～600(强、宽)	SeO_4^{2-}	910～840(强、宽)
NO_2^-	1 350～1 170(强、宽),850～820(弱)	$Cr_2O_7^{2-}$	990～880(强,常在 920～880 出现 1～2 个尖峰),840～720(强)
NO_3^-	1 830～1 730(弱、尖,有的呈双峰),1 450～1 300(强、宽),1 060～1 020(弱、尖),850～800(尖),770～715(弱、中)	CrO_3^{2-}	930～850(强、宽)
$H_2PO_2^-$	2 400～2 300(强),1 220～1 140(强、宽),1 102～1 075,1 065～1 035,825～800	MoO_4^{3-}	840～750(强、宽)
HPO_3^{2-}	2 400～2 340(强),1 120～1 070(强、宽),1 020～1 005(弱、尖),1 000～970	WO_4^{2-}	900～750(强、宽)
PO_3^{2-}	1 350～1 200(强、宽),1 150～1 040(强),800～650(常出现多个峰)	ClO_3^-	1 050～960(强、双峰或多峰)
$H_2PO_4^-$	2 900～2 750(弱、宽),2 500～2 150(弱、宽),1 900～1 600(弱、宽),1 410～1 200,1 150～1 040(强、宽),1 000～950,920～830	ClO_4^-	1 150～1 050(强、宽)

续表3.6

基团	吸收峰位置	基团	吸收峰位置
SO_3^{2-}	980～910[强、$(NH_4)_2SO_3$无此峰]	CrO_4^-	900～750(强、宽)
BrO_3^-	850～740(强、宽)	IO_3^-	830～690(强、宽)
MnO_4^-	950～870(强、宽)	结晶水	3 600～3 000(强、宽),1 670～1 600

1. 红外光谱法在无机非金属材料定性分析中的应用

与有机化合物比较,无机化合物的红外鉴定为数较少。无机化合物的红外光谱图比有机化合物简单,谱带数较少,并且很大部分是在低频区。其中氧化物采用红外光谱进行定性分析的例子较多。

(1)氧化物的鉴别。

如图 3.20 所示,它们是 Al_2O_3、Cr_2O_3、Fe_2O_3 等刚玉结构类氧化物的红外光谱图。从图中可以看出,它们的振动频率低且谱带宽,在 700～200 cm^{-1},其中 Fe_2O_3 的振动频率低于相应的 Cr_2O_3。除此之外,其他类型的氧化物也多采用红外谱图进行定性分析,如 MgO、NiO、TiO_2、SiO_2等,图 3.21 对应的是 SiO_2的红外光谱图,图中 809 cm^{-1}处对应的是 Si—O—Si 的反对称伸缩振动峰,而 472 cm^{-1}处对应的是 Si—O 的对称伸缩振动峰。

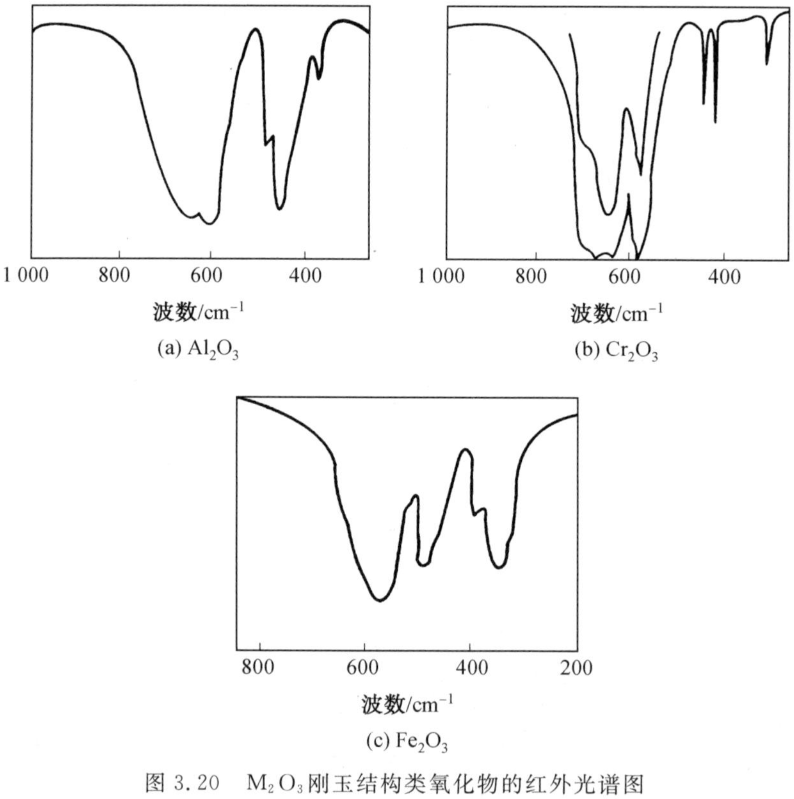

图 3.20　M_2O_3刚玉结构类氧化物的红外光谱图

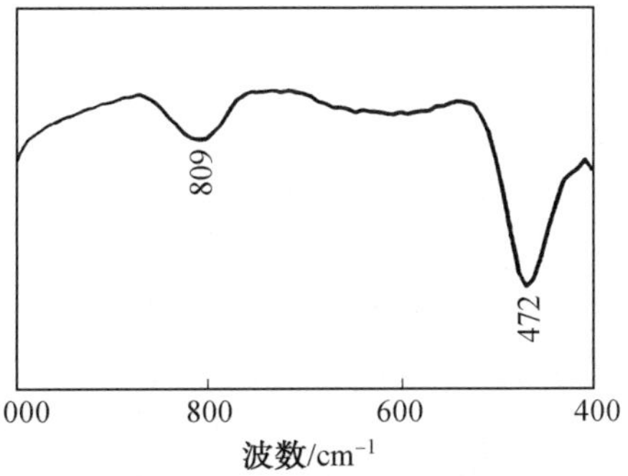

图 3.21　SiO_2的红外光谱图

(2)硅酸钙类矿物的鉴别。

硅酸钙类矿物都含 SiO_4^{4-} 团,如图 3.22 所示。在 400～1 100 cm^{-1}范围内的谱带均由 SiO_4^{4-} 阴离子团引起(钙离子影响很小)。其中 850～1 000 cm^{-1}的谱带由 Si—O 伸缩振动引起,400～600 cm^{-1}的谱带由 O—Si—O 弯曲振动引起,1 000～1 100 cm^{-1}和 630～720 cm^{-1}由 Si—O—Si 硅桥氧振动引起。但是这些硅酸钙都有区别于其他硅酸钙的特征峰。$\beta-Ca_2SiO_4$ 的强吸收峰 994 cm^{-1}可明显区别于 $\gamma-CaSiO_4$ 和 Ca_3SiO_5,$\gamma-Ca_2SiO_4$的强吸收峰 852 cm^{-1}及 562 cm^{-1}吸收峰可明显区别于 $\beta-Ca_2SiO_4$ 和 Ca_3SiO_5、$\alpha-Ca_2SiO_4$和 Ca_3SiO_5。$\alpha-Ca_3Si_3O_9$中的强吸收峰 718 cm^{-1}可明显区别于$\beta-$

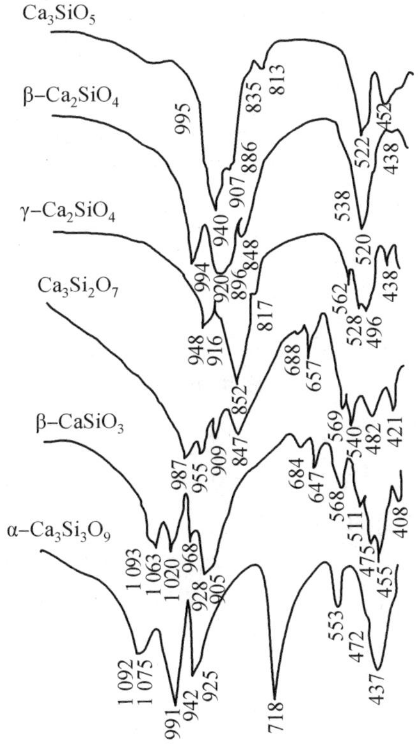

图 3.22　硅酸钙多晶样品的红外光谱

$CaSiO_3$。β－$CaSiO_3$中的684、647、1 020、1 063、1 093 cm^{-1}和α－$Ca_3Si_3O_9$中的718、1 075、1 092 cm^{-1}的出现足以证明它们的结构中含有硅氧桥Si—O—Si键，这也是焦硅酸钙类与正硅酸钙类区分的标志。

(3)水泥熟料和硅酸盐水泥水化产物的鉴别。

①水泥熟料的鉴别。

水泥熟料有四种主要矿物：$3CaO \cdot SiO_2$、$2CaO \cdot SiO_2$、$3CaO \cdot Al_2O_3$和$4CaO \cdot Al_2O_3 \cdot Fe_2O_3$。它们的基本基团是$SiO_4$和$AlO_4$，由于其他阳离子的影响，因此基团振动也有变化。它们的红外光谱示于图3.23和表3.7。

C_3A中AlO_4^{5-}基团中Al—O键的振动基本有对称伸缩振动745 cm^{-1}；不对称伸缩振动860、895和840 cm^{-1}；面外弯曲振动516、523和540 cm^{-1}以及它的面内弯曲振动412 cm^{-1}，如图3.23所示。

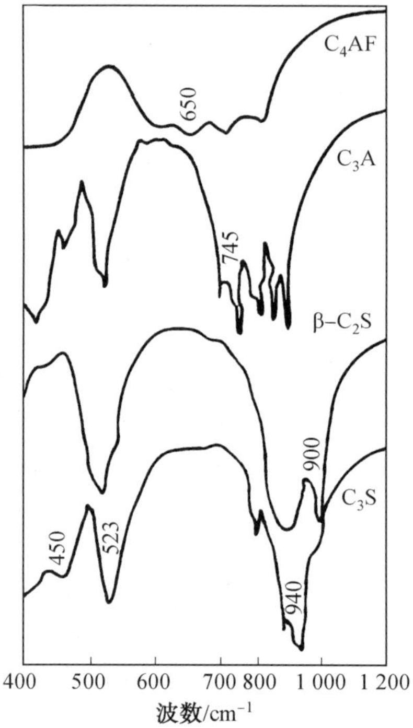

图3.23　水泥熟料矿物的红外光谱图

C_4AF的红外光谱带较为集中，处于720和810 cm^{-1}。由于水泥熟料中的含铁相是一种固溶体，Al_2O_3含量是可变的，实验表明，上述810 cm^{-1}实际上是AlO_4^{5-}的不对称伸缩振动，740 cm^{-1}谱带是Al—O和Fe—O两组振动混合。纯AlO_4^{5-}四面体和FeO_6^{9-}八面体的振动大量地重叠在750～550 cm^{-1}范围。因此可以根据红外光谱图上这两个主要谱带来测量铁铝酸盐中铝的含量，也可根据AlO_4^{5-}和FeO_6^{9-}的谱带位置来鉴别熟料中Al的配位和AlO_4^{5-}的聚合程度。

表 3.7 C_3S 和 C_2S 的基团振动

矿物	振动频率/cm^{-1}	吸收强度	振动性质
C_3S	815	强,尖锐	对称伸缩
	555	强	面外弯曲
	<500	中强	面内弯曲
	925	宽带	不对称伸缩
C_2S	999～1 000	强,尖锐	不对称伸缩
	850～950	强,宽带	对称伸缩
	840 左右	尖锐,中等吸收	弯曲振动

②硅酸盐水泥水化产物的鉴别。

硅酸盐水泥水化生成水化硅酸钙的组成比较复杂,但是有一点已经证明,硅酸钙在水化过程中的硅氧四面体 SiO_4 的孤立岛式结构,将以一定的形式相连,聚合成[$Si_2O_7^{6-}$、$Si_3O_{10}^{8-}$、$Si_3O_9^{6-}$、$Si_4O_{13}^{10-}$]等。这时在红外光谱图上将相应地发生 Si—O 振动向高波数位移的情况,因此可以根据硅酸盐水泥中 1 000～800 cm^{-1} 宽谱带位移到 1 080 cm^{-1} 左右及谱形变化判断它的水化,可是由于谱带较宽,水化产物复杂,还难以完全判断。

2. 红外光谱法在无机非金属材料制备中的应用

(1)氧化硅薄膜的形成研究。

正硅酸乙酯(TEOS)可以通过水解和缩聚形成氧化硅薄膜,利用这种溶胶凝胶反应在多孔硅表面形成一层氧化硅的包覆层,具体反应过程如下:

$$\equiv SiOC_2H_5 + H_2O \longrightarrow \equiv Si—OH + C_2H_5OH$$

$$\equiv SiOC_2H_5 + HO—Si\equiv \longrightarrow \equiv Si—O—Si\equiv + C_2H_5OH$$

$$\equiv Si—OH + HO—Si\equiv \longrightarrow \equiv Si—O—Si\equiv + H_2O$$

由图 3.24(a)可以看出,在凝胶化 1 h 后,TEOS 中烷氧基的峰(1 168、1 102、1 078、963 和 787 cm^{-1})依然存在,甘油中的烷氧基峰位于 1 100、1 036、995、925 和 852 cm^{-1} 处,在 3 000～2 830、1 500～1 160 cm^{-1} 处的谱带是由 TEOS 和甘油中的 C_nH_{2n+1} 引起的。

Si—O—Si 的伸缩和弯曲振动分别位于 1 065 和 800 cm^{-1},说明形成了 SiO_2。在图 3.24(b)中,水解 24 h 以后,Si—O—Si 在 1 065 和 800 cm^{-1} 的峰显著上升,而甘油和水的峰明显下降,但 TEOS 的峰仍然存在。多孔硅的 Si－H 键的伸缩振动谱带从 2 125 移动到 2 252 cm^{-1},同时在 800～1 000 cm^{-1} 范围内观察到 Si—H 的弯曲振动。Si—H 键的背键被氧化,形成了 $H_2Si—O_2$(2 196～2 213,976 cm^{-1})、$HSi—O_3$(2 265,876 cm^{-1})、$HSi—SiO_2$(2 204,840 cm^{-1})和 $HSi—Si_2O$(803 cm^{-1})。7 d 以后,$HSi—O_3$(876 cm^{-1})和 $HSi—SiO_2$(840 cm^{-1})增加,$H_2Si—O_2$(970 cm^{-1})键增加,而 $HSi—Si_2O$(796 cm^{-1})键减少。上述 Si—H 背键的氧化和 SiH_2 数量的上升造成了多孔硅发光强度的上升和发光稳定性的增强。

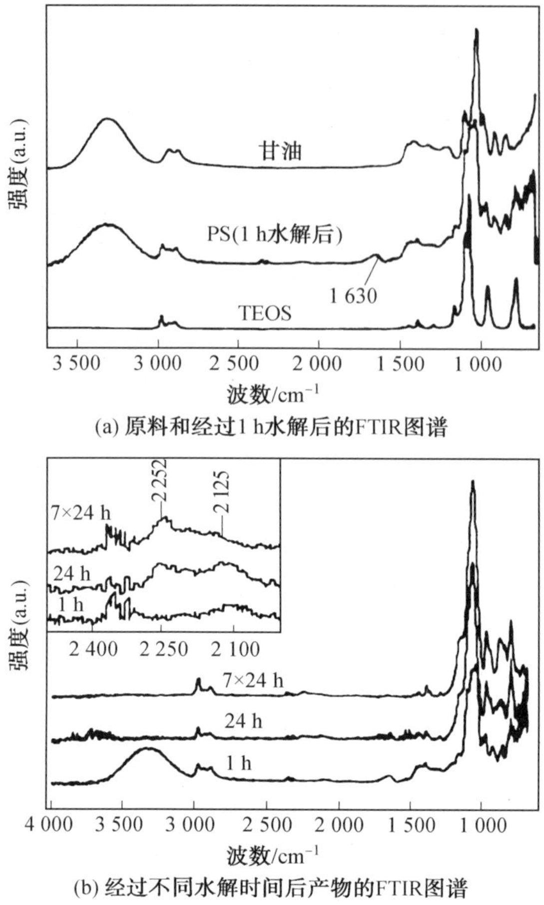

图 3.24 TEOS 在多孔硅(PS)表面水解和缩聚形成 SiO_2 薄膜

(2)磷酸钙化合物合成反应的研究。

磷酸钙化合物的研究在生物材料领域得到的关注较多,因为该类化合物在牙科和骨科领域应用广泛,可作为填充物或用于植入器械的表面改性。这些化合物中最常见的是羟基磷灰石(hydroxyapatite,HA)和 β－磷酸三钙(β－tricalcium phosphate,β－TCP)。对磷酸钙化合物进行红外光谱分析是一种相对快捷、简易检测化合物成分的方式。

常见的磷酸钙化合物,如 HA 和 β－TCP 的 PO_4^{3-} 基团中的四个氧原子在正四面体的四个顶角上,四个原子是等价的。PO_4^{3-} 基团存在四种振动模式,即对称伸缩振动、反对称伸缩振动、对称变角振动和不对称变角振动,它们的振动频率如表 3.8 所示。

表 3.8 无机磷酸盐化合物中 PO_4^{3-} 基团的振动频率

振动模式	振动频率/cm^{-1}	吸收强度
反对称伸缩振动	1 100～1 050	非常强
对称伸缩振动	970～940	非常强,拉曼活性
不对称变角振动	630～540	弱
对称变角振动	470～410	弱

在制备 HA 时，一般按照化学剂量比（钙磷摩尔比为 1.67）进行反应，由于制备工艺的不同，如在大气环境中采用水热法制备，则所得产物可能含有一定水分，并会出现钙缺失、碳酸基团（CO_3^{2-}）取代等，且碳酸基团的取代可能发生在两个不同的位置，即 OH^-（A 型取代）和 PO_4^{3-}（B 型取代）。对合成的 HA 进行红外光谱分析，可有效、快捷监测上述情形的发生。合成的 HA 最典型的基团包括 PO_4^{3-}、OH^- 和 CO_3^{2-}，当然，由于生成非化学剂量比的 HA，也可能出现 HPO_4^{2-} 的吸收峰。如图 3.25 所示，PO_4^{3-} 基团的特征吸收分别出现在 560 cm^{-1}、600 cm^{-1} 和 1 000～1 100 cm^{-1} 处，水在 3 600 cm^{-1} 和 2 900 cm^{-1} 处的吸收峰相对较宽，OH^- 在 3 570 cm^{-1} 和 630 cm^{-1} 处出现明显的吸收峰。产物中由于 CO_3^{2-} 的取代，会在 870 cm^{-1} 和 880 cm^{-1} 处出现较弱的吸收，但 1 460 cm^{-1} 和 1 530 cm^{-1} 处的吸收则较强。如有非化学剂量比的 HA 生成，则会在 875～880 cm^{-1} 出现较明显的 HPO_4^{2-} 的吸收峰。

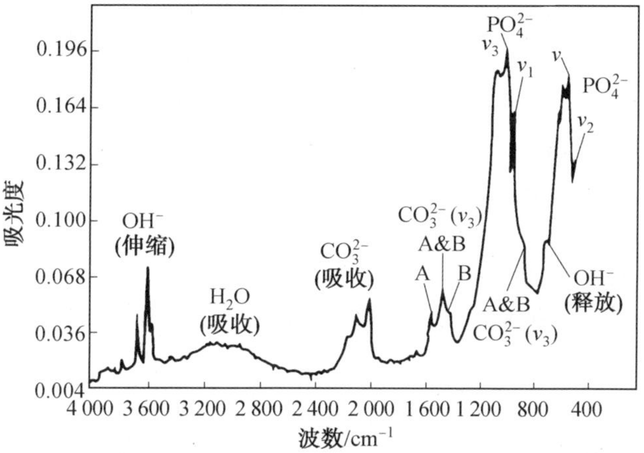

图 3.25　合成 HA 的 FTIR 谱

（3）超导材料的合成研究。

Bednorz 和 Muller 首次发现 La—Ba—Cu—O 体系在 35 K 时具有超导性质，从而引起了人们对陶瓷超导材料的极大兴趣。刘会洲、吴瑾光等人研究了组成为 $YBa_2Cu_3O_x$ 超导样品的红外光谱。X 射线衍射分析结果表明，当 $x \leqslant 0.69$ 时，$YBa_2Cu_3O_{7-x}$ 为正交晶相；当 $0.80 \leqslant x \leqslant 0.85$ 时为四方晶相。图 3.26(a) 和图 3.26(b) 是 $YBa_2Cu_3O_{7-x}$ 随 x 变化的红外光谱，不难看出：随着 x 值增大，高频区的背景吸收减小[见图 3.26(a)]；从四方晶相到正交晶相的相变过程中，650～500 cm^{-1} 范围内的吸收谱带的强度和位置都发生变化[见图 3.26(b)]。当 $x \geqslant 0.69$ 时，$YBa_2Cu_3O_{7-x}$ 在室温下是半导体，导带和价带间的能量间隙约为 1.2 eV，因此与能隙有关的背景消失。对四方晶相（$x=0.85$ 时）在 591 cm^{-1} 的吸收带的归属还有分歧，有人认为是 $Cu_{(2)}—O_{(2,3)}$ 的反对称伸缩振动，而有的人认为可能与 $Cu_{(1)}—O_{(1)}$ 和 $Cu_{(1)}—O_{(5)}$ 的伸缩振动有关。

3. 红外光谱在半导体材料研究中的应用

红外光谱分析在半导体材料的结构、成分分析和杂质缺陷特性的研究等许多方面起到了较大的作用。尤其随着红外低温技术和显微技术的发展，对一些半导体材料的低温

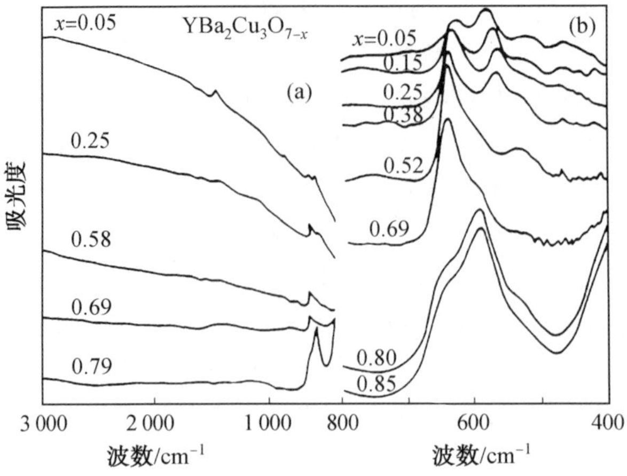

图 3.26 $YBa_2Cu_3O_{7-x}$在室温下的红外光谱

(a)3 000～800 cm^{-1}范围；(b)800～400 cm^{-1}范围

特性、低温效应进行观察，从而为分析材料的结构、杂质原子的组态及晶格位置提供有利的实验依据。在半导体材料中硅材料是用量最大的重要材料。硅中氧含量、碳含量、氮含量、磷含量等均可用红外光谱法来测定和研究。

下面介绍硅中氮含量的测定和研究的方法。室温时，硅中 N—N 键会呈现 963 cm^{-1}和 764 cm^{-1}两个特征吸收峰。764 cm^{-1}峰吸收系数比 963 cm^{-1}吸收系数要大一些，但 963 cm^{-1}谱带基线较为容易确定，故定量分析均选择 963 cm^{-1}峰为特征吸收峰。计算公式如下：

$$N=5\times10^{18}\alpha_{963}(\text{原子数}/cm^3) \tag{3.13}$$

式中，α_{963}为 963 cm^{-1}处的吸收系数。由于硅中所掺入的 N 杂质含量很低，一般都使用厚度为 10～20 mm 的样品测量。在 78 K 时氮峰的吸收系数比室温时增加约 1 倍，故在低温下的测量可以提高检测灵敏度。

随着温度的降低，963 cm^{-1}和 764 cm^{-1}峰分别移至 968 cm^{-1}和 770 cm^{-1}。温度进一步降低，光谱仍有所变化，图 3.27 给出区熔硅中氮的红外吸收光谱。

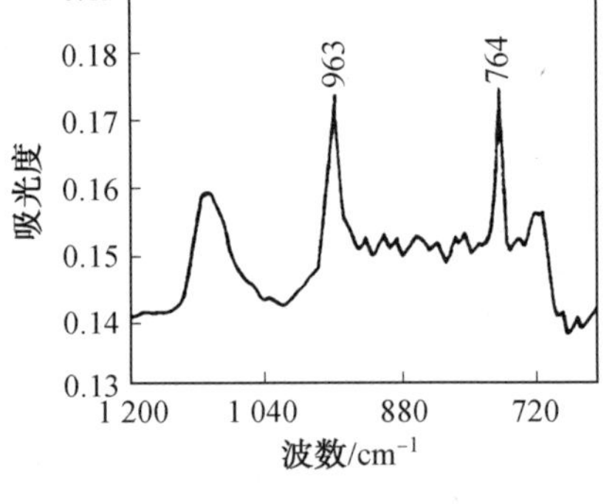

图 3.27 区熔硅中氮的红外吸收光谱

4. 宝石、玉石的鉴定

传统的宝石鉴定主要靠鉴定人的经验，使用简单的测试手段如放大镜、显微镜、折光仪、比重计等非破坏手段。近十几年来人们越来越重视用紫外可见光谱、荧光光谱、阴极发光谱、热发光谱及红外光谱等方法来研究鉴定宝石、玉石。

福建寿山石过去一直被认为是一种以叶蜡石为主的矿物集合体。用红光谱研究表明，其主要矿物不是叶蜡石而是高岭石族矿物，它们的形成环境是不同的。

法国和德国的科学家最早将红外光谱分析用于宝石的鉴定，并能迅速鉴别紫晶和紫色方柱石，欧泊石与玻璃仿制品等。而漫反射和全反射红外光谱为无损宝石鉴定提供了可能。目前该技术已成为宝石鉴定中的常规分析手段，特别是用来鉴别天然宝石和人工优化处理的宝石，如对不含任何包裹体的祖母绿和合成祖母绿，紫晶与合成紫晶等加以区别；鉴别人工优化处理的宝石，如辐射处理的彩色钻石、B 货翡翠、注塑欧泊石等。用塑料、环氧树脂和硅基高分子材料浸染或填充的宝石材料，用红外光谱检测有独到之处。宝石中注入高分子材料，如图 3.28 所示，在 2 827、2 928、2 942、2 969 cm^{-1} 处会显示出 C—H伸缩振动特征吸收峰，而未经此处理的宝石则无此吸收。

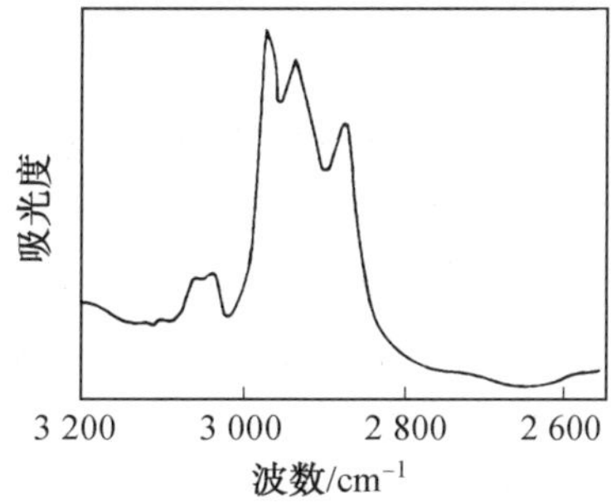

图 3.28　翡翠中树脂充填物的红外光谱

高分子材料的无机填料如玻璃纤维、二氧化硅、碳酸钙、滑石粉等和建筑材料中的玻璃、砖、灰、石等多在中红外的长波区域有特征吸收，可用红外光谱来鉴定材料的结构。

3.4.3　红外光谱法在复合材料研究中的应用

红外光谱法对于复合材料的定性表征也是有效的分析方法和手段。图 3.29 对应的分别为纯 $CoFe_2O_4$ 纳米粒子、EDTA、$CoFe_2O_4$@壳聚糖－EDTA 复合材料和壳聚糖的红外光谱图。图 3.29(a)中，579 cm^{-1} 处的吸收峰对应的是金属—O 键的伸缩振动。图 3.29(b)中，1 689、1 409、1 316 cm^{-1} 处分别对应的是 EDTA 中 C═O 键、C—O 键和 C—N 键的特征吸收峰。图 3.29(d)中，1 617、1 389、1 076 cm^{-1} 处分别对应的是壳聚糖中 N—H键、C—O 键和 O—H 键的特征吸收峰。图 3.29(c)$CoFe_2O_4$@壳聚糖－EDTA 复合材料的红外光谱与 EDTA 和壳聚糖的进行对比，1 689 cm^{-1} 处的 C═O 伸缩振动红移到 1 627 cm^{-1} 处，对应的是酰胺Ⅰ键，1 617 cm^{-1} 处的 N—H 弯曲振动红移到 1 554 cm^{-1} 处，对应的是酰胺Ⅱ键，该键的生成表明壳聚糖和 EDTA 反应生成了酰胺键，图 3.29(c)中，539 cm^{-1} 处对应的是金属—O 键的特征峰。

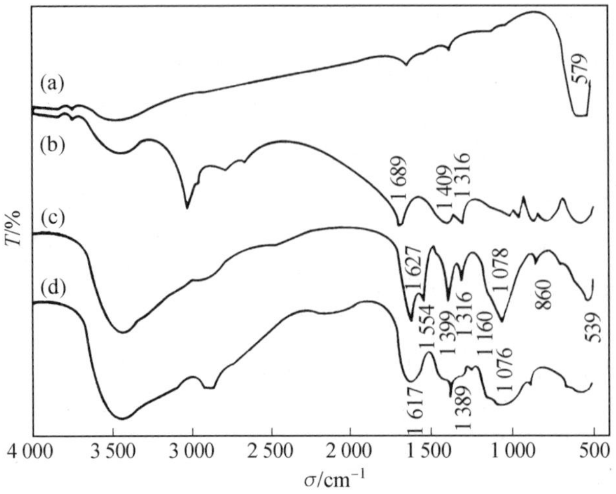

图 3.29　四种样品的红外光谱

(a)纯 $CoFe_2O_4$ 纳米粒子;(b)EDTA;(c)$CoFe_2O_4$@壳聚糖—EDTA 复合材料;(d)壳聚糖

图 3.30 分别为 Fe_3O_4纳米粒子和 Fe_3O_4/聚苯乙烯—丙烯酰胺纳米复合微球的红外光谱图。图 3.28(a)中,580 cm^{-1}对应的是 Fe_3O_4的特征吸收峰,在图 3.28(b)中,同样出现了该特征峰,说明 Fe_3O_4/聚苯乙烯—丙烯酰胺纳米复合微球中含有 Fe—O 键;而图 3.28(b)中的 692、756、1 597 cm^{-1}处的峰对应的是苯乙烯的吸收峰,3 398、3 194 cm^{-1}处的峰对应的是丙烯酰胺上—NH_2的特征吸收峰;除此之外,1 653 cm^{-1}处的峰对应的是 C═O键的特征吸收峰,这个键的存在表明,聚苯乙烯—丙烯酰胺通过—$CONH_2$键结合在一起并包覆在磁性 Fe_3O_4纳米粒子的表面。

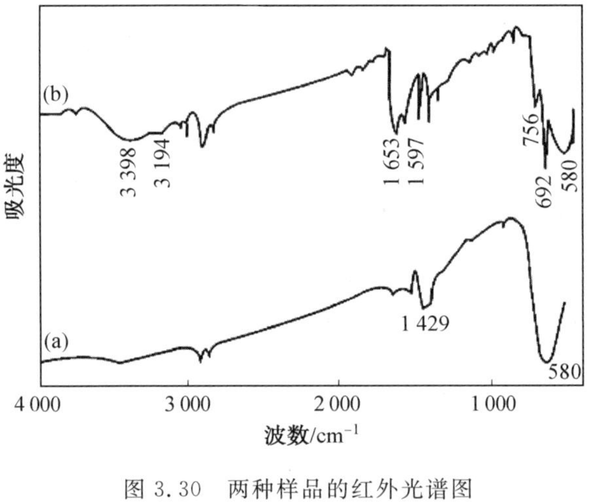

图 3.30　两种样品的红外光谱图

(a)Fe_3O_4 纳米粒子;(b)Fe_3O_4/聚苯乙烯—丙烯酰胺纳米复合微球

思考题与作业

1. 红外吸收的原因是什么？红外光谱图是如何形成的？
2. 阐述分子振动的形式和红外光谱振动吸收带的类型。
3. 阐述红外光谱吸收带位置的影响因素。
4. 简述红外光谱样品的制备方法。
5. 红外光谱测试适宜的厚度是多少？过薄过厚会怎么样？
6. 红外光谱图提供了哪些分析信息？
7. 如何利用红外光谱图确认已知物质？
8. 用红外光谱如何鉴别未知物？
9. 在解析红外光谱图时应排除的可能的假谱带有哪些？
10. 从谱图中解析分子中所含基团和键的类型的原则是什么？
11. 化合物 C_8H_7N 的红外光谱(图 3.31)如下，试推断其结构，熔点 29.5 ℃。

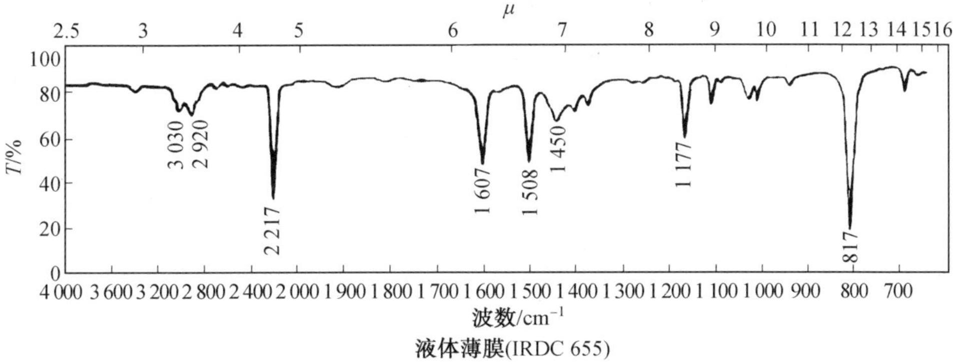

图 3.31　化合物 C_8H_7N 的红外光谱

12. 化合物 C_7H_5NO 的红外光谱(图 3.32)如下，试推断其结构。

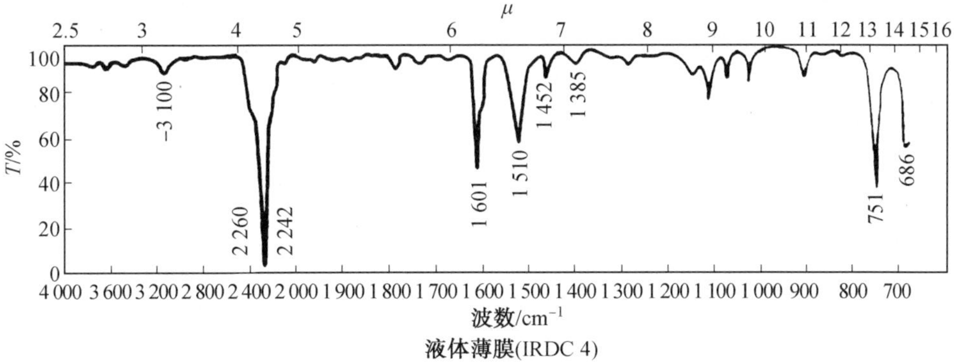

图 3.32　化合物 C_7H_5NO 的红外光谱

13. 化合物的分子式为 C_6H_{14}，红外光谱(图 3.33)如下，推导其结构。

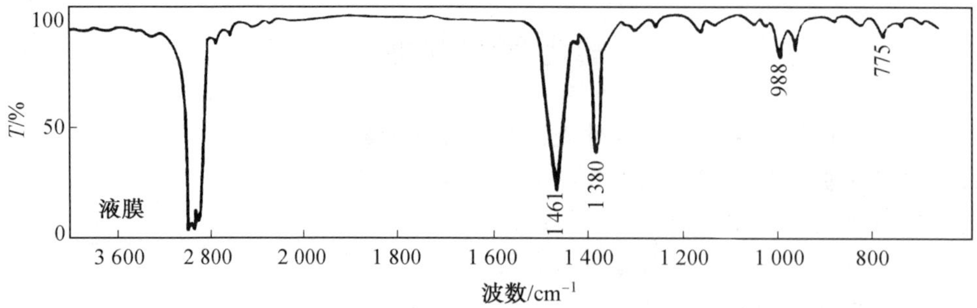

图 3.33　化合物 C_6H_{14} 的红外光谱

第4章　激光拉曼光谱法

4.1　基本原理与拉曼光谱

1. 基本原理

1928年印度科学家C. V. 拉曼(Raman)实验发现：当光穿过透明介质时，被分子散射的光发生频率变化，这一现象称为拉曼散射。

拉曼光谱(Raman spectra)是一种散射光谱。拉曼光谱分析法是一种基于拉曼光散射现象，对与入射光频率不同的散射光进行分析得到分子振动、转动方面的信息，从而研究分子结构的光谱分析方法。

当一束斜率为ν_0的入射光照射到样品时，少部分入射光子与样品分子发生碰撞后向各个方向散射。如果碰撞过程中光子与分子不发生能量交换，即称为弹性碰撞，这种光散射为弹性散射，通常称之为瑞利散射。反之，如果入射光子与分子发生能量交换，散射则为非弹性散射，也即拉曼散射。瑞利散射线的强度只有入射光强度的10^{-3}，而拉曼散射线的强度大约只有瑞利线的10^{-3}。

在拉曼散射中，若光子把一部分能量给样品分子，使一部分处于基态的分子跃迁到激发态，则散射光能量减少，在垂直方向测量到的散射光中，可以检测到频率为$(\nu_0-\Delta\nu)$的谱线，称为斯托克斯(Stokes)线。相反，若光子从样品激发态分子中获得能量，样品分子从激发态回到基态，则在大于入射光频率处可测得频率为$(\nu_0+\Delta\nu)$的散射光线，称为反斯托克斯线。入射光频率与斯托克斯线及反斯托克斯线的差称为拉曼位移。拉曼位移的大小与分子的跃迁能级差一样，因此，对应于同一分子能级，斯托克斯线与反斯托克斯线的拉曼位移是相等的，如图4.1所示。但在正常情况下，大多数分子处于基态，测量得到的斯托克斯线强度比反斯托克斯线强得多，所以在一般拉曼光谱分析中，都采用斯托克斯线

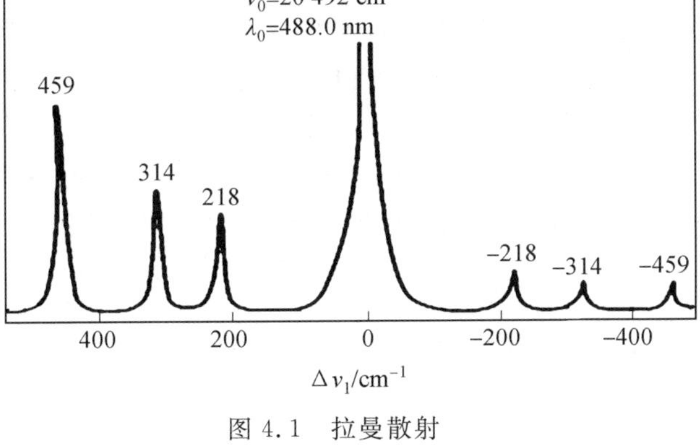

图4.1　拉曼散射

研究拉曼位移。

拉曼位移与入射光频率无关，它只与散射分子本身的结构(分子的转动和转动能级)有关。拉曼散射是由于分子极化率的改变而产生的。拉曼位移取决于分子振动能级的变化，不同化学键或基团有特征的分子振动，因此与之对应的拉曼位移也是特征的。这是拉曼光谱可以作为分子结构定性分析的依据。

2. 拉曼光谱

拉曼散射光强度与拉曼位移之间的关系曲线称为拉曼光谱，如图 4.2 所示。拉曼光谱的纵坐标为拉曼光强度；横坐标为拉曼位移，以波数 cm^{-1} 为单位。由于拉曼位移与激发光无关，一般仅用 Stokes 位移部分，对发荧光的分子，有时用反 Stokes 位移。拉曼位移表征了分子中不同基团振动的特性，因此，可以通过测定拉曼位移对分子进行定性和结构分析。

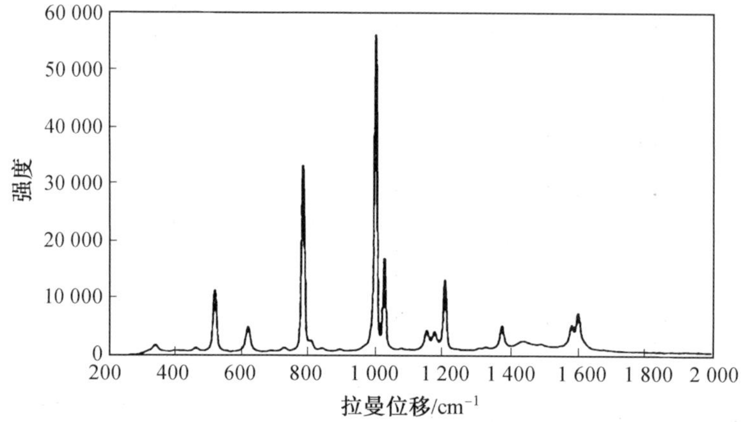

图 4.2 样品的拉曼光谱

拉曼光谱分析法不需要对样品进行前处理，也没有样品的制备过程，避免了一些误差的产生，并且在分析过程中操作简便，测定时间短，灵敏度高。

3. 拉曼光谱的应用

拉曼光谱应用广泛，遍及材料科学、化学、物理学、生物学、医学等科学和工业领域。

在材料研究中，利用拉曼光谱可以进行材料的定性和定量分析、结构分析、材料的相变和形变分析、缺陷和杂质态研究，获得晶体的声子谱，还可以在线监测材料合成反应以及进行宝石鉴定及无损检测等。拉曼光谱和红外光谱相结合，可以用来鉴别物质的对称性，并确定振动模的波数，得到分子作用力和分子内作用力的定量知识，并计算出热力学函数。利用拉曼光谱的波数、强度和带形的变化可用来研究弛豫现象和环境温度与压力对材料的影响，以及计算出许多分子在振动基态和激发态时的键长和其他结构参量。

4.2　激光拉曼光谱仪与测试

4.2.1　激光拉曼光谱仪

1. 色散型激光拉曼光谱仪

激光拉曼光谱仪的基本组成有激光光源、样品池、单色器和检测记录系统四部分，并配有微机控制仪器操作和数据处理功能，如图 4.3 所示。拉曼散射光在可见区，因此对仪器所用的光学元件及材料的要求比红外光谱简单；由于测定的拉曼位移较小，仪器需要较高的单色性，因此色散型拉曼光谱仪一般有多个单色器。

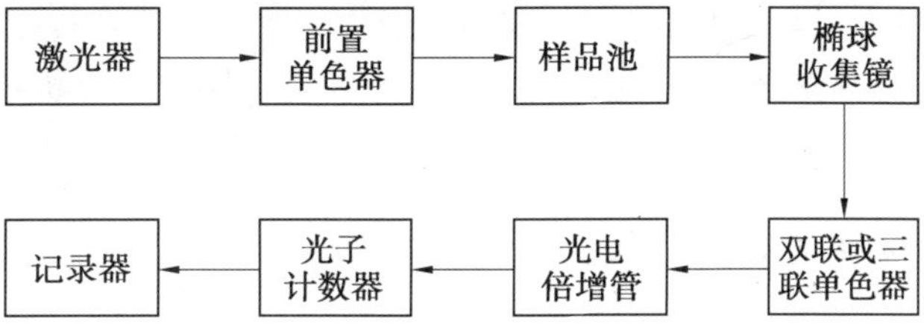

图 4.3　激光拉曼光谱仪结构框图

激光器输出的紫外或可见光束经滤光后，经透镜系统聚焦到样品池上，激发试样分子产生拉曼散射光，椭球收集镜在 90°方向收集拉曼散射光，聚焦到分光器的入口狭缝上，通过分光器分光，然后经出射狭缝至光电倍增管，把光信号变为电信号，用直流放大器把信号放大处理后送到记录系统，当分光器与记录系统同步运行时就记录下试样的拉曼光谱。

(1)光源。

因为拉曼散射光较弱，只有激发光的 10^{-6}～10^{-8}，所以要求用很强的单色光来激发样品，这样才能产生足够强的拉曼散射信号，激光是一个很理想的光源。早期的光源是汞弧灯，其波长为 435.8 nm；近年来采用单色性非常好的 He－Ne 激光器，其波长为 632.8 nm；Ar^+ 离子激光器，其波长为 488.0 nm 和 514.5 nm；Kr^+ 离子激光器，其波长为568.2 nm。

(2)样品池。

常用样品池有液体池、气体池和毛细管。对于微量样品可用不同直径的毛细管，对于常量样品可用液体池、气体池和压片样品架等。

(3)单色器。

拉曼光谱仪一般采用全息光栅的双单色器，采用双单色器的目的主要是因为要在强的瑞利散射线存在下观测有较小位移的拉曼线，对单色器的分辨要求很高，双单色器可以达到这个效果，也可以采用三单色器。

(4)检测器。

因为拉曼光谱检测的是可见光，可以采用与可见－紫外光谱用的一样信噪比很高的光电倍增管或点阵列检测器(CCD、OMA)等作为检测器。常用 Ga－As 光阴极光电倍增管。在测定拉曼光谱时，将激光束射入样品池，一般是在与激光束成 90°处观察散射光，因此单色器、检测器都安装在与激光束垂直的光路中。

2. 傅里叶变换拉曼光谱仪

在傅里叶变换拉曼光谱仪中，以迈克尔逊干涉仪代替色散元件，光源利用率高，可采用红外激光，用以避免分析物或杂质的荧光干扰。傅里叶变换拉曼光谱仪的光路设计类似于傅里叶变换红外光谱仪，但干涉仪与样品池的排列次序不同，它通常由激光光源、样品池、干涉仪、滤光片、检测器等组成。该类仪器具有扫描速度快、分辨率高、波数精度及重现性好等优点；但对一般分子的研究，由于光源能量低，其拉曼散射信号比常规激光拉曼散射信号低。在傅里叶变换拉曼光谱仪中，共焦显微傅里叶变换拉曼光谱仪的使用在逐渐增多。

拉曼光谱分析技术发展很快，除了傅里叶变换技术以外，目前的几种重要的拉曼光谱分析技术有：单道检测分析技术、以 CCD 为代表的多通道探测器分析技术、共振拉曼光谱分析技术、表面增强拉曼效应分析技术等。

4.2.2　激光拉曼光谱的测试

1. 样品的制备

拉曼散射光谱的试样可以是气体、液体、结晶及无定形的固体。温度只要是在室温范围均可以进行测定。

(1)固体样品制备。

固体粉末样品则可以使用压片法或直接利用粉末样品进行测量。温度可以通过液氮冷却台或者加热台进行调节。对于固体样品性能的差异，采用不同的测试方法。如散射比较强的样品，测量其前表面的散射光；透明样品采用底部照射；半透明的样品采用开一小孔引入激发光，在侧面收集散射光；对于测量纤维类样品时，纤维可卷绕在细棒上，也可呈单丝状测量。对于特殊的样品也可以自制样品台进行测量。

(2)液体样品制备。

测试液体样品非常方便，如果数量较多，可放在安培瓶、玻璃瓶等容器中直接测量。对于少量样品，可放在毛细管内(10 μL)，置于光路中。如果样品沸点较低，可将毛细管两端封住，以免蒸发。管子内径约 0.5 mm，因为样品受光部分放大 10 倍成像于单色器入射狭缝处，所以长度大、谱带强。有时毛细管玻璃会引起背景干扰，可换用不同管子。

旋转液体池可得到拉曼差示光谱。将一个圆盘状样品池分成两部分：一部分盛溶液，另一部分盛溶剂，整个池可绕中心轴旋转，激光在偏离池盘中心处垂直入射，在其垂直方向收集散射光，随着样品池旋转，溶液和溶剂信号交替进入检测器，通过电子线路将两者相减，可得到差示光谱，即纯溶质的光谱。

(3)气体样品制备。

气体样品可采用内腔方式，即把样品放在激光器的共振腔内。一般情况下，气体样品采用多路反射气槽。

在样品制备和测量时还要注意以下两点。第一，由于拉曼信号对于杂质非常敏感，因此要制备非常纯净的样品，尤其是对可能产生荧光的杂质。应用红外吸收光谱时，若对含有少量杂质的样品测定，还能得到大致的结果，而在拉曼散射测定时，由于存在少量杂质而全然得不到结果的情况并不少见。第二，在具体实验时，要考虑到激光很强，可能引起试样的变质，因此可以通过调节入射激光功率以及采用旋转样品台或循环流动台减小样品变质的可能性。

2. 测试

激光拉曼光谱仪的测试会因激光拉曼光谱仪种类的不同而有所差别。下面以 Renishaw 公司的 inVia 型激光共焦拉曼光谱仪为例，介绍仪器的正常开、关机和操作过程。

(1)开机顺序。

①打开主机电源；

②打开计算机电源；

③打开将使用的激光器电源。

a. 514 nm：打开激光器后面的总电源开关然后打开激光器上的钥匙；

b. 785 nm：直接打开激光器电源开关。

(2)自检。

①用鼠标双击 WiRE2.0 图标，进入仪器工作软件界面；

②系统自检画面出现，选择“Reference All Motors”并确定(OK)，系统将检验所有的电机；

③从主菜单 Measurement→New→New Acquisition 设置实验条件，静态取谱(Static)，中心 Raman Shift 520 cm^{-1}，Advanced→Pinhole 设为 in；

④使用硅片，用 50 倍物镜、1 s 曝光时间、100% 激光功率取谱，使用曲线拟合(Curvefit)命令检查峰位。

参数获得：

a. 光谱画面上点击鼠标右键，执行弹出菜单中的 Curvefit 命令，进入曲线拟合画面；

b. 在光谱上再次点击鼠标右键，选中弹出菜单中的第一项 Add Curves；

c. 在将要拟合的谱峰顶点点击鼠标左键，出现一条曲线；

d. 点击鼠标右键，执行弹出菜单中的 Startfit 命令，在下面的表格中可看到拟合得到的数据；

e. 硅峰应该在 Raman Shift 520 cm^{-1} 处，若拟合数据中的峰位(Peak Position)偏离 520 cm^{-1}，执行主菜单 Tools—Calmration—offset 命令；

f. 用 Curvefit 得到的峰位值减去 520 cm^{-1}，将得到的数值添到 Offset 数值框中并确定；

g. 重新取谱，若偏离 520 cm^{-1} 超过 ±0.5 cm^{-1}，重复上述步骤。

(3)实验。

①实验条件设置。

a. 点击设置按钮(或者菜单中 Measurement→Setup Measurement)，检查(设置)下列参数：

Range:Static 静态、Extended 连续扫描；

Center(Low、High):设置主峰中心位置(Static)或扫描范围(Extended)，材料样品的测试范围一般为 400～4 000 cm^{-1}；

Grating:光栅，1 800 线/mm 对应 514 nm，1 200 线/mm 对应 780 nm；

Laser:选择激发光源；

Units:横坐标的单位，可以是纳米 nm，拉曼位移 cm^{-1}，绝对波数 Abs. cm^{-1}，电子伏特 eV；

Confoeality:设置共焦程度，有常规和高共焦设置两种选择；

在 Acquisition 界面设置曝光时间的累积次数、激光功率；

在 Advanced 界面中设置是否使用针孔，选 In 为使用，Out 不使用。

b. OK:采用当前设置条件，并关闭设置窗口；Apply:应用当前设置条件，不关闭窗口。

②将保持在暗环境中的固体样品、粉末样品或装有样品的玻璃瓶放入固体或液体装样装置中，采集谱图执行 Measurement→Run 命令，扫描结束点击保存图标保存数据，或者保存图表数据。若继续测试其他样品的光谱，直接更换样品测试即可。

(4)关机。

①关闭计算机。

a. 关闭 WiRE2.0 软件；

b. Start→Shut Down→Turnoff computer，计算机将自动关闭电源。

②关闭主机电源。

③关闭激光器。

a. 关闭钥匙；

b. 514 nm 激光器散热风扇会继续运转，动停转后再关闭主电源开关。

(5)注意事项。

①开机顺序主机在前，计算机在后。

②关机顺序计算机在前，主机在后。514 nm 激光器要充分冷却后才能关闭主电源。

③自检一定要等自检完成再做其他动作。不能取消(Cancel)。

④硅片 514 nm，自然解理线与横向成 45°时信号最强。785 nm(633 nm，325 nm)自然解理线与横向基本平行时信号最强。

⑤工作参数条件的选择。

当开始进行样品测试时，需注意选择正确的工作参数和条件。激光器的功率要随不同测试样品而改变，对固体或液体等不易分解的可用较强功率激发，生物样品等应选较低功率激发。积分时间可在开始时选择 10 s 一次，正式测量时可根据信噪比的情况而定，信噪比高的积分时间可稍短，反之可采用较长时间积分。狭缝宽度的选择可根据所测光谱是否需要高分辨或高共焦模式来决定大小。

为保证给出最佳的拉曼光谱图，可在光路调校好之后用快速扫描模式进行一次预扫描，然后根据测定要求和预扫描情况设定扫描范围、步长、积分时间、狭缝宽度、激发功率和扫描次数等再进行正式测定。若样品易于光解，除降低激光功率外，还可更换测试点实施分段扫描。完成测试后，应在显微镜下检查样品是否已经损伤(光解、热解、脱落或变性等)。

4.3　激光拉曼光谱的分析方法

4.3.1　激光拉曼光谱与红外光谱的比较

1. 激光拉曼光谱与红外光谱的异同点

虽然红外光谱和拉曼光谱同属分子光谱范畴，研究的对象大致相同，但是拉曼效应产生于来自高能量的入射光子与样品分子振动能级之间的能量交换，在许多情况下拉曼位移的程度对应于分子振动能级的跃迁。因此拉曼光谱和红外光谱在产生光谱的机理、选律、实验技术和光谱解释等方面有较大的差别。为了更好地应用拉曼光谱，有必要把红外光谱和拉曼光谱做一简单的比较。

(1)红外光谱与拉曼光谱的相同点。

对于一个给定的化学键，其红外吸收频率与拉曼位移相等，均代表第一振动能级的能量。因此，对某一给定的化学键，其红外吸收频率和拉曼位移完全相同，红外吸收波数与拉曼位移均在红外光区，两者都反映分子的结构信息。拉曼光谱和红外光谱一样，也是用来检测物质分子的振动和转动能级。

(2)红外光谱与拉曼光谱的不同点。

红外光谱与拉曼光谱的不同点的简要对比见表 4.1。

表 4.1　红外光谱与拉曼光谱的区别

项目	红外光谱	拉曼光谱
产生机理	振动引起偶极矩或电荷分布变化	振动引起电极化率或电子云分布变化
入射光	红外光	可见光
检测光	红外光的吸收	可见光的散射
谱带范围	400～4 000 cm^{-1}	40～4 000 cm^{-1}
水	不能作为溶剂	可以作为溶剂
样品测试装置	不能用玻璃仪器	玻璃毛细管做样品池
制样	需要研磨制成溴化钾片	固体样品可以直接检测
信号强弱	强，容易测量	弱，不易测量
检测方法	直接用红外光检测处于红外区的分子振动和转动能量	用可见激光来检测处于红外区的分子振动和转动能量，属于间接检测
谱带强度	极性基团的谱带强烈(C═O、C—Cl)	非极性基团谱带强(S—S、C—C、N—N)
表征	较容易测定链上的取代基	容易表征碳链振动

红外光谱与拉曼光谱具体区别如下：

①红外光谱和拉曼光谱产生的物理过程和机理不同。红外光谱和拉曼光谱均能提供分子振动频率的信息，但拉曼光谱是光散射产生的光谱，而红外光谱是光吸收而产生的光谱，两者所包含的信息通常是互补的。红外光谱是由于振动引起分子偶极矩或电荷分布变化产生的，拉曼散射是由于键上电子云分布瞬间变形引起暂时极化，产生诱导偶极，当返回基态时发生的散射。散射的同时电子云也恢复原态。

②红外光谱的入射光及检测光均是红外光，而拉曼光谱的入射光大多是可见光，散射光也是可见光。红外光谱测定的是光的吸收，横坐标用波数或波长表示；而拉曼光谱测定的是光的散射，横坐标是拉曼位移。

③拉曼光谱的波数的常规范围是 40～4 000 cm^{-1}，一台拉曼光谱仪就包括了完整的振动频率范围；而红外光谱包括近中远范围，通常需要用几台仪器或者用一台仪器分几次扫描才能完成整个光谱的记录。

④虽然红外光谱可用于任何状态的样品（气、固、液），但对于水溶液、单晶和聚合物是比较困难的；而拉曼光谱就比较方便，几乎可以不必特别制样处理就可以进行拉曼光谱分析，拉曼光谱可以分析固体、液体和气体样品，固体样品可以直接进行测定，不需要研磨或制成 KBr 压片。但在测定过程中样品可能被高强度的激光束烧焦，所以应该检查样品是否变质。因为拉曼散射很弱，只有入射光的 10^{-6}～10^{-8}，所以早期的拉曼光谱需要采用相当浓缩的溶液，其浓度可以由 1 mol/L 至饱和溶液，采用激光作为光源后样品量可以减少到毫克级。

⑤红外光谱一般不能用水作为溶剂，因为红外池窗片都是金属卤化物，大多溶于水且水本身有红外吸收；但是水的拉曼散射是极弱的，所以水是拉曼光谱的一种优良的溶剂。由于水容易溶解大量无机物，因此无机物的拉曼光谱研究很多，可以用在研究多原子无机离子和金属络合物。同样还可以通过拉曼光谱带的积分强度测定溶液中物质的浓度，因此可以用来研究溶液中的离子平衡。

⑥拉曼光谱是利用可见光获得的，所以拉曼光谱可用普通的玻璃毛细管作为样品池（也可以用石英池），拉曼散射光能全部透过玻璃；而红外光谱的样品池需要特殊材料做成。

⑦选择性定则不同。在红外光谱中，某种振动是否具有红外活性，取决于分子振动时偶极矩是否发生变化。一般极性分子及基团的振动引起偶极矩的变化，故通常是红外活性的。拉曼光谱则不同，一种分子振动是否具有拉曼活性取决于分子振动时极化率是否发生改变。所谓极化率，就是在电场作用下，分子中电子云变形的难易程度。

对于一般红外及拉曼光谱，具有以下几个经验规则。

①互相排斥规则。凡有对称中心的分子，若有拉曼活性，则红外是非活性的；若有红外活性，则拉曼是非活性的。

②互相允许规则。凡无对称中心的分子，除属于点群 D5h、D2h 和 O 的分子外，可既有拉曼活性又有红外活性。若分子无任何对称性，则它们的红外光谱与拉曼光谱就非常相似。

③互相禁止规则。少数分子的振动模式，既非拉曼活性，又非红外活性。如乙烯分子

的弯曲，在红外和拉曼光谱中均观察不到振动谱带。

由这些规则可知，红外光谱与拉曼光谱是分子结构表征中互补的两种手段，两者结合可以较完整地获得分子振动能级跃迁的信息。

2. 激光拉曼光谱的优点

(1)拉曼光谱是一个散射过程，任何尺寸、形状、透明度的样品，只要能被激光照射到，均可用拉曼光谱测试。由于激光束可以聚焦，拉曼光谱可以测量极微量的样品。

(2)水的拉曼散射极弱，拉曼光谱可用于测量含水样品，这对生物大分子的研究非常有利。玻璃的拉曼散射也较弱，因而玻璃可作为理想的窗口材料，用于拉曼光谱的测量。

(3)对于聚合物及其他分子，拉曼散射的选择性定则的限制较小，因而可得到更为丰富的谱带。S—S、C—C、C ═C、N ═N 等红外较弱的官能团，在拉曼光谱中信号较为强烈。

(4)拉曼效应可用光纤传递，因此现在有一些拉曼检测可以用光导纤维对拉曼检测信号进行传输和远程测量。而红外光用光导纤维传递时，信号衰减极大，难以进行远距离测量。

拉曼光谱最大的缺点是荧光散射，强烈的荧光会掩盖样品信号。采用傅里叶变换拉曼光谱仪，可克服这一缺点。

4.3.2　激光拉曼光谱的分析方法

同红外光谱一样，拉曼光谱也反映分子的振动－转动频率特征，俗称“姐妹”谱，因此，在红外光谱中的几种分析方法同样也适用于拉曼光谱。不过，在分析拉曼光谱时要注意下列几个问题。

1. 1 500 cm^{-1}的分界点

当测得某种物质的拉曼光谱后，先注意分界点，1 500 cm^{-1}以上的谱带必定是一个基团的频率，相应的解释通常是可靠的，一般可以确信其推论。因此，解释谱图通常从高波数端开始。1 500 cm^{-1}以下的区域称为指纹区，该区域的谱带可以是基团频率也可以是指纹频率，通常，频率越低，谱带就越不会是起因于基团振动，即使在这区域内有一个谱带具有某一基团的确切频率也不一定能断定这个基团存在，在这个区域的谱图分析，除了频率之外，还应注意另外某些特征——很强、非常宽，或者非常尖、双重轮廓等等。一般说来，在指纹区内某一基团频率的不存在比它的存在是更可靠的论证。

2. 与红外光谱配合使用须注意的事项

(1)相互排斥规则。凡具有对称中心的分子，若其红外是活性的，则其拉曼就是非活性的；反之，若拉曼是活性的，则其红外是非活性的。

(2)相互允许规则。一般来说，没有对称中心的分子，其红外和拉曼光谱都是活性的。

(3)拉曼光谱对分子骨架较灵敏，红外光谱对连接在骨架上的官能团较灵敏。

(4)不同红外光谱，水对拉曼光谱影响较小，较适合于做水化物的结构测定。

4.4 激光拉曼光谱法在材料研究中的应用

4.4.1 激光拉曼光谱在高分子材料研究中的应用

激光拉曼光谱在高分子材料方面主要是用作定性鉴别、结构分析，还可以用于在线监测聚合反应以及聚合物形变研究等。

拉曼光谱与红外光谱同属分子振动光谱。红外光谱法定性解析的三要素（即频率、强度和峰形）也适用于拉曼光谱解析。拉曼位移 $\Delta\nu$，相当于红外谱带的吸收频率，每条谱带都相应于分子中某官能团的振动。对大多数官能团如 O—H、N—H、C ═C、C—H、C ═C等拉曼伸缩带和红外吸收带是一致的，有时在数字上还非常接近，如酮羰基的伸缩振动在红外光谱中位于 1 710 cm^{-1}，在拉曼光谱中无论入射光频率如何，$\Delta\nu$ 的位置总在(1 710±3)cm^{-1}。

但要注意，拉曼光谱和红外光谱产生的机制有着本质的区别。拉曼光谱是散射现象，红外光谱是吸收现象。红外光谱是由于分子振动时引起偶极矩的变化而产生的，而拉曼光谱则是由于诱导偶极矩的变化而产生的。因此红外光谱对分子的极性基团十分敏感，而拉曼光谱则对分子中的非极性基团敏感。

因为这两种光谱分析机理不同，它们提供的信息也有差异。一些对称性较高的基团，极性很小，红外吸收很弱，但在拉曼光谱中却有较强的谱带，如 C—C、C ═C、S—S 就很适合拉曼光谱研究。表 4.2 列出了一些基团在两种光谱上活性的差别。由此可见，红外光谱法更适合于测定高分子的侧基和端基，而拉曼光谱法更多用于研究高分子的骨架结构。拉曼光谱法与红外光谱法互为补充。

表 4.2 红外和拉曼光谱强度的差异

强红外吸收		强拉曼散射		二者均强	
振动	频率范围/cm^{-1}	振动	频率范围/cm^{-1}	振动	频率范围/cm^{-1}
C═O 伸缩	1 600～1 800	芳香 C—H 伸缩	3 000～3 100	脂肪 C—H	2 800～3 000
C—O 伸缩	900～1 300	C═C 伸缩	1 600～1 700	O═N 伸缩	2 200～2 300
O—H 伸缩(氢键)	3 000～3 400	C≡C 伸缩	2 100～2 250	Si—H 伸缩	2 100～2 300
芳香 C—H 面外变形	650～850	S═S 伸缩(Se═Se 等)	500～1 400	C—卤素伸缩	500～1 400
N—H 伸缩(氢键)	3 100～3 300	C—S 伸缩(C—Se 等)	600～700		
Si—O—Si 不对称伸缩		芳香环	950～1 050		
		C═C 面内振动	1 500～1 700		
		N═N 伸缩	1 575～1 630		
		Si—O—Si 对称伸缩	450～550		

与红外光谱法相比，拉曼光谱法还有以下优点：

(1)在很多情况下样品不需处理，可直接用高分子材料的粉、块、片或薄膜测量。也可以装在透明的容器(如无荧光的玻璃管)中测定,这对于测定液态样品以及在空气中易变质的物质特别方便。由于无机填料的拉曼散射很弱,因而含有这些填料的高分子材料不必分离就可以测定。

(2)水的红外吸收十分强烈,而它的拉曼散射极弱,只在 1 640 cm^{-1}附近有一个弱谱带,因此拉曼光谱特别适用于水溶液的研究。因而以强酸、强碱、腐蚀性酸、有机酸等作为溶剂的高分子溶液也可以测定拉曼光谱。

(3)具有比红外更广的波数范围(10～4 000 cm^{-1})。

(4)由于激光高的空间分辨能力,能进行显微测定。

但在研究高分子材料时拉曼光谱的局限性在于高分子材料的拉曼光谱主要受荧光的困扰。高分子材料之所以比低分子材料更易受高背景杂散光特别是荧光的干扰,多半是因为与样品中的杂质有关。荧光能覆盖整个频率范围,严重时会把信号完全淹没。消除的方法是测定前先用强激光曝光样品几分钟至数小时,使荧光大为衰减;或改变入射光的波长以降低荧光的发光率。

1. 高分子材料的定性分析

由于可供对照的标准谱图很少,利用基团的归属鉴别仍是基本的方法,图 4.4 示出了重要官能团的谱带位置。

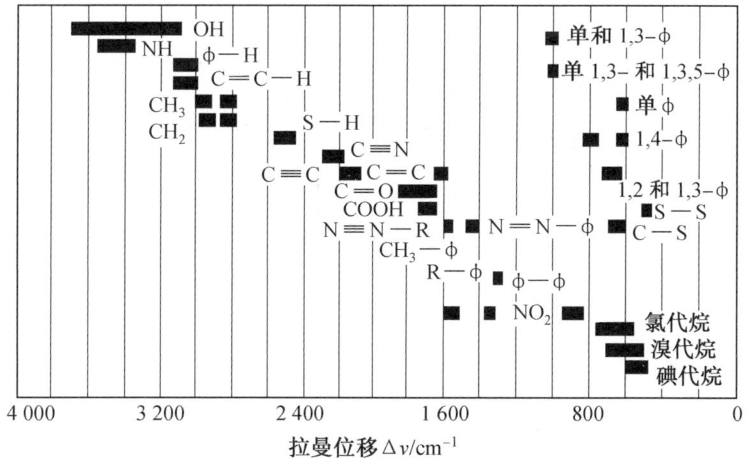

图 4.4　重要官能团在拉曼光谱中的谱带位置

由于拉曼光谱与红外光谱具有互补性,用拉曼光谱定性分析时最好有红外光谱对比。它们往往既相似又不相同,结合起来使用能得到更丰富的信息。这里以聚乙烯的拉曼光谱(图 4.5)为例来说明。对照聚乙烯的红外光谱可以看到,两种谱图中都以 C—H 伸缩振动(2 850、2 880 cm^{-1})为最强谱带,且位置相似;在 1 460 cm^{-1}附近都有 CH_2的弯曲振动谱带。但拉曼光谱缺少红外光谱中 720、730 cm^{-1}的 CH_2摇摆双重峰,却在 1 070、1 130和 1 300 cm^{-1}呈现 C—C 骨架的振动谱带。

根据选择定则,具有对称中心的基团的非对称振动,红外是活性的而拉曼是非活性的;对这些基团的对称振动,红外非活性而拉曼活性,对没有对称中心的基团,红外和拉曼都是活性的。因而一般来说,分子和各基团的对称性越高,红外与拉曼光谱的区别就

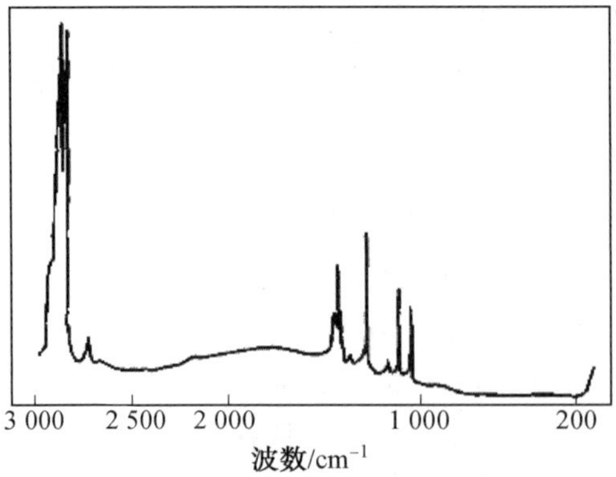

图 4.5　聚乙烯的拉曼光谱图

越大。

拉曼光谱用于鉴别高分子的一个典型例子是尼龙。不同种类尼龙的红外光谱极为相似。但不同的亚甲基序列组成的骨架在拉曼光谱中有很强的谱带，彼此很易区分。图4.6示出尼龙 6、尼龙 610 和尼龙 11 的拉曼光谱，可见差别很大。主要的尼龙品种都可以鉴别，唯独尼龙 6 和尼龙 66 的拉曼光谱差别不大，但它们的红外光谱显著不同，可以区分开来。

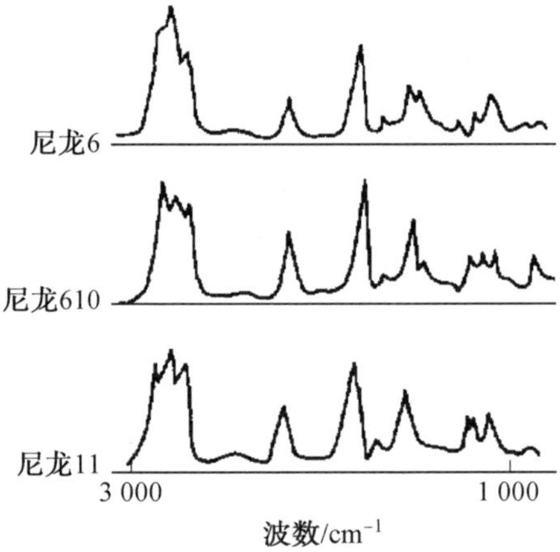

图 4.6　尼龙 6、尼龙 610 和尼龙 11 的拉曼光谱

由于激光束很细，可以直接鉴别薄膜中极小杂质的成分。图 4.7(a)是 EVA 薄膜中杂质的拉曼光谱，图 4.7(b)、(c)、(d)分别是用于比较的纯低密度聚乙烯、纯高密度聚乙烯和 EVA 薄膜的拉曼光谱。这些谱图是 1 500～1 800 cm^{-1} 局部光谱放大 4 倍的结果。可见杂质在 1 660 cm^{-1} 有峰，归属于反式—CH ═CH 基团，而纯低密度聚乙烯和 EVA 薄膜在这一位置无峰，高密度聚乙烯虽然有峰，但位置在 1 640 cm^{-1}，归属于—C ═C—，所以说明该杂质不是聚乙烯，而是 EVA 热降解的产物，由于脱乙酸而产生—CH ═CH—基团。

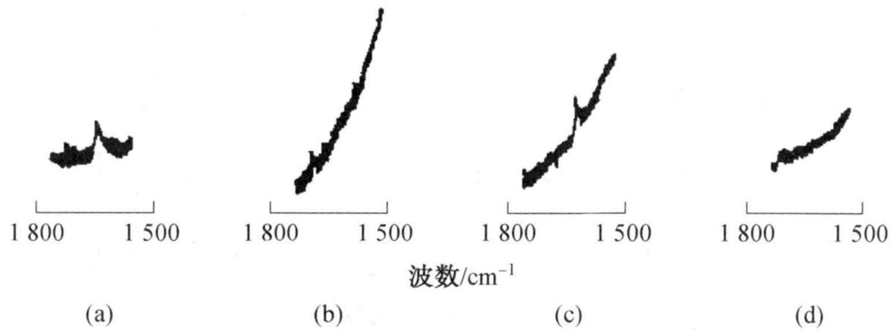

图 4.7　EVA 薄膜中杂质及相关物质的拉曼光谱

2. 高分子的结构分析

(1)构型。

用拉曼光谱研究聚二烯烃的几何异构是十分有效的，因为 C═C 键的拉曼散射很强，且因结构而异。例如聚异戊二烯的 1，4 结构的谱带在 1 662 cm^{-1}，3，4 结构在 1 641 cm^{-1}，1，2 结构在 1 639 cm^{-1}。对于聚丁二烯，顺 1，4 结构在 1 650 cm^{-1}，反 1，4 结构在 1 664 cm^{-1}，1，2 结构在 1 639 cm^{-1}。

聚丙烯的不同旋光异构体有相当不同的拉曼光谱。如图 4.8 所示，全同聚丙烯有一系列非常尖锐的谱带；间同聚丙烯的峰少且宽；而无规聚丙烯的谱图细节又进一步减少。

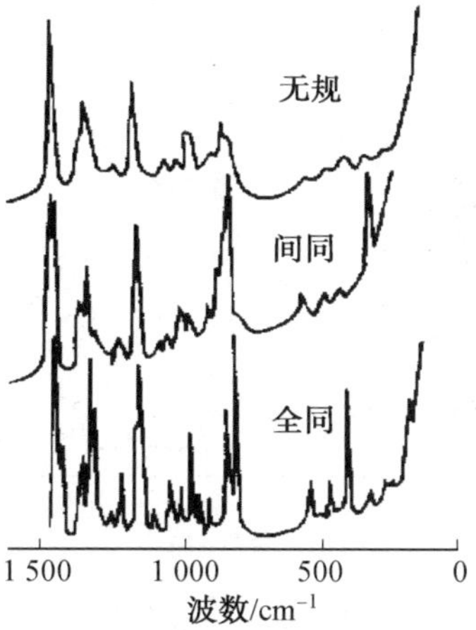

图 4.8　聚丙烯的拉曼光谱

(2)构象。

由于 C—C 骨架振动有强谱带，这些谱带高度偶合，构象的任何变化会通过改变偶合而改变谱带，所以可用于研究高分子的链构象。

例如，聚四氟乙烯，其构象与温度有关，19 ℃以下是 13_6 螺旋，而 19 ℃以上是 13_7 螺旋。对于结晶聚四氟乙烯，可计算出有 24 个振动模式，其中 21 个模式有拉曼活性。所以其拉曼光谱有许多锐峰，其中 4 个特强(图 4.9)。将样品冷至 19 ℃以下，并未发现主要谱带有位移，说明 13_6 螺旋和 13_7 螺旋两种构象的拉曼光谱差别很小。但根据计算，平面锯齿形构象与之应当有较大的频率差别，所以实验结果排除了平面锯齿形构象的可能性。

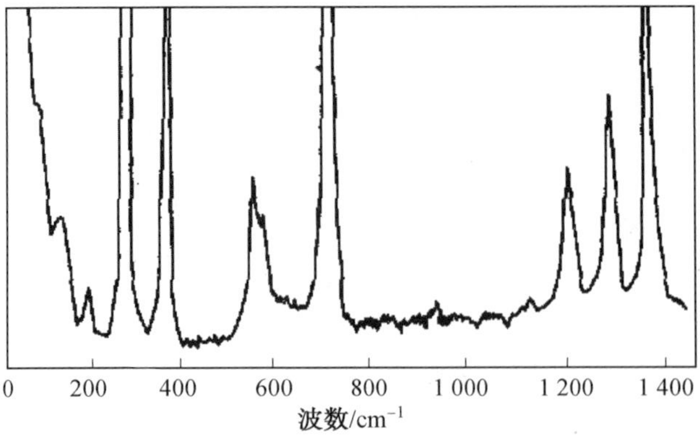

图 4.9　聚四氟乙烯的拉曼光谱

水溶液研究是拉曼光谱的一大特色，聚乙二醇水溶液中链构象的研究是一个典型例子。从图 4.10(a)可见，固态的结晶态聚乙二醇的拉曼光谱是复杂的，有许多强的锐峰，可以观察到由于结晶中螺旋构象而引起的峰的分裂。但如果将样品熔融或溶解于氯仿，峰都变得很宽并发生位移，而且观察不到分裂，说明原结晶态固体中的螺旋构象已不存在。但有趣的是其水溶液的拉曼光谱(图 4.10(b))却保留了分裂的较尖锐的峰形，这意味着即使在水溶液中，分子链也仍保留着相当数量的螺旋构象。

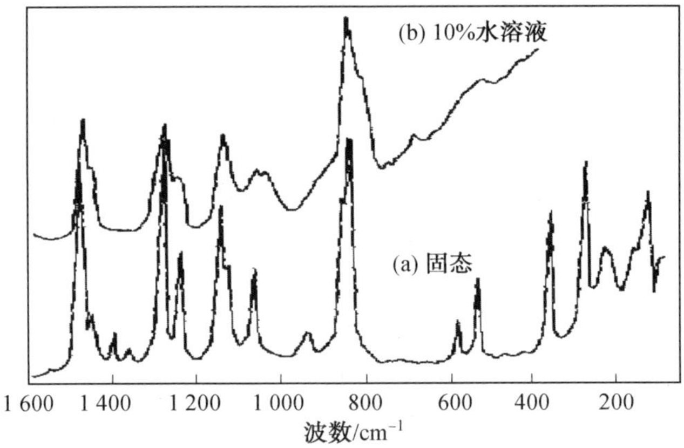

图 4.10　聚乙二醇的拉曼光谱

3. 分子量和结晶度的研究

除了构型和构象外，拉曼光谱还对结晶度、分子量和端基等高分子的结构特性敏感。图 4.11 可以综合说明这个问题。图 4.11(a)是分子量为 800 的聚乙烯蜡，(b)是结晶度为 50%的聚乙烯薄膜，(c)和(d)分别是分子量为 10^4 和 10^5 的高密度、高熔点聚乙烯，其中(d)几乎完全结晶(伸直链型)。比较(a)、(c)和(d)可知，随着分子量提高，890 cm^{-1} 谱带逐渐减弱。比较(b)和(d)可知，结晶度越大，1 300 cm^{-1} 和 1 400～1 500 cm^{-1} 的诸峰越尖锐。当分子链端有乙烯基时，在 1 650 cm^{-1} 附近有明显的特征峰。还观察到直链烷烃的振动波数与碳数 N_C 有关，N_C 越大，越向低波数位移，波数 σ 在 300～20 cm^{-1} 范围内符合下式：

$$\sigma=\frac{2\ 400}{N_C}(\mathrm{cm}^{-1}) \tag{4.1}$$

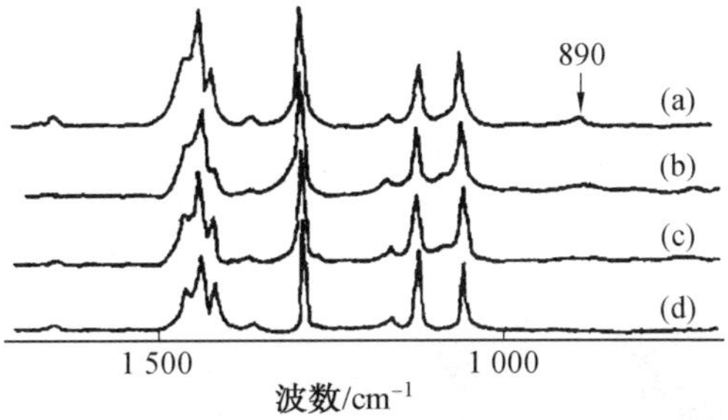

图 4.11 不同分子量和结晶度的聚乙烯的拉曼光谱

4. 在线监测悬浮聚合反应

由于水和玻璃介质对拉曼散射的吸收是极微弱的，因此拉曼光谱可用于玻璃介质中含水体系的反应监测。Santos 等用拉曼光谱研究了聚苯乙烯的悬浮聚合反应，在线监测装置如图 4.12 所示，Raman 检测器直接连接到 15 mm 厚的玻璃窗口上，对反应进行 200 min的监测。

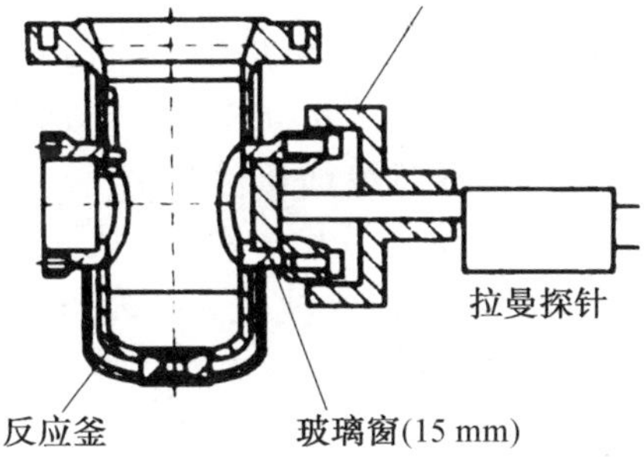

图 4.12 聚苯乙烯悬浮聚合拉曼在线监测系统

图 4.13 给出苯乙烯的拉曼光谱图，1 002 cm^{-1}处对应于苯环骨架的呼吸振动，1 640 cm^{-1}附近对应着 C═C 双键的伸缩振动谱带。由于反应过程中苯环的量保持不变，而C═C双键不断减少，因此可用 C═C 双键量的减少来研究反应过程。

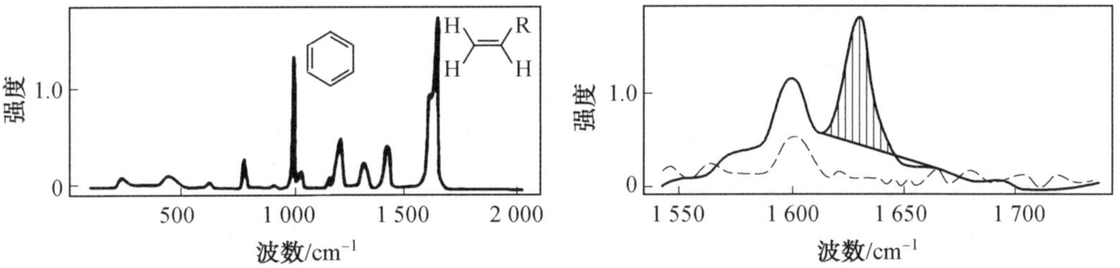

(a) 苯乙烯的拉曼光谱 (b) 反应开始(实线)和反应118 min(虚线)时的拉曼谱线

图 4.13 苯乙烯单体及聚合物的拉曼光谱图

图 4.14(a)为反应过程中拉曼光谱的变化，图中标出的 · 对应于 C═C 双键的伸缩

振动谱带，可以明显看出随着反应的进行，C ═C 含量减少。以苯环骨架的峰做校正后得到图 4.14(b)，可以看出在反应的前 75 min 转化率逐渐增加，75 min 后反应趋于终止。这一结果与离线测量的结果相一致。该实验还证实，悬浮聚合过程中聚合物颗粒尺寸及其分界面对拉曼光谱有一定的影响，这一特性可用于监测反应过程中聚合物颗粒与工艺要求的偏离情况。

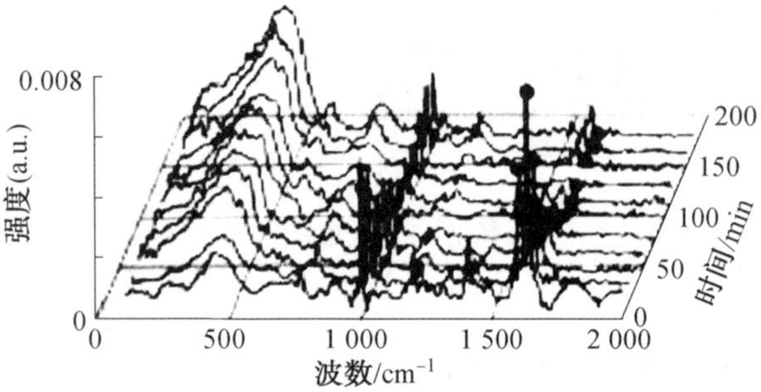

(a) 苯乙烯悬浮聚合反应过程中监测的拉曼光谱

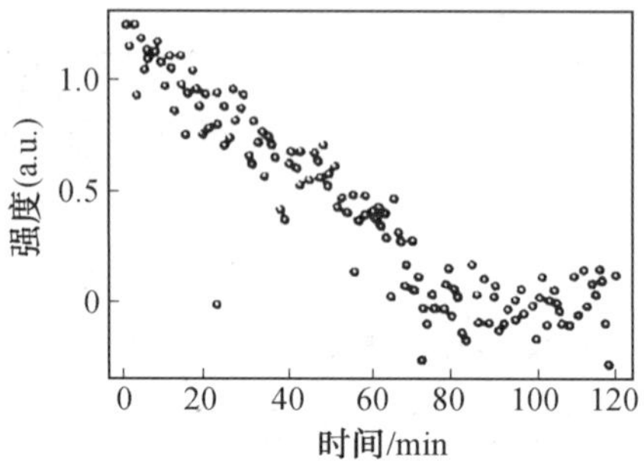

(b) C═C双键伸缩振动峰面积随反应时间的变化

图 4.14　苯乙烯聚合过程的拉曼光谱监测系统

5. 聚合物形变的拉曼光谱研究

纤维增强热塑性或热固性树脂能得到高强度的复合材料。树脂与纤维之间的应力转移效果，是决定复合材料力学性能的关键因素。以聚丁二炔单晶纤维增强环氧树脂为例，对环氧树脂进行拉伸，此时外加应力通过界面传递给聚丁二炔单晶纤维，使纤维产生拉伸形变，聚合物链段与链段之间的相对位置发生了移动，从而使拉曼线发生变化。图 4.15 为聚丁二炔纤维的共振拉曼光谱。入射激光波长为 638 nm。

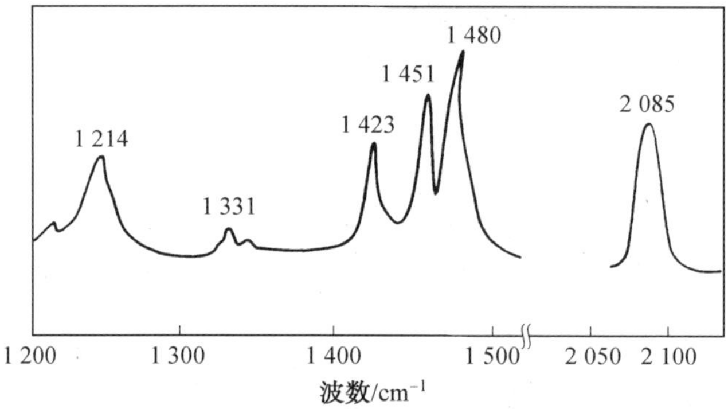

图 4.15　聚丁二炔纤维的共振拉曼光谱

当聚丁二炔单晶纤维发生伸长形变时，2 085 cm^{-1} 谱带向低频区移动。其移动范围为：纤维每伸长 1%，向低频区移动约 20 cm^{-1}。由于拉曼线测量精度通常为 2 cm^{-1}，因而拉曼测量纤维形变程度的精确度可达±0.1%。环氧树脂对激光是透明的，因此可以用激光拉曼对复合材料中的聚丁二炔纤维的形变进行测量。图 4.16 为拉曼光谱测得的复合材料在外力拉伸下聚丁二炔单晶纤维形变的分布。

图 4.16 中复合材料由环氧树脂与聚丁二炔单晶纤维(直径 25 μm，长度为 70 mm)组

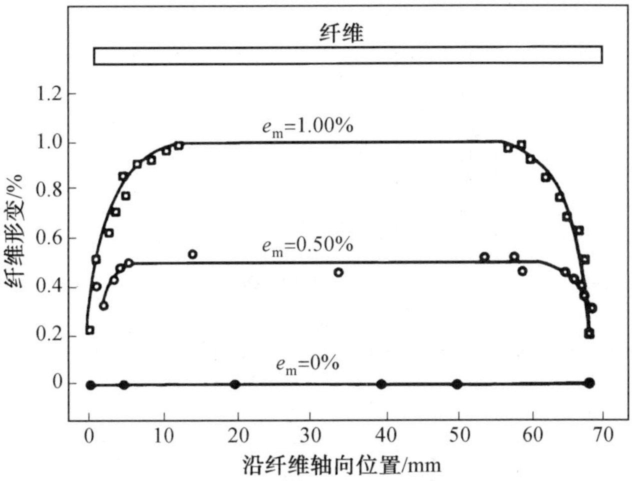

图 4.16　复合材料中聚丁二炔单晶纤维形变分布

成。当材料整体形变分别为 0%、0.50%和 1.00%时，由拉曼光谱测得的纤维形变及其分布清楚地显示在图中。形变在纤维两端较小，逐渐向中间部分增大，然后达到恒定值。中间部分的形变与材料整体的形变相等。由纤维端点到达形变恒定值处的距离，正好为临界长度的一半。通常临界长度是由“抽出”实验测出的。但是拉曼光谱法测定纤维临界长度的优点在于不需要破坏纤维。

4.4.2　激光拉曼光谱法在无机非金属材料研究中的应用

1. 晶相结构的分析

晶体的结构不同，不仅会影响晶格振动变化，还存在声子色散等现象的变化。拉曼光谱测试因其光谱结构与晶体中原子排列紧密相连，且快速方便，为研究物质的晶相结构的变化提供了一种有效的方法，是一种重要的分析测试手段。

(1)二氧化钛的晶相结构分析。

图 4.17 是经不同温度焙烧的一系列 TiO_2 纳米粒子的 Raman 光谱图。在图中所观察到的 Raman 峰为：144 cm^{-1}、196 cm^{-1}、240 cm^{-1}、396 cm^{-1}、448 cm^{-1}、515 cm^{-1}、614 cm^{-1}、640 cm^{-1}和 830 cm^{-1}。144 cm^{-1}、196 cm^{-1}、396 cm^{-1}、515 cm^{-1}和 640 cm^{-1}是锐钛矿相的振动峰；240 cm^{-1}、448 cm^{-1}、614 cm^{-1}和 830 cm^{-1}是金红石相的振动峰。由图可知，拉曼光谱随着焙烧温度的增加发生明显变化，包括线的数目、位置和峰高的变化。其中 144 cm^{-1}锐钛矿特征振动模式的相对峰高随着焙烧温度的增加明显降低，表明 TiO_2 纳米粒子样品中锐钛矿相的含量依次降低，这与 XRD 的表征结果相一致。经 650 ℃焙烧后，144 cm^{-1}的峰高产生陡降，700 ℃时此峰消失，而 614 cm^{-1}金红石特征振动模式的相对峰高随着焙烧温度的升高明显增加。这说明 TiO_2 纳米粒子中存在的锐钛矿已经完全转变为金红石结构。而从 XRD 图中看到 580 ℃时已经有金红石相出现，这是因为 580 ℃时金红石相的含量相对于锐钛矿相较少，而且金红石结构晶格振动的拉曼散射截面较小，导致其振动相对较弱，被锐钛矿相的晶格振动所掩盖，直到结晶中以金红

石相为主时才能明显观测到。

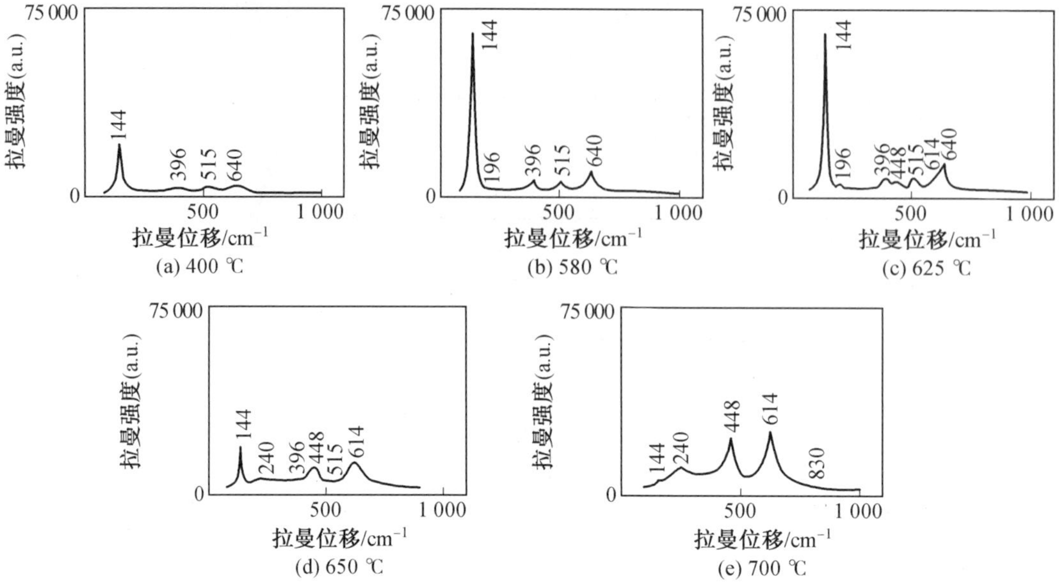

图 4.17　不同焙烧温度的二氧化钛的拉曼光谱

从拉曼光谱(图 4.18)可以证实 $InVO_4$ — Ⅲ 相的形成，在 500～550 ℃锻烧得到的薄膜，其拉曼光谱都存在 $InVO_4$ — Ⅲ 相典型的振动谱带 915 cm^{-1}、391 cm^{-1}、342 cm^{-1}，并且与 $InVO_4$ — Ⅲ 粉末的拉曼光谱非常相符。

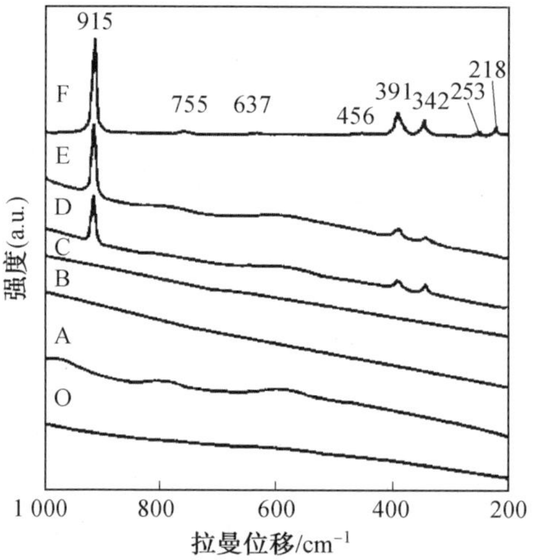

图 4.18　前驱体薄膜和不同温度下煅烧薄膜的拉曼光谱

A—前驱体薄膜；B—400 ℃；C—450 ℃；D—500 ℃；E—550 ℃；F—600 ℃；O—ITO 导电玻璃基底

文献报道，纯的正交相 $InVO_4$ — Ⅲ 只有在 600 ℃以上才能得到，在 500 ℃以下只得到了低温相单斜 $InVO_4$，而没有正交相 $InVO_4$ — Ⅲ 生成。对于溶胶—凝胶法制得的 $InVO_4$ 膜，在较低的温度下得到了单斜相和正交相的混合物，但没有得到纯的高温相正交 $InVO_4$ — Ⅲ。

(3)样品的物相结构分析。

由于 CZTS(铜锌锡硫)与 ZnS(硫化锌)、CuS(硫化铜)以及 Cu_2SnS_3(铜锡硫)的晶格常数较为接近,XRD 很难完全区分样品中是否存在这些杂相。因此,我们采用拉曼光谱对所制备的薄膜做进一步的物相结构表征,不同条件下制备的 CZTS 薄膜的拉曼光谱如图 4.19 所示。图上表明所制备的薄膜都存在三个拉曼峰,分别位于 286 cm^{-1}、335 cm^{-1} 和 372 cm^{-1}处,这些拉曼峰都对应于锌黄锡矿结构的 CZTS。这些结果与相关文献报道的结果相一致。同时,从拉曼光谱图上可以看出,并未发现 ZnS、Cu_2SnS_3、SnS_2 和 $Cu_{2+x}S$ (351 cm^{-1}、305 cm^{-1}、315 cm^{-1}和 475 cm^{-1})等杂相,为单一的 CZTS 相。

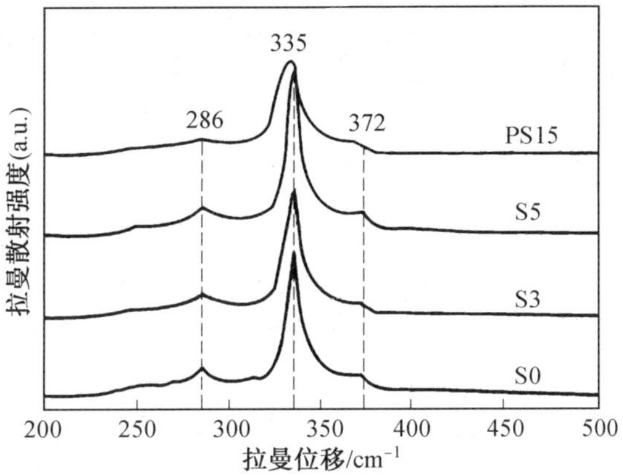

图 4.19　CZTS 薄膜的拉曼光谱

2. 各种高岭土的鉴别

FT—拉曼光谱是陶瓷工业中快速而有效的测量技术。陶瓷工业中常用原料如高岭土、多水高岭土、地开石和珍珠陶土的 FT—拉曼光谱如图 4.20(a)所示。由图可知,它们都有各自的特征谱带,而且比红外光谱(图 4.20(b))更具特征性。

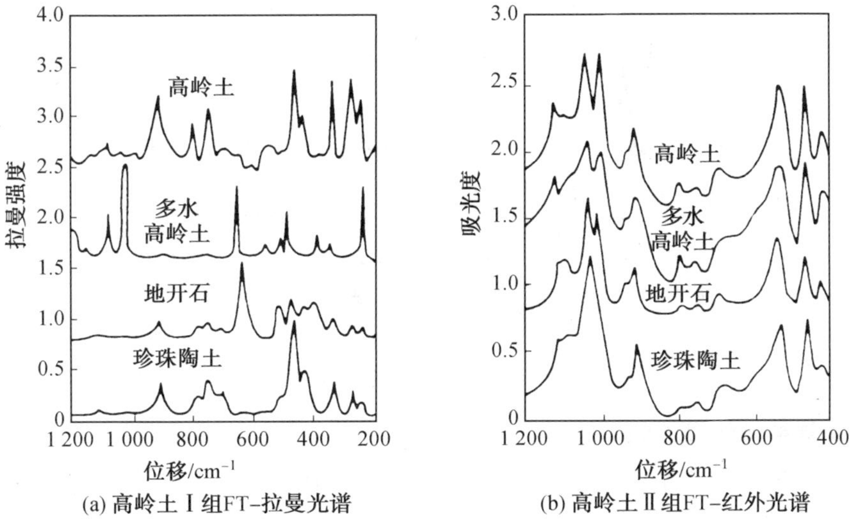

图 4.20　高岭土 Ⅰ 组 FT—拉曼光谱和高岭土 Ⅱ 组 FT—红外光谱

3. 金刚石薄膜质量的判定

用化学气相沉积(CVD)法制得的金刚石薄膜是近年来获得广泛重视和迅速发展的新材料。它的禁带宽度为5.5 eV,所以从紫外到远红外的光学区域内都具有极好的光学透光性,具有极高的硬度和化学稳定性,是制备光学保护膜、增透膜的理想材料,且金刚石内电子和空穴的迁移率很高,可用来制造宽禁带高温半导体材料。制造金刚石薄膜方法很多,现在常用的有热解化学气相沉积(CVD)方法、直流等离子体CVD方法,微波等离子体CVD方法、热灯丝CVD方法。用CVD方法制备的金刚石薄膜是一种多晶结构,其组分构成对材料物理性质有很大的影响。CVD方法制备的金刚石薄膜,除了sp^3金刚石相外,它的拉曼特征峰是1 332 cm^{-1},存在不同程度的sp^2键石墨相,它在1 550 cm^{-1}处有一个拉曼特征宽峰,利用拉曼光谱来确定sp^2/sp^3键价比,是判定金刚石薄膜质量的一种有效的方法。

4. 石墨烯质量的判定

拉曼光谱能够高效率、无损表征石墨烯的质量,图4.21是不同形态石墨的拉曼光谱图。沉积物内芯(包含碳纳米管和碳纳米粒子)的拉曼光谱图(b)与高取向热解石墨(HOPG)的拉曼光谱图(a)比较相似,反映两者在结构上的相似。碳纳米管主峰(1 574 cm^{-1})同HOPG主峰(1 580 cm^{-1})相比,峰加宽而且稍微下移,被认为是因为HOPG是二维层状结构,而碳纳米管是由石墨片弯曲而成的管状封闭结构,C—C键长发生变化,峰加宽则是由于碳纳米管的直径有一定的分布。沉积物内芯的拉曼光谱图(b)中在1 346 cm^{-1}附近有一弱峰,被认为是碳纳米粒子造成的。沉积物外壳的拉曼光谱图(c)则与玻璃碳的拉曼光谱图(d)相似,表明外壳主要包含的是碳纳米粒子。

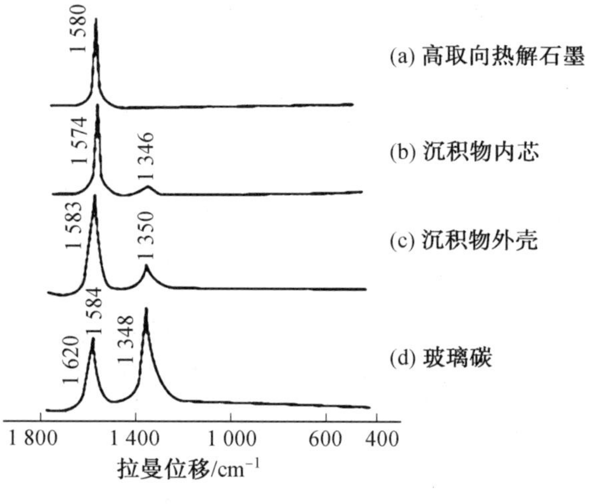

图4.21　不同形态石墨的拉曼光谱

5. 单壁碳纳米管尺寸的测量

碳纳米管的碳原子在直径方向上的振动,如同碳纳米管在呼吸一样,称为径向呼吸振动模式(RBM),如图4.22(a)所示。其径向呼吸振动模式通常出现在120～250 cm^{-1}。

在图 4.22(b)中给出了 Si/SiO_2 基体上的单壁碳纳米管的拉曼光谱(其中两条曲线来自不同的样品部位,显示不同尺寸的单壁碳纳米管的信号),位于 156 和 192 cm^{-1} 的峰是径向呼吸振动峰,而 225 cm^{-1} 的台阶和 303 cm^{-1} 峰来源于基体。

呼吸振动峰的信息对于表征纳米管的尺寸非常有用,直径为 1～2 nm 的单壁碳纳米管,其呼吸振动峰位和直径符合 $\omega_{RBM}=A/dt+B$。其中 A 和 B 是常数,可以通过实验确定。B 源于管之间的相互作用引起的振动加速。用直径范围为(1.5±0.2)nm 的碳纳米管束实验,测得 $A=234\ cm^{-1}$,$B=10\ cm^{-1}$。对于直径小于 1 nm 的碳纳米管,由于碳纳米管晶格扭曲变形,ω_{RBM} 的值会依赖于碳纳米管的手性,上述公式不再适用。对于尺寸大于 2 nm 的碳纳米管束,呼吸振动峰的强度太弱,以至于无法观测。

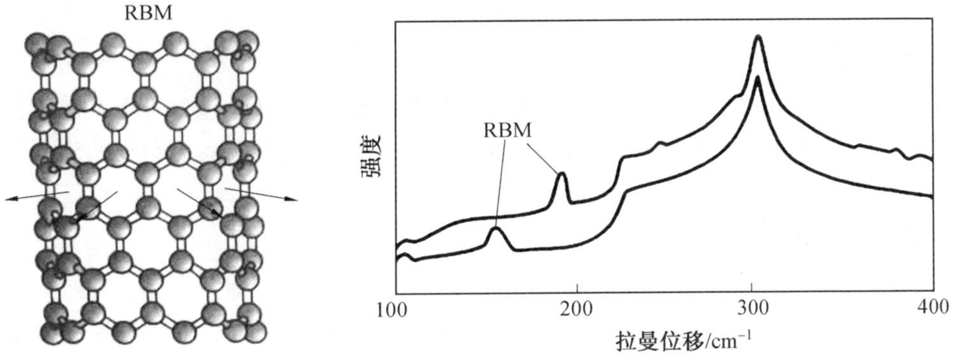

(a) 径向呼吸振动模式　　(b) 拉曼光谱

图 4.22　单壁碳纳米管的径向呼吸振动模式及其拉曼光谱

思考题与作业

1. 什么是拉曼散射？什么是拉曼位移,它是怎么产生的？

2. 在拉曼光谱分析中,采用斯托克斯线还是反斯托克斯线研究拉曼位移,为什么？

3. 激光拉曼光谱为何要用激光？

4. 拉曼光谱图的分析方法有哪些？

5. 简述红外光谱与拉曼光谱的异同点。

6. 简述拉曼光谱的优点。

7. 激光拉曼光谱在高分子材料和无机非金属材料研究中有哪些应用？

8. 以下分子的振动方式,哪些具有红外活性？哪些具有拉曼活性？哪些既有红外活性又有拉曼活性？

(1)O_2 的对称伸缩振动;(2)CO_2 的不对称伸缩振动;(3)H_2O 的弯曲振动;(4)C_2H_4 的弯曲振动。

9. 红外吸收光谱法和激光拉曼光谱法分别适合下列哪些试样的分析？

(1)气体;(2)纯液体;(3)水溶液;(4)粉末;(5)表面组成。

第 5 章　核磁共振谱法

5.1　核磁共振的基本原理

5.1.1　核磁共振与核磁共振谱

1. 核磁共振

在外磁场的作用下，当用一定频率的电磁波照射分子时，可引起分子中有磁矩的核发生能级跃迁。这种原子核在磁场中吸收一定频率的电磁波而发生能级跃迁的现象称为核磁共振（nuclear magnetic resonance，NMR）。

2. 核磁共振谱

以核磁共振信号强度对照射频率（或磁场强度）作图，即为核磁共振谱（NMR spectrum），如图 5.1 所示。建立在核磁共振现象基础上的一类分析方法称为核磁共振谱法（NMR spectroscopy），或称核磁共振光谱法，简称 NMR。

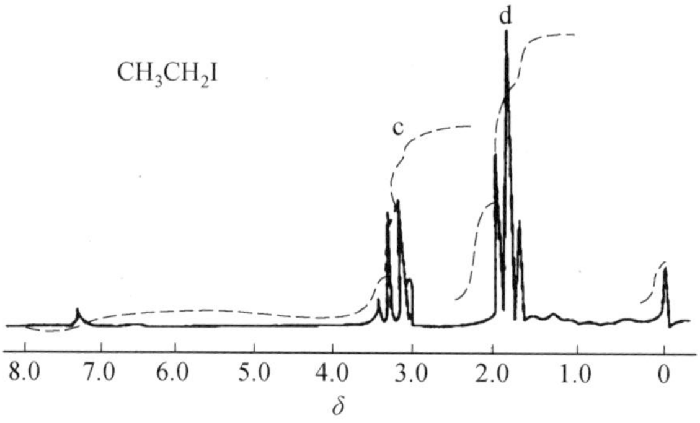

图 5.1　氘代氯仿（$CDCl_3$）溶液中 CH_3CH_2I 的核磁共振谱

核磁共振谱与红外、紫外光谱一样，实际上都是吸收光谱，只是 NMR 相应的波长位于比红外线更长的无线电波范围。核磁共振谱可按照测定的对象分类，测定氢核的称为氢谱，常用^{1}H NMR 表示；测定碳－13 核的称为碳谱，常用^{13}C NMR 表示。原则上，凡是自旋量子数不等于零的原子核，都可以测得 NMR 信号。在高分子结构研究中，有实用价值的有^{1}H、^{13}C、^{19}F、^{29}Si、^{15}N 及^{31}P 等 NMR 信号，其中以氢谱和碳谱应用最为广泛。

核磁共振现象最早是由两位美国人泊塞尔和布洛赫分别于 1945 年和 1946 年在做石蜡、水磁共振实验时发现的。其后很快应用于有机化学研究。到了 20 世纪 60 年代固体高分辨率 NMR 方法的出现，二维核磁共振技术、差谱技术、极化转移技术与固体核磁共振技术的发展，使它的应用更加广泛，成为现代结构分析中十分重要的手段。目前，生物和医学是它应用较为活跃的领域，成为测定有机物结构、构型和构象的重要手段。另外，它还是磁性材料研究的主要手段之一。

5.1.2　核磁共振的基本原理

带电物体的电荷转动会产生磁矩，其方向与旋转轴一致。某些原子核的性质与旋转的带电物体相同。这些原子核和电子一样，也有自旋现象，具有一定的自旋角动量。因为原子核是带电粒子，犹如电流流过线圈产生磁场一样，原子核自旋运动也会产生磁场，因而具有磁偶极矩，简称磁矩。从经典力学观点看，核自旋在磁场中的行为类似于重力场中的陀螺，除了自旋外还有进动（图 5.2）。但是，核自旋在均匀磁场中的进动是不连续取向的。每个取向相应于一个能级，核自旋只能在相邻能级上跃迁。如相邻两能级间发生跃迁，就会有一个电磁辐射的量子放出或吸收。辐射量子的频率 ν 为

$$\nu=\frac{\Delta E}{h}=\frac{\gamma H_0}{2\pi} \tag{5.1}$$

式中，ΔE 为相邻能级的能量差；h 为普朗克常数；H_0 为外加磁场的强度；γ 为一个核常数，称为旋磁比，对于质子是 26.750。

由上式可知，对应于某一特定的 H_0 值，一种核只有一个特征跃迁频率。也就是说，在磁场中，原子核只对这种频率的电磁波产生吸收即发生共振。

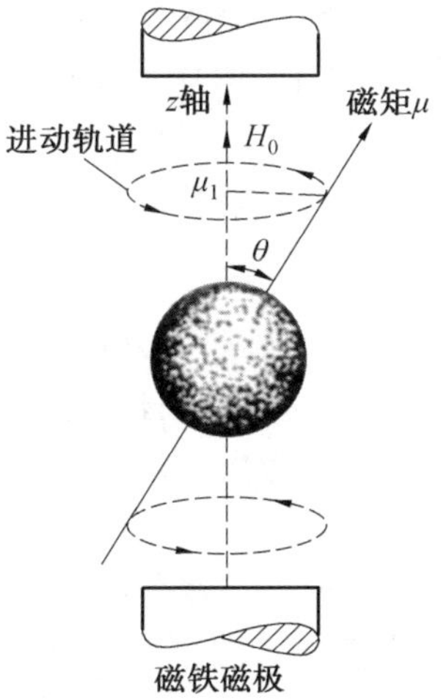

图 5.2　自旋原子核在外磁场中的进动

质子和中子数都是偶数的原子核（如 ^{12}C、^{16}O）的自旋量子数为零，磁矩为零，所以没有核磁共振现象。除此之外的大部分原子核，理论上都将在 $\nu=\gamma H_0/2\pi$ 的条件下产生核磁共振。

5.1.3　核磁共振谱提供的分析信息

核磁共振谱能够提供四种分析物质的信息：化学位移、偶合常数和多种核的信号强度以及峰的面积。

1. 化学位移

化学位移是可以从核磁共振谱直接获取的首要信息。同类核会由于在分子中的周围电子环境的不同，即受屏蔽不同而显示不同的吸收峰，这种吸收峰位置的差距称为化学位移。

化学位移与外加磁场 H_0有正比关系。各种 NMR 谱仪所用的辐射频率和磁场强有所不同，为了对化学位移取得共同标准，采用标准物质用无因次量 δ 表示相对位移的量，即化学位移为

$$\delta=\frac{H_{标准}-H_{样品}}{H_{标准}}\times 10^6 \tag{5.2}$$

式中，$H_{试样}$、$H_{标准}$分别为试样和标准物质的磁场强度。

化学位移是由于电子云的磁屏蔽作用而产生的，电子云越弱，化学位移 δ 越大。Si 由于其低电负性，吸电子能力比碳、氧和氯等都弱。所以 $Si(CH_3)_4$上质子的电子屏蔽比较大，出现在较高场强处，而大多数有机物的核磁共振信号都出现在它的低场强一侧。因此常用四甲基硅烷(简称 TMS)为内标，将其 δ 值定为零，则大多数有机物峰的化学位移 δ 为正值。化学位移的数值很小，质子的 δ 值一般在 0～10 范围内。

每种磁核的"化学位移"就是该磁核在分子中化学环境的反映。影响磁屏蔽的因素有：原子的屏蔽、分子内部的屏蔽和分子间的屏蔽。

使化学位移 δ 增大的主要结构因素是：取代基的电负性较大时，相邻碳上的质子周围的电子云密度降低，电子屏蔽小，δ 值大；同时还要注意浓度、温度、溶剂对 δ 值的影响。

分子中各种基团具有各自特定的化学位移范围，人们已积累了一系列基团的化学位移的数据，因此可以利用化学位移判定谱峰所属的基团等结构信息。

2. 自旋偶合

在高分辨仪器上，还可观察到由化学位移分开的吸收峰的更精细的结构，这是因为相邻核自旋的相互作用而产生峰的劈裂，这种相互作用称为自旋一自旋偶合，作用的结果是峰的自旋一自旋劈裂。峰劈裂后的峰间距离是量度自旋一自旋偶合的尺度，称为偶合常数 J(单位是 Hz)。

偶合常数与峰形是可以从核磁共振谱直接获取的另一个重要信息。它提供了分子内各基团的空间位置与相互连接的信息。不同化学键连接的核之间的偶合常数 J 的大小也有特定的范围。

自旋一自旋偶合与化学位移不难区别，在频率谱中如果化学位移不用 δ 表示，而用各吸收峰与 TMS 吸收峰之间共振频率的差 $\Delta\nu$ 表示，也以 Hz 为单位，则化学位移与偶合常数的区别是：前者随外加磁场强度的加大而增大；而后者与场强无关，只与化合物的结构有关。

偶合常数一般分为三类：同碳偶合 H—C—H，用 ^2J 表示；邻碳偶合 H—C—C—H，用 ^3J 表示；远程偶合，主要存在于芳环体系中。

偶合常数提供了相邻氢原子关系的信息，这对于高分子的剖析是非常有用的。在 ^1H NMR 谱中，J 一般为 1～20 Hz。

在某些情况下由于劈裂现象使 NMR 谱图过于复杂，有必要采取措施消除自旋—自旋偶合的影响，称为去偶。这里主要介绍两类常用的去偶技术。

(1)双照射去偶技术。

用两束射频照射分子，一束是常用的射频，它的吸收可测量；另一束射频则是较强的固定射频场。若要观察分子内特定质子与哪些磁核偶合，就调整该固定射频场的频率，使之等于特定质子的共振频率。由于固定射频场较强，特定质子受其照射后迅速跃迁达到饱和，将不再与其他磁核偶合，得到的是消除该种质子的偶合的去偶谱。对照去偶前后的谱图，就能找出与该质子有偶合关系的全部质子。

(2)氘代。

氘(即^{2}H)比质子的磁矩小得多，它在很高的磁场吸收，因而在 NMR 谱中不出峰。此外它与质子的偶合是弱的，并且通常使质子的信号变宽而不劈裂。因此用一个氘取代一个质子后，其结果是使这个质子的峰及其他质子被它劈裂的信号从 NMR 谱图中消失，好像分子中那个位置上没有氢一样，因此用氘标记可以简化谱图。

实验中常用重水进行重氢交换。当在样品溶液中加入几滴重水(D_2O)，振摇数次后，分子中与杂原子连接的活泼氢就能与重氢发生交换。

3. 信号强度

信号强度则往往与有关原子核在样品中存在的量有关。

4. 峰面积

所谓峰面积是 NMR 谱中吸收峰曲线所围成的面积。利用专门的软件可以对吸收峰进行积分，积分线用阶梯式曲线标示在图谱上。^{1}H 是 $J=1/2$ 的核，丰度高，弛豫较快，在常规测量时，各峰面积正比于^{1}H 原子的个数。因此，谱图中峰面积(积分值)便成为确定分子内各基团上被测核数相对比例和定量分析的依据，若已知分子中质子的总数，还可以确定每一组吸收峰对应的质子的绝对个数。

根据 NMR 谱图中化学位移值、偶合常数值、谱峰的裂分数、谱峰面积等实验数据，运用一级近似($n+1$)规律，进行简单图谱解析，可找出各谱峰所对应的官能团及它们相互的连接，结合给定的已知条件可推出样品的分子结构式。

5.2　核磁共振波谱仪与测试

5.2.1　核磁共振波谱仪

核磁共振波谱仪主要有两类，一类是连续波核磁共振波谱仪，另一类是脉冲傅里叶变换核磁共振波谱仪，此外，还有超导核磁共振波谱仪，这里主要介绍连续波核磁共振波谱仪。

在理论上，可以把物质放进一个恒定强度的磁场中，即固定 H_0，然后用红外光谱一样的方法逐渐改变辐射的频率，以观察物质的吸收，得到的波谱称为频率谱。但实际上更好的方法是保持辐射频率恒定，而改变磁场强度。在磁场的某些强度上，质子能量跃迁所吸收的能量与辐射的能量相匹配而产生了共振吸收,在谱图上出现了吸收峰。一般核磁共振谱是磁场强度谱,这种扫描方法又叫扫场法。磁场强度谱和频率谱是可以互换的。

连续波核磁共振谱仪的结构示意图如图 5.3 所示。仪器主要由电磁铁、射频振荡器、样品管、信号接收和记录系统等几部分组成。

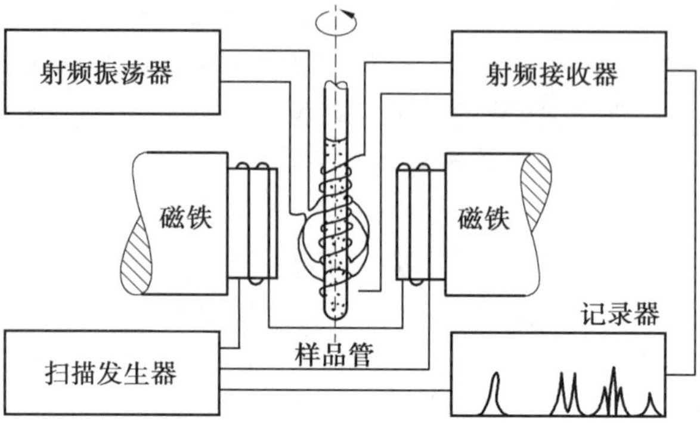

图 5.3　连续波核磁共振谱仪的结构示意图

样品装在管内,样品管放在磁极中心。让样品管绕长轴旋转,以克服磁场不均匀所引起的峰加宽。射频振荡器不断提供能量给振荡线圈,向样品发送固定频率的电磁波。同时绕在磁铁凸缘上的扫场线圈,由扫描发生器提供变化的直流电流,使样品除接受磁铁所提供的强磁场外,再加上一个由弱到强的连续变化的附加磁场,这就是场扫描。在扫描过共振点时,在接收线圈中就会感应到能量吸收,并将它送到射频接收器,经放大后显示或记录下来,成为 NMR 谱。

脉冲傅里叶变换核磁共振波谱仪是目前最常用的核磁共振波谱仪。它不是通过扫场或扫频产生共振,而是在恒定的磁场下,施加全频脉冲,在一个很短的时间内激发所有的检测对象,使它们都产生相应的共振信号,采集产生的感应电流信号,经过傅里叶变换获得核磁共振波谱。

采用脉冲傅里叶变换核磁共振波谱仪,可方便地对少量样品进行累加测试,使对样品量的要求大为降低,并大大改善信噪比。由于采用脉冲,因而可以设计多种脉冲序列,完成多种用连续波谱仪根本无法完成的实验,例如核磁共振二维谱测试就是一个重要的例子。

5.2.2　核磁共振谱的测试

1. 样品制备

在测试时,样品必须配成溶液,才能得到高分辨 NMR 谱。若直接用固体测定,所得的共振峰往往非常宽,没有精细结构,被称为宽线 NMR,主要用于研究分子运动,对鉴定未知物用处不大。

聚合物的一些常用溶剂如四氢呋喃、二甲苯、二氧杂环己烷、环己烷、石油醚等均不能用于 NMR 的溶液制备,因为均含有 ^1H。而不含 ^1H 的溶剂如 CCl_4、CS_2 等对高分子的溶解能力又很有限。因此,常需要用氘代溶剂,如氘代氯仿、氘代丙酮、氘代二甲亚砜等。然而，即使采用氘代溶剂，也总有少量氢未被氘化，从而仍有残余质子峰。所以在选用溶剂时，要避免试样的吸收峰与溶剂峰相重合。重水或亲水性高的溶剂如氘代丙酮很容易吸收空气中的潮气，它们的市售试剂一开封测定就含有 150～250 μg/g 的水。此外 NMR 试样管在没有空调的实验室放置，每天增加 100 μg/g 的水，在有空调的实验室每天增加 100 μg/g，在冰箱中每天 5 μg/g。若装入聚乙烯袋中密封，可减少水量的增加。这种情况下水的影响不可忽视。

由于溶液浓度常在 10%以上，分辨率会显著下降，为此需要高温记谱，因而选用溶剂的沸点需要较高，如聚烯烃用邻二氯苯或 1,2,4 二氯代苯等溶剂，聚酰胺、聚酯用三氟乙酸或 $AsClO_3$ 等溶剂，否则必须封管才能测定。

参比 TMS 可直接滴加在样品管内。但 TMS 的沸点仅为 27 ℃，在高温记谱时，必须将 TMS 封装在一根毛细管中再插入样品管里，称为外标法。当用重水作为溶剂时，由于 TMS 和重水不相溶，需用 DSS 为内标。DSS 是 4,4－二甲基－4－硅代戊磺酸钠，可溶于水。要注意用量不可过大，以避免在 0.5～3.0 三个亚甲基峰的干扰。若用 TSP 即 $(CH_3)_3Si(CD_2)_2COONa$ 代替 DSS，可以消除三个亚甲基峰的干扰。内标的添加量会影响化学位移的若干变化，所以对于精密的化学位移比较，添加量必须一定。

2. 核磁共振谱的测试

(1)制样。

①试样管。根据仪器和实验的要求，可选择不同外径(ϕ=5～10 mm)的试样管，微量试样还可使用微量试样管。为保持旋转均匀及良好的分辨率，管壁应均匀而平直。

②溶液的配制。由于核磁共振测试的灵敏度较低，所以它需要比一般红外、紫外实验更大的样品量，这往往成为核磁共振技术在生物学应用中的一个重要问题。试样质量浓度一般为 500～100 g/L，需纯样(>95%)15～30 mg，一般有机物须提供的样品量：^{1}H 谱 > 5 mg，^{13}C 谱>15 mg，对聚合物所需的样品量应适当增加。如果采用傅里叶变换核磁共振波谱仪测试，试样量可大大减少，^{1}H 谱一般只需 1 mg 左右，甚至可少至几微克，^{13}C 谱需要几到几十毫克。

③标准试样。进行实验时，每张图谱都必须有一个参考峰，以此峰为标准，求得试样信号的相对化学位移，一般简称化学位移。在试样溶液中加入约 10 g/L 的标准试样四甲基硅烷(TMS)，TMS 的所有氢核产生的参考信号只有一个峰，与绝大多数有机化合物相比，TMS 的共振峰出现在高磁场区。值得注意的是，在高温操作时，需用六甲基二硅醚(HMDS)为标准试样，它的 δ=0.04。在水溶液中，一般采用 3－甲基硅丙烷磺酸钠 [$(CH_3)_3SiCH_2CH_2CH_2SO_3Na$,DSS]作为标准试样，它的三个等价甲基单峰的 δ=0.0，其余三个亚甲基淹没在噪声背景中。

④溶剂。一般样品的溶剂量应该在 0.5 mL 左右，大概在核磁管中的长度为 4 cm 附近。溶剂量太小，样品与空气磁化率不同造成的界面磁化率突变会影响样品中磁场的均匀性，进而影响实验的速度和谱图的效果；溶剂量太大，将使部分溶液接收不到激励射频而造成浪费。选择溶剂的原则是：对样品有高溶解度，与样品不发生反应，溶剂峰和样品峰没有重叠，黏度低，价格便宜。^{1}H 谱的理想溶剂是四氯化碳和二硫化碳，此外，还常用四氯化碳、丙酮、二甲基亚砜(DMSO)、苯等含氢溶剂。为避免溶剂质子信号的干扰，可采

用它们的氘代衍生物。氘代三氯甲烷的溶解性能良好，价格便宜，是最常用的溶剂，其残余氢峰非常尖锐，易于辨认。但不同性质的样品对这个共振峰有一定影响，在图谱中可分布在 δ7.4～δ7.0 之间，有时也会超过这个范围，如一些胺类可使它向低场移至 δ7.55。

氘代二甲基亚砜能溶解多种有机化合物，也是一种被广泛使用的溶剂。它是强氢键性溶剂，能和醇或糖中的羟基形成氢键而抑制羟基的交换，使羟基质子同碳质子偶合而产生多重裂分。它的主要缺点是黏度很大，往往会引起谱峰分辨率下降。有时在氘代氯仿中加 1～2 滴氘代二甲基亚砜，可以明显地增加样品的溶解度，又可避免单独使用二甲基亚砜所引起的上述问题。值得注意的是，此时杂质三氯甲烷的质子信号将从 δ7.3 移至 δ7.8～δ8.0，氘代芳香溶剂（如苯、吡啶）有各向异性效应，将会使溶质分子产生选择性化学位移，可达 0.5 以上，有时也可利用这一特性有意错开重叠峰，以获得测定化合物立体结构的信息。重水（D_2O）适用于水溶性的样品，如多羟基、多羧基类化合物。此时活泼氢易被 D_2O 交换掉，这些质子信号不再出现。值得注意的是，在氘代溶剂中，常常因残留 ^1H 而在 NMR 谱图上出现相应的共振峰。

⑤样品的处理。离心：样品（特别是生物大分子）溶解后，应该离心除去可能的微小颗粒，以免影响匀场，降低分辨率。除氧：在高分辨结构和弛豫研究中，除氧是极为重要的（特别是小分子），溶解在溶液中的分子氧具有顺磁性，它会极大地减少弛豫时间，因此必须将氧除去。除氧的方法通常有两种：一种是冰冻—抽真空—融化，即把样品放在 NMR 试样管内冰冻，然后抽真空，融化，重复上述过程四次，最后在真空中将管口封住；另一种是将一些惰性气体，如氮气、氦气或氩气单向通过整个样品，从而将氧稀释带走。

（2）测试。

这里以 Bruker AV300 Ultra Shield 傅里叶变换低温超导核磁共振谱仪测乙基苯的氢谱和碳谱为例介绍核磁共振谱的测试过程。

测试步骤如下：

①样品溶液的配制。配制浓度约为 0.01 mol/L 的乙基苯的氘代氯仿溶液，并分别装入核磁样品管。

②将核磁样品管小心插入转子，再通过规尺调整好样品管的高度。

③点击弹出样品框，将样品放入后，再点击此框，样品管进入磁场中。

④建立一个新的测试数据目录（用 edc 命令）。

⑤设置测量参数，包括：^1H 谱观测频率及其观测偏置，^1H 谱谱宽为 $10～15\times10^{-6}$，观测射频脉冲 45°～90°，累加次数 24 次等（用 rpar\ eda\ased 命令）。

⑥调谐锁场，然后进行手动匀场（用 atma\ lock 命令）。

⑦数据采集（用 rga\zg 命令）。

⑧处理谱图。利用所选用参数，对采集的 FID 信号做如下处理：a. 数据的窗口处理；b. 做快速傅里叶变换（FT）获得频谱图（用 em\ft 命令）；c. 做相位调整和基线校正（用 apk\abs 命令）；d. 确定峰位置及强度（用 utilities 命令）；e. 对谱峰做积分处理，给出峰面积（用 integrate 命令）。

⑨打印谱图。设置打印参数（用 edg 命令），用 plot 打印谱图。

⑩做乙基苯的碳谱实验：只改变设置测量的参数，其他步骤同上。

⑪测试结果处理。a. 由所得谱图找出各组峰的化学位移；b. 由图计算偶合常数。

5.3　核磁共振谱的分析方法

5.3.1　概述

通过核磁共振获得的图谱（一级分裂图谱），一般可以从以下几方面获得物质的结构特征：①组峰的数目：可以判断出有多少类磁不等价质子；②峰的强度（面积）：每类质子的数目（相对）；③峰的化学位移：反映每类质子所处的化学环境，判断化合物中的基团；④峰的裂分数：相邻碳原子上质子数；⑤偶合常数（J）：确定化合物构型。

在核磁共振波谱的定量分析中，主要依据磁等价的质子数的积分高度（面积）与质子数成正比而进行分析。相比其他定量分析，核磁共振波谱仪不需要引入任何校正因子，不需要采用工作曲线法，并能直接使用积分高度（面积）。常用的有内标法和外标法。

5.3.2　核磁共振氢谱的解析

1. 概述

一张^{1}H NMR 谱图能够提供三个方面的信息：化学位移值 δ、谱峰分裂及各峰面积之比。这三方面的信息都与化合物结构密切关联：化学位移反映质子的化学环境；谱峰面积比等于各峰的质子数之比；谱峰分裂反映了磁不等价质子的数目，多数情况同碳质子没有偶合作用，此时谱峰分裂数反映了邻碳上的质子数。所以^{1}H NMR 谱图的解析就是具体分析和综合利用这三种信息来推测化合物中所含的基团以及基团之间的连接顺序、空间排布等，最后提出分子的可能结构并加以验证。

了解并记住常见基团中质子的化学位移，对于初步推测有机物结构类型十分必要。在归纳大量^{1}H NMR 谱测定数据的基础上，人们已经对处于不同化学环境下的各类质子化学位移有了较为完善的总结，并以各种图形、表格或经验公式等形式表示。表 5.1 表示了常见基团中质子的化学位移，可以看到从高场到低场依次为饱和碳上的氢（δ 为 0～2.0），相邻有电负性基团的饱和碳上的氢（δ 为 2～4.5），炔氢（δ 为 2～3），烯氢（δ 为 4.5～6.0），芳氢（δ 为 6～8），醛氢（δ 为 9～10），羧基上的氢（δ 为 10～12）。

表 5.1　常见基团中质子的化学位移

常见基团质子	化学位移 δ	常见基团质子	化学位移 δ
RCH_3	0.9	Ar—H	6.5～8
R_2CH_2	1.2	RCH_2X	3～4
R_3CH	1.5	O—CH_3	3.6
═CH—CH_3	1.7	—OH	0.5～5.5
≡CH—CH_3	1.8	—$COCH_3$	2.2
Ar—CH_3	2.3	R—CHO	9.0～10.0

续表5.1

常见基团质子	化学位移 δ	常见基团质子	化学位移 δ
$=CH_2$	4.5～6	R—COOH	10～12
$\equiv CH$	2～3	$—NH_2$	0.5～4.5

2. 已知化合物^{1}H NMR谱图的指认

所谓“指认”就是找出^{1}H NMR谱图中每一个谱峰的归属，即找出谱峰与结构单元之间的关系。通过对已知化合物谱图的“指认”，学会综合利用化学位移、偶合及积分曲线三种信息。下面举例说明。

例 5.1 已知 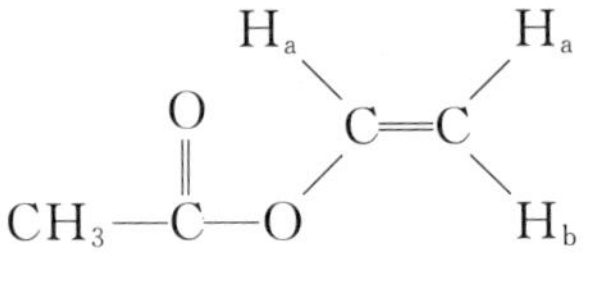 ($C_4H_6O_2$)的^{1}H NMR谱如图5.4所示，对该谱图进行指认。

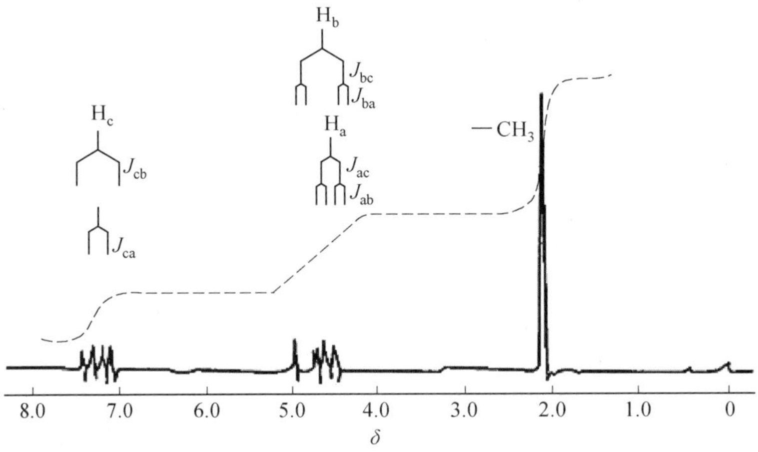

图 5.4　$C_4H_6O_2$的^{1}H NMR谱

解　根据化学位移规律，在$\delta=2.1$处的单峰应属于$—CH_3$的质子峰；$=CH_2$中H_a和H_b在$\delta=4.0\sim5.0$处，其中H_a应在$\delta=4.43$处，H_b应在$\delta=4.74$处；而H_c因受吸电子基团—COOH—的影响，显著移向低场，其质子峰组在$\delta=7.0\sim7.4$处。从裂分情况来看：由于H_a和H_b并不完全化学等性，互相之间稍有一定的裂分作用。H_a受H_c的偶合作用裂分为二($J_{ac}=6$ Hz)；又受H_b的偶合，裂分为二($J_{ab}=1$ Hz)，因此H_a是两个二重峰。H_b受H_c的偶合作用裂分为二($J_{bc}=14$ Hz)；又受H_a的偶合作用，裂分为二($J_{ba}=1$ Hz)，因此H_a也是两个二重峰。H_c受H_b的偶合作用裂分为二($J_{cb}=14$ Hz)；又受H_a的偶合作用裂分为二($J_{ca}=6$ Hz)，因此H_c也是两个二重峰。从积分线高度来看，三组质子数符合1∶2∶3，因此图谱解释合理。

3. 未知化合物^{1}H NMR谱解析

一般先确定孤立甲基及类型，以孤立甲基峰面积的积分高度，计算出氢分布；其次解析低场共振吸收峰(醛基氢、羰基氢等),因这些氢易辨认,根据化学位移,确定归属;最后解析谱图上的高级偶合部分,根据偶合常数、峰分裂情况及峰型推测取代位置、结构异构、立体异构等二级结构信息。

未知化合物^{1}H NMR 谱解析的一般步骤如下。

(1)先观察图谱是否符合要求。

需要观察:①四甲基硅烷的信号是否正常;②噪声大不大;③基线是否平;④积分曲线中没有吸收信号的地方是否平整。如果有问题,解析时要引起注意,最好重新测试图谱。

(2)区分杂质峰、溶剂峰、旋转边峰、13C 卫星峰。

(3)如果已知化合物的分子式,根据分子式计算其不饱和度 Ω。

(4)测量积分曲线的高度,观察各信号的相对高度,进而确定各峰组对应的质子数目和样品中的总质子数,判断氢核的种类。

有几种不同的方法可供采用。例如,测量出积分曲线中每一个台阶的高度(有时仪器直接给出每一组峰面积的数值,如图 5.5 中谱峰上方的数字),然后折合成整数比;若已知分子式,可将所有吸收峰组的积分曲线高度之和除以氢原子数目,求得每个质子产生的信号强度,然后求出各个峰组的质子数;也可以用一个已经确定的结构单元如甲基、孤立的次甲基、单取代苯为基准,然后计算其他峰组的质子数等。由于测量积分曲线高度不可能绝对准确,在确定每个峰组的质子数时,必须注意分子可能存在的对称性以及化学结构上的合理性。例如,在高场的峰组确定为有 4、6 和 9 个质子,则分别表示分子中存在两个 CH_2、两个 CH_3 或三个 CH_2、三个 CH_3,即分子有一定的对称性。

(5)根据每一个峰组的化学位移值、质子数目以及峰组裂分的情况推测出对应的结构单元。

先解析图中 CH_3O、CH_3N、$CH_3C{=}O$、$CH_3C{=}C$、$CH_3{-}C$ 等孤立的甲基质子信号,然后再解析偶合的甲基质子信号和羧基、醛基、分子内氢键等低磁场的质子信号以及芳香核上的质子信号。可以采取在样品中滴加重水的方法,通过比较滴加前后测定的图谱,观察有无信号峰消失的现象,了解分子结构中所连活泼氢官能团。

在这一步骤中,应特别注意那些貌似化学等价,而实际上不是化学等价的质子或基团。连接在同一碳原子上的质子或相同基团,因单键不能自由旋转或因与手性碳原子直接相连等而常常不是化学等价的。这种情况会影响峰组个数,并使裂分峰形复杂化。

(6)计算剩余的结构单元和不饱和度。分子式减去已确定的所有结构单元的组成原子,差值就是剩余单元。这一步骤虽然简单,但也必不可少,因为不含氢的基团,如羰基、醚基等在氢谱中不产生直接的信号。

(7)将结构单元组合成可能的结构式。根据化学位移和偶合关系将各个结构单元连接起来。对于简单的化合物有时只能列出一种结构式,但对于比较复杂的化合物则能列出多种可能的结构,此时应注意排除与谱图明显不符的结构,以减少下一步的工作量。

(8)对所有可能的结构进行指认,即每个官能团上的氢在图谱中都应有相应的归属信号,排除不合理的结构,确定化合物的最终结构。

(9)如果依然不能得出明确的结论,则需借助于其他波谱分析方法,如紫外或红外光谱、质谱等。也可考虑测试二维核磁共振谱配合解析结构。

例 5.2　图 5.5 是化合物 $C_5H_{10}O_2$ 的核磁共振谱，试根据此图谱分析它是什么结构的化合物。

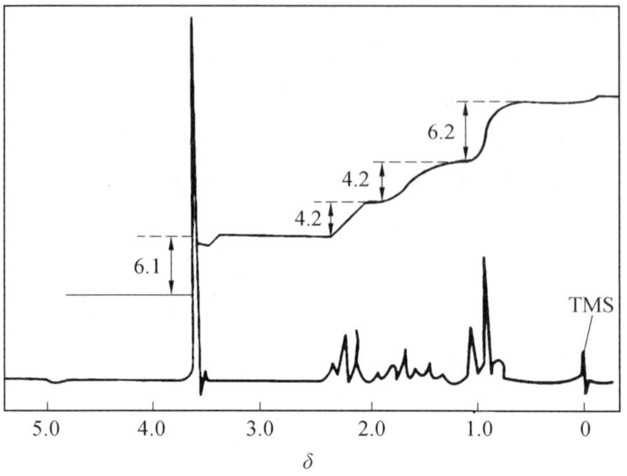

图 5.5　$C_5H_{10}O_2$ 的核磁共振谱

解　(1)根据分子式计算不饱和度 $\Omega=1+5-10/2=1$，因此化合物中有一个双键。

(2)由积分线可见，自左向右，质子峰的相对面积比为 6.1∶4.2∶4.2∶6.2=3∶2∶2∶3，总质子数为 10，则从左到右质子峰对应的质子数分别为 3、2、2、3。

(3)在 $\delta=3.6$ 处的单峰，质子数为 3，是一个孤立的甲基，查阅化学位移表有可能是 CH_3O—CO—基团。

(4)在 $\delta=0.9$ 处的三重峰，质子数为 3，是和—CH_2—相连的—CH_3。

(5)在 $\delta=2.2$ 处的三重峰，质子数为 2，是和—CO—相连的—CH_2—。

(6)剩余的结构单元是 $\delta=1.7$ 处—CH_2—，两边分别和—CH_2—和—CH_3 相连，分峰数为 3×4=12。

(7)将以上结构单元组合，可能的结构式为：CH_3O—$COCH_2$—CH_2—CH_3。

例 5.3　图 5.6 给出了 $C_{10}H_{12}O_2$ 的核磁共振谱，试确定其结构。

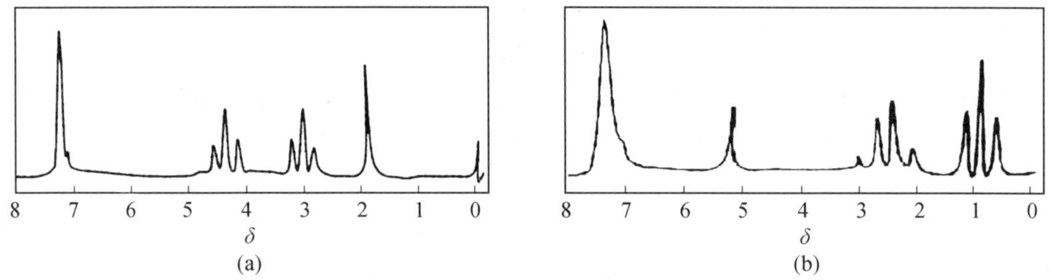

图 5.6　$C_{10}H_{12}O_2$ 的核磁共振谱

解　计算不饱和度：$\Omega=1+10+(-12)\times1/2=5$。

对图 5.6(a)和(b)分别解析：图 5.6(a)，确定基团：$\delta=3.0$ 和 $\delta=4.3$ 为三重峰，判断为—O—CH_2CH_2—相互偶合峰；$\delta=2.1$ 为单峰，为—CH_3 峰，化学式中含有 O，可能为—CO—CH_3；$\delta=7.3$ 为芳环上的氢，单峰烷基取代。由此可确定其结构为

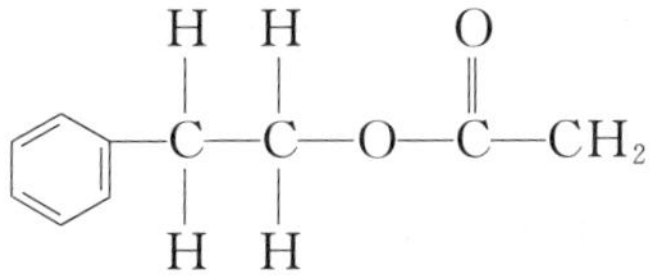

图 5.6(b)，确定基团：$\delta=2.32$ 和 $\delta=1.2$ 为—CH_2CH_2相互偶合峰；$\delta=7.3$ 为芳环上的氢核，单峰烷基取代；$\delta=5.21$ 为—CH_2上的氢核，低场与电负性基团相连。最终确定其结构为

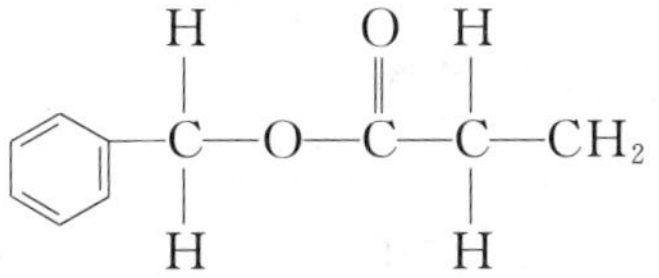

利用核磁共振图谱判断分子结构式时，往往会结合其他结构测试手段加以联合分析。

例 5.4　图 5.7 是 $C_8H_{14}O_4$的核磁共振图谱与红外光谱，试确定其结构。

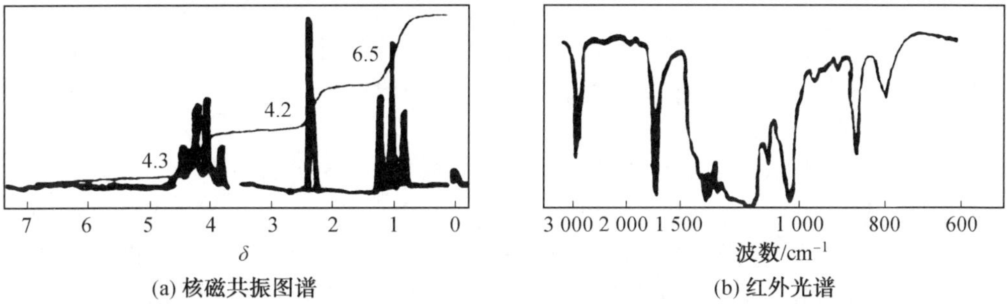

图 5.7　CH_4O_4的核磁共振图谱与红外光谱

解　(1)计算不饱和度：$\Omega=1+8+(-14)\times1/2=2$，判断为脂肪族化合物。由红外光谱解析，存在强的 C—O 伸缩振动信号，在波数小于 3 000 cm^{-1}时，没有碳双键和碳三键存在。

(2)结合核磁共振图谱，组峰之间存在明显的化学位移，存在 3 组不等价氢核，再根据单组峰积分高度(图中拟合曲线位置)占比计算每组氢核的数目。

$$\delta=1.3,[6.5/(4.3+4.2+6.5)]\times14=6$$

$$\delta=2.5,[4.2/(4.3+4.2+6.5)]\times14=4$$

$$\delta=4.1,[4.3/(4.3+4.2+6.5)]\times14=4$$

(3)根据自旋裂分推测各组氢核的关系：$\delta=1.3$，三重峰具有 6 个氢，与 $\delta=4.1$ 时四重峰具有的 4 个氢相互偶合，说明具有两个磁等价的 CH_3CH_2—；$\delta=2.5$ 为单峰，具有 4 个氢，说明可能存在两个磁等价的—CH_2—。因此可能的结构为

A　

B　

(4)进一步验证：单峰具有 4 个氢的化学位移为 2.5，四重峰具有的 4 个氢的化学位

移为 4.1，说明 A 结构不合理，故该化合物结构为 B。

4. 氢谱解析时的注意事项

(1)注意区分杂质峰、溶剂峰和旋转边峰等非样品峰。

①杂质峰。在正常的样品中，杂质的含量远低于样品，因此杂质峰的峰面积很小，且杂质峰与样品峰之间没有简单整数比的关系，容易区别。

②溶剂峰、氘代试剂不可能达到 100% 的同位素纯度(大部分试剂的氘代率为 99%～99.8%)，因此谱图中往往呈现相应的溶剂峰，如 $CDCl_3$ 中的溶剂峰的 δ 值约为 7.27处，溶剂峰的相对强度与测定时样品溶液的浓度有关，当样品浓度很低时，溶剂峰就很明显。常用氘代溶剂峰的化学位移值可参见表 5.1。

③旋转边峰。在测试样品时，样品管在 ^1H－NMR 仪中快速旋转，当仪器调节未达到良好工作状态时，会出现旋转边带，即以强谱线为中心，呈现出一对对称的弱峰，称为旋转边峰。通过改变样品管的转速可以方便地确定旋转边带。在仪器工作状态良好的情况下一般不出现旋转边带。

④ ^{13}C 卫星峰。^{13}C 具有磁距，可以与 ^1H 偶合产生裂分，称之为 ^{13}C 卫星峰，但由于 ^{13}C 的天然丰度只为 1.1%，只有氢的强峰才能观察到，一般不会对氢的谱图造成干扰。

(2)注意分子中活泼氢产生的信号。

OH、NH、SH 等活泼氢的核磁共振信号比较特殊，在解析时应注意。一是活泼氢多数形成氢键，其化学位移值不固定，随测定条件在一定区域内变动；二是活泼氢在溶液中会发生交换反应。当交换反应速度很快时，体系中存在的多种活泼氢(如样品中既含羧基，又含氨基、羟基或者含有几个不同化学环境的羟基，样品和溶剂中含活泼氢等)在核磁共振谱上只显示一个平均的活泼氢信号，而且它们与相邻含氢基团的谱峰不再产生偶合裂分现象。如果使用氘代二甲基亚砜 $(CD_3)_2SO$ 为溶剂，因羟基能与它强烈缔合而使交换速度大大降低，此时可以观察到样品中不同羟基的信号以及羟基与邻碳上的质子偶合裂分的信息。根据裂分峰的个数可以区分伯、仲、叔醇。另外，当样品很纯(不含痕量酸或碱)时，交换速度也很慢，羟基同样会被邻碳质子裂分(应注意羟基与邻碳质子的偶合是相互的，所以此时邻碳质子也会被羟基偶合，原来的裂分情况会有相应的变化)。

正是因为活泼氢有以上特点，通过实验可以将它们与其他氢的信号区别开来。一种方法是改变实验条件，如样品浓度、测量温度等，吸收峰位置发生变化的就是活泼氢；另一种方法是利用重水交换反应。具体做法为：先测绘正常的氢谱，然后在样品溶液中滴加 1～2滴重水并振荡，再测绘一张氢谱。由于活泼氢与重水中的氘快速交换，原来由活泼氢产生的吸收峰消失。

(3)注意不符合一级谱图的情况。

一级谱图是有条件的。在许多情况下，由于相互偶合的两种质子化学位移值相差很小，不能满足 $\Delta\nu/J>6$ 的条件，因此裂分峰形不完全符合 $n+1$ 规律。当偏离一级谱图条件很远时，谱图中裂分峰的强度比和裂分峰数目均不符合 $n+1$ 规律，这就是高级谱图。

在实际测试过程中，质子之间会发生强偶合，产生高级图谱，发生附加分裂，使得谱线裂分的数目不再像一级图谱那样符合规律，相应的吸收峰的强度(面积)比也不能用二项展开式系数来预测，而峰间距不一定等于偶合常数，有些多重峰的中心位置也不是真实的化学位移值，因此，一般无法从共振谱图上直接读取 J 和 δ 值，而需要复杂的解析，一般有以下几种方式：

(1)加大核磁共振仪的磁场强度。虽然偶合常数 J 不随外加磁场强度发生改变，但是共频率的差值 $\Delta\nu$ 却随外加磁场强度的增大而逐渐变大。通过加大外加磁场强度，增加 $\Delta\nu/J$ 的值直至大于 10，即可获得一级图谱。这也是核磁共振仪需要尽可能大的磁场强度的原因。

(2)去偶法与核奥弗豪泽效应(nuclear overhauser effect，NOE)。若化学位移不同的质子 ^{1}H、^{2}H 之间存在偶合，在正常扫描的同时，可以采用另一束强的激励射频照射到 ^{2}H 原子核上，并且使照射的频率恰好等于 ^{2}H 核的共振频率，这样 ^{2}H 核便在 $-1/2$ 和 $+1/2$ 两个自旋态间迅速往返，如同一非磁性核，就不会对 ^{1}H 产生偶合作用，^{1}H 核的谱线将变为单峰。这种技术称为去偶法或双照射法。去偶法不仅可以简化图谱，而且可以确定哪些核与去偶质子有偶合关系。

核奥弗豪泽效应与去偶法类似，也是一种双共振技术，不同的是在 NOE 中，如果用其中一个 H 的频率进行照射，使其不发生共振，则距离相近的 H 的信号会增强，NOE 随其距离增大迅速减小，所以利用 NOE 不仅可以简化图谱，还能根据效应强弱推测 H 原子的空间距离，判断出顺、反构型等。

(3)采用加入位移试剂等实验手段来简化图谱。在不增加外加磁场强度的情况下，加入位移试剂可以使试样中质子核外电子密度发生变化，从而改变化学位移，使原来重叠的共振吸收峰分开，便于分析。位移试剂主要是顺磁性系稀土金属离子的配位化合物，其中铕(Eu)和镨(Pr)的络合物能产生较大的化学位移，它们对谱线宽度的增加也不明显，是目前最常用的试剂。一般来说，铕、铒、铥、镱的配位化合物，使共振峰向低场移动；而铈、镨、钕、钐、铽的配位化合物，则使共振峰移向高场。

5.3.3　核磁共振碳谱的解析

1. 概述

有机化合物中的碳原子构成了有机物的骨架。因此观察和研究碳原子的信号对研究有机物有着非常重要的意义。

自旋量子数 $I=0$ 的核是没有核磁共振信号的。由于自然界丰富的 ^{12}C 的 $I=0$，没有核磁共振信号，而 $I=1/2$ 的 ^{13}C 核，虽然有核磁共振信号，但其天然丰度仅为 1.1%，故信号很弱，给检测带来了困难，所以在早期的核磁共振研究中，一般只研究核磁共振氢谱(^{1}H NMR)，直到 20 世纪 70 年代脉冲傅里叶变换核磁共振波谱仪问世，核磁共振碳谱(^{13}C NMR)的研究工作才迅速发展起来，其间随着计算机的不断更新发展，核磁共振碳谱的测试技术和方法也在不断地改进，如偏共振偶合，可获得 ^{13}C—^{1}H 之间的偶合信息，DEPT 技术可识别碳原子级数等，因此从碳谱中可以获得极为丰富的信息。

与氢谱相比，碳谱有以下特点：

(1)信号强度低。由于 ^{13}C 天然丰度只有 11%，^{13}C 的旋磁比约为 ^{1}H 的旋磁比的四分之一，所以 ^{13}C 的 NMR 信号比 ^{1}H 的要低得多，大约是 ^{1}H 信号的六千分之一，故在 ^{13}C 的 NMR 的测定中常常要进行长时间的累积才能得到一张信噪比较好的图谱。

(2)化学位移范围宽。^{1}H 谱的谱线化学位移值 δ 在 0～10，少数谱线可再超出约 5，一般不超过 20，而一般^{13}C 谱的谱线化学位移为 0～250，特殊情况下会再超过 30～100，由于化学位移范围较宽，故对化学环境有微小差异的核也能区别，这对鉴定分子结构更为有利。

(3)偶合常数大。由于^{13}C 天然丰度只有 1.1%，与它直接相连的碳也是^{13}C 的概率很小，故在碳谱中一般不考虑天然丰度化合物中的$^{13}C-^{13}C$ 偶合。而碳原子常与氢原子相连，它们可以互相偶合，这种$^{13}C-^{1}H$ 一键偶合常数的数值很大，一般在 125～250 Hz。因为^{13}C 天然丰度很低，这种偶合并不影响^{1}H 谱，但在碳谱中是主要的。所以不去偶的碳谱，各个裂分的谱线彼此交叠，很难辨识，故常规的碳谱都是质子噪声去偶谱，去掉了全部$^{13}C-^{1}H$ 偶合，得到各种碳的谱线都是单峰。

(4)弛豫时间长。^{13}C 的弛豫时间比^{1}H 慢得多，有的化合物中的一些碳原子的弛豫时间长达几分钟，这使得测定 T_1、T_2 等比较方便，另外，不同种类的碳原子弛豫时间也相差较大，这样，可以通过测定弛豫时间来得到更多的结构信息，但也正是由于各种碳原子的弛豫时间不同，去偶造成的 NOE 效应大小不一，所以常规的^{13}C 谱(质子噪声去偶谱)是不能直接用于定量的。

(5)共振方法多。^{13}C 的 NMR 除质子噪声去偶谱外，还有多种其他的共振方法，可获得不同的信息，如偏共振去偶谱，可获得$^{13}C-^{1}H$ 偶合信息；门控去偶谱，可获得定量信息等，因此，碳谱比氢谱的信息更丰富，解析结论更清楚。

(6)图谱简单。虽然碳原子与氢原子之间的偶合常数较大，但由于它们的共振频率相差很大，所以—CH—、—CH_2—、—CH_3等都构成简单的 AX、AX_2、AX_3体系。因此即使是不去偶的碳谱，也可用一级谱解析，比氢谱简单。

与核磁共振氢谱一样，碳谱中最重要的参数是化学位移、偶合常数、峰面积也是较为重要的参数。另外，氢谱中不常用的弛豫时间如 T_1 值在碳谱中因与分子大小、碳原子的类型等有着密切的关系而有广泛的应用，如用于判断分子大小、形状；估计碳原子上的取代数，识别季碳，解释谱线强度；研究分子运动的各向异性；研究分子的链柔顺性和内运动；研究空间位阻以及研究有机物分子、离子的缔合、溶剂化等。

核磁共振碳谱的测定方法有很多种，其中最常见的为质子噪声去偶谱，如图 5.8 为乙基苯的^{13}C－NMR 质子噪声去偶谱，在图中共出现六道谱线，且强度不一。高场两条分别为乙基基团中的甲基和亚甲基的谱线，低场四条分别为苯环上的 6 个碳原子，强度最高的 2 条谱线为苯环上 2 组化学等价的碳原子，故谱线重叠；最低的一条谱线为季碳。由此可见，在这类谱中，每一种化学等价的碳原子只有一条谱线，原来被氢偶合分裂的几条谱线并为一条，谱线强度增加。这种由于去偶使得谱线增强的效应称为 NOE 效应。但是由于不同种类的碳原子 T_1 值不相等，NOE 效应也不相等，因此对峰强度的影响也就不一样，故峰强度不能定量地反映碳原子的数量。所以在质子噪声去偶谱中只能得到化学位移的信息。

一般来说，碳谱中的化学位移 δ_c是最重要的参数。它直接反映了所观察核周围的基团、电子分布的情况，即核所受屏蔽作用的大小。碳谱的化学位移对核所受的化学环境是很敏感的，它的范围比氢谱宽得多，一般在 0～250。对于相对分子质量在 300～500 的化合物，碳谱几乎可以分辨每一个不同化学环境的碳原子，而氢谱有时却严重重叠。

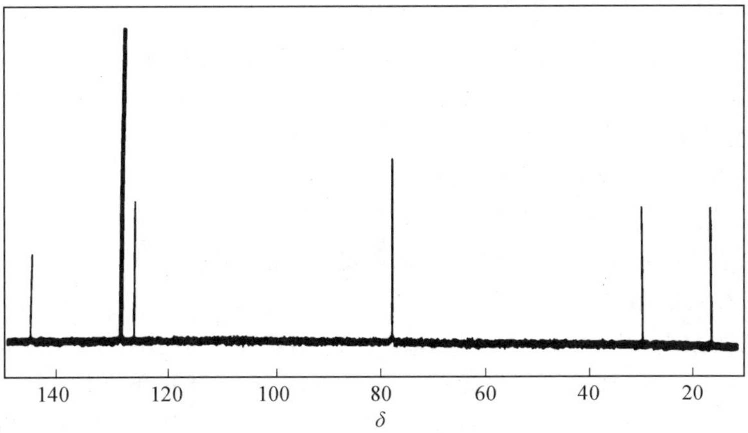

图 5.8　乙基苯的^{13}C—NMR 质子噪声去偶谱

2. 碳谱解析的步骤

碳谱解析时一般先看全去偶碳谱上谱线数与分子式中所含碳数是否相同。数目相同说明每个碳的化学环境都不同，分子无对称性；数目不相同(少)说明碳的化学环境相同，分子有对称性。然后由偏共振谱确定与碳偶合的氢数。最后由各碳的化学位移，确定碳的归属。

碳谱解析的步骤为：

1)鉴别谱图中的非真实信号峰。

(1)溶剂峰。虽然碳谱不受溶剂中氢的干扰，但为兼顾氢谱的测定及磁场需要，仍常采用氘代试剂作为溶剂，氘代试剂中的碳原子均有相应的峰。

(2)杂质峰。杂质含量相对于样品少得多，其峰面积极小，与样品化合物中的碳呈现的峰不成比例。

(3)测试条件的影响。测试条件会对所测谱图有较大影响。如脉冲倾斜角较大而脉冲间隔不够长时，往往导致季碳不出峰；扫描宽度不够大时，扫描宽度以外的谱线会折叠到图谱中等，均造成解析图谱的困难。

2)不饱和度的计算。

根据分子式计算的不饱和度，推测图谱烯碳的情况。

3)分子对称性的分析。

若谱线数目等于分子式中碳原子数目，说明分子结构无对称性；若谱线数目小于分子式中碳原子数目，说明分子结构有一定的对称性。此外，化合物中碳原子数目较多时，有些核的化学环境相似，可能 δ 值产生重叠现象，应予以注意。

4)碳原子 δ 值的分区。

碳原子大致可分为三个区：

(1)高 δ 值区。δ>165，属于羰基和叠烯区：

①分子结构中，如存在叠峰，除叠烯中有高 δ 值信号峰外，叠烯两端碳在双键区域还

应有信号峰，两种峰同时存在才说明叠烯存在；

②$\delta>200$ 的信号，只能属于醛、酮类化合物；

③160～180 的信号峰，则归属于酸、酯、酸酐等类化合物的羰基。

(2)中 δ 值区。$\delta=90\sim160$(一般情况 δ 为 100～150)，烯、芳环、除叠烯中央碳原子外的其他 sp^2 杂化碳原子、碳氮三键碳原子都在这个区域出峰。

(3)低 δ 值区。$\delta<100$，主要脂肪链碳原子区：

①不与氧、氮、氟等杂原子相连的饱和的 δ 值小于 55；

②炔碳原子 δ 值在 70～100，这是不饱和碳原子的特例。

5)碳原子级数的确定。

由低核磁共振或 APT(attached proton test)、DEPT(distortionless enhancement by polarization transfer)等技术可确定碳原子的级数，由此可计算化合物中与碳原子相连的氢原子数。若此数目小于分子式中的氢原子数，二者之差值为化合物中活泼氢的原子数。

6)推导可能的结构式。

先推导出结构单元，并进一步组合成若干可能的结构式。

7)对碳谱的指认。

将核磁共振碳谱中各信号峰在推出的可能结构式上进行指认，找出各碳谱信号相应的归属，从而在被推导的可能结构式中找出最合理的结构式，即正确的结构式。

3. 碳谱和氢谱的结合分析

C 谱和 H 谱可互相补充。H 谱不能测定不含氢的官能团，如羰基和氰基等；对于含碳较多的有机物，常因烷氢的化学环境相似，而无法区别，这是氢谱的弱点。而碳谱弥补了氢谱的不足，它能给出各种含碳官能团的信息，几乎可分辨每一个碳核，能给出丰富的碳骨架信息。但是普通碳谱的峰高常不与碳数成正比是其缺点，而氢谱峰面积的积分高度与氢数成正比，因此二者可互为补充。

5.4 核磁共振谱法在材料研究中的应用

5.4.1 概述

核磁共振波谱分析可广泛应用于结构确认，热力学、动力学和反应机理的研究以及定量分析。核磁共振谱法是高分子材料研究的最重要的技术之一，可以用来鉴别聚合物材料、测定有机物组成、研究反应动力学等，另外，它也可用于有机－无机复合材料研究。核磁共振谱法在金属材料研究中主要用于研究合金的有序结构、缺陷等。

在定性鉴别方面，核磁共振谱比红外光谱能提供更多的信息。它不仅能给出基团的种类，而且能提供基团在分子中的位置。在定量上 NMR 也相当可靠。

定性分析：核磁共振波谱是一个非常有用的结构解析工具，化学位移提供原子核环境信息，谱峰多重性提供相邻基团情况以及立体化学信息，偶合常数值大小可用于确定基团的取代情况，谱峰强度(或积分面积)可确定基团中质子的个数等。一些特定技术，如双共振实验、化学交换、使用位移试剂、各种二维谱等，可用于简化复杂图谱、确定特征基团以及确定偶合关系等。对于结构简单的样品可直接通过氢谱的化学位移值、偶合情况(偶合裂分的峰数及偶合常数)及每组信号的质子数来确定,或通过与文献值(图谱)比较确定样品的结构,以及是否存在杂质等。与文献值(图谱)比较时,需要注意一些重要的实验条件,如溶剂种类、样品浓度、化学位移参照物、测定温度等的影响。对于结构复杂或结构未知的样品,通常需要结合其他分析手段,如质谱等方能确定其结构。

高分辨 ^{1}H NMR 能根据磁偶合规律确定核及电子所处环境的细小差别,因而是研究高分子构型和共聚物序列分布等结构问题的有力手段。而 ^{13}C NMR 主要提供了高分子碳一碳骨架的结构信息。宽线 NMR 则能用于研究高分子的分子运动。

核磁共振谱法其他方面的应用研究,主要是高分辨固体核磁共振波谱仪的应用。固体 NMR 在研究固体状态下材料的结构和分子运动方面是非常有效的一种手段。它研究的是各种核周围的不同局域环境,即中短程相互作用,非常适用于研究固体材料的微观结构,既可对结晶度较高的固体物质进行结构分析,也可用于结晶度较低的固体物质及非晶质的结构分析,可以与 X 射线衍射、中子衍射、电子衍射等研究固体长程整体结构的方法互为补充。特别是研究非晶体或微晶时,由于其不存在长程有序,NMR 方法就更为重要。现在固体 NMR 已广泛用于研究无机材料(如分子筛、催化剂、陶瓷、玻璃等)和有机材料(如高分子聚合物、膜蛋白等)的微结构。该类核磁共振波谱仪特别适合于分析不能溶解的聚合物(一些交联集合物、固态聚合物等)、溶解后结构会发生变化而已不是原来的物质状态的聚合物以及某些材料在固态下的结构性能,比如高分子构象、晶体结构形态及特征、分子运动及相互作用等信息。目前,固体 NMR 的研究内容包括:聚合物/无机纳米复合材料形成机理的研究,固态聚合物链段降解时因断链与交联引起的活动性的变化,一些聚合物共混物的机械性能与相结构,多元混合材料组分研究等。

定量分析:与其他核相比,^{1}H 核磁共振波谱更适用于定量分析。定量分析的基本依据是某类氢核共振吸收峰的峰面积与其对应的氢核数目成正比,基本公式为:$A=nCA_0$(式中,A 为被测化合物中某类氢核的峰面积;n 为 1 mol 被测化合物中某类氢核的数目;C 为被测化合物的摩尔数;A_0 为一个氢核的峰面积)。

5.4.2　核磁共振谱法在高分子材料研究中的应用

1. 核磁共振谱法在高分子材料剖析中的应用

1)高分子材料的定性鉴别。

NMR 是鉴别高分子材料的有力手段。一些结构类似,红外光谱也基本相似的高分子,用 NMR 可以轻易得到鉴别。

(1)聚烯烃的鉴别。

聚丙烯、聚异丁烯和聚异戊烯虽然同为碳氢化合物,但其 NMR 谱(图 5.9)有明显差异。聚丙烯有 CH_3、CH_2 和 CH 三种不同的质子,易于区分。聚异丁烯和聚异戊烯都只有 CH_3 和 CH_2 峰,但由于两种峰的质子数目之比是不同的,所以也较易区分。

①对于聚异丁烯,$2CH_3:CH_2=6:2$,所以 CH_3 峰高(或面积)是 CH_2 峰的三倍。

②对于聚异戊烯,$2CH_3:2CH_2=6:4$,所以 CH_3 峰与 CH_2 峰之比为 3∶2。

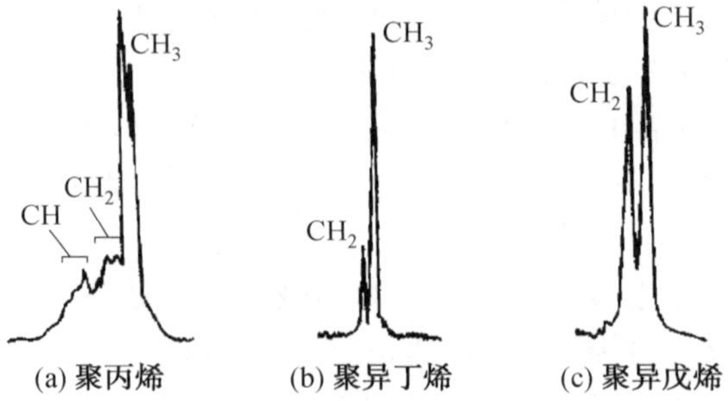

图 5.9　不同聚烯烃的^{1}H NMR 谱

(2)尼龙的鉴别。

对于尼龙 66、尼龙 6 和尼龙 11 三种不同尼龙，其 NMR 谱(图 5.10)是很易识别的。尼龙 11 的$(CH_2)_8$峰很尖，尼龙 6 的$(CH_2)_3$为较宽的单峰，而尼龙 66 有$(CH_2)_3$和$(CH_2)_4$两个峰，峰形较宽。

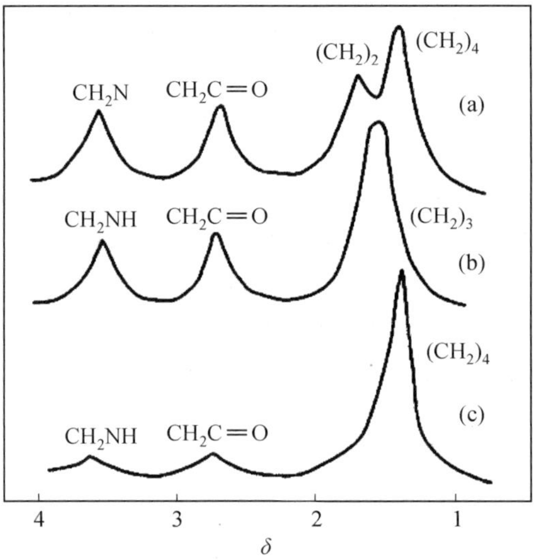

图 5.10　三种尼龙的^{1}H NMR 谱
(a)尼龙 66；(b)尼龙 6；(c)尼龙 11

(3)聚丙烯酸乙酯和聚丙酸乙烯酯的鉴别。

这两种高分子有相同的化学组成，即 $C_5H_8O_2$，基团也类似，利用红外光谱难以区分。

聚丙烯酸乙酯

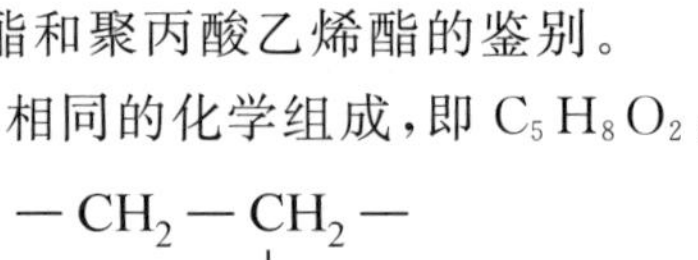

聚丙酸乙烯酯

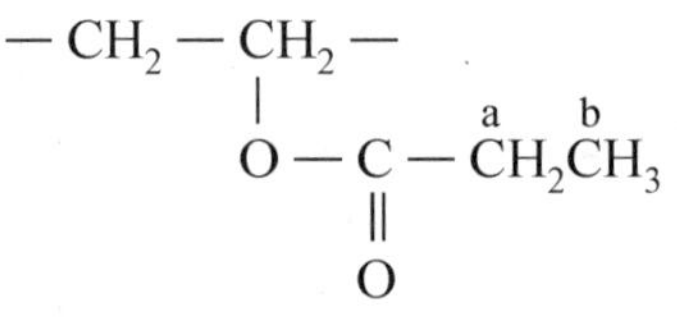

而在^{1}H NMR 谱中，前者的化学位移($\delta_{H_a}=1.21$，$\delta_{H_b}=4.12$)大于后者($\delta_{H_a}=1.11$，

$\delta_{H_b}=2.25$)，易于鉴别。鉴别时 H_a(—CH_2)和 H_b(—CH_3)的确认也是容易的，因为它们分别会被劈裂成 4 重峰和 3 重峰。

(4)聚氯乙烯、聚偏氯乙烯及其共聚物的鉴别。

将试样溶于氯化亚砜或邻二氯苯，浓度为百分之几到 10%。PVC(图 5.11(a))有两组峰，分别分裂为二重峰和三重峰。PVDC 则只有化学位移为 3.88 一个峰。若是 VC/VDC 共聚物(图 5.11(b))，则 CH_2 会分裂成多个峰。

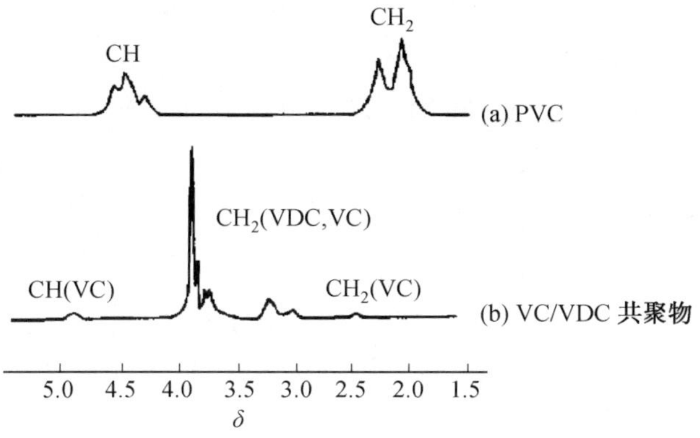

图 5.11　PVC 和 VC/VDC 共聚物的[1]H NMR 谱

(溶剂 $SOCl_2$，温度 100 ℃，200 MHz)

(5)定性鉴别的一般方法。

未知高分子的定性鉴别，可利用标准谱图。高分子 NMR 标准谱图主要有萨特勒(Sadtler)标准谱图集，第一卷为 100 MHz，第二卷为 60 MHz 的[1]H NMR 高分子谱图，每卷 300 个谱图。使用时，必须注意测定条件，主要有溶剂、共振频率。

需要对不同环境的质子进行指认时，可以查找或计算化学位移值确认。

2)未知高聚物剖析实例。

(1)NMR 法鉴别氯乙烯共聚物中的醚组分。

有一个未知高聚物样品的红外光谱图很像聚氯乙烯，只是 1 100 cm^{-1} 左右的吸收峰较强，说明未知物可能是氯乙烯与乙烯基醚类的共聚物，但醚结构用红外光谱难以确认。

把该高聚物溶解于对二氯苯配成溶液，在 140 ℃记录 NMR 谱图(图 5.12)。在 $\delta=4.4$ 和 2.0 处的最强两组峰分别是 PVC 中的 $CH_2C(H)Cl$ 和 $C(H)_2CHCl$ 产生的。其余的共振峰都较弱，属于未知高聚物中少量组分。

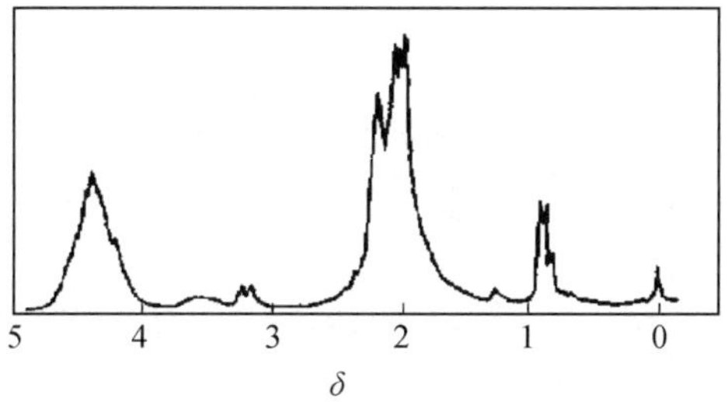

图 5.12　氯乙烯共聚物的[1]H NMR 谱图

δ=3.3 峰是由—CH_2O—产生的，这与红外光谱指出的醚结构是一致的。该共振峰分裂为双重峰，表明具有 —O—CH_2—CH< 结构。δ=0.9 峰也是双重峰，说明 CH_3 邻接有一个 CH 基，即 R—CH(—)—CH_3 。δ=3.3 和 0.9 两峰相对面积比为 2∶6，该结构应为 —O—CH_2—$CH(CH_3)_2$ ，δ=3.5 峰的积分面积为 1，推知归属于 O—CH(—)—R 基团。综合上述结果，推测少量组分结构应为乙烯基异丁醚聚合物单元 $\text{-(}CH_2\text{—}CH\text{)}_n\text{-}$（CH 上接 O—$CH_2$—$CH(CH_3)_2$）。

因此，未知高聚物样品可能是氯乙烯/乙烯基异丁醚共聚物。最后与已知的设想结构的共聚物样品的红外光谱图和核磁共振谱图分析对比，进一步验证了剖析结果。

(2)NMR 法鉴别润湿剂的组成。

某钢厂从外国引进镀锡生产设备，随机器带来电镀液一套，其中有种润湿剂需要进行剖析。首先进行红外光谱分析，只知道是醚类。根据其用途知道可能是一种聚氧化乙烯型表面活性剂。该样品核磁共振谱图(图 5.13)中最强峰为 δ=3.14，判断为—O—CH_2—基团的共振峰，因而这种润湿剂应是一种非离子型表面活性剂聚氧化乙烯，其合成路线是：

$$ROH + nCH_2\text{—}CH_2\ (\text{环氧，}\backslash O/) \longrightarrow RO(CH_2CH_2O)H + nH_2O$$

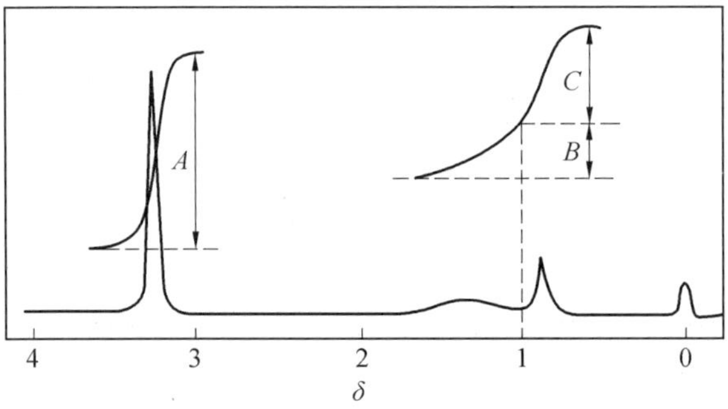

图 5.13　润湿剂的 NMR 谱图

问题是 R 代表什么基团，因谱图上缺乏芳环峰(δ=6～8)，也缺乏烯烃峰(δ=4.5～6.3)，所以 R 是饱和基团。*C* 峰 δ<1，属于 CH_3 基。*B* 峰则属于—CH，或—CH_2—。再测量各峰的积分高度，得到 *A*=76.5 cm，*B*=6.3 cm，*C*=15.0 cm。即有 *C*∶*B*=12∶5 也就是 CH_3∶CH 或 CH_2=12∶50，所以 R 基可能含有 17 个质子，而其中有四个 CH_3，可以写成：

$(CH_3)_3C$—R_1 CH_2—(这个 CH_2 与 O 相连，因而 δ=3.14)

其中，R_1 中含一个 CH_3 基，也就是 R_1 中必含有(12+5)−9=8 个质子。这样 R_1 基的结构式有三种可能：

$$\begin{array}{c}\quad\; CH_3 \\ \quad\;\, | \\ —CH_2—CH—CH_2—\end{array}\text{或}\begin{array}{c}CH_3 \\ | \\ —CH—CH_2—CH_2—\end{array}\text{或}\begin{array}{c}\qquad\qquad\quad CH_3 \\ \qquad\qquad\quad | \\ —CH_2—CH_2—CH—\end{array}$$

即单体 ROH 有三种可能：

$$\begin{array}{l}\qquad\qquad\qquad\quad\, CH_3 \\ \qquad\qquad\qquad\quad\;\; | \\ (CH_3)_3C—CH_2—CH—CH_2CH_2OH\end{array}\quad 3,5,5-\text{异壬醇}$$

$$\begin{array}{l}\qquad\qquad\; CH_3 \\ \qquad\qquad\;\; | \\ (CH_3)_3C—CH—CH_2CH_2CH_2OH\end{array}\quad 4,5,5-\text{异壬醇}$$

$$\begin{array}{l}\qquad\qquad\qquad\qquad\qquad\; CH_3 \\ \qquad\qquad\qquad\qquad\qquad\;\; | \\ (CH_3)_3C—CH_2—CH_2—CHCH_2OH\end{array}\quad 2,5,5-\text{异壬醇}$$

这样通过 NMR 分析，从十几个同分异构体的异壬醇已选出三个可能的同分异构体。平均聚合度 n 也可以求得。因为 $A:(B+C)=3.6:1=61.2:17$，17 为 R 中质子数，可见 A 有 61 个质子。从 $4\bar{n}+2=61$ 可以求出 $\bar{n}=150$。

最后用合成反应来进一步证实。将 1 mol 的 3,5,5－异壬醇和 15 mol 的环氧乙烷缩聚，产物的 NMR 图与未知物一样。

3)添加剂的剖析。

这里以一种聚烯烃用的紫外线稳定剂为例，试述主要利用 NMR 技术进行剖析的全过程。

试样是灰黄色固体，元素定性分析说明存在 N 和 Cl；N、Cl、C、H 的定量分析给出以下的实验式(氧用差减法得到)：$C_{17}H_{18}Cl_3O$。

用质谱法测得分子量为 315，所以上式就是分子式。红外光谱在 3 100 cm^{-1} 的尖峰表明存在强烈分子内键合的羟基，1 020～1 250 cm^{-1} 的锐峰表明是 C—O(s)，与 1 500～1 600 cm^{-1} 的苯环骨架振动共同说明此添加剂是酚类。

它的 NMR 谱示于图 5.14。羟基质子共振吸收峰 δ 大于 10，未列在图中。高场共振都是单峰，产生自烷基的质子。$\delta=1.55$ 处是叔丁基峰，而 $\delta=2.40$ 处是甲基峰，它们都与苯核连接。

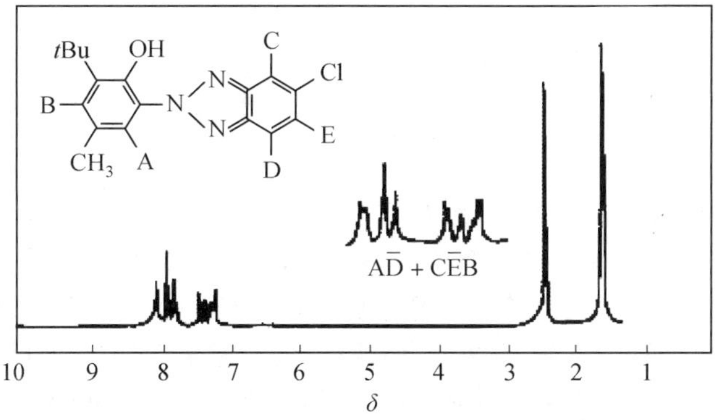

图 5.14　未知紫外线稳定剂的氢谱

(100 Hz，氘代氯仿，室温)

现在来考虑峰面积。如果将 $\delta=1.55$ 处的峰面积定为 9(因叔丁基有 9 个质子)，则 $\delta=2.40$处的峰面积为 3(甲基有 3 个质子)。可以计算，在 7.20～8.10 之间芳环上质子的总峰面积为 5，羟基质子峰面积为 1。这样总面积为 18，即质子数为 18，符合上述分子式。分子式上有 17 个碳原子，减去一个甲基和一个叔丁基所需的 5 个碳原子，后剩下 12 个碳原子，应当是两个苯环。再根据氢的数目，可知苯环上必须有 8 个取代与氢有关，即一个叔丁基、一个甲基、个羟基和 5 个氢原子。苯环上的其他 4 个位置则应是一个氯取代和 3 个氮原子取代。

显然两个苯环由氮原子作桥连接在一起，由于其他取代都是单官能团的，所以骨架的方式必然是：

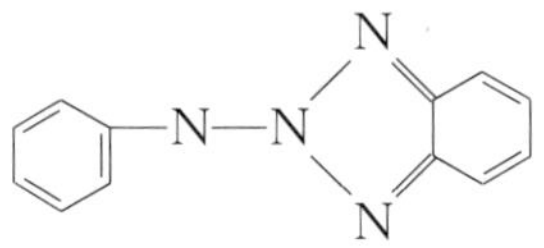

由红外光谱证明 OH 基具有强烈分子内键合，表明羟基处于能与氮原子形成六元环的位置上，即

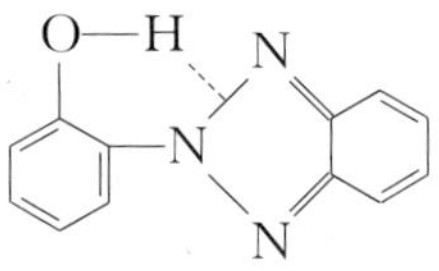

从 δ 为 7.20～8.10 范围内的 6 个峰的面积和裂分的情况来分析。7.35 和 7.45 处都是双重峰，两组双重峰的总面积为 1，说明出自一个质子。它们的裂分间距为 9 Hz($\delta=7.45$ 处的峰)和 2 Hz($\delta=7.35$ 处的峰)。所以可以判断 $\delta=7.45$ 处的峰是邻位质子引起的劈裂，而 $\delta=7.35$ 处的峰是间位质子引起的劈裂。说明该质子(称为 E)周围有一个邻位质子和一个间位质子。

化学位移为 7.1 和 7.90 处的峰总面积为两个质子的面积，这两个质子分别称为 C 和 D。其中 7.81 处的峰为间距 9 Hz 的双峰，说明有一个邻位质子，但在谱图上只观察到这个双峰的一半，另一半并入了 7.90 处的峰内，且使 7.90 处间距为 2 Hz 的双峰看起来像单峰。由于 C 和 D 附近分别只有一个质子，所以 E、C、D 应处于 1,2,4 取代的位置。又从 $\delta<7$ 没有峰说明 E、C、D 附近无羟基，所以 E、C、D 只能在无羟基的苯核上。

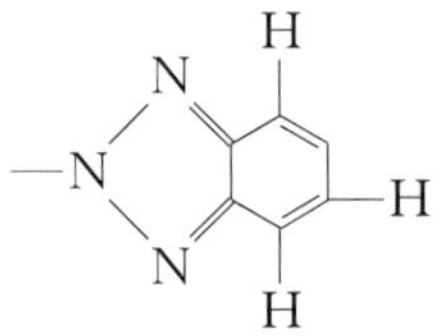

$\delta=7.20$ 处有一个间距为 2 Hz 的双峰，面积属一个质子，称为 B；$\delta=8.10$ 处也有一个间距为 2 Hz 的双峰，面积也是一个质子，称为 A。这两个质子在另一个苯核上，互为间位。进一步用双照射去偶技术处理，当用甲基的化学位移 3.40 相应的场强照射时，发现 7.20 处和 8.10 处两个峰均变锐，说明它们代表的 A 和 B 质子与 CH_3基相邻；当用叔丁基的化学位移 1.55 相应的场强照射时，发现只有 7.20 处峰变锐，说明 B 与丁基相邻，即

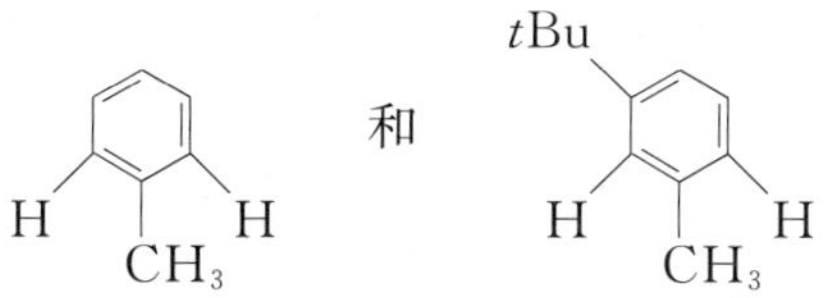

这样，最后的结构式为

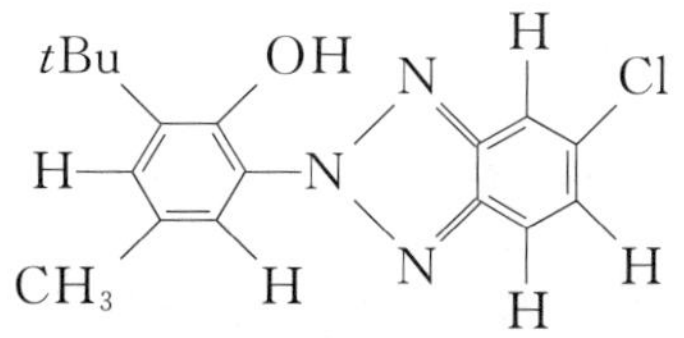

4)^{13}C—核磁共振谱在高分子材料剖析中的应用。

^{13}C 在高分子材料的剖析中占有很重要的地位，其原因如下：

(1)几乎所有高聚物的主链，或至少是侧链上都有碳原子；

(2)^{13}C 的化学位移范围很大，可达 250，能获得高分辨率的谱图；

(3)因^{13}C 的天然丰度低，邻近的^{13}C — ^{13}C 自旋—自旋偶合的概率只有万分之一，所以谱图较简单而易于解析。

^{13}C 虽少，但^{13}C 出现在碳链任何位置上的概率是相等的，因此化合物的 C 谱可以完整地反映分子内部各种碳核的信息。

^{13}C 能与直接和碳相连的氢及邻碳上的氢发生自旋偶合，且偶合常数很大。这种偶合虽能提供碳氢之间的结构信息，但也使谱图复杂化，为此常需要采用质子去偶技术。常采用各种双共振技术进行质子去偶。

(1)质子噪声去偶(宽带去偶)。

在测定^{13}C NMR 的同时，另加一个包括全部质子共振频率在内的宽频带射频照射样品，使^{13}C 与^{1}H 之间完全去偶。常规^{13}C NMR 谱就是质子噪声去偶谱，^{13}C 谱线全部为单峰，谱图大为简化，得到的信息是碳的化学位移和谱线强度，但损失了碳氢偶合的信息。

(2)偏共振去偶(部分去偶)。

把另加的射频调到偏离^{1}H 共振频率几百到几千赫兹处，消除^{13}C 与邻碳原子上氢的偶合及远程偶合，只保留碳氢直接相连的偶合。这样可获知碳的类型，即与几个氢相连，如 CH_3 为四重峰、CH_2 为三重峰，以及核间相互作用的其他信息。

(3)选择去偶。

选择某一质子的特定共振频率进行照射，只对该质子去偶。采用这种方法可以识别某特定氢所联结的碳原子，对谱峰的指认和结构解析是很有用的。

除双共振技术外，对^{13}C 谱线的标识还可采用同位素标记，或化学处理如乙酰化、加位移试剂等。

碳谱和氢谱一样，可以通过峰的位置(化学位移)和峰的自旋—自旋劈裂(偶合常数)，来确定高分子的结构。但由于质子去偶照射使各谱线增强的程度不一，因而不能靠峰面积准确判断碳数。在完全去偶的常规碳谱中，最主要的定性依据是化学位移。内标常用 TMS、TSP(即 3—三甲基硅烷基丙酸钠)或二氧杂环己烷。高温测定可用 HMDS(即六甲基二硅氧烷)，沸点为 100 ℃。

高分子材料的定性鉴别也常利用标准谱图作为对照，可利用的标准^{13}C NMR 谱图主要有萨特勒标准谱图集。有时也利用单体模型化合物在同等实验条件下的谱图作为对照。

在实验数据的基础上，Grant 和 Pau 提出了直链及支链聚烯烃中^{13}C化学位移的经验公式：

$$\begin{array}{l} \diagdown \\ -\overset{k}{C}H_m-\overset{\alpha}{C}H_n-\overset{\beta}{C}-\overset{\gamma}{C}-\overset{\delta}{C}-\cdots\cdots \\ \diagup \end{array}$$

$$\delta_{ck}=(-2.3)+9.1n_\alpha+9.4n_\beta-2.5n_\gamma+0.3n_\delta+\sum_i A_i n_i \tag{5.3}$$

式中，k 为待计算碳；(−2.3)为甲烷的^{13}C化学位移值；n_α、n_β、n_γ、n_δ分别为处在 α、β、γ、δ 位上的碳数；A_i 为 k 碳及 α 碳取代程度校正值(表 5.2)；n_i 为同类 α 碳的数目。

表 5.2　k 碳及 α 碳取代程度的校正值 A_i($\Delta\delta$)

k 碳类型	α 碳(CH_n)的类型			
	伯，(1°)(CH_3)	仲，(2)°(CH_2R)	叔，(3°)(CHR_2)	季，(4°)(CR_3)
伯，1°(CH_3)	0	0	−1.1	−3.4
仲，2°(CH_2R)	0	0	−2.5	−7.2
叔，3°(CHR_3)	0	−3.7	−9.5	—
季，4°(CR_3)	−1.5	−8.4	—	—

以 $^{1}CH_2-{}^{2}\underset{\large CH_2}{\overset{\large CH_3}{C}}-{}^{3}CH_2-{}^{4}CH_2$ 为例，可以计算出各碳的化学位移。

C−1：		C−2：	
基数	−2.3	基数	−2.3
1αC	9.1	4αC	36.4
3βC	28.2	1βC	9.4
1γC	−2.5	3×4°(1°)	−4.5
1°(4°)	−3.4	4°(2°)	−8.4
计算值	29.1	计算值	30.6
实测值	28.9	实测值	30.4

C−3 及 C−4 的计算值分别是 36.9 及 8.7，而它们的实测值分别为 36.7 及 8.7。由此可见，经验公式计算的^{13}C化学位移与实验数据是相当吻合的。如果已知化合物结构，并测得其^{13}C NMR 谱，可以通过经验公式的计算，找出每个信号峰的归属。

此外，在定性鉴别时还要注意溶剂峰的干扰。常用溶剂的^{13}C化学位移列于表 5.3。

表 5.3 ^{13}C NMR 常用溶剂的出峰位置

溶剂	δ	溶剂	δ	溶剂	δ
$CDCl_3$	76.9	CH_3SOCH_3	40.5	二硫化碳	192.80
CD_3COCD_3	29.2,206.0	CD_3SOCD_3	39.6	三氟乙酸	115.0,163.0（各为四重峰）
CH_3COCH_3	30.4,204.1	二甲基甲酰胺－d7	30.1,35.2,167.7	四氯乙烯	120.5
CH_3CN	1.3,117.7	CD_3OD	49.0	苯－d6	128.0
吡啶－d5	123.5,135.5,149.9	四氯化碳	96.0		

2. 核磁共振谱在有机物组成测定方面的应用

利用 NMR 谱峰的强度与相应元素的对应关系，尤其是共振峰的积分面积正比于应的质子数，可以通过接测定质子数之比从而得到各基团的定量结果，不用依靠已知标样，就可以直接测定共聚物组成比，并获得平均相对分子质量，如图 5.15(a)所示。

3. 核磁共振谱在聚合物立构规整度及序列结构的测定方面的应用

NMR 可用于研究取代烯烃聚合时，由于所用引发剂类型和其他条件的不同带来不同立构规整度的变化，图 5.15(b)给出了 PMMA 的链接顺序。

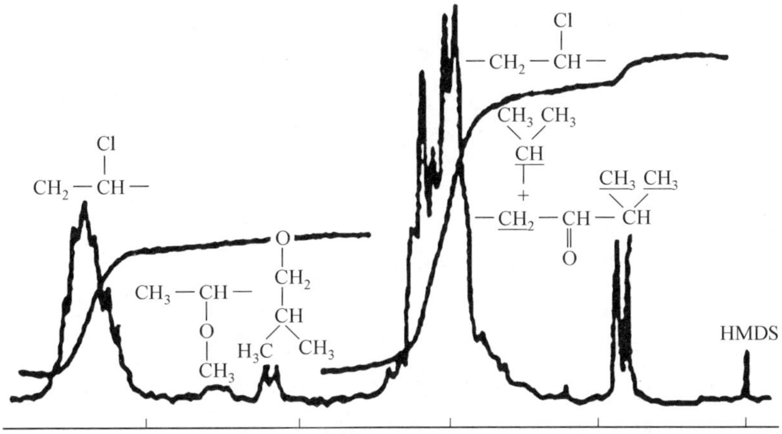

(a) 氯乙烯与乙烯基异丁醚共聚物^{1}H-NMR谱

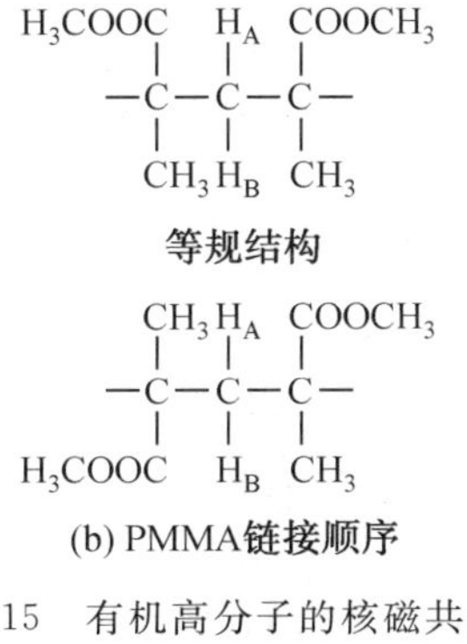

(b) PMMA链接顺序

图 5.15 有机高分子的核磁共振谱

4. 核磁共振谱在固体高分子形态研究方面的应用

高分子链可以有序或无序地排列，呈现出结晶型或非晶型，它们在 NMR 谱中的化学位移不同，可以很容易地加以区别。核磁共振技术不但能提供结晶区的信息，还能测量非晶区的结构。结晶型及非晶型的高分子形态可以通过共振峰的化学位移来研究。固体 NMR 得到的信息可与 XRD 图谱相互补充。此外，NMR 技术的各种弛豫参数也可用来鉴别多相体系的结构。尤其当各相共振峰的化学位移差别很小时，弛豫参数分析相结构就显得格外重要。

思考题与作业

1. 什么是核磁共振？什么是核磁共振谱？所有元素都可以测出核磁共振谱吗？

2. 核磁共振的基本原理是什么？

3. 核磁共振谱能够提供哪些分析信息？最常用的分析信息是哪一个？

4. 何谓化学位移？它有什么重要性？影响化学位移的主要因素有哪些？

5. 何谓自旋偶合？何谓自旋分裂？它们在 NMR 分析中有何重要作用？

6. 化学位移是否随外加磁场而变化？为什么？

7. 使用氘代试剂的作用是什么？

8. 在测得的氢谱中活泼氢的位置怎样确定？

9. 在 ^{1}H、^{2}H、^{12}C、^{14}N 和 ^{28}Si 中，哪些核没有核磁共振现象，为什么？

10. 简述自旋偶合和自旋裂分产生的原因以及在化合物结构解析中的应用。

11. 在核磁共振波谱法中，常用 TMS(四甲基硅烷)做内标来确定化学位移，这样做有什么好处？

12. 简述核磁共振信号产生的条件。

13. 核磁共振谱测试时是否必须加 TMS？

14. 在 $CH_3—CH_2—COOH$ 的氢核磁共振谱中可以观察到其中有四重峰及三重峰各一组，说明产生这些峰的原因，并指出哪一组峰处于较低的场。

15. 某有机化合物相对分子质量为 88，元素分析结果其质量组成为 C：54.5%、O：36%、H：9.1%，NMR 谱表明：a 组峰是三重峰，$\delta \approx 1.2$，相对面积为 3；b 组峰是四重峰，$\delta \approx 2.3$，相对面积为 2；c 组峰是单重峰，$\delta \approx 3.6$，相对面积为 3。

(1)试求该化合物各元素组成比。

(2)确定该化合物的最可能结构并说明各组峰所对应的基团。

16. 当采用 90 MHz 频率照射时，TMS 和化合物中某质子之间的频率差为 430 Hz，这个质子吸收的化学位移是多少？

17. 在使用 200 MHz 的 NMR 波谱仪时得到某试样中的质子的化学位移值为 6.8，试计算在 300 MHz 的 NMR 波谱仪中同一质子产生的信号所在位置为多少 Hz？

18. $C_4H_8Br_2$ 的核磁共振谱峰数如下：$\delta_1 = 1.7$，双峰；$\delta_2 = 2.3$，三重峰；$\delta_3 = 3.5$，四重峰；$\delta_4 = 4.3$，六重峰。这四种峰的面积比依次为 3∶2∶2∶1。试写出该化合物的结构式，用数字 1、2、3、4 标明相应的碳原子，并做简明解释。

19. 化合物 $C_3H_6O_2$ ^1H－NMR 谱图数据为：(1)有 3 种类型质子。(2)a：δ＝1.2，三重峰；b：δ＝2.4 四重峰；c：δ＝10.2，单峰。(3)峰面积之比 a∶b∶c＝3∶2∶1。请写出它的结构式，并解释原因。

20. 分子式为 $C_5H_{11}Br$ 的化合物的 NMR 谱数据见表 5.4。

表 5.4　分子式为 $C_5H_{11}Br$ 的化合物的 NMR 谱数据

δ	质子数	信号类型
0.80	6	二重峰
1.02	3	二重峰
2.05	1	多重峰
3.53	1	多重峰

该化合物结构是什么？

21. 试推测分子式为 $C_8H_{18}O$，在 NMR 谱中只显示一个尖锐单峰的化合物结构。

22. 化合物 a、b、c 分子式均为 $C_3H_6Cl_2$，它们的 NMR 数据见表 5.5，试推测 a、b、c 的结构。

表 5.5　三种 $C_3H_6Cl_2$ 化合物的 NMR 数据

a	b	c
δ＝5.3，1H，三重峰 δ＝2.0，2H，多重峰 δ＝1.0，3H，三重峰	δ＝2.8，2H，五重峰 δ＝1.6，4H，三重峰	δ＝5.0，1H，多重峰 δ＝3.2，2H，二重峰 δ＝1.6，3H，二重峰

23. 化合物 A，分子式为 $C_5H_{11}Br$。NMR 谱：6H，二重峰，δ＝0.80；3H，二重峰，δ＝1.02；1H，多重峰，δ＝2.05；1H，多重峰，δ＝3.53。请写出该化合物的结构。

24. 分子式为 $C_4H_7Br_3$ 的化合物在 ^1H－NMR 图上在 δ＝2.0 与 δ＝3.9 处，有两个单峰，其峰面积之比为 3∶4，请写出该化合物的结构式。

25. 一个卤代烃，分子式为 $C_5H_{10}Br_2$，测得 ^1H－NMR 图谱如下：

(1)有三种类型质子。

(2)NMR 数据为：a：δ＝13，多重峰；b：δ＝1.85，多重峰；c：δ＝3.35，三重峰。

(3)峰面积之比为 a∶b∶c＝1∶2∶2。

请写出它的结构式，并进行分析。

第6章　电子显微镜法

6.1　概　　述

6.1.1　电子显微镜的出现和发展

人的眼睛不能直接观察到比 0.1 mm 更小的物体或物质结构，借助于光学显微镜可以看到像细菌、细胞那样小的物体。但是，由于光波的衍射效应，光学显微镜的分辨极限大约是光波的半波长，而可见光的短波长约为 0.4 μm，所以光学显微镜的极限分辨本领是 0.2 μm。为了观察更微小的物体，必须利用波长更短的波作为光源。

1924 年德布洛依（De Brolie）提出了微观粒子具有波粒二象性的假设，后来这种假设得到了实验证实。从此，人们认识到高速运动的粒子与短波辐射相联系，例如在 100 kV 电压下加速的电子，相应的德布洛依波的波长为 0.003 7 nm，比可见光的波长小几十万倍。此后，物理学家们利用电子在磁场中的运动与光线在介质中的传播相似的性质，成功研究出了电子透镜。在 1932～1933 年间，德国的 Knoll 和 Ruska 等在柏林制成了第一台电子显微镜。虽然这台电子显微镜的放大率只有 12 倍，但它表明，电子波可以用于显微镜，从而为显微镜的发展开辟了一个新的方向。1939 年德国的西门子公司生产了分辨本领优于 10 nm 的商品电子显微镜。半个多世纪以来，十几个国家已经生产了数万台各种类型的电子显微镜。我国从 1958 年开始制造电子显微镜，现在已经能生产性能较好的透射电子显微镜（TEM）和扫描电子显微镜（SEM）。现代高性能的透射电子显微镜，点分辨本领优于 0.3 nm，晶格分辨本领达到 0.14 nm，自动化程度相当高，而且具备多方面的综合分析功能。

电子显微镜包括透射电子显微镜、扫描电子显微镜、发射电子显微镜及反射电子显微镜等。

在自然科学的一些领域中，电子显微镜作为观察微观世界的“科学之眼”，已经成为一种不可缺少的仪器。在金属、高分子、陶瓷、半导体等材料科学中，在矿物、地质等部门中，以及在物理、化学、生物学等学科中，电子显微镜都发挥着重要的作用。电子显微镜使人们进入了以 Å（1 Å＝0.1 nm ＝10^{-10} m）为单位的世界。利用电子显微镜，在高倍下可以观察到材料内部组织状态、缺陷等，而且还可以在微小区域（一般可在 20 nm 的尺寸上）进行结构分析或元素分析。现代电子显微镜的分辨本领已经达到原子大小的水平，人们渴望直接看到原子的理想已经实现。科学工作者已经用电镜直接看到特殊的大分子的结构，还看到了某些物质的原子像。电子显微镜的进一步发展，将对揭示材料的结构与性能的关系起到重大的作用。

6.1.2　电子束与物质的相互作用

电子与物质的相互作用是一个很复杂的过程，是电子显微镜所能显示各种图像的依据。如图 6.1 所示，当高能入射电子束轰击样品表面时，由于入射电子束与样品间的相互作用，绝大部分的入射电子能量转变成样品的热能，而只有很少部分的入射电子能量用于从样品中激发出各种有用的信息。

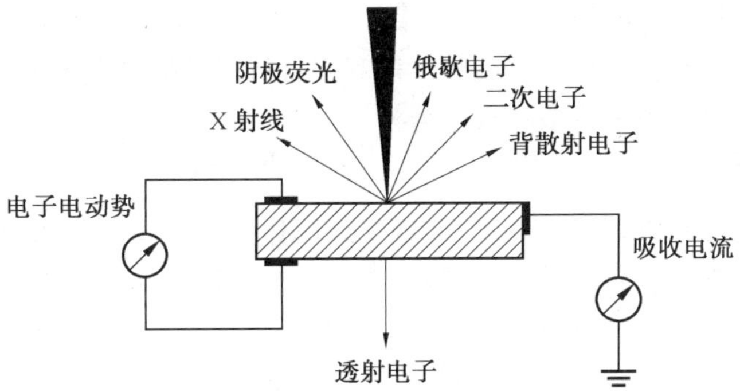

图 6.1　入射电子束轰击样品产生的信息

高能电子束入射物质后，经过多次弹性散射和非弹性散射，其相互作用区内将有多种电子信号与电磁波信号产生。这些信号包括二次电子、背散射电子、透射电子、特征 X 射线、俄歇电子等。弹性散射能够产生背散射电子，而非弹性散射则引起价电子、内层电子、等离激元、声子等激发，除了产生背散射电子外，还产生二次电子、光电子、特征 X 射线、俄歇电子等信号。这些由弹性散射和非弹性散射产生的信号可以从不同侧面反映样品的形貌、结构及成分等微观特征。

1. 二次电子

入射电子与物质相互作用后，使样品原子较外层电子（价带或导带电子）电离产生的电子称为二次电子。由于原子外层的价电子与原子核的结合能很小，而内层电子的结合能与之相比，则高得多，所以，相对于内层电子，价电子被电离的概率要大得多，因而在样品表面上方检测到的二次电子绝大部分来自价电子。

二次电子的产生是高能束电子与核外电子相互作用的结果，而且入射电子只将几个电子伏特能量转移给核外电子，所以二次电子能量较低，一般不超过 50 eV，大部分均小于 10 eV。二次电子的一个重要特征是它的取样深度较浅，这是由于二次电子能量很低，只有在接近表面 5～10 nm 的二次电子才能逸出表面，成为可接收的信号。

二次电子对样品表面的形貌特征（也就是微区表面相对于入射电子束的方向）十分敏感，但其产额对样品成分的变化相当不敏感，与原子序数间没有明显的依赖关系。因此，二次电子通常作为研究样品表面形貌最为有用的工具，但是不能进行成分分析。

2. 透射电子

如果样品很薄（1 μm 以下），其厚度比入射电子的有效穿透深度（或全吸收厚度）小得多，那么将会有相当一部分入射电子穿透样品而成为透射电子，它是透射电子显微镜中应用最多的信号电子。这里所指的透射电子是采用扫描透射操作方式对薄样品成像和微区成分分析时形成的透射电子，它是由直径很小（<10 nm）的高能电子束照射薄样品时产生的，因此透射电子的强度取决于微区的厚度、成分、晶体结构和取向。

透射电子是一种反映样品多种信息的信号电子，在透射电子显微镜中利用其质厚效应、衍射效应、衍衬效应可实现对样品微观形貌、晶体结构、位向缺陷等多方面的信息进行分析；透射电子中除了与入射电子能量相当的弹性散射电子外，还有各种不同能量损失的非弹性散射电子，其中有些是具备特征能量损失 ΔE 的非弹性散射电子，即特征能量损失电子，它们与分析区域的成分有关，因此可以利用特征能量损失电子配合电子能量分析器（即电子能量损失谱仪）来进行微区成本分析。

3. 背散射电子

背散射电子也称初级背散射电子，是指受到固体样品原子的散射之后又被反射回来的部分入射电子。它主要由两部分组成，一部分是被样品表面原子散射，散射角大于 90°的那些入射电子，称为弹性背散射电子，它们只改变运动方向，本身能量没有或基本没有损失，所以弹性背散射电子能量可达到数千到数万电子伏特，其能量等于或基本等于入射电子的初始能量；另一部分是入射电子与原子核或核外电子（主要是核外电子）发生碰撞时，则发生非弹性散射过程，经过一系列散射后，散射角累计大于 90°，不但方向改变，能量也有不同程度损失的入射电子，称为非弹性背散射电子，其能量大于样品表面逸出功，可从几个电子伏特到接近入射电子的初始能量，由于这部分入射电子遭遇散射的次数不同，所以各自损失的能量也不相同，因此非弹性背散射电子能量分布范围很广，数十至数千电子伏特。在扫描电子显微镜中利用的背散射电子信号通常是指能量较高（主要是能量等于或接近入射电子初始能量）的弹性背散射电子。当电子束垂直入射时，背散射电子的产额通常随样品的原子序数 Z 的增大而增加，尤其在低原子序数区，这种变化更为明显，但其与入射电子的能量关系不大，所以背散射电子信号的强度与样品的化学成分有关，即背散射电子对样品的原子序数十分敏感。样品的倾斜角（即电子束入射角）的大小对背散射电子产额有明显的影响。因为当样品倾斜角 θ 增大时，入射电子束向前散射的趋势导致电子靠近表面传播，因而背散射机会增加，背散射电子产额增大。

基于背散射电子产额与原子序数及倾斜角的关系可知，背散射电子不仅能够反映样品微区成分特征（平均原子序数分布），显示原子序数衬度，定性地用于成分分析，也能反映形貌特征。因此，背散射电子信号调制图像衬度可定性地反映样品微区成分分布及表面形貌。另外，由于电子束一般要穿透到固体中某个距离后才经受充分的弹性散射作用，使其穿行方向发生反转并引起背反射，因此，射出的背散射电子带有某个深度范围的样品性质的信息。根据样品本身的性质，一般背散射的电子产生的深度范围在 100 nm～1 μm。

4. 特征 X 射线

如果入射电子能量足以使一个原子内壳层（如 K 层）电子激发出去（使原子电离），留下一个空位，这时外层的电子会向下跃迁来填充这个空位，内外两壳层的能量差以一个 X 射线光子的形式发射出去，即产生特征 X 射线。已知不同原子序数 Z 的元素有不同的电离能，且原子序数大的元素有较大的电离能，所以特征 X 射线被用于扫描电子显微镜和透射电子显微镜中的能谱分析，通过检测特征 X 射线的波长或能量可以分析样品中含有的元素类型。

特征 X 射线是在能级跃迁过程中直接释放的具有特征能量和特征波长的一种电磁波辐射，其能量和波长取决于跃迁前后的能级差，而能级差仅与元素（或原子序数）有关，所以特征 X 射线的能量和波长也仅与产生这一辐射的元素有关，故称为该元素的特征 X 射线。

特征 X 射线的波长和原子序数间的关系服从莫塞莱定律（Moseley's law）：

$$\lambda = K/(Z-\sigma)^2 \tag{6.1}$$

式中，Z 为原子序数；K、σ 为常数。根据测定的波长，可确定样品中包含的元素种类。

5. 俄歇电子

如果入射电子有足够的能量使原子内层电子（如 K 层）激发而产生空位，这时其他外层电子向下跃迁填补空位，跃迁产生的能量差（多余的能量）不以辐射 X 光子的方式释放出来，而是交给同壳层的另一电子，使它逸出样品外形成俄歇电子。俄歇电子的能量与电子所处的壳层有关，因此俄歇电子也能给出元素原子序数信息。俄歇电子对轻元素敏感（X 射线对重元素敏感），其能量很低，一般为 50～1 500 eV，随不同元素、不同跃迁类型而异，因此在较深区域中产生的俄歇电子，在向表面运动时，必然会因碰撞而损失能量，使之失去了具有特征能量的特点。用于分析的俄歇信号主要来自样品的表层 2～3 个原子层，即表层以下 2 nm 以内范围，因此俄歇电子信号适用于表面化学成分分析。利用俄歇电子做表面分析的仪器称为俄歇电子谱仪。

6. 吸收电子

吸收电子是残存在样品中的入射电子。

7. 阴极荧光

阴极荧光是入射电子束轰击发光材料表面时，从样品中激发出来的可见光或红外光。

6.2　透射电子显微镜

透射电子显微镜（transmission electron microscope，TEM）简称透射电镜，是最早发展起来的一种电子显微镜。由于它放大倍数和分辨率高，并且具备能够做电子衍射等特点，至今仍然是应用得最广泛的一种电镜。现代高性能透射电镜可兼有扫描电镜、扫描透射电镜和微区成分分析等功能，更扩大了它的适用范围。它可以有效观察和分析材料形貌、组织和结构，还能对同一微区先后进行显微观察和电子衍射分析。

6.2.1　透射电子显微镜的构造

透射电子显微镜是一种大型的电子光学仪器。它主要包括电子光学系统、真空系统和电器三部分。

1. 电子光学系统(镜筒)

电子显微镜的电子光学系统放置在电镜的镜筒内,其核心是磁透镜。光学显微镜是以玻璃透镜使光束聚焦,而电子显微镜则是以磁透镜使电子束聚焦。由于电子显微镜的放大倍数很高,所以对磁透镜的要求很高,一是要短焦距,二是高放大率。

电子光学系统是电子显微镜的主体,它可以说是一个透镜组。电镜的上端是电子枪部分,下端是观察和照相部分,中间则为成像系统,还有样品室。

图 6.2(a)是近代电镜电子光学部分结构示意图。图 6.2(b)是与之相似的透射式光学显微镜的结构图。在电子显微镜的电子光学系统中,它的上部是由电子枪和第Ⅰ会聚镜、第Ⅱ会聚镜组成的电子照明系统。它的作用是提供一个亮度高、尺寸小的电子束。电子束的亮度取决于电子枪,电子束的直径尺寸则取决于会聚镜。电子枪发射电子,是电镜的照明光源,它在电镜中是十分重要的。电子枪又分为灯丝阴极、栅极、加速阳极三部分。灯丝通过电流后发射出电子,栅极电压比灯丝负几百伏,作用是使电子束会聚,改变栅极电压可以改变电子束尺寸,加速阳极系统可以具有比灯丝高五万伏甚至数十万伏的高压,其作用是使电子加速,从而形成一个高速运动的电子束。

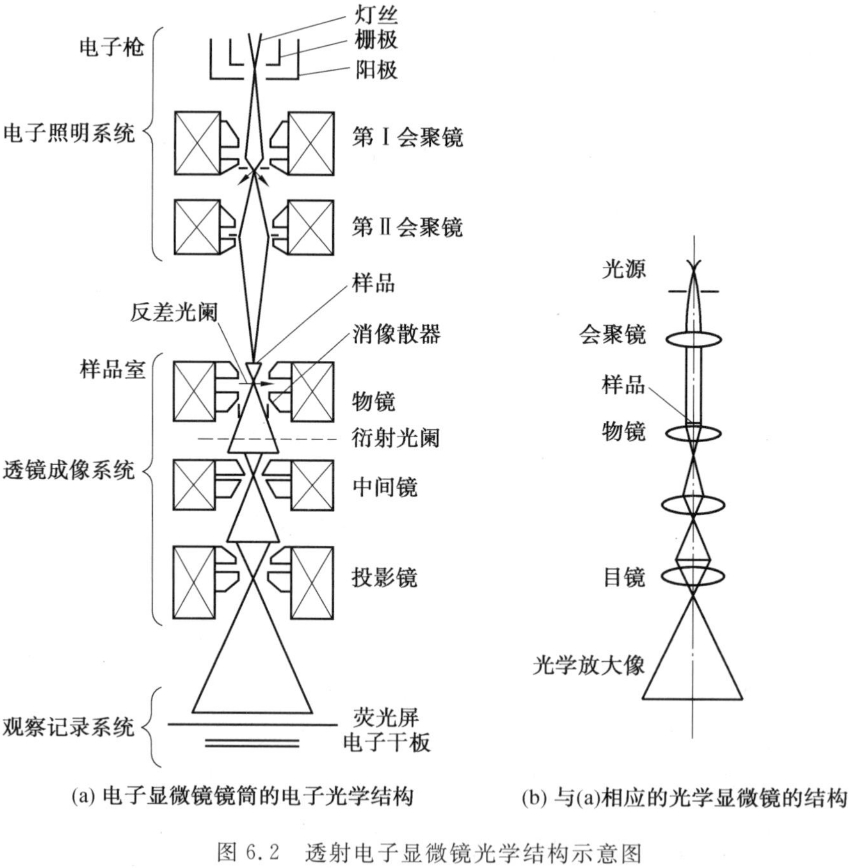

(a) 电子显微镜镜筒的电子光学结构　　(b) 与(a)相应的光学显微镜的结构

图 6.2　透射电子显微镜光学结构示意图

会聚镜将电子枪发出的电子束聚焦到所观察的试样上,通过调节会聚镜的激励电流,可以改变会聚镜的磁场强度,从而控制照明强度及照明孔径角大小。现代电镜一般采用两个会聚镜，以便获得一个尺寸小的电子束。

样品室在电子照明系统下面，样品室是放置被观察样品的，可以使样品沿 x、y 方向移动，也可沿 x 方向升降，现代电镜在样品室中有防污染装置。此外，为了适应多方面应用的需要，还专门配有低温样品台、加热样品台、拉伸样品台以及双倾样品台等。

样品室下面是透镜成像系统。它由物镜、中间镜、投影镜组成。物镜是电镜的重要部分，它的作用是形成样品的第一级放大像，穿过试样的电子束包含了反映试样特征的信息，经过物镜的作用，即在物镜后的像平面上形成放大了的一次电子图像。此外，物镜还对像进行聚焦。透射电镜的分辨率主要取决于物镜，一般要求物镜的焦距应尽量短，通常用强磁透镜作为物镜，其焦距为 2 mm 左右，放大率为 100～200 倍。物镜中还有一个反差光阑和物镜消像散器，它们的作用是减少物镜像散，提高分辨率。

中间镜和投影镜的作用是把物镜形成的第一级放大像再进行二级或三级放大，从而产生最终放大像。中间像一般用弱磁透镜，其激励电流的改变可以改变中间镜磁场的强度，从而改变中间镜的放大倍数。在电镜设计中，往往通过调节中间镜的放大倍数来改变整个成像系统的总放大倍数。投影镜除了要将物镜和中间镜形成的电子图像或电子衍射谱进一步放大外，还要把图像投射到荧光屏上。投影镜一般用强磁透镜，通常要求投影镜有较高的放大倍数。

简单的电子显微镜是由物镜、一个中间镜和一个投影镜组成的三级成像系统。图6.3是三级成像系统的电子光路示意图。这种三级成像系统的总放大倍率 M 为

$$M = M_0 \cdot M_1 \cdot M_2 \tag{6.2}$$

式中，M_0、M_1 和 M_2 分别为物镜、中间镜和投影镜的放大倍率。现代高性能的电镜具有多级成像系统，它们有两个或两个以上的中间镜和投影镜。多级成像系统可以大大提高放大率，以适应高分辨率的需要。

电镜的下端是观察系统与记录系统，把最终像投影在荧光屏上进行观察，下面有自动摄像系统，记录放大像。

透射电子显微镜有高放大倍率、中放大倍率、低放大倍率等状态。实际观察中，一般先采用低倍成像模式，再转到高倍成像模式。

2. 真空系统

电镜的镜筒内部要求处于高真空，因为：①在空气中，运动的电子与气体分子碰撞而散射，使得电子的平均自由路程减小，在电镜中，从灯丝到荧光屏的距离约为 1 m，为了使电子的平均自由路程大小达到这个距离，需要优于 10^{-2} Pa 的真空度；②电子枪的高压需要处于高真空中，以免引起放电；③高真空可以延长电子枪中灯丝的寿命；④试样处于高真空中可以减小污染等。透射电镜的真空度是标志其质量的关键问题之一，普通透射电镜的真空度要求达到 10^{-2}～10^{-3} Pa，现代高性能的电镜要求将真空度提高到 10^{-5}～10^{-7} Pa。

电子显微镜的真空系统由机械泵（前级真空泵）、扩散泵（高真空泵）、真空管道和阀门以及空气干燥器、冷却装置、真空指示器等组成。现代电镜的真空系统都是自动控制的，带有保护装置，可防止由突然停水、停电造成的事故。

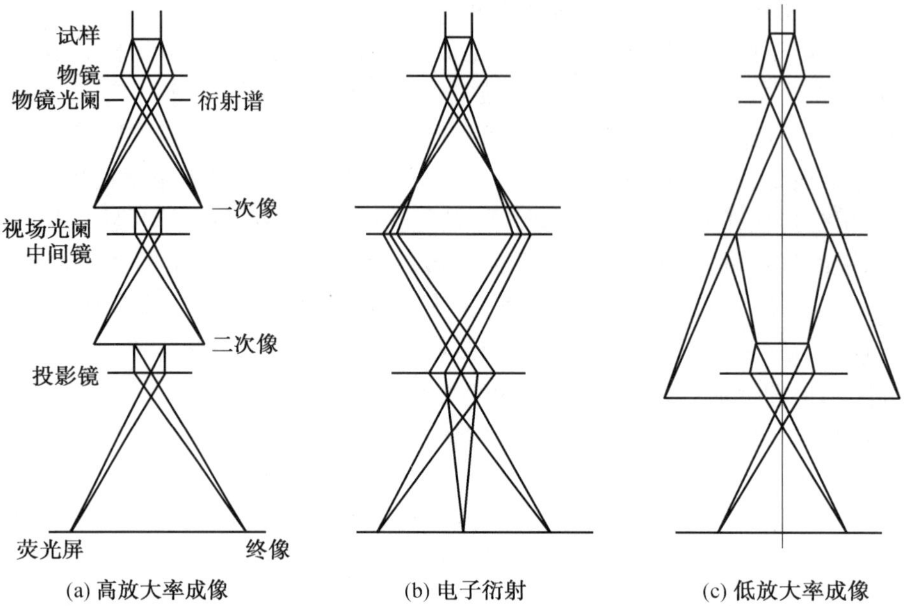

图 6.3　三级成像系统的电子光路示意图

3. 电镜的电器部分

电镜的电器主要包括以下几部分：

(1)电子枪的高压电源。为减小色差，要求加速电压有很高的稳定度，如要达到 0.2～0.3 nm的分辨率，高压的稳定度必须优于 $2\times10^{-6}\ \mathrm{min}^{-1}$。

(2)磁透镜激磁电流的电源。磁透镜激磁电流的波动将使透镜焦距发生变化，图像变得模糊。分辨率为 0.3 nm 的电镜要求物镜电流的稳定度为 $1\times10^{-6}\ \mathrm{min}^{-1}$，中间镜和投影镜电流的稳定度为 $5\times10^{-6}\ \mathrm{min}^{-1}$。

(3)各种操作、调整设备的电器。包括电对中系统的电源、消像散器的电源及自动真空阀门、自动照相及其他自动控制系统的电器等。

(4)真空系统电源。

(5)安全保护用电器。如缺水时，自动切断电源，自动关闭真空阀门；真空度不够或高压部件外露时，高压电源接不上；等等。

现代电镜采用了晶体管和集成电路等电子新技术，大大提高了电源的稳定性，而且使操作更为方便，自动化程度很高，一般都采用了电子计算机控制系统。

6.2.2　工作原理和主要性能指标

1. 工作原理

透射电子显微镜工作时首先由电子枪发射出电子束，在真空通道中沿着镜体光轴透过聚光镜，通过聚光镜会聚成尖细、明亮又均匀的光斑，照射到样品上。透过样品的电子束携带了样品的结构信息。比如，致密部位透过的电子少，稀疏部位透过的电子多。然后经过物镜的会聚调焦和初级放大后，电子束进入下级的中间透镜和第一、第二投影镜进行放大成像，透射在荧光屏板上，最后转化为可见影像。

2. 主要性能指标

透射电子显微镜的主要性能指标是分辨率、放大率、加速电压、相机长度以及自动化程度、所具备的功能等。

(1)分辨率。

电镜的分辨率是标志电镜水平的首要指标，也是电镜性能的主要综合性指标。它表征的是电镜观察物质微观细节的能力，包括点分辨率和线分辨率。前者是指在电子图像上能分辨清楚试样上相邻两点的最小距离，高分辨电镜的点分辨率可达 0.2 nm；后者是指电子图像上能分辨出的最小晶面间距，线分辨率可达 0.144 nm。

(2)放大率。

电镜的放大率是指电子图像相对于试样的线性放大倍数。将最小可分辨距离放大到人眼可以分辨的大小所需要的放大率称有效放大率，有效放大率是与仪器的分辨率相匹配的。当人眼的分辨距离是 D，电镜的点分辨率是 r 时，有效放大率 $M=D/r$。仪器的最高放大率要大于有效放大率，才能反映出仪器可能的分辨率，但放大率过高是没有意义的，再高的放大率也不可能在电子图像上得到比分辨率更小的结构细节。一般最高放大率在 600 000～800 000× 是适宜的。电镜的低倍放大率需要与光学显微镜相衔接(1 000～2 000×)。另外需要有 50～100× 的更低倍率，用以普查试样，选择视场。电镜的放大率是可调的，以便在不同倍率下观察不同尺寸的微观结构。

(3)加速加压。

电镜的加速电压是指电子枪中阳极相对于灯丝的电压，它决定了电子枪发射的电子的波长和能量。加速电压高时，电子束对试样的穿透能力强，能直接观察较厚的试样，但是其分辨率也会比较小。例如，加速电压为 35 kV，分辨率为 6 nm；加速电压为 25 kV，分辨率为 10 nm；加速电压为 15 kV，分辨率为 15 nm。为了观察金属薄膜样品，加速电压至少要 100 kV 以上，最好用超高压电镜。电压高时有利于获得高分辨率，对试样造成的电子辐照损伤也比较小。观察复型试样常用 100 kV 左右的加速电压。一般电镜的加速电压在 50～200 kV，加速电压在 1 000 kV 以上的电镜称超高压电镜。电镜的加速电压在一定范围内可调，通常所说电镜的加速电压(或高压)是指可达到的最高加速电压。

(4)相机长度。

相机长度是指电镜做电子衍射时的一个仪器常数。用电镜做电子衍射时，衍射谱图经过透镜系统放大了，因此电镜的相机长度比电子衍射仪大得多，而且它是在一定范围内可调的。相机长度范围大有利于做更多的电子衍射工作。

6.2.3 衬度形成原理

每张电子显微镜照片都是以明暗不同来表现的，当一束聚焦的高速电子沿一定方向轰击样品时，电子与固体物质中的原子核和核外电子发生作用，产生很多信息。在透射电镜中，电子的加速电压很高，采用的试样很薄，所接收的是透过的电子信号。因此，这里主要考虑电子的散射、干涉和衍射等作用。电子束在穿越试样的过程中，与试样物质发生相互作用，穿越试样后带有试样特征的信息，但是人的眼睛不能直接感受电子信息，需要将其转变成眼睛敏感的图像。图像上明、暗(或黑、白)的差异称为图像的衬度,或者称为图像的反差。在不同情况下,电子图像上衬度形成的原理不同,它所能说明的问题也就不同。透射电镜的图像衬度主要有散射(质量一厚度)衬度、衍射衬度和相位衬度,衬度原理是分析电镜图像的基础。

1. 散射衬度

当一束电子通过样品时,由于受到样品中元素的原子核和核外电子的电场的作用,入射电子运动的速度和方向发生变化,这种现象称为电子的散射。电子显微镜可以使电子束经过试样散射后带有的散射信息变成为人眼所能观察到的电子图像。由于试样上各部位散射能力不同,所形成的衬度称为散射衬度,它是非晶态形成衬度的主要原因。

可以想象,如果样品的厚度不同,或者元素组成不同,那么电子束穿过试样后的散射情况也就不同。如某一个微小区域较厚,或者原子密度大,那么电子在这一区域受到散射的概率大,被散射掉的电子较多,散射的角度也较大,因此,通过样品的数目较少。反之,如果样品某一微小区域较薄,或者原子密度小,那么电子散射部分较小,而且散射角也小,这样,通过电子的数目较多。可以说,总的散射率与样品的厚度和密度的乘积成正比,此乘积称为"质量一厚度"。因此,这种由于样品各部位"质量一厚度"不同形成的散射衬度又称为质量一厚度衬度。

图 6.4 是散射衬度的形成原理示意图。入射电子在样品上受到散射后,凡散射角大的,均不能通过物镜的反差光阑孔,即散射电子被光阑挡住,而只有散射角很小的电子才

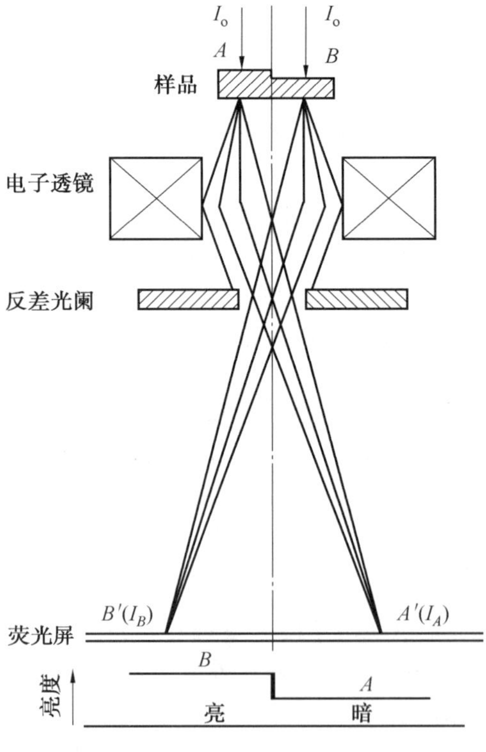

图 6.4　散射衬度的形成原理示意图

能通过光阑孔。样品中质量一厚度大的部分透过光阑孔的电子较少，投射到荧光屏上形成的亮度较小(较暗)；而质量一厚度较小的部分透过光阑孔的电子较多，投射到荧光屏上形成的亮度较大。因此，这两部分透过的电子密度不同，投射到荧光屏上(或照相底片上)就形成了衬度。

2. 衍射衬度

运动电子具有波粒二相性，在一定的加速电压作用下，电子束具有一定的波长，电子束与晶体物质作用，可以发生衍射现象。与 X 射线的衍射类似，电子衍射也遵循布拉格定律，即波长为 λ 的电子束照射到晶体上，当电子束的入射方向与晶面距离为 d 的一组晶面之间的夹角 θ 满足关系式：$2d\sin\theta=n\lambda$ 时，就在与入射束成 2θ 的方向上产生衍射束，如图 6.5 所示。样品对电子的衍射产生的衬度称为衍射衬度，它是晶体样品形成衬度的主要原因。

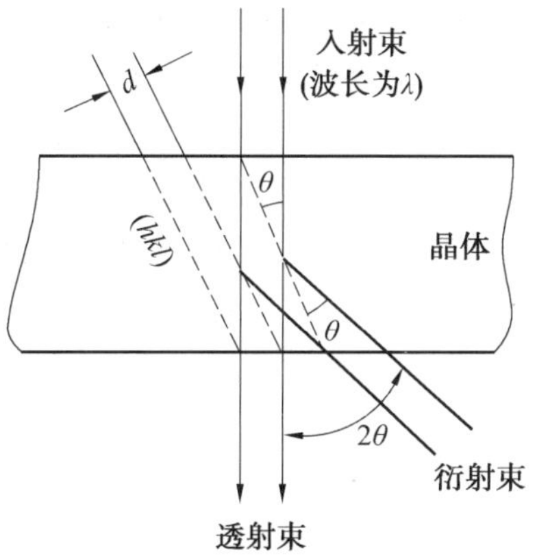

图 6.5　布拉格定律的几何关系图

有关衍射衬度的理论比较复杂，需要较多的物理和数学知识，因此，这里只能讲一下衍射衬度成像的特点。当入射电子束通过一个厚度均匀的薄样品后，由于样品中包含不同方向的晶粒，或者存在缺陷，入射电子束对一个晶粒的某一组晶面满足布拉格衍射条件，电子将与晶面按一定角度发生反射，这样就使发生反射的晶粒的透射电子较少，荧光屏上相应位置的亮度较小；而另外一个晶粒不满足布拉格条件，没有反射电子，因而透射电子较多，荧光屏上相应位置的亮度就较大。这样，就产生了衍射衬度。

图 6.6 给出了只存在两个晶粒的样品形成衍射衬度的原理示意图。在该样品中，一个晶粒的晶面满足布拉格条件，另一个晶粒的该晶面不满足，可看到衍射的结果和形成衍射衬度的像。

3. 相位衬度

相位衬度是由于电子波的干涉所产生的，是超薄样品和高分辨像的衬度来源，可以观察原子像和分子像。

入射电子波穿过极薄的试样后，形成的散射波和直接透射波之间产生相位差，经物镜的会聚作用，在像平面上会发生干涉。由于穿过试样各点后电子波的相位差情况不同。在像平面上电子波发生干涉形成的合成波也不同，由此形成了图像上的衬度。图 6.7 表

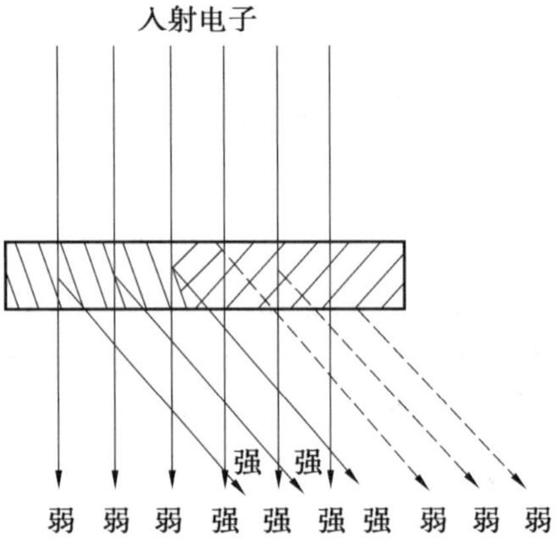

图 6.6　衍射衬度形成原理示意图

明了相位衬度与质量一厚度衬度的区别，在图 6.7(b)中，电子束照在试样上的 P 点，由于物镜光阑挡住了散射角大的那部分(图中斜线所示)电子波，穿过光阑孔的电子波的强度决定了像点 P'的亮度，这样形成的是质量一厚度衬度。在图 6.7(a)中，电子束穿过试样原子后，散射角大的电子波很弱，散射角小的散射电子波也能穿过物镜光阑孔。在穿过光阑孔的电子波中，散射波与直接穿透电子波之间有相位差，到达像平面处发生干涉，决定了像平面处合成波的强度，使点 P'具有与试样特征相关的亮度。

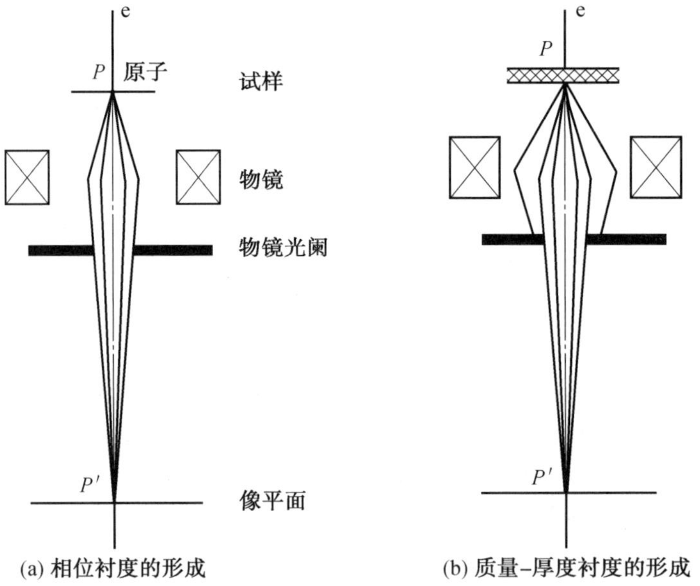

图 6.7　相位衬度与质量一厚度衬度的区别

为了获得更多的信息，进行高分辨观察时可以选用大孔径物镜光阑，甚至可以不用物镜光阑。由于图像上形成的相位衬度值与透镜的失变量和球差值相关，因此必须选择最佳失焦量等实验条件，才能得到好的高分辨像。

6.2.4　透射电子显微镜的测试

1. 透射电子显微镜样品的制备

样品的制备对于获得一张满意的电子显微像是至关重要的，制备样品花费时间很多，有时甚至超过整个研究工作量的一半。电子束对薄膜样品的穿透能力和加速电压有关。当电子束的加速电压为 200 kV 时就可以穿透厚度为 500 nm 的铁膜。从图像分析的角度来看，样品厚度较大时，得到的图像过于复杂，难以进行分析，但若样品太薄则表面效应将起着重要的作用，以至于造成薄膜样品中相变和塑性变形的进行方式有别于大块试样。因此，要根据不同的要求来选用适当的样品厚度，对于大部分金属材料而言，样品厚度都在 500 nm 以下。

通常透射电子显微镜样品可按材料的形状分为薄膜样品和粉末样品，除此之外还有用复型方法将材料表面或断口形貌复制下来的复型膜。

1)薄膜样品的制备。

复型法分辨本领较低，不能充分发挥透射电镜高分辨率(0.2～0.3 nm)的效能；同时复型(除萃取复型外)只能观察样品表面的形貌，而不能揭示晶体内部的结构。通过薄膜样品的制备方法，可以在电镜下直接观察分析以晶体试样本身制成的薄膜样品，从而可使透射电镜得以充分发挥它极高分辨本领的特长，并可利用电子衍射效应成像，不仅能显示试样内部十分细小的组织形貌衬度，而且可以获得许多与样品晶体结构(如点阵类型、位向关系、缺陷组态等)有关的信息。

薄膜样品制备方法要求：不引起材料组织的变化；足够薄，否则将引起薄膜内不同层次图像的重叠，干扰分析；薄膜应具有一定的强度，具有较大面积的透明区域；制备过程应易于控制，有一定的重复性、可靠性。

因为透射电子显微镜样品台的尺寸是 3 mm，所以不论是平面薄膜还是截面薄膜，都是将样品制成直径小于或等于 3 mm 的对电子束透明的薄片。从制备样品时的方向上区分，可分为平面薄膜和截面薄膜两类。平面薄膜为平行于块体样品表面取样，用于普通微结构研究或用于薄膜和表面附近微结构研究；而截面薄膜为垂直于样品表面取样，用于均匀薄膜和界面的微结构研究。

(1)平面薄膜样品制备。

从大块试样上切取厚度小于 0.5 mm 的薄片，把切好的薄片一面黏在样品座底表面上，然后在水磨砂纸上研磨减薄，达到粗糙度要求后，再把试样翻转过来磨削另一面，直到满足试样要求厚度 100 μm 或更薄，将样品进一步切成直径为 3 mm 的薄圆片，最后电解双喷或离子减薄到出孔，并适合透射电子显微镜观察。

①电解双喷减薄法。电解双喷减薄法就是将预减薄的直径为 3 mm 的样品放入样品夹具上，样品作为阳极，电解液从阴极喷出，从而不断地腐蚀减薄样品，当样品刚一穿孔时，透过样品的光通过在样品另一侧的光导纤维管传到外面的光电管，切断电解抛光射流，得到的薄膜有较厚的边缘，中心穿孔有一定的透明区域，不需要放在电镜铜网上，可直接放在样品台上观察。此方法适用于金属材料。

②离子减薄法。离子减薄法是让薄片状的样品处于高真空环境中，由冷阴极枪提供

高能离子流，例如氩离子流，对样品的表面以某一入射角做连续的轰击，样品表层原子受到氩离子的激发产生溅射而被减薄，最终得到薄膜样品。

离子减薄是一种普适的减薄方法，不仅适用于用电解双喷法所能减薄的各种样品，而且还能减薄电解双喷法所不能减薄的样品，例如陶瓷材料、高分子材料、矿物、多层结构材料、复合材料等。如用双喷法穿孔后，孔边缘过厚或穿孔后样品表面氧化，皆可用离子减薄法继续减薄直至样品厚薄合适或去掉氧化膜为止。用于高分辨电镜观察的样品，通常双喷穿孔后再进行离子减薄，只要严格按操作规范减薄就可以得到薄而均匀的观察区，该法的缺点是减薄速度慢，通常制备一个样品需要十几个小时甚至更长，而且样品有一定的温升，如操作不当，样品会受到辐射损伤。在研磨到厚度 100 μm 后，可用凹坑减薄仪进行减薄以达到更好的效果。其原理是凹坑减薄仪的磨轮装在水平转动轴上，可随水平轴高速转动，样品装在水平放置的样品台上，样品台可带着样品沿垂直轴转动，在磨轮和样品相对转动时加入磨料，将薄圆片样品加工出一个碗形的凹坑。凹坑后的样品底部可达到 10 μm 以下，减少离子减薄的时间，同时保证周边部分较厚，增加了样品的牢固性。

制备平面薄膜样品时需要注意以下几点：

①对韧性材料可用线切割技术或用圆盘锯（非金刚石圆盘锯）将样品切割成0.5 mm 薄片，对脆性材料可用低速金刚石圆盘锯。

②研磨时，注意样品要平放且保证用力不要太大，并使其在研磨过程中充分冷却，确保样品内部组织结构不会发生变化。第一面研磨时磨削厚度尽量小一些，以免薄片太薄而在翻转时弯曲变形，且研磨的两面都需要抛光。

③对韧性较好且机械损伤对材料影响不大的材料，可用机械切片机将样品切成直径 3 mm（此时样品厚度应在 100 μm 左右）；对脆性材料可以用超声钻。

④电解双喷样品穿孔后，要迅速将样品放入乙醇（丙酮或水）中漂洗干净，否则电解液将继续腐蚀样品，如漂洗不干净还会在样品表面形成一层氧化污染层。清洗样品时，让样品在清洗液表面上下穿插，然后再在乙醇中漂洗，用滤纸吸干后准备观察。

⑤离子减薄是为了抑制样品表面成分发生变化和非晶化，需要采用合适的电压和入射角；为了防止样品温度过高，可以采用低温试样台；不宜使用太大的加速电压和太大的入射角，防止对样品表面造成损伤而引入假象。

（2）截面薄膜样品制备。

截面试样大量用于半导体器件（多层结构）、薄膜、复合、表面等材料的研究中。在制备过程中，首先在低倍立体显微镜下选样品，表面平坦，没有损伤，注意不选样品的边缘，用低速金刚石圆盘锯等把样品切成小块，注意切割尺寸不宜过大。再用无水乙醇、丙酮、超声等方式对样品进行清洁处理。清洗后的样品从丙酮里捞出来，自然干燥后，在样品的生长表面里涂上少量胶（如 MBond610），将两块样品的生长面，面对面黏在一起，快速放入专用夹具中加压固定，并升温保温一段时间后使胶水固化，冷却后取出，再按照上述平面样品制备过程制备薄片，不过需要注意的是，横截面样品的制备要难得多，因此制备的过程中一定要小心仔细，最好在挖坑以后用抛光轮再抛光一次，否则在离子减薄时，生长薄膜很容易被减掉，而且尽量确保小圆片的纵向接近轴线的地方存在横截面。

2)粉末样品的制备。

最常用的是支持膜分散粉末法。对于足够细的试样粉末,直接用超声波分散器将需要观察的粉末在溶液中分散成悬浮液,用滴管滴几滴在覆盖有非晶碳支撑膜的铜网即微栅上。待其干燥后,即成为电镜观察用的粉末样品。透射电镜样品的厚度一般要求在 100 nm 以下,如果样品厚于 100 nm,则先要用研钵把其尺寸磨到 100 nm 以下,然后再进行上述的步骤。制备粉末样品时需要注意以下几点:

(1)选择有机溶剂的原则是与制备的试样不发生反应;

(2)微栅在使用时注意要将碳膜面朝上;

(3)一定要吸取悬浮液中表面的液体进行观察,避免由于底部颗粒直径大而不利于电子显微镜观察;

(4)可以在试样干燥后,再蒸上一层碳膜,防止在透射电子显微镜观察的过程中粉末的脱落。

除此之外,还有一种胶粉混合法,在干净玻璃片上滴火棉胶溶液,然后在玻璃片胶液上放少许粉末并搅匀,再将另一玻璃片压上,两玻璃片对研并突然抽开,稍候,膜干。用刀片划成小方格,将玻璃片斜插入水杯中,在水面上下空插,膜片逐渐脱落,用铜网将方形膜捞出,待观察。一般用于磁性粉末样品且观察倍数不高。

透射电子显微镜样品制备的其他方法如下。

(1)超薄切片法。超薄切片法广泛用于生物试样的薄片制备和比较软的无机材料的切割,可利用金刚石刀一次性切出厚度小于 100 nm 的薄膜。其优点是试样的化学成分不变,试样制备迅速和简单;缺点是在制样过程中可能引入形变,由于刀的几何形状,材料必然发生弹性或塑性变形。

(2)聚焦离子束法。聚焦离子束法的原理是将离子束聚焦成很小的区域,通过溅射作用将材料高速地加工减薄。通常使用 Ga 离子,在 30 kV 左右的加速电压下,将离子束缩小到几十纳米的微小区域,因而能高精度地选择区域来减薄。其缺点是强离子束可能造成样品损伤,Ga 离子轰击时,Ga 离子可能会残留在样品中。

3)表面复型膜的制备。

复型是利用一种薄膜(如碳、塑料、氧化物薄膜)将固体试样表面的浮雕复制下来的一种间接样品。它只能作为试样形貌的观察和研究,而不能用来观察试样的内部结构。对于在电镜中易起变化的样品和难以制成电子束可以透过的薄膜的试样多采用复型法。复型方法中用得较普遍的是塑料一级复型、碳一级复型、塑料－碳二级复型和萃取复型。

(1)一级复型。

一级复型分为塑料一级复型和碳一级复型。

①塑料一级复型。在已制备好的金相试样或断口样品上滴几滴体积分数为 1%的火胶醋酸戊酯溶液或醋酸纤维素丙酮溶液,待溶剂蒸发后,表层留下一层 100 nm 左右的塑料薄膜。将塑料薄膜小心地从样品表面上揭下来,剪成对角线小于 3 mm 的小方块,放在直径为 3 mm 的专用铜网上,进行透射电子显微分析。

②碳一级复型。将制备好的金相试样放入真空喷碳仪中,以垂直方向在样品表面蒸发一层数百埃的碳膜;用针尖或小刀把喷有碳膜的样品划成对角线小于 3 mm 的小块;将

样品放入配制好的分离液中，电解或化学抛光，使碳膜与试样表面分离；将分离开的碳膜在丙酮或酒精中清洗，干燥后，放置在直径 3 mm 的铜网上进行电镜观察分析。

(2)二级复型。

二级复型一般指塑料一碳二级复型。其制备方法是在样品表面滴一滴丙酮，然后贴上一片与样品大小相当的 AC 纸(质量分数为 6%的醋酸纤维素丙酮溶液制成的薄膜)。待 AC 纸干透后小心揭下，即得塑料一级复型；将塑料复型固定在玻璃片上，放入真空喷碳仪中喷碳；将二次复型剪成对角线小于 3 mm 的小方块放入丙酮中，溶去塑料复型；将碳膜捞起清洗干燥后，即可放入电镜中观察。

碳一级复型分辨本领最高，可达 2 nm(直接取决于复型本身的颗粒度)，但剥离较难；塑料一级复型操作最简单，但其分辨本领和像的反差均较低，且在电子束轰击下易发生分解和烧蚀；塑料－碳二级复型操作复杂一些，其分辨本领与塑料一级复型基本相同，但其剥离起来容易，不破坏原有试样，尤其适用于断口类试样，它是无机非金属材料形貌与断口观察中最常用的一种制样方法。

(3)萃取复型。

萃取复型是在上述三种复型的基础上发展起来的唯一能提供试样本身信息的复型。它是利用一种薄膜(现多用碳薄膜)，把经过深浸蚀的试样表面上的第二相粒子黏附下来。由于这些第二相粒子在复型膜上的分布仍保持不变，所以可以来观察分析它们的形状、大小、分布和所属物相(后者利用电子衍射)。其制备方法是深浸蚀金相试样表面，使第二相粒子显露出来；在真空喷碳仪中喷镀一层较厚的碳膜(20 nm 以上)，把第二相粒子包络起来；用小刀或针尖把碳膜划成对角线 3 mm 的小块，并放入分离液中进行电解或化学抛光，使碳膜连同凸出试样表面的第二相粒子与基体分离；将分离后的碳膜经酒精等清洗后作为电镜样品进行观察。

2. 测试

1)薄膜样品的制备。

(1)磨样品。一般样品的两面都需要处理。首先根据样品的厚度和软硬程度选择砂纸，过厚的样品还要经过砂轮打薄。在砂纸上打磨时，要十字交叉磨，以免一个方向的划痕过深，并且要逐步升高砂纸的目数，以便在磨薄的同时逐步减少划痕深度。根据实际情况，样品到一定厚度后，转移到抛光仪上进行抛光，直到在金相显微镜下看不见样品表面的划痕。再按照上述方式磨另外一面，直至样品厚度为 50 μm 左右。

(2)凹坑。这个过程是为了进一步减薄样品，抛光膏一般选用 1 μm。首先将上一个工序得到的 50 μm 的样品放在凹坑仪上进行凹坑钉薄，同时要不断地观察其表面是否有划痕，还要防止样品被钉穿，最后样品的厚度为 10 μm 左右。

(3)清洗、干燥。清洗凹坑钉薄后的样品，然后干燥。

(4)冲片。将干燥过的样品用冲片器冲成直径为 3 mm 左右的圆片，并用砂纸进行修整。

(5)电解、清洗。电解减薄后立即投入乙醇中清洗 4～5 次，干燥至表面无乙醇。

2)开机并安装样品。

(1)依次打开循环水、总电源、真空泵、扩散泵电源。

(2)30 min 后开镜筒电源，等高真空与底片室的绿色指示灯均亮后，表示真空度符合要求，即可以开始工作。加高压至 80 kV 或 100 kV，加灯丝电流至饱和点。

(3)将样品安装到样品托上，插入镜筒，同时打开样品室预抽开关，边推边顺时针方向旋转托柄至全部推进。

3)观察样品。

(1)逐渐增加工作电压，将灯丝电流开到锁定位置。

(2)先在低倍镜中寻找所需要观察区域，调节亮度并对准，再调节到高倍镜下观察并拍照记录。

4)取出样品并关机。

在关灯丝电流后拉出样品托。边拉要边逆时针旋转，同时还要关闭样品室预抽开关。然后，依次关闭工作电压、镜筒电源、真空泵电源、机械泵电源及总电源，20 min 后才能关闭循环水。

5)注意事项。

(1)样品打磨时，砂纸标号从小到大，抛光液的选择也是粒度从粗到细。

(2)在电镜操作过程中，开关机时循环水、真空电源等先后顺序不能颠倒，否则会造成电镜预热不足、散热不好等问题，影响电镜使用寿命及样品的观察。

(3)电解减薄后的样品，一定要待乙醇完全挥发完才能进电镜室，否则会影响电镜真空度。

6.3　扫描电子显微镜

6.3.1　概述

扫描电子显微镜(scanning electron microscope，SEM)简称扫描电镜，自从 1965 年问世以来得到了迅速发展，种类不断增多，性能日益提高，并且已在材料科学、地质学、生物学、医学、物理学、化学等学科领域获得越来越广泛的应用。为适应不同分析的要求，在扫描电镜上相继安装了许多专用附件，实现了一机多用，从而使扫描电镜成为同时具有透射电镜(TEM)、电子探针 X 射线显微分析仪(EPMA)和电子衍射仪(ED)等功能的一种快速、直观、综合的分析仪器。

扫描电镜主要具有如下特点：

(1)仪器分辨率高，通过二次电子像能够观察试样表面 6 nm 左右的细节。

(2)仪器放大倍数变化范围大(一般为 10～150 000 倍)，且能连续可调。因而，可根据需要任意选择不同大小的视场进行观察，同时在高放大倍数下，也可获得一般透射电镜较难达到的高亮度的清晰图像。

(3)观察试样的景深大，图像富有立体感。可直接观察起伏较大的粗糙表面，如金属断口、催化剂等。

(4)样品制备简单，只要将块状或粉末的、导电或不导电的样品稍加处理或不加处理，就可直接放到扫描电镜中进行观察。由于不采用一般透射电镜常用的复杂的复型技术，因而图像更接近于样品的真实状态。

(5)可以通过电子学方法方便有效地控制和改善图像的质量(反差和高度)。

(6)可进行综合分析。扫描电镜装上波长色散 X 射线谱仪(WDX)或能量色散 X 射线谱仪(EDX),可在观察形貌图像的同时对样品上任选的微区进行元素分析;装上半导体试样座附件,通过电动势像放大器可直接观察晶体管或集成电路的 PN 结及其微观缺陷(由杂质和晶格缺陷造成的);装上不同类型的样品台,可以直接观察处于不同环境(加热、冷却、拉伸等)中样品结构形态的变化(动态观察)。

由于扫描电子显微镜具有以上特点,所以,它得到了迅速发展和广泛应用。它主要用于材料的表面、断面等的研究,配合电子探针(能谱仪、波谱仪)等附件,在对样品形貌观察分析的同时还可以进行微区的成分分析(包括夹杂物、析出相)和结晶学分析等。

6.3.2　扫描电镜的结构和主要性能指标

1. 扫描电镜的结构

扫描电镜的结构因制造厂家不同而有一定的差别,但大体可分为产生电子束的电子光学镜筒,样品室,镜体真空抽气系统,信号检测、放大及显示系统,电源系统等五个主要部分。

(1)电子光学镜筒。

扫描电镜的电子光学镜筒实际上起着样品信息激发源的作用,由这一部分提供一个能量、强度和斑点直径可调的电子束,并将其打到样品上。电子光学镜筒主要由电子枪、电子透镜、光阑、像消散器、扫描线圈及有关电源组成,如图 6.8 所示。

①电子枪。

目前,常用的电子枪是由阴极、韦氏极(栅极)和阳极构成的三极管系统。阴极是发叉式钨丝,加热后可发射热电子。韦氏极呈圆筒形或圆锥形,其作用是能将发散的电子束会聚起来,在阳极附近形成一个最小电子束腰,通常称之为交叉斑。改变韦氏极上的负偏压,可改变电子束强度,但一般扫描电镜阴极都工作在近饱和区,即可近似认为发射电流不随时间变化。阳极的作用是通过高压电源在阴极与阳极之间形成加速电场拉出热电子,由阳极、栅极和阴极形成的复合电场,使由阴极发出的热电子形成一个具有一定能量的电子束,相应的交叉斑直径为 15～30 μm。

②电子透镜。

电子透镜是由轴对称的电场或磁场构成的。像玻璃透镜对物体(发光体或反光体)有放大或缩小的成像作用一样,电子透镜对电子源这一“物”也具有放大或缩小作用。透射电镜的电子透镜是放大透镜,而扫描电镜的电子透镜是缩小透镜,它的“物”就是电子束交叉斑,打到样品上的入射电子束斑就是交叉斑的“像”。为使打到样品表面上的入射电子束直径能够在 5 nm～1 μm 范围内变化,通常使用两个或三个电子透镜,以使电子束交叉斑直径缩小 100～2 000 倍。靠近电子枪的电子透镜称为会聚透镜,靠近样品的电子透镜称为物镜。会聚透镜主要用来调节打到样品上入射电子束的强度,以改变图像亮度和反差,物镜主要用来调节电子束斑直径并实现图像聚焦。

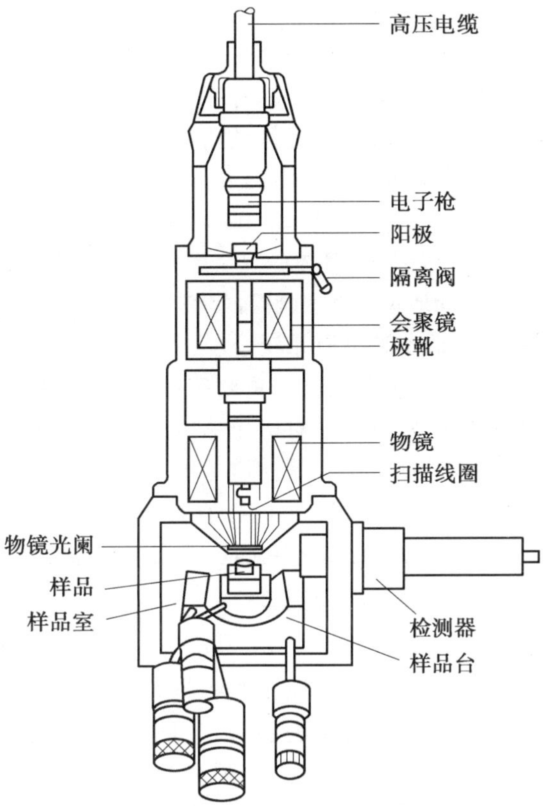

图 6.8　扫描电镜的电子光学镜筒结构示意图

③光阑。

扫描电镜中主要有会聚镜光阑和物镜光阑，它们一般都是由钼或铂制成的圆孔膜片。会聚镜光阑的作用是挡掉由电子枪出来的散射角度较大的电子或其他杂散电子，以降低噪声本底，防止绝缘物荷电等。物镜光阑是用来限制入射电子束在样品上的张开角(孔径角)以减小物镜球差，提高分辨率和改变景深。物镜光阑孔的清洁程度对扫描电镜图像质量影响很大，如何保持该光阑的清洁是扫描电镜使用中的一个极为重要问题。

④消像散器。

消像散器一般都装在物镜上极靴的上方，其作用是消除电子光学系统因玷污等引起的像散，以提高分辨率。当电子光学系统的磁场或电场的轴对称性被破坏时，就会产生像散。像散的存在将使原来圆形的交叉斑像，即入射电子束斑变为椭圆，因而使图像变坏。

(2)样品室。

样品室一般处于镜筒的下方，内部装有样品台，装有样品台的样品座就放在这个台上。调节样品台的微动机械结构可使样品做各种运动，以实现从各个方向对任何复杂表面结构的样品进行分析观察。这些运动有样品在 x、y 方向的平面运动，在 x 方向的工作距离的变化，以及样品倾斜和旋转。为了扩大扫描电镜的应用范围，目前大部分仪器的样品室都装有 X 射线光谱仪、X 射线能谱仪及其他一些附件的探头。

(3)真空系统。

扫描电镜工作时,整个镜体要处于高真空状态,即从电子枪到样品室的整个电子束通路要靠旋转机械泵和油扩散泵维持 10^{-3} Pa 或更高的真空度。真空度过低,将使电子枪发射电流不稳,高压打火,烧断灯丝以及易使镜体玷污,图像质量变坏等。目前,大部分扫描电镜的抽真空操作,都通过电子学线路控制电磁和气动真空阀门等按一定次序自动完成。

正常情况下,仪器从开机到正常工作约 25 min,更换样品约需 1 min。在电子枪下面有一隔断阀,换灯丝时,只让电子枪放气,镜体的其余部分仍处于高真空,以缩短抽气时间。突然断电和断水时,保护装置可自动地关闭真空阀门,使整个真空系统处于互相封闭状态。

(4)信号检测、放大及显示系统和电源系统。

信号检测、放大及显示系统是扫描电镜的重要组成部分,它由各种检测器、放大器、显示荧光屏等组成。通过不同的信号检测器对电子束在样品上激发出来的信号加以检测、放大,最终得到表征样品形貌或物理、化学等性质的电子图像。

扫描电镜的电源系统为电镜的有关部分如电子枪、电子透镜、扫描发生器、各种检测器、放大器以及真空系统等提供稳定的电压或电流,以使扫描电镜处于长期稳定的工作状态。

2. 扫描电镜的主要性能指标及其影响因素

1)分辨率。

分辨率是扫描电子显微镜最重要的一项性能指标,是用显微镜能够清楚地分辨客观存在的两点或两个细节之间的最小距离来表示的。扫描电镜二次电子像的分辨率一般为 6～10 nm,最佳可达 3 nm。但需要注意的是,仪器所标定的分辨率是指扫描电子显微镜处于最佳状态下达到的性能,并不保证在任何情况下都可得到。在一般情况下,为了观察更多的清晰细节,人们总是希望显微镜的分辨率越高越好。但限制和影响其分辨率的因素较多。其中较主要的有下列三个因素:

(1)扫描电子束束斑直径。

一般情况下,任何小于电子束束斑的样品细节不能在荧光屏图像上显示,即扫描电子显微镜的最小分辨率不可能小于扫描电子的束斑直径。束斑直径越小,相对而言分辨本领越高,而束斑直径的大小主要取决于电子光学系统。

(2)入射电子束在样品中的扩展效应。

高能电子束向样品内部侵入时,其受到样品原子的散射作用,结果使样品内部一定深度的入射电子束斑直径较入射时为大,这会使扫描电镜分辨率降低。高能电子与试样作用区的形状与大小主要取决于入射电子束的能量和样品原子序数的高低。入射束能量越大,试样原子序数越小,电子束作用体积越大。对于轻元素试样,形成“梨形作用区”,对于重元素试样,形成“半球形作用区”。一般改变电子能量只能引起作用区体积的大小变化,而不会显著地改变其形状。因此,提高入射电子束的能量对提高分辨率是不利的。

(3)成像方式及所用调制信号。

用来调制荧光屏亮度的信号不同,则分辨率就不同。如果以二次电子为调制信号时,因为二次电子的能量比较低,在试样上方检测到的二次电子主要来自试样近表面几纳米的薄层内,图像分辨率较高。在理想情况下,二次电子像分辨率与电子束束斑直径相当,所以二次电子具有较高的分辨率,通常以二次电子像的分辨率作为衡量扫描电子显微镜分辨率的主要指标。而当以背散射电子为调制信号时，在试样上方检测到的背散射电子主要来自试样较深层，且横向扩展和散射区域范围比二次电子大得多，因此背散射电子成像分辨率要比二次电子成像的低得多，一般为 50～300 nm。同时，入射电子束还可以在样品更深的部位激发出特征 X 射线，它的扩展区更大，因此分辨率比背散射电子更低。

除此之外，信噪比、杂散磁场、机械振动等因素也会影响分辨率。一般信噪比越高，分辨率越高；而杂散磁场可能使扫描电子束形状发生畸变、电子运动轨迹改变、图像质量降低等；机械振动将引起束斑漂移，从而使分辨率下降。

2）放大倍数。

显微镜的另一个重要的性能指标是放大倍数，它定义为像与物大小之比。扫描电镜的放大倍数定义为显示荧光屏边长与入射电子束在样品上扫描宽度之比。由于扫描电子显微镜的荧光屏尺寸是固定不变的，因此只要减小镜筒中电子束的扫描幅度，就可以得到高的放大倍数；反之，若增加扫描幅度，则放大倍数就减小。即电子束在样品上的扫描区域是可以控制的，扫描区域越小，则放大倍数越大。扫描电子显微镜中放大倍数的调节是十分方便的，可从 20 倍到 20 万倍连续调节，对于场发射扫描电子显微镜来说，更可达到 60 万～80 万倍。

3）景深。

在讨论显微镜的分辨率和放大倍数时，往往还涉及景深，即在样品的深度方向可能观察的程度。扫描电镜观察样品的景深最大、成像立体感强，这是其最突出的优点，因此更适合表面较粗糙的断口样品的观察。光学显微镜的景深最小。表 6.1 是光学显微镜、扫描电镜及透射电镜的有关性能比较。

表 6.1　光学显微镜、扫描电镜及透射电镜性能比较

项 目	光学显微镜	扫描电镜	透射电镜
1.分辨率： 最高 一般试样： 熟练操作 容易达到	 0.1 μm（紫外光显微镜） 0.2 μm 0.5 μm	 0.5 nm（超高真空场发射扫描电镜） 10 nm 100 nm	 0.1～0.2 nm（特殊试样） 0.5～0.7 nm 5～7 nm
2.放大倍数	1～2 000 倍	10～150 000 倍	100～800 000 倍
3.景深（与分辨率及放大倍数有关）	短： 0.1 mm（约 10 倍时） 1 μm（100 倍时）	长： 10 mm（约 10 倍时） 1 mm（约 100 倍时） 10 μm（约 1 000 倍时） 1 μm（约 10 000 倍时）	接近扫描电镜，但实际上为样品厚度所限制，一般小于 100 nm
4.视场（与分辨率及放大倍数有关）	100 mm（1 倍时） 10 mm（10 倍时） 1 mm（100 倍时） 0.1 mm（1 000 倍时）	10 mm（10 倍时） 1 mm（100 倍时） 0.1 mm（1 000 倍时） 10 μm（10 000 倍时） 1 μm（100 000 倍时）	2 mm（100 倍时） 其他同扫描电镜

6.3.3　扫描电镜的工作原理和成像原理

1. 工作原理

当具有一定能量的入射电子束轰击样品表面时，超过 99%的入射电子能量都会转变成样品热能而损失掉，但是剩余的少于 1%的入射电子将从样品中激发出各种信号，如二次电子、背散射电子、吸收电子、透射电子、反射电子、俄歇电子、阴极荧光、X 射线等。扫描电镜就是通过采集和分析这些电子所携带的信息，达到对照射样品分析的目的。

扫描电镜显示的图像是二次电子像。二次电子是入射电子轰击样品时从其表面离开的核外电子，其产生率与样品的形貌和成分有关系。如果原子的核外电子从入射电子那里获得的能量大于其结合能，就可以脱离原子成为自由电子。不是所有的自由电子都可以脱离材料表面，还有逸出功的限制。只有部分能量大于逸出功的自由电子才能够脱离材料表面，进入真空中，形成所谓的二次电子。电子受到诸多束缚而不容易脱离材料表面，只有受到外界的电子轰击而获得能量才可以，因此即使有离开的电子，也是位于表面比较浅位置的，如表面深度 5～10 nm 的区域，能量也不高，只有 0～50 eV。但是这些二次电子对样品的表面状态非常敏感，其携带的信息可以有效地显示出样品表面的微观形貌。然而，检测二次电子的方法也有一些不足之处，比如二次电子产生的数量与原子序数之间没有明显的对应关系，所以该方法不适合用于成分分析。

2. 扫描电镜的成像原理

扫描电镜成像过程与电视显像过程有很多相似之处，而与透射电镜的成像原理完全不同。透射电镜是利用成像电磁透镜成像，并一次成像；而扫描电镜的成像则不需要成像透镜，其图像是按一定时间空间顺序逐点形成，并在镜体外显像管上显示。

二次电子像是用扫描电镜所获得的各种图像中应用最广泛、分辨率最高的一种图像。下面就以二次电子像为例来讨论扫描电镜的成像原理及有关问题。

图 6.9 是扫描电镜成像过程示意图，图 6.10 是扫描电镜结构原理图。

由电子枪发射的能量最高可达 30 keV 的电子束，经会聚透镜和物镜缩小、聚焦，在样品表面形成一个具有一定能量、强度、斑点直径的电子束。在扫描线圈的磁场作用下，入射电子束在样品表面上将按一定的时间、空间顺序做光栅式逐点扫描。由于入射电子与样品之间的相互作用，将从样品中激发出二次电子。由于二次电子收集极的作用，可将向各方向发射的二次电子汇集起来，再经加速极加速射到闪烁体上转变成光信号，经过光导管到达光电倍增管，使光信号再转变成电信号。这个电信号又经视频放大器放大，并将其输送至显像管的栅极，调制显像管的亮度，因而可在荧光屏上便呈现一幅亮暗程度不同的，反映样品起伏程度(形貌)的二次电子像。

如前面所述，二次电子是指入射电子束从样品表层(约 10 nm)激发出来的低能电子(50 eV 以下)。实际工作中，是根据能量上的差别，将二次电子与高能背散射电子分离出来，以实现二次电子检测。二次电子发射量主要取决于样品表面的起伏状况，如图 6.11 所示。如果电子束垂直样品表面入射，则二次电子发射量最小。因此，二次电子像主要反映样品表面的形貌特征。但值得注意的是，与原子序数有关的背散射电子也能激发二次

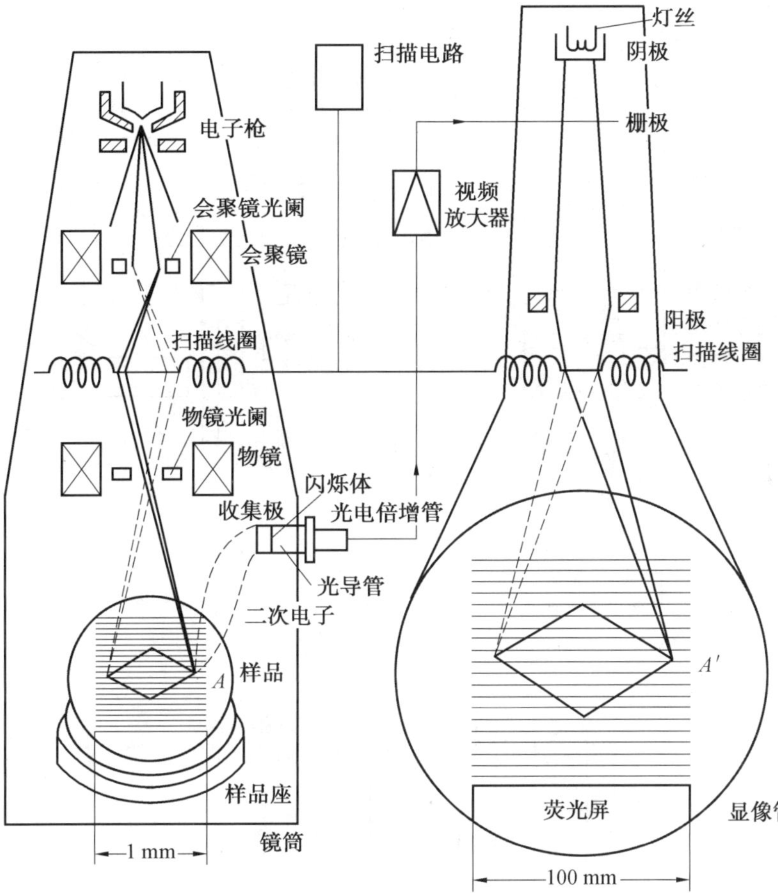

图 6.9　扫描电镜成像过程示意图

电子。因此，在二次电子图像反差中，必然含有一定的表面元素分布特征。二次电子像分辨率较高，对于热阴极电子枪的扫描电镜，一般为 6～10 nm；如果采用场发射电子枪，分辨率可达 3 nm 或更好。

上面讨论的是扫描电镜中的二次电子像的成像原理。入射电子束从样品中除激发出二次电子外，还激发出或产生背散射电子、吸收电子、透射电子、阴极荧光、感应电动势和特征 X 射线等信息，通过检测和处理这些信息，可分别获得表征样品形貌、元素分布等性质的背散射电子像、吸收电流像、扫描透射电子像、阴极荧光像、电子感应电动势像以及进行 X 射线显微分析。一台扫描电镜的应用范围，完全取决于仪器单独检测每一种信息的能力。

X 射线显微分析也称为电子探针显微分析，是一种现代微区化学成分分析手段。它利用一束的细聚焦（束斑直径 4～100 nm）高能电子束（10～30 kV）轰击样品表面，样品中不同元素受激发发射出特征 X 射线，通过检测样品发射的 X 射线，就可对样品进行微区元素分析。

各种元素特征 X 射线的波长与其原子序数 Z 之间存在着一定的关系，用莫塞莱定律表示如下：

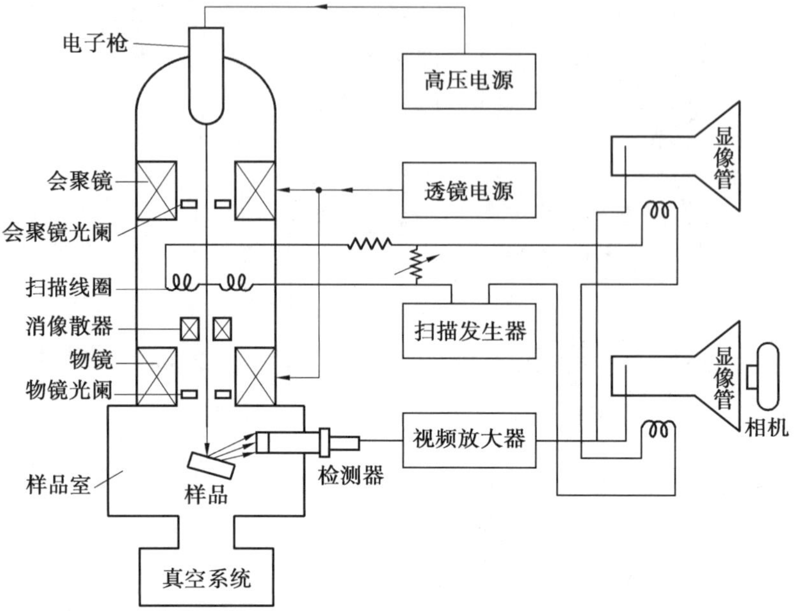

图 6.10　扫描电镜结构原理图

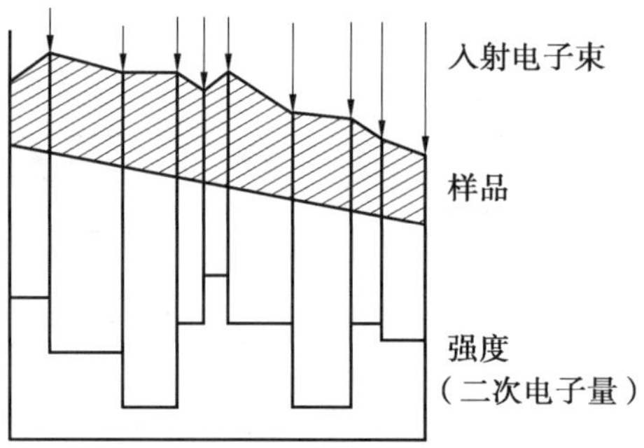

图 6.11　样品表面不同部位二次电子发射示意图

$$\sqrt{\nu}=\sqrt{\frac{hc}{\lambda}}=K(Z-\sigma) \tag{6.3}$$

式中，ν 为特征 X 射线频率；λ 为特征 X 射线波长；c 为光速；K 与 σ 均为常数。因此，只要能测出特征 X 射线波长或测出特征 X 射线能量，便可确定相应的原子序数 Z，这样即可确定特征 X 射线发射区中所含的化学元素，从而根据发射出的特征 X 射线的强度测定某种化学元素的含量。

X 射线显微分析的分析区域可以非常小，一般可小于 1 μm，并可以根据扫描图像边观察边分析成分，把样品的形貌和所对应的微区的成分有机地联系起来，进一步揭示图像的本质。根据需要，利用 X 射线显微分析可对样品做点分析、线分析和面分析。

电子探针仪镜筒部分与扫描电子显微镜相同，只是在检测器部分使用的是 X 射线谱仪，用来检测 X 射线的特征波长（波谱仪）和特征能量（能谱仪），其主要功能是进行微区成分分析。

现在世界上生产电子探针的厂家主要有三家，即日本岛津公司、日本电子公司和法国CAM－ECA 公司。随着科学技术的发展，电子探针显微分析技术进入了一个新的阶段，电子探针向高自动化、高灵敏度、高精确度、高稳定性发展。现在的电子探针为波谱和能谱组合仪，用一台计算机控制，结构简单、操作方便。

6.3.4　扫描电子显微镜的衬度原理

扫描电子显微镜像衬度主要是利用试样表面微区特征（形貌、原子序数、化学成分、晶体结构、位向等）的差异，在电子束作用下产生不同强度的物理信号，从而在荧光屏上不同的区域出现不同的亮度，获得具有一定衬度的图像。根据其形成的原理，分为表面形貌衬度、成分衬度、电压衬度和磁衬度。

1. 表面形貌衬度

表面形貌衬度是由于样品表面形貌差别而形成的衬度，利用对样品表面形貌变化敏感的物理信号作为调制信号得到表面形貌衬度，其中最典型的形貌衬度就是二次电子像衬度。二次电子信号来自试样表层 5～10 nm 深度范围，它的强度与原子序数没有明确的关系，但对微区表面相对于入射电子束的方向却十分敏感，所以其强度是样品表面倾角的函数，而样品表面微区形貌差别实际上就是各微区表面相对于入射电子束的倾角不同。因此电子束在样品上扫描时任何两点的形貌差别表现为信号强度的差别，在图像中形成形貌衬度。样品表面倾斜角越大，二次电子产额越大。但若入射电子束进入了较深的部位，虽然也激发出一定数量的自由电子，但因距表面较远，自由电子被样品吸收而无法逸出表面。图 6.12 为实际样品中二次电子被激发的一些典型例子，从中可以看出，凸出的尖端、小粒子以及比较陡的斜面处二次电子产额较多，在荧光屏上这些部位的亮度较大；平面上二次电子的产额较小，亮度较低；深的凹槽底部虽然也能产生较多的二次电子，但这些二次电子不易被检测器收集到，因此衬度也会显得较暗。

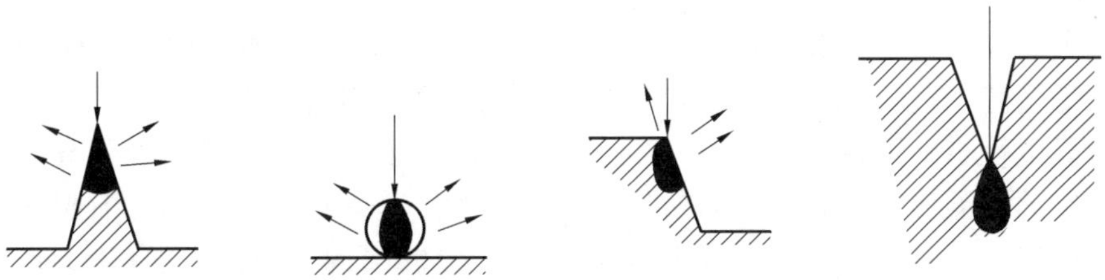
(a) 凸出尖角　(b) 小颗粒　(c) 棱角　(d) 凹槽

图 6.12　实际样品中二次电子的激发

2. 成分衬度

成分衬度，又称为原子序数衬度，是由于样品表面物质化学成分或原子序数差别而形成的衬度。背散射电子像和吸收电子像的衬度都包含成分衬度，而特征 X 射线像的衬度就是成分衬度。二次电子本身对原子序数 Z 不敏感，一般不用来研究样品中的成分分布。背散射电子的产额对原子序数 Z 的变化极为敏感，随 Z 的增加而增大，尤其是当 $Z<40$的元素，这种变化更为明显。样品表面上原子序数（或平均原子序数）较高的区域，

背散射电子信号较强，其图像上相应部位就较亮；反之，则较暗。用背散射电子进行成分分析时，为了避免形貌衬度对成分衬度的干扰，被分析的样品只进行抛光而不腐蚀。对于那些既要分析形貌又要进行成分分析的样品，可以采用配备了新型双探头的检测器来收集样品同一部位的背散射电子。经过不同的信号处理，可以得到成分像，也可以得到样品表面的形貌像。这种检测系统不仅适用于抛光样品的成分衬度，也适用于同时显示粗糙表面样品的形貌衬度和成分衬度。

此外，虽然背散射电子信号也可以用来显示试样表面形貌，但它对试样表面形貌的变化不那么敏感，其分辨率远比二次电子低，因此，在做无特殊要求的形貌分析时，都不用背散射电子信号成像。

3. 电压衬度

电压衬度是由于样品表面电位差别而形成的衬度。利用对样品表面电位状态敏感的信号，如二次电子，作为显像管的调制信号，可得到电压衬度像。电压衬度可用来显示出集成电路运行时不同的电位，但是，在解释电压衬度时必须非常小心，因为观察到的电压衬度，不仅由样品室电场分布的变化产生，同时电位本身也间接地产生了电压衬度。此外，集成块上不同电位区域在之间的电场也产生了电压衬度。

4. 磁衬度

二次电子离开表面时将穿过磁性材料表面的磁场并受到磁场洛伦兹力的作用而偏转。其偏转方向将同时垂直于电子运行的方向和磁场的方向，因此进入试样和二次电子检测器构成的平面(或从中出来)的漏磁场也产生偏转，这意味着叠加或减少检测器的收集率。这种变化使二次电子产生磁衬度。

6.3.5　扫描电子显微镜的测试

1. 样品的制备

扫描电子显微镜一个突出的特点就是对样品的适应性大，所有的固态样品(块状、粉末、金属、非金属、有机、无机等)都可以观察，而且试样制备方法非常简单。

对于导电性材料来说，除要求尺寸不得超过仪器规定的范围外，只要用导电胶把它粘贴在铜或铝的样品座上，即可放到扫描电子显微镜中直接观察。试样大小要适合仪器专用样品座的尺寸，不能过大，同时样品高度也有一定的限制，一般为 5～10 mm。细小的样品或者不规则的样品，可进行镶嵌后观察。

对于导电性较差或绝缘的试样来说，由于在电子束的作用下会产生电荷堆积，影响入射电子束斑形状和试样发射的二次电子运动轨迹，使图像质量下降，因此这类试样粘贴到样品座之后要进行喷镀导电层处理。通常采用二次电子发射系数比较高的金、银、铂或碳真空蒸发膜做导电层，膜厚控制在 20 nm 左右。对于具有低真空或低电压功能的扫描电子显微镜，不导电的样品可以在低真空或低电压下直接观察，无须进行喷镀处理。

镀膜的方法主要有两种：真空镀膜法和离子溅射镀膜法。

对于磁性样品，要预先去磁，以免观察时电子束受到磁场的影响；对于粉末样品，需先黏结在样品座上，可以在样品座上先涂一层导电胶或火棉胶溶液，将试样粉末撒在上面，待黏结牢固后，用吸耳球将多余未黏牢的粉末吹去；还可以在样品座上粘贴一条导电胶，再将粉末撒在上面，吹去多余未黏牢的粉末，也可以将粉末黏牢后，再镀层导电膜，然后放入扫描电子显微镜中观察。

2. 测试

这里以 Nd－Fe－B 合金烧结体、陶瓷碎片两种样品为例介绍扫描电子显微镜的测试过程

(1)制样。

将 Nd－Fe－B 合金烧结体敲碎，取新的断面，用无水乙醇清洗表面粉末，80 ℃低温烘干备用。将陶瓷碎片用蒸馏水清洗后，再用无水乙醇溶液冲洗，然后用电吹风吹干备用。Nd－Fe－B 合金烧结体导电，因此可以直接测试观察。但是陶瓷碎片不导电，需要镀金处理。陶瓷碎片经过清洗后，用导电胶将其固定在样品台上，胶面要比样品底面略小一些，待导电胶干透之后，放入真空镀金室，关闭镀金室后抽真空至设定值，然后镀金一段时间取出样品。

(2)开机。

①打开交流稳压器(设定稳定的电压值为 220 V)和冷却循环水。

②打开样品室的真空开关。

③打开控制柜的电源开关。

(3)测试。

①打开样品室。由于样品室每次用完之后是关闭的，并且抽了真空以保护探头，因此先要将进气阀打开，以便空气能够进去从而顺利打开样品室。当样品放入之后，要将其关闭并抽真空，以保证散射电子不被空气中的气体成分干扰。

②开启操作软件，根据样品的导电性能调整电压。

③将图像的选区选择为全屏(FULL)，这样可以使观察界面更清晰，能够获得更多的信息。

④调整显示器的对比度和亮度，以便能够清楚地看见图像的各个细节。

⑤在观察显示器的同时调节聚焦旋钮，以保证图像是清晰的。

⑥观察视场，寻找信息更为丰富的、自己需要的特征图像进一步放大观察。

⑦调整 X 方向和 Y 方向的消像散钮至像散消失。

⑧根据样品位于观察区域的实际特点，选择确定适当的扫描速率来观察图像。

⑨选择清晰、特征明显的断口微观图像进行拍照。

(4)关机。

①将高压电源首先关闭，逆时针调节显示器对比度和亮度，使其至最低。

②依次关闭软件、主机、镜筒真空隔阀、主机电源开关及真空开关等。

③冷却水继续冷却约 20 min 后，再将循环水和电子交流稳压器关闭。

6.4　电子显微镜在材料研究中的应用

扫描电子显微镜能用于材料表面和断面的形貌分析、显微组织分析、微细及纳米颗粒

分析、晶体的缺陷分析和成分分析;透射电子显微镜能用于物质表面的形貌分析、晶体的结构分析、晶体的缺陷分析和物质的成分分析。电子显微镜在金属材料、无机非金属材料、高分子材料和复合材料领域的应用非常广泛。

6.4.1 电子显微镜在高分子材料研究中的应用

李通德等通过扫描电子显微镜的方法来观察高聚物的表面形态特征,分析降解前后的变化,进而研究高聚物的光降解性能。选用了两种物质进行讨论,分别是含有氨酯键的聚合物代表异佛尔酮二异氰酸酯(IPDI)交联聚对羟甲基苯乙烯(P5)和含有脲基的聚合物代表甲苯二异氰酸酯(TDI)交联聚烯丙基胺(P4),得到的聚合物表面降解前后的扫描电子显微镜图像如图 6.13 所示。

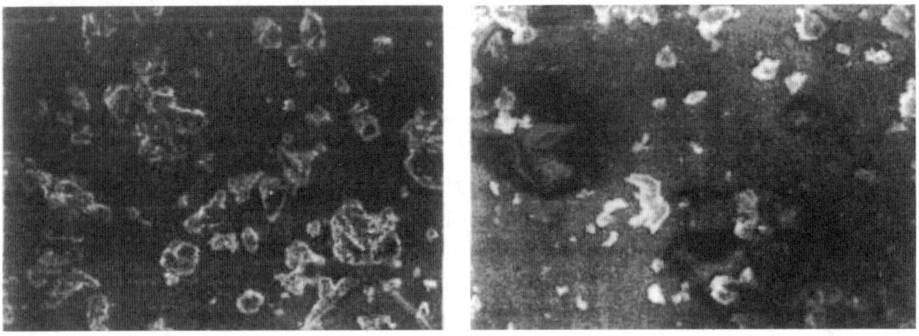

(a) 降解前　　(b) 降解后

图 6.13 IPDI 交联聚对羟甲基苯乙烯光降解前后的扫描电子显微镜图

从图中可以看出,降解后聚合物的表面都出现了明显的孔洞。说明两类聚合物对紫外一荧光都是敏感的,接受照射后都有不同程度的降解。由此可以肯定,所合成的聚合物都能够发生光降解。通过上述分析可以看出,借助于扫描电子显微镜可以对高分子材料的表面形貌(如表面缺陷)等进行分析。

6.4.2 电子显微镜在无机非金属材料研究中的应用

在无机非金属材料研究中,经常利用扫描电子显微镜观察分析陶瓷、晶体材料的缺陷,表面和断面的形貌、显微组织,微细、纳米颗粒的形貌和大小,分析测定各种无机非金属材料的成分。

1. 微细粉体、纳米颗粒(线、管)和陶瓷的表面形貌观察分析

图 6.14 是粉体形貌的 SEM 图。图 6.14(a)是 300 倍放大,能够看见粉体团簇的整体形貌,团簇的尺寸大小和分布情况也比较清晰。图 6.14(b)是 6 000 倍放大,是单个团簇体的结构和形态,颗粒之间界面清晰。与专业的粒度仪相比,采用 SEM 测试粒度(颗粒尺寸)是可靠的。

图 6.15 是用多孔氧化铝模板制备的金纳米线 SEM 图。在高倍像下,可以清晰地看到金纳米线簇,获得金纳米线的直径尺寸。

Huang 等首次提出"风筝机理"来解释单壁碳纳米管沿着气流方向生长的顶端生长

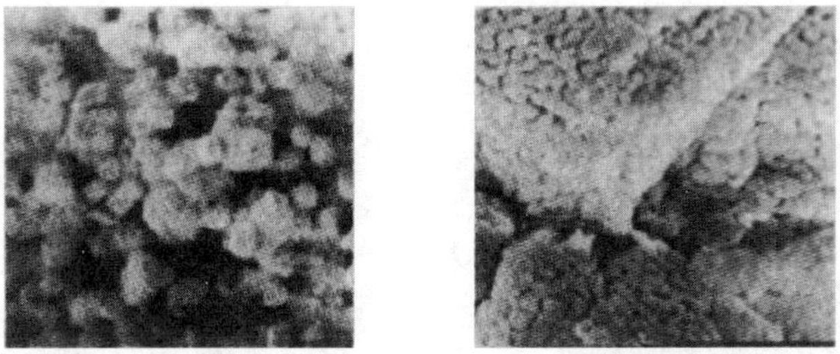

(a) 300倍　　(b) 6 000倍

图 6.14　粉体形貌的 SEM 图

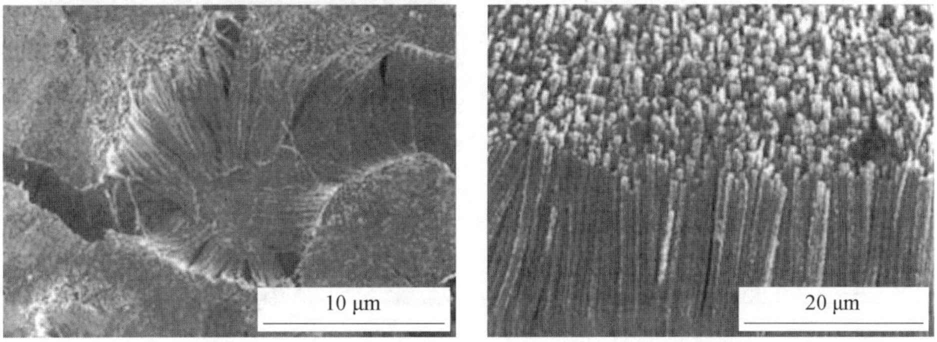

(a)　　(b)

图 6.15　用多孔氧化铝模板制备的金纳米线 SEM 图

模式。利用基底与升温速率造成的热浮力，将部分单壁碳纳米管脱离于基底漂浮在气流中。此时存在于顶端的催化剂颗粒就像放风筝一样沿着气流生长，最终得到单壁碳纳米管水平阵列。如图 6.16 所示为在气流诱导下生长的单壁碳纳米管阵列图。

Yang 等在 1.8 MHz 的超声频率下获得排列整齐和高密度的多壁碳纳米管，其长度约为 200 μm，如图 6.17 所示。

陶瓷材料的微观形貌可以利用扫描电子显微镜进行分析。燕克兰等在进行锰酸锶镧掺杂改性工作时，借助于扫描电子显微镜，研究了掺杂量、烧结温度等对陶瓷材料样品微观形貌的影响，如图 6.18 和图 6.19 所示。

图 6.18 为制备得到的 $La_{1-x}Sr_xMnO_3$ 粉末的扫描电子显微镜图，从图中可以看出，其粒度为纳米尺度，并且不同的 x 值对应不同粒径，基本上遵循随着 Sr 含量的增加，粒度呈先增大后减小的趋势。通过进一步的扫描图像分析，得出烧结温度对其形貌影响的规律(图 6.19)，即在 x 为 0.02 的情况下，测试不同烧结温度后陶瓷样品的扫描图像，发现晶粒大小、致密度均随烧结温度的提高而增大。

经过上述扫描电子显微镜图像的对比分析，可以得出提高烧结温度可促进晶粒的发育，使晶粒尺寸变大的同时晶粒尺寸更加均匀，从而使样品变得更加致密。

2. 组织形态观察

扫描电镜不仅在粉体、纳米颗粒和陶瓷的表面形貌以及材料断裂研究中必不可少，同时还在材料组织形态观察上大有作为。例如，可以观察颗粒、晶须原始组织形貌，如图

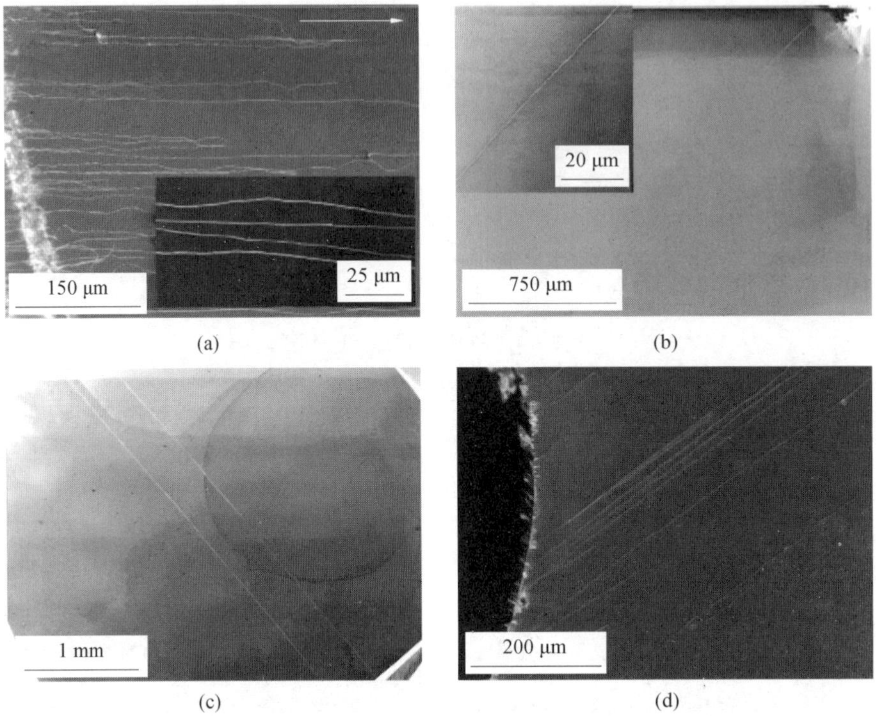

图 6.16　气流诱导法制备定向单壁碳纳米管

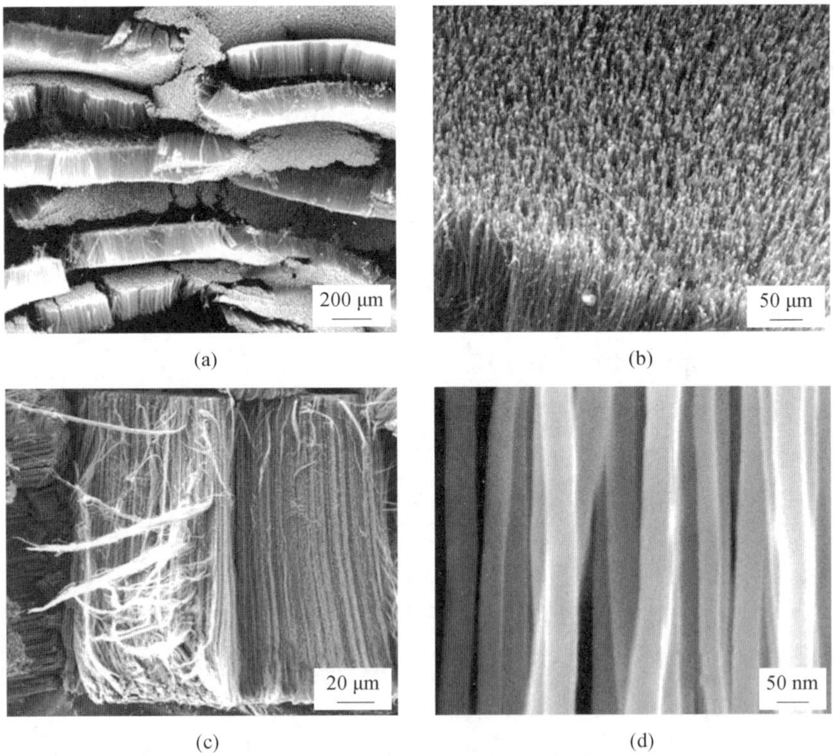

图 6.17　阵列多壁碳纳米管的 SEM 图

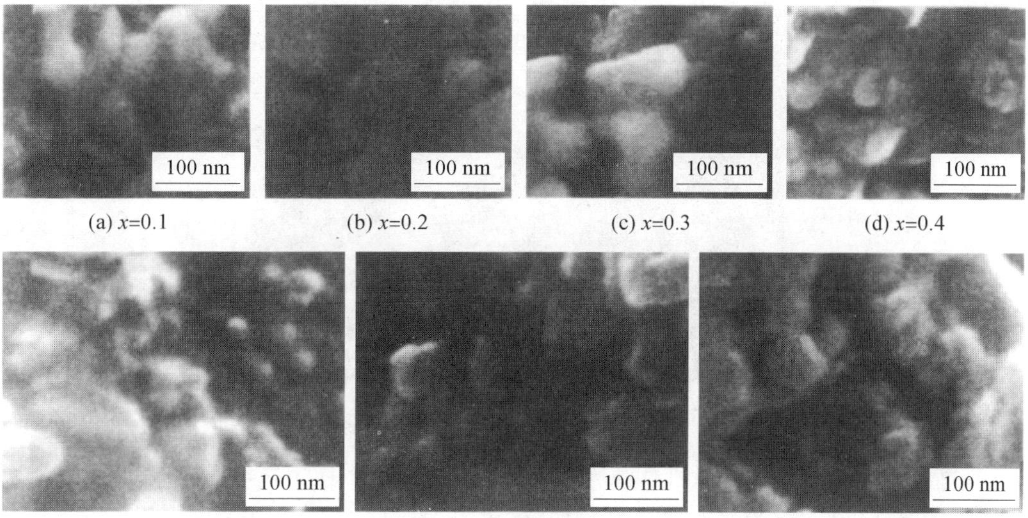

(a) x=0.1　(b) x=0.2　(c) x=0.3　(d) x=0.4

(e) x=0.5　(f) x=0.6　(g) x=0.7

图 6.18　$La_{1-x}Sr_xMnO_3$ 粉末于 750 ℃预烧后的 SEM 图

(a) 1 100 ℃　(b) 1 200 ℃　(c) 1 300 ℃

图 6.19　不同烧结温度下制得的 $La_{1-x}Sr_xMnO_3$ 陶瓷的 SEM 图

6.20所示，也可以观察硼酸铝晶须涂覆 ZnO 后的形貌，如图 6.21 所示。

图 6.20　SiC 颗粒原始形貌图

图 6.22 是一种薄膜表面形貌和剖面的 SEM 图。从图 6.22(a)可以看出薄膜表面颗粒分布比较致密，没有空洞出现，颗粒平均尺寸在 1.0 μm 左右，颗粒生长面比较清晰。

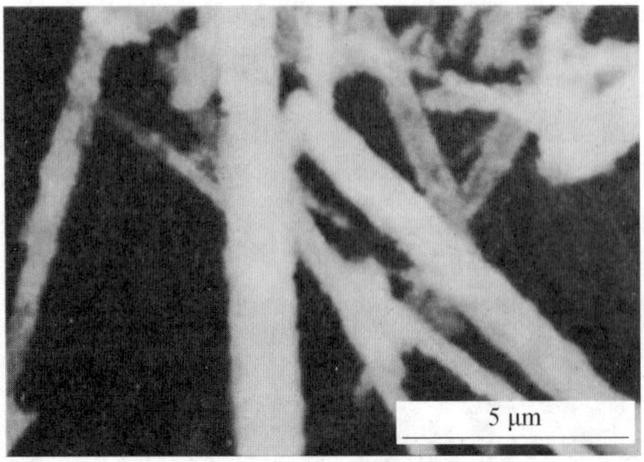

图 6.21　涂覆 ZnO 的硼酸铝晶须形貌

图 6.22(b)显示出整个样品剖面有四层,每层厚度可以由图片中给的标尺读出,剖面处晶粒互相挤压,排布致密,薄膜表面比较粗糙。

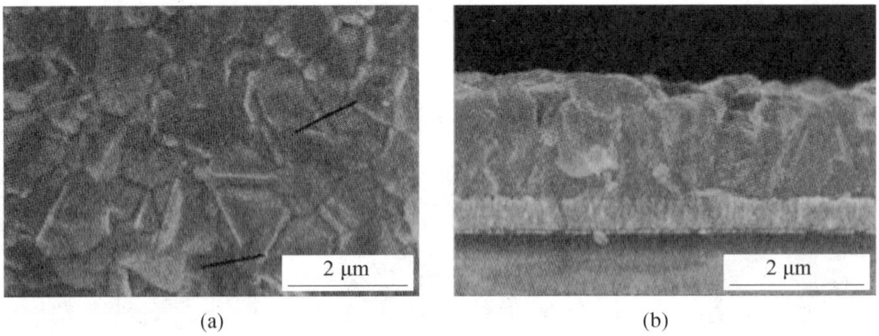

图 6.22　一种薄膜表面形貌和剖面的 SEM 图

6.4.3　电子显微镜在金属材料研究中的应用

1. 金属材料断口分析

扫描电子显微镜景深大、放大倍率范围很宽,并且试样制备较简单,因此,在现有的各种断裂分析方法中占有非常重要的地位。

断口是断裂失效中两断裂分离面的简称。由于断口真实地记录了裂纹由萌生、扩展直至失稳断裂全过程的各种与断裂有关的信息,因此,断口上的各种断裂信息是断裂力学、断裂化学和断裂物理学等诸多内外因素综合作用的结果。对断口进行定性和定量分析,可为断裂失效模式的确定提供有力依据,为断裂失效原因的诊断提供线索。断口金相学不仅能在设备失效后进行诊断分析,还可为新产品、新装备投入使用进行预研预测。此外,对断口、裂纹及冶金、工艺损伤缺陷的诊断是失效分析工作的基础。实践证明,没有对断口、裂纹及冶金、工艺损伤缺陷的正确诊断结果,是无法提出失效分析的准确结论的。

(1)韧窝断口。

韧窝断口属于穿晶韧性断口,其重要特征是在断面上存在"韧窝"花样,韧窝底部有时可见第二相粒子存在,如图 6.23 所示。韧窝断口的形成与材料中的夹杂物相关。在外加应力作用下，夹杂物的存在引起周围基体的应力高度集中，从而使周围的基体与夹杂物分离，形成显微空洞。随着应力增加，显微孔洞不断增大和相互吞并，直至材料断裂。结果在断口上形成许多孔坑，称为韧窝，在韧窝中心往往残留着引起开裂的夹杂物。韧窝的形状有等轴形、剪切长形和撕裂长形等。

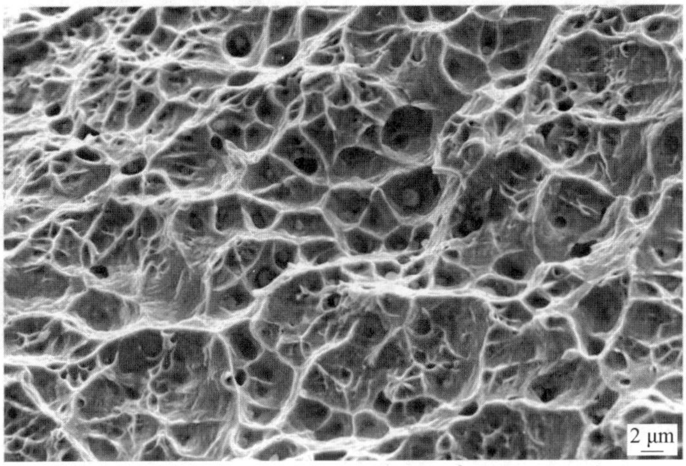

图 6.23　韧窝断口的形貌特征

(2)解理断口。

解理断裂是金属在拉应力作用下，沿着一定的严格的结晶学平面发生破坏而造成的穿晶断裂，如图 6.24 所示。解理是脆性断裂，通常发生在体心立方和密排六方结构中，因为这些结构没有足够多的滑移系来满足塑性变形。金属解理面是一簇相互平行的(具有相同晶面指数)、位于不同高度的晶面。这种不同高度解理面之间存在着的台阶称为解理台阶，它是解理断口的重要特征，如图 6.24(a)所示。在解理裂纹的扩展过程中，众多的台阶相互汇合便形成河流状花样，如图 6.24(b)所示。“舌状”花样或“扇肌状”花样也是解理断口的重要特征之一。

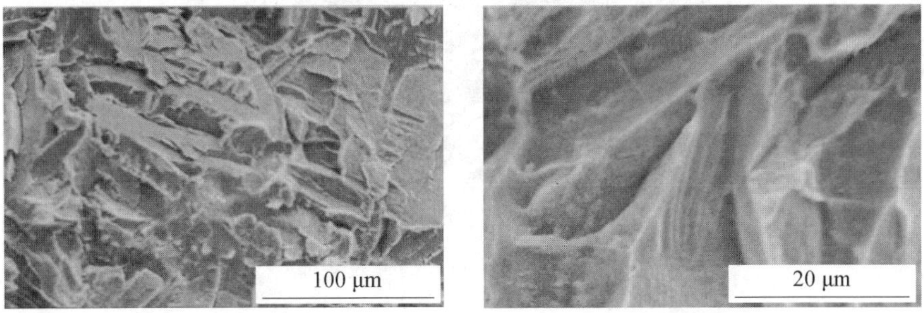

(a) 解理台阶　　(b) 河流状花样

图 6.24　解理断口的形貌特征

(3)脆性沿晶断口。

由于析出相、夹杂物及元素偏析往往集中在晶界上，晶界强度受到削弱，所以材料会发生沿晶界断裂。这种断裂称为晶界断裂，通常是脆性断裂，其断口称为沿晶断口，断口上无塑性变形迹象，其断口的主要特征是断口一般呈冰糖状或呈石块状，如图 6.25 所示。但某些材料的晶间断裂也可显示出较大的延性，此时断口上除呈现晶间断裂的特征外，还会有“韧窝”等存在，出现混合花样。

(a) 冰糖状

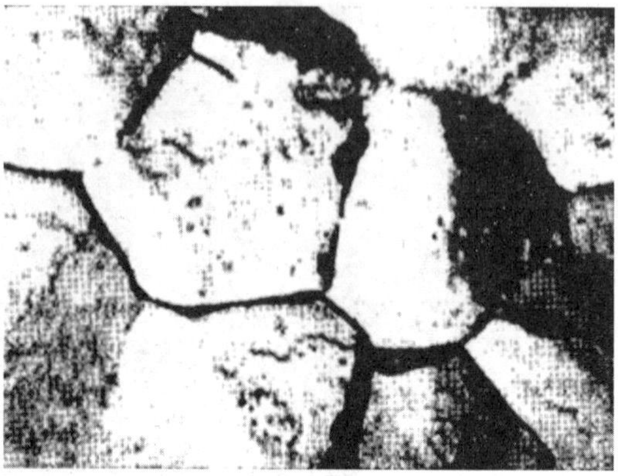

(b) 石块状

图 6.25　脆性沿晶断口的形貌特征

(4)疲劳断口。

金属因周期性交变应力引起的断裂称为疲劳断裂。从宏观上看，疲劳断口分为三个区域，即疲劳核心区、疲劳裂纹扩展区和瞬时破断区。疲劳断口在扫描电子显微镜下的图像呈现一系列基本上相互平行、略带弯曲、波浪状的条纹(疲劳辉纹)，如图 6.26 所示。每一个条纹是一次循环载荷所产生的，离疲劳源区越远，条纹之间的距离越宽。形成疲劳条纹的条件之一是至少有 1 000 次的循环寿命。

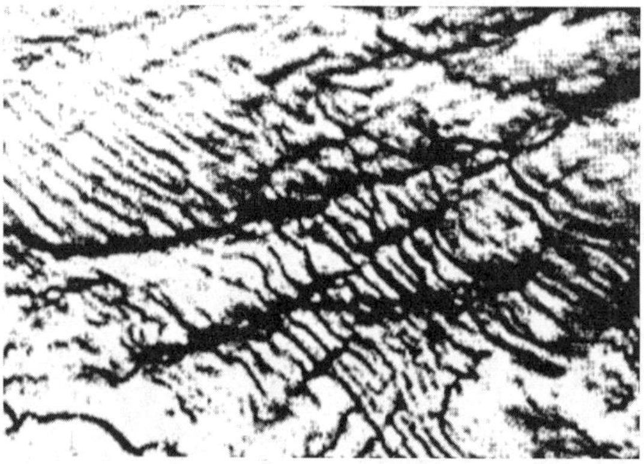

图 6.26　疲劳断口的形貌特征

2. 金属材料断口研究实例

图 6.27 是 35CrMnMo 钢管壁断口的 SEM 图。借助 SEM 图片可以观察到各种缺陷，比如夹杂物、结晶偏析、气孔等，也能获得断裂方式，比如图 6.27 中沿晶断裂、解理断裂、解理＋准解理断裂以及解理＋沿晶断裂。

图 6.28 是 1018 号钢不同温度下的断口形貌。从图 6.26 可以看出，1018 号钢不同温度下的断口形貌是不同的，断裂机理亦不同。

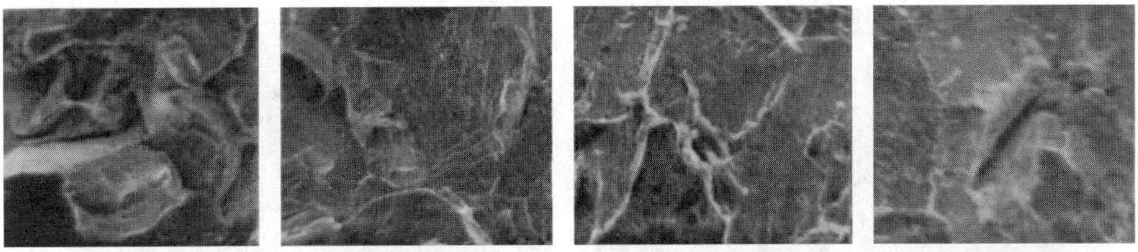

(a) 沿晶断裂　(b) 解理断裂　(c) 解理+准解理断裂　(d) 解理+沿晶断裂

图 6.27　35CrMnMo 钢管壁断口的 SEM 照片

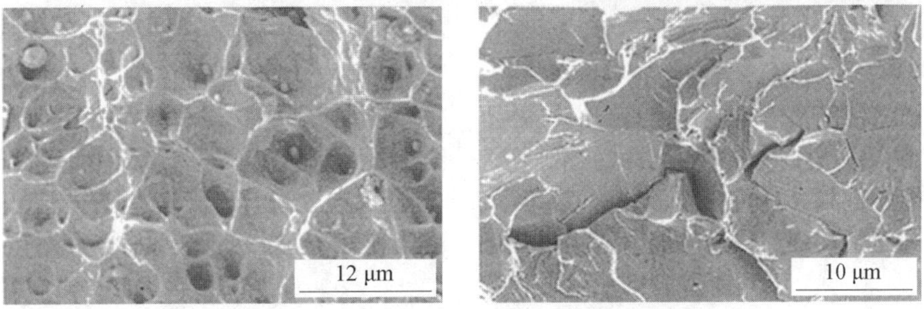

(a) 塑性断裂　(b) 脆性断裂

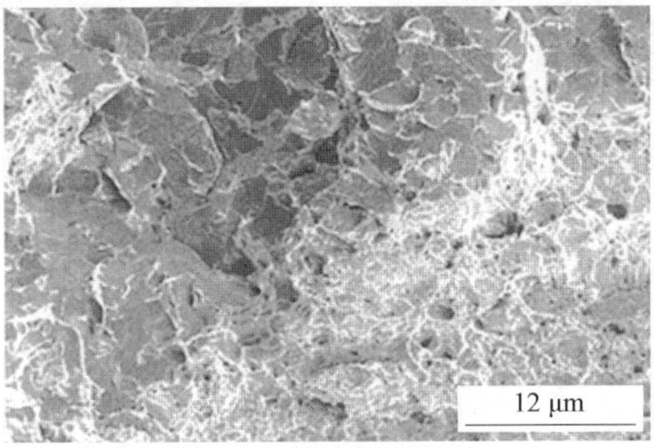

(c) 塑性+脆性断裂

图 6.28　1018 号钢不同温度下断口的 SEM 图

3. 断裂过程的动态研究

有的型号的扫描电镜带有拉伸台装置，可进行断裂的动态过程研究。在试样拉伸时，既可以直接观察裂纹的萌生及扩展与材料显微组织之间的关系，又可以连续记录下来，为科学研究提供最直接的证据。

6.4.4　电子显微镜在复合材料研究中的应用

Yang 等人通过简单的沉淀方法合成纳米纺锤状的 Cu_2O 与 SMWNTs 纳米复合材料，图 6.29(a)和图 6.29(b)分为单壁碳纳米管及纳米纺锤状的 Cu_2O/SMWNTs 纳米复合材料的 SEM 图。

图 6.30 为短纤维增强金属基复合材料的断口照片。显然，断口上有很多纤维被拔出，这说明所制备出的复合材料的铝基体和纤维之间的界面是弱结合。因为如果铝基体

(a) 单壁碳纳米管　(b) 纳米纺锤状Cu_2O/SMWNTs

图 6.29　纳米复合材料的 SEM 图

和纤维的界面结合较差，则承载时首先界面开裂，从而导致界面无法将载荷传递给纤维，因此纤维不发生断裂，而是被拔出。

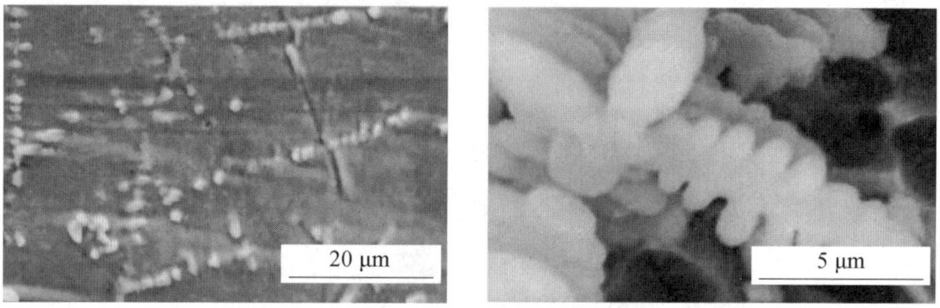

(a)　(b)

图 6.30　短纤维增强金属基复合材料的断口照片

王新震等制备了金修饰的氧化锡纳米复合材料，通过其扫描电子显微镜图可以看出(图 6.31)：修饰之前，氧化锡的形貌为球形，用 Au 纳米颗粒修饰后，样品的整体形貌没有发生非常明显的变化，其分散性和尺寸基本不变，高倍扫描电子显微镜照片显示样品表面变得更加粗糙，且可以看到 Au 颗粒沉积在 SnO_2 介孔球的表面。借助于透射电子显微镜可以进一步确定 SnO_2 为孔状结构(图 6.32)，孔尺寸约为 10 nm，这是因为图 6.32 显示球体周围出现了一些黑白相间的环状区域。

因此，可以看出，在使用扫描电子显微镜的过程中，可以联用能谱仪(目前应用较多的是作为扫描电子显微镜的附件)、透射电子显微镜、扫描隧道显微镜(STM)、原子力显微镜(AFM)等技术，对复合材料的微观形貌、化学组成等进行更详细的分析。

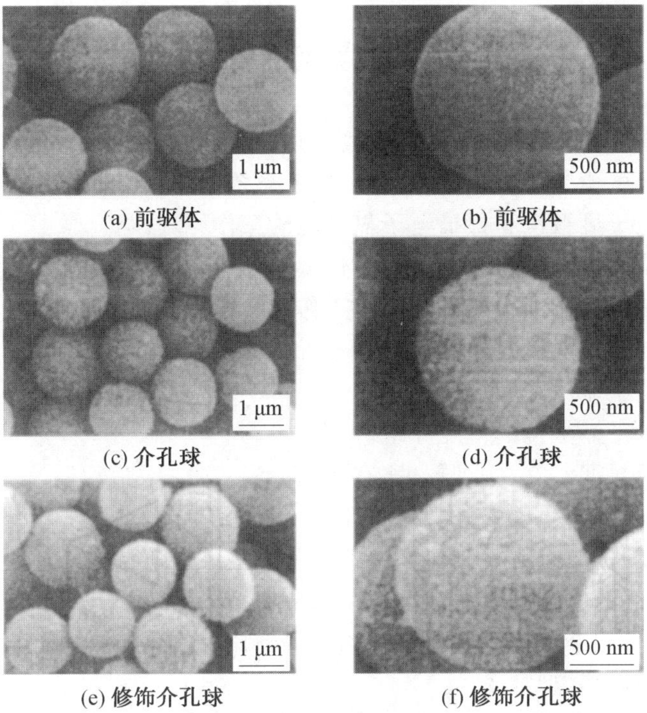

图 6.31　前驱体、介孔球和修饰介孔球 SEM 图

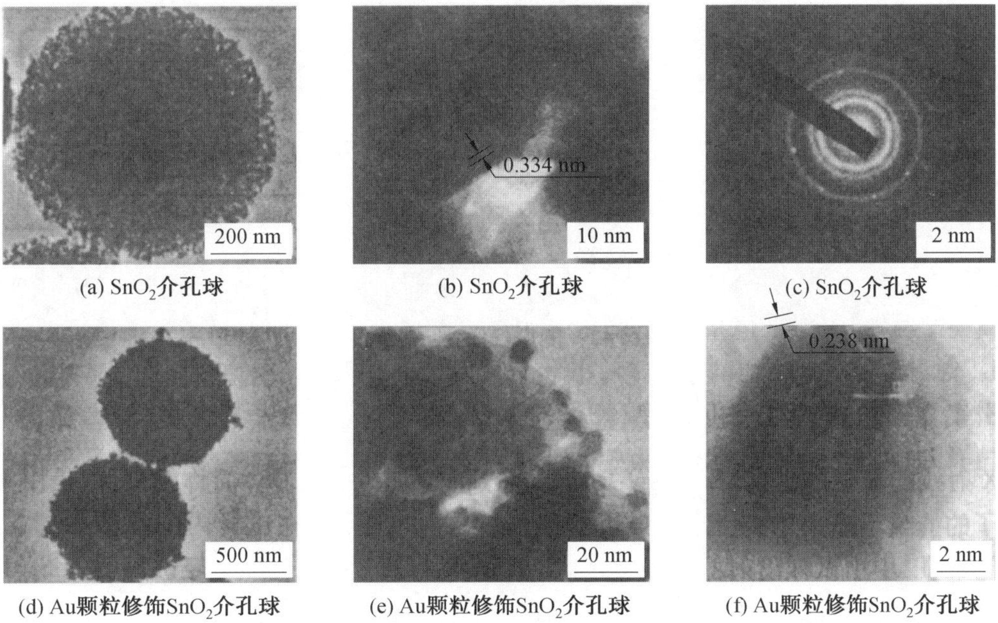

图 6.32　SnO_2 介孔球和 Au 颗粒修饰 SnO_2 介孔球的 TEM 图

思考题与作业

1. 电子束与物质相互作用能够产生哪些信号？各有什么特点和用途？
2. 透射电子显微镜主要由几大系统构成，各系统的作用是什么？
3. 简述透射电子显微镜和扫描电子显微镜的工作原理。
4. 电子显微镜的两个主要性能指标是什么？
5. 电子显微镜为何必须在真空环境中工作？
6. 透射电镜与扫描电镜在样品和观察分析的内容方面有何不同？
7. 简述透射电子显微镜的衬度原理。
8. 简述扫描电子显微镜的衬度原理。
9. 什么是衍射衬度？它与质厚衬度有什么不同？
10. X 射线（电子探针）显微分析的原理是什么？
11. 透射电镜的样品有哪些制备方法？这些方法各有何特点和适用范围？
12. 什么是样品的电解减薄法和离子减薄法？
13. 萃取复型可用来分析哪些组织结构？得到什么信息？
14. 简述 4 种常见复型技术。
15. 二次电子像景深大、立体感强的原因是什么？
16. 试列举扫描电镜在材料科学中的应用。

第7章　热分析法

7.1　概　　述

7.1.1　热分析法的定义

所谓热分析(thermal analysis,TA)就是针对物质的热变化而进行分析的一种方法，即热分析是指利用物质的物理参数随温度变化的关系进行物质分析的方法。国际热分析协会(International Confederation for Thermal Analysis,ICTA)对热分析法的定义为：热分析是在程序控制温度下，测量物质的物理性质随温度变化的一类技术。程序控制温度是指按某种规律加热或冷却，通常是线性升温和线性降温；物理性质则包括物质的质量、温度、焓变、尺寸、机械、声学、电学及磁学性质等。

在温度变化过程中，物质往往伴随着组成、微观结构和宏观物理、化学等性质的变化，而宏观的物理、化学性质的变化通常与物质的组成和微观结构相关联。通过测量和分析物质在加热或冷却过程中的物理性质、化学性质的变化，可以对物质进行定性和定量分析，获取物质的组成、结构以及物理、化学变化的信息，解决材料研究和生产中的问题。

热分析的历史可追溯到19世纪。1887年法国人 H. Le. Chatelier 用一个热电偶插入受热的黏土中，观测黏土在升温过程中温度的变化规律。1891年，英国的 Roberts 和 Austen 改进了 Chatelier 的装置，采用两个热电偶相反连接，记录了样品和参比物之间的温度随时间或温度的变化规律，这就是最早的差热分析仪模型。1915年，日本的本多光太郎提出了“热天平”概念并设计了世界上第一台热天平，因而产生了热重分析。第二次世界大战以后，热分析技术得到了飞速的发展，20世纪40年代末商业化电子管式差热分析仪问世，20世纪60年代又实现了微量化。1964年，Watson 等人提出了“差示扫描量热”的概念，进而发展成为差示扫描量热技术，使得热分析技术不断发展和壮大。

近年来，随着微电子技术的迅速发展和分析软件的不断发展和完善，热分析过程已实现了温控程序化和记录自动化，分析的精度也越来越高，进一步拓宽了分析技术的应用领域，热分析技术的快速发展，使得热分析已经成为一门涉及多种学科的通用技术和仪器分析的一个重要组成部分，应用前景也越来越广阔。

7.1.2　热分析法的分类和应用

热分析方法可分为两大类：一类是测定加热或冷却中物质本身(质量、能量、尺寸、结构等)发生变化的方法；另一类是测定加热过程中从物质中产生的气体，推测物质变化的方法。

第一类方法有：差热分析法(differential thermal analysis,DTA)、差示扫描量热法

(differential scanning calorimetry,DSC)、热重法(thermogravimetry,TG)、热膨胀法、热机械分析法(thermomechanical analysis,TMA)、动态热机械分析法(dynamic mechanical analysis,DMA)等。其中,热重分析、差热分析、差示扫描量热分析和热机械分析是热分析的四大支柱,用于研究物质的晶型转变、熔化、升华、吸附等物理现象以及脱水、分解、氧化、还原等化学现象。它们能快速提供被研究物质的热稳定性、热分解产物、热变化过程的焓变、各种类型的相变点、玻璃化温度、软化点、比热容、纯度、爆破温度等数据以及高聚物的表征及结构性能研究等。

第二类方法有:逸气检测法(EGD)、逸气分析法(EGA)、热分解气体色谱分离法等。

热分析技术能快速准确地测定物质的晶型转变、熔融、升华、吸附等物理现象以及脱水、分解、氧化、还原等化学现象,也可对物质进行成分的定量计算,测定水分、挥发成分及各种添加剂与填充剂的含量,还可对无机、有机及高分子材料的物理及化学性能方面进行分析,是重要的测试手段。

目前,热分析技术已广泛应用于物理、化学、化工、冶金、地质、建材、燃料、轻纺、食品、生物等领域的研究开发、工艺优化与质量监控。

7.2 热重法

7.2.1 基本原理与热重仪

1. 热重法

许多物质在加热或冷却过程中除产生热效应外,往往有质量变化,其变化的大小及温度与物质的化学组成和结构密切相关。因此,可以利用加热或冷却过程中物质的质量变化,研究物质在热过程中的变化和鉴别不同的物质。这种方法称为热重法(TG),即热重法是在程序控制温度下借助热天平以获得物质的质量与温度关系的一种技术。

2. 基本原理

热重法的基本原理是在程序温度(升/降/恒温及其组合)过程中,由热天平连续测量样品质量的变化并将数据传递到计算机中对温度/时间进行作图,得到热重曲线,从而分析研究物质的热变化。

3. 热重法的分类

热重法包括静态法和动态法两种类型。

(1)静态法又分等压质量变化测定和等温质量变化测定两种。等压质量变化测定又称为自发气氛热重分析,是在程序控制温度下,测量物质在恒定挥发物分压下平衡质量与温度关系的一种方法。该方法利用试样分解的挥发产物所形成的气体作为气氛,并控制在恒定的大气压下测量质量随温度的变化,其特点就是可减少热分解过程中氧化过程的干扰。等温质量变化测定是指在恒温条件下测量物质质量与温度关系的一种方法。该方法每隔一定温度间隔将物质恒温至恒重,记录恒温恒重关系曲线。该法准确度高,能记录微小失重,但比较费时。

(2)动态法又称为非等温热重法,分为热重分析和微商热重分析。热重和微商热重分析都是在程序升温的情况下,测定物质质量变化与温度的关系。微商热重分析又称导数热重分析(derivative thermogravimetry,DTG),它是记录质量对温度或时间的一阶导数的一种技术。由于动态非等温热重分析和微商热重分析简便实用,又利于与 DTA、DSC 等技术联用,因此广泛地应用在热分析技术中。

4. 热重仪

热重仪的主要组成部分(图 7.1)包括:①加热炉;②程序控温系统;③可连续称量样品质量的天平;④记录系统。其中热天平是最为重要的部分,它能自动、连续地进行动态称量与记录,并在称量过程中能按一定的温度程序改变试样的温度,试样周围的气氛也是可以控制或调节的。

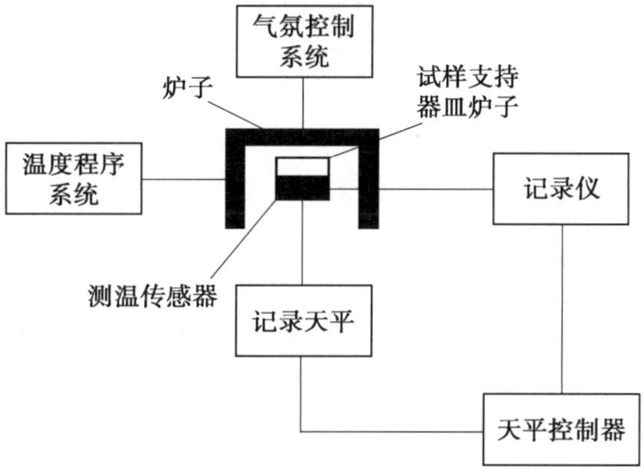

图 7.1　热重仪的基本结构

7.2.2　热重曲线

在热过程中物质的质量随温度的变化关系称为热重曲线或 TG 曲线,如图 7.2 所示。

TG 曲线以质量为纵坐标,可以用试样剩余质量(常用单位为 mg)或质量变化率(即剩余质量占原质量的比例$(1-\frac{\Delta m}{m_0})$,单位为%)表示,以温度 T 或时间 t 为横坐标。故 TG 曲线反映了在均匀升温或降温过程中物质质量与温度或时间的函数关系:$m=f(T)$ 或 $m=f(t)$。

TG 曲线中的水平线称为平台,表明该阶段被测物质的质量未发生任何变化,如图 7.2(a)中 AB 段平台,质量为 m_0;当曲线拐弯转向时,表明被测物质的质量发生了变化,当曲线又处于水平线时,质量稳定在一个新的量值上,如图 7.2(a)中的 CD 段,质量为 m_1;两平台之间的部分称为台阶,如图 7.2(a)中的 BC 段,也是质量变化阶段。在 TG 曲线上起始温度为 T_i,终止温度为 T_t,反应区间为 $T_i \sim T_t$。失重率的计算经常表达为图 7.2(b),可直观地进行计算,如 B 点到 C 点的温度失重率为

$$\frac{99.6-62.4}{100}\times 100\%=37.2\%$$

D 点到 E 点的温度失重率为

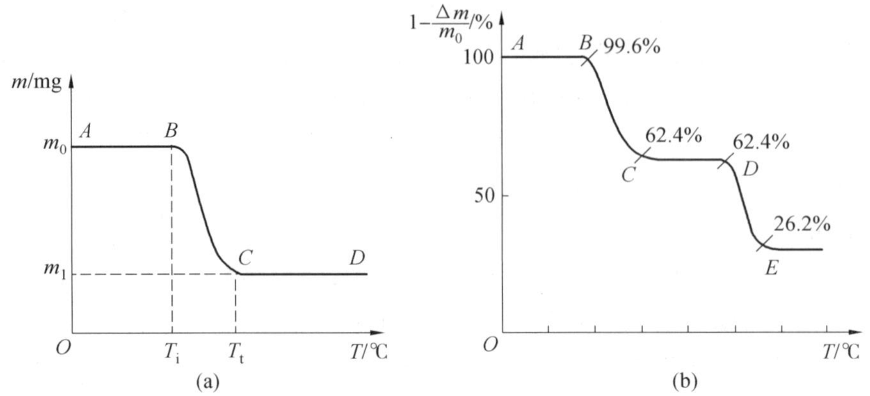

图 7.2　典型的 TG 曲线

$$\frac{62.4-26.2}{100}\times 100\%=36.2\%$$

事实上，由于试样质量变化的过程不是在某一温度下同时发生并瞬间完成的，因此热重曲线的形状不呈直角台阶状，而是形成带有过渡和倾斜区段的曲线。

7.2.3　影响热重曲线的因素

热重曲线易受仪器、试样和实验条件的影响。仪器的影响因素有基线、试样支持器和测温热电偶等；试样的影响因素有质量、粒度、物化性质和装填方式等；实验条件的影响因素有升温速率、气氛和走纸速率等。

1. 影响热重曲线的仪器因素

（1）基线漂移的影响。

基线漂移是指试样没有变化而记录曲线却指示出有质量变化的现象，它造成试样失重或增重的假象。这种漂移主要与加热炉内气体的浮力效应和对流影响等因素有关。气体密度随温度而变化，随温度升高，试样周围气体密度下降，气体对试样支持器及试样的浮力也变小，出现增重现象。与浮力效应同时存在的还有对流影响。这时试样周围的气体受热变轻形成一股向上的热气流，这一气流作用在天平上便引起试样的表现失重。

（2）试样支持器（坩埚与支架）的影响。

试样容器及支架组成试样支持器。盛放试样的容器常用坩埚，它对热重曲线有着不可忽视的影响。这种影响主要来自坩埚的大小、几何形状和材料三个方面。

（3）测温热电偶的影响。

测温热电偶位置有时会对热重测量结果产生相当大的影响，特别是在温度轴不校正时，不同位置测出的温度有时相差很大。

2. 影响热重曲线的试样因素

在影响热重曲线的试样因素中，最重要的是试样量、试样粒度和热性质以及试样装填方式。

(1)试样量的影响。

试样吸热或放热,会使试样温度偏离线性程序温度。试样量越大,这种影响也越大,相应地热重曲线位置的改变也就越大。一般试样量少一些为宜。

(2)试样粒度的影响。

试样粒度对热传导和气体的扩散同样有着较大的影响。粒度越小,单位质量的表面积越大,因而分解速率比同质量的大颗粒试样快,反应越易达成平衡,在给定温度下的分解程度也就越大。于是,一般试样粒度小易使起始温度和终止温度降低和反应区间变窄,从而改变热重曲线的形状。热重分析时,试样一般要过 200～300 目筛。

(3)试样的热性质和装填方式的影响。

试样的反应热、导热性和比热容都对热重曲线有影响,而且彼此还是互相联系的。例如,吸热反应易使反应温区扩展,且表现反应温度总比理论反应温度高。

试样装填方式对热重曲线的影响,一般来说,装填越紧密,试样颗粒间接触就越好,也就越利于热传导,但不利于气氛气体向试样内的扩散或分解的气体产物的扩散和逸出。通常试样装填得薄而均匀,可以得到重复性好的实验结果。

3. 影响热重曲线的实验条件因素

(1)升温速率的影响。

升温速率对热重曲线有明显的影响,这是因为升温速率直接影响炉壁与试样、外层试样与内部试样间的传热和温度梯度,一般并不影响失重。

对于单步吸热反应,升温速率慢,起始分解温度和终止温度通常均向低温移动,且反应区间缩小,但失重百分比一般并不改变。

当升温速率增加时,热重曲线的起始温度和终止温度会偏高。

通常,热重法测定时采用 5 ℃/min 和 10 ℃/min 的升温速率居多。有时,可利用改变升温速率来分离相邻反应。如 $NiSO_4 \cdot 7H_2O$,当升温速率为 0.6 ℃/min 时,则能检测出六水合物、四水合物、二水合物和一水合物的失水平台;而当升温速率为 2.5 ℃/min 时,仅测得一水合物的失水平台。因此,对含有大量结晶水的试样,升温速率不宜太快。

实践表明,热重法测定时升温速率不宜太快,对传热差的高分子和无机非金属材料试样一般选用 5～10 ℃/min,对传热好的金属试样一般可选用 10～20 ℃/min。

(2)气氛的影响。

炉内气氛对热重分析的影响与试样的反应类型、分解产物的性质和装填方式等许多因素有关。

在静态气氛中,如果气氛气体是惰性的,则反应不受惰性气体的影响,只与试样周围自身分解出的产物气体的瞬间浓度有关。当气氛气体含有与产物相同的气体组分时,由于加入的气体产物会抑制反应的进行,因而分解温度升高,分解速率下降,反应时间延长。

在动态气氛中,惰性气体能把气体分解产物带走而使分解反应进行得较快,并使反应产物增加。当通入含有与产物气体相同的气氛时,这将使起始分解温度升高并改变反应速率和产物量。所含产物气体的浓度越高,起始分解温度就越高,逆反应的速率也越大。随着逆反应速率的增加,试样完成分解的时间将延长。动态气氛的流速、气温及是否稳定对热重曲线也有影响。一般地说,大流速有利于传热和气体的逸出与扩散,这将使分解温度降低。

一般来说，提高气氛压力，无论是静态还是动态气氛，常使起始分解温度向高温区移动和使分解速率有所减慢，相应地反应区间则增大。

(3)走纸速率和其他因素的影响。

记录热重曲线的纸速，对曲线的清晰度和形状有明显的影响，但并不改变质量与温度间的关系。

此外，称量量程和仪器工作状态的品质，测试过程中有无试样飞溅、外滋、升华、冷凝等等，也都会影响实验得到的 TG 曲线。

7.2.4 热重法的应用

热重法应用非常广泛，凡是在加热过程中有质量变化的物质都可应用。它可用于研究无机和有机化合物的热分解、不同温度及气氛中金属的抗腐蚀性能、固体状态的变化、矿物的冶炼和焙烧、液体的蒸发和蒸馏、煤和石油及木材的热解、挥发灰分的含量测定、蒸发和升华速度的测定、吸水和脱水、聚合物的氧化降解、汽化热测定、催化剂和添加剂评定、化合物组分的定性和定量分析、老化和寿命评定、反应动力学等。其特点是定量性强。

7.3 差热分析法

差热分析(DTA)是在程序控制温度下测量物质和参比物之间的温度差与温度(或时间)关系的一种技术，描述这种关系的曲线称为差热曲线或 DTA 曲线。

由于试样和参比物之间的温度差主要取决于试样的温度变化，因此就其本质来说，差热分析是一种主要与焓变测定有关并借此了解物质有关性质的技术。

7.3.1 基本原理与差热分析仪

1. 基本原理

物质在加热或冷却过程中会发生晶型转变、沸腾、升华、蒸发、熔融等物理变化或氧化还原、分解、脱水和离解等化学变化，与此同时，往往还伴随吸热或放热现象。另外，有一些物理变化虽无热效应发生，但比热容等某些物理性质也会发生改变。物质发生焓变时质量不一定改变，但温度是必定会变化的。差热分析正是在物质这类性质基础上建立的一种技术。

若将在实验温区内呈热稳定的已知物质(即参比物)和试样一起放入一个加热系统中，并以线性程序温度对它们加热。在试样没有发生吸热或放热变化且与程序温度间不存在温度滞后时，试样和参比物的温度与线性程序温度是一致的。

若试样发生放热变化，由于热量不可能从试样瞬间导出，于是试样温度偏离线性升温线，且向高温方向移动。反之，在试样发生吸热变化时，由于试样不可能从环境瞬间吸取足够的热量，因此试样温度低于程序温度。只有经历一个传热过程，试样才能恢复到与程序温度相同的温度，如图 7.3 所示。这就是 DTA 的工作过程。

在试样和参比物的比热容、导热系数和质量等相同的理想情况下，用图 7.3 装置测得的试样和参比物的温度及它们之间的温度差随时间的变化如图 7.4 所示。图中参比物的温度始终与程序温度一致，试样温度则随吸热和放热过程的发生而偏离程序温度线。当 $T_s - T_r$ 为零即 ΔT 为零时，图 7.4 中参比物与试样温度一致，两温度线重合，在 ΔT 曲线上则为一条水平基线。试样吸热时，$\Delta T<0$，在 ΔT 曲线上是一个向下的吸热峰。当试样放热时，$\Delta T>0$，在 ΔT 曲线上是一个向上的放热峰，由于是线性升温，通过 $T-t$ 关系可将 $\Delta T-T$ 图转换成 $\Delta T-t$ 图。$\Delta T-t$（或 T）图即是差热曲线，表示试样和参比物之间的温度差随时间或温度变化的关系。

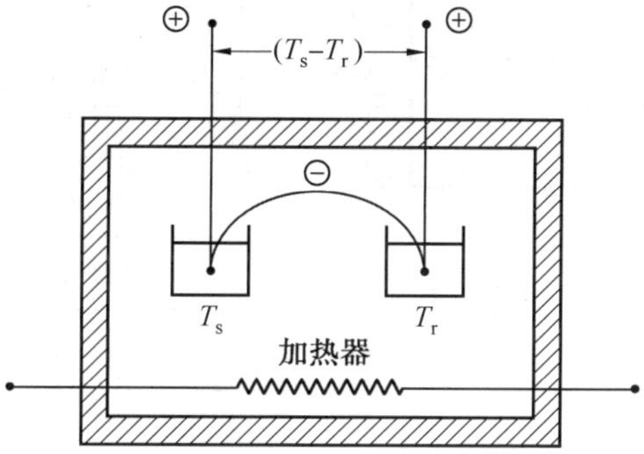

图 7.3　DTA 的基本装置

T_s—试样的温度；T_r—参比物的温度

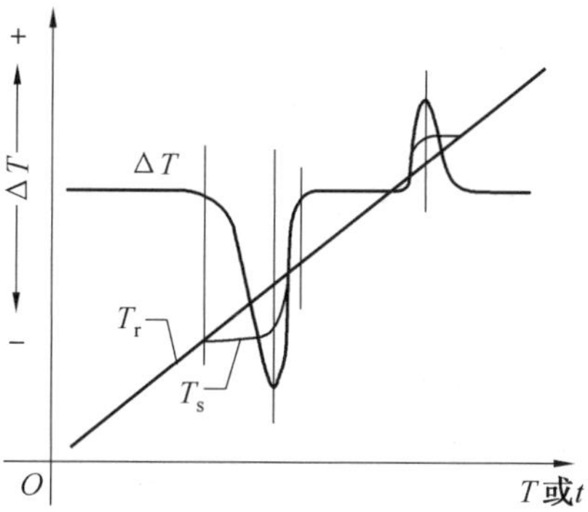

图 7.4　线性程序升温时试样和参比物的温度及温度差随时间的变化

由于试样和参比物在热性质上的差别和两个在传热过程上的差异，在试样没有发生任何变化的情况下参比物温度、程序温度与试样温度彼此也不完全一致，总存在一定的偏差。在试样有热效应时，受其影响，参比物的温度也或多或少会偏离原来的温度线，只有经过热量重新平衡才能回到原来的温度线上，这表明在整个过程中，试样、参比物与加热炉间存在着复杂的传热过程。

由于差热分析主要与试样是否发生伴有热效应的状态变化有关，这就决定了它不能表征变化的性质，即该变化是物理变化还是化学变化，是一步完成的还是分步完成的，以及质量有无改变。关于变化的性质和机理需要依靠其他方法才能进一步确定。差热分析的另一个特点是，它本质上仍是一种动态量热，即量热时的温度条件不是恒定的而是变化的。因而测定过程中体系不处于平衡状态，测得的结果不同于热力学平衡条件下的测量结果。此外，试样和程序温度（以参比物温度表示）之间的温度差比其他热分析方法更显著和重要。

2. 差热分析仪

差热分析仪的结构如图 7.5 所示。它包括带有控温装置的加热炉、放置样品和参比物的坩埚、用以盛放坩埚并使其温度均匀的保持器、测温热电偶、差热信号放大器和信号接收系统（记录仪或微机等）。

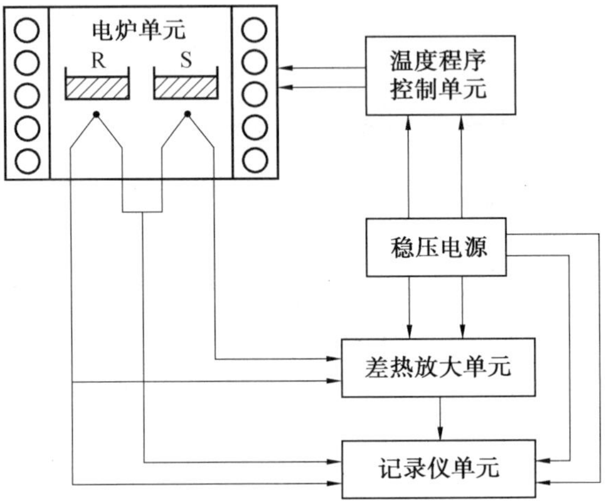

图 7.5　差热分析仪的基本结构

R—参比物；S—试样

7.3.2　差热曲线的分析与应用

1. 典型的差热曲线

比较接近实际的典型差热曲线如图 7.6 所示。

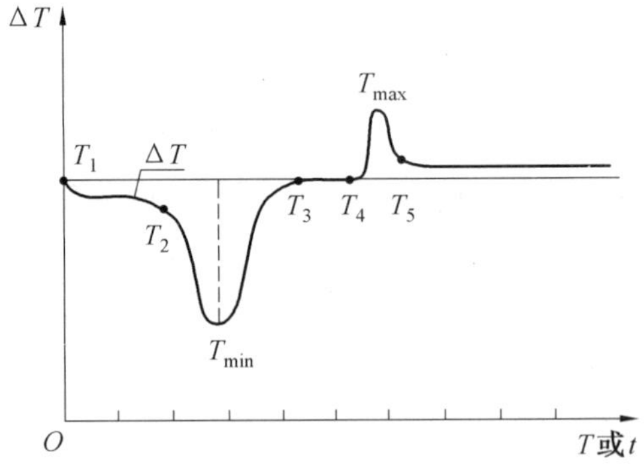

图 7.6　典型的差热曲线

当试样和参比物在相同条件下一起等速升温时，在试样无热效应的初始阶段，它们间的温度差 ΔT 为接近于零的一个基本稳定的值，得到的差热曲线是近于水平的基线（T_1 至 T_2）。当试样吸热时，所需的热量由加热炉传入和依靠试样降低自身的温度得到。由于有传热阻力，在吸热变化的初始阶段，传递的热量不能满足试样变化所需的热量，这时试样温度降低。当 ΔT 达到仪器已能测出的温度时，就出现吸热峰的起点（T_2），在试样变化所需的热量等于加热炉传递的热量时，曲线到达峰谷（T_{min}）。当炉子传递的热量大于试样变化所需的热量时，试样温度开始升高，曲线折回，直到 ΔT 不再能被测出，试样转入热稳定状态，吸热过程结束（T_3）。反之，试样发生放热变化时，释放出的热量除了由传热导出一部分外，尚能使试样温度升高，在 ΔT 达到可由仪器检出时，曲线偏离基线，出现放热峰的起点（T_4）。当释放出的热量和导出的热量相平衡，曲线到达峰顶（T_{max}）。当导出的热量大于释放出的热量，曲线便开始折回，直至试样与参比物的温度差接近零，仪器测不出为止。此时曲线回到基线，成为放热峰的结束点（T_5），T_1 至 T_2、T_3 至 T_4 及 T_5 以后的基线均对应着一个稳定的相或化合物。但由于与反应前的物质在热容等热性质上的差别，它们通常不在一条水平线上。图 7.6 曲线上的 T_{max} 是产生热效应的物理或化学变化的结束点，它在 DTA 曲线上的位置一般是不确定的。许多试样的实际差热曲线不完全与图 7.6 类似，差热曲线上峰的重叠和交错情况是经常出现的，有时曲线还呈缓慢变化和复杂的基线偏移。

需说明的是差热分析定义中的温度应是试样所处的温度，即试样自身的温度。但在实际测量中，有的以参比物的温度表示，有的则以加热炉温度表示。

在 DTA 曲线上，以记录起始点为起点所作平行于横坐标的直线称为零线，它表示试样和参比物之间的温度差 ΔT 为 0，即零线是在理想状态下才能获得。ΔT 近似为 0 的曲线部分称为基线，该段曲线表示试样中无热效应产生。基线与零线不重合的原因是试样与参比物之间的比热容和热导率不同。有时，还会有两段基线高度不同的现象，这表明试样经过一个热效应过程以后，比热容和热导率等热力学常数发生了改变。偏离基线向下而后又回到基线的曲线部分称为吸热峰，它是试样发生吸热效应所致；偏离基线向上而后又回到基线的曲线部分称为放热峰，它是试样发生放热效应所致。曲线开始偏离基线的点所对应的温度称为热效应起始温度。曲线回到基线的点所对应的温度称为结束温度，这一点意味着一个热效应过程的结束。由于曲线偏离和返回基线并无明显的转折点，故起始温度和终点温度难以确定。一般采用外推法来确定起始温度和终点温度，以起始温度为例，以峰的起始边上拐点的切线与外推基线的交点所对应的温度（或曲线陡峭部分切线和基线延长线这两条线交点）作为热效应起始温度，称为外推起始点温度（图 7.7）。从热效应起始温度至结束温度称为热峰宽度或热峰范围。热效应产生的峰的最高点所对应的温度称为峰值温度，也即在一个热效应过程中曲线偏离基线最大时的温度。表示热峰偏离基线的最大距离称为热效应幅度（峰幅）。热峰曲线与基线所包围的面积称为热效应面积。峰幅和热效应面积是进行定量分析的重要参数。

DTA 峰面积的确定分两种情况：

(1)基线没有偏移。

DTA 的峰面积为反应前后基线所包围的面积，其测量方法有以下几种：①使用积分仪，可以直接读数或自动记录下差热峰的面积；②如果差热峰的对称性好，可作等腰三角形处理，用峰高乘以半峰宽峰高处的宽度的方法求面积；③剪纸称重法，若记录纸厚薄均匀，可将差热峰剪下来，在分析天平上称其质量，其数值可以代表峰面积。

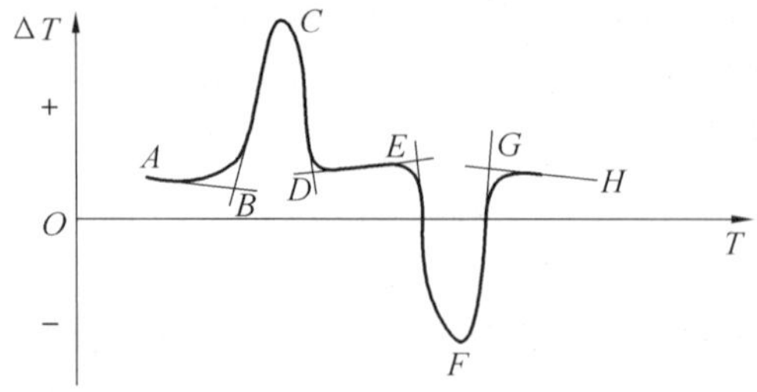

图 7.7　外推法确定 DTA 曲线的温度转变点的示意图

(2)基线有偏移。

基线有偏移分如下两种情况计算：

①分别作反应开始前和反应终止后的基线延长线，它们离开基线的点分别是 T_s 和 T_f，则联结 T_s 和 T_f 两点所得连线(称为内插基线)与峰曲线所包围的面积为热效应面积(图 7.8(a))，这是 ICTA 所规定的方法。

②由基线延长线和通过峰顶 T_p 作垂线，用 DTA 曲线的两个半侧所构成的两个近似三角形面积 S_1、S_2 之和 $S=S_1+S_2$ 表示峰面积(图 7.8(b))，这种求面积的方法是认为在 S_1 中丢掉的部分与 S_2 中多余的部分可以得到一定程度的抵消。

在 DTA 曲线分析中必须注意：①峰顶温度没有严格的物理意义，峰顶温度并不代表反映的终止温度，反应的终止温度应在后续曲线的某点，如图 7.7 中的 *BCD* 峰，终止温度在 *CD* 段的某一点处；②最大反应速率也不是发生在峰顶，而是发生在峰顶之前，峰顶温度仅表示此时试样与参比物间的温度差最大；③峰顶温度不能看作试样的特征温度，它受多种因素的影响，如升温速率、试样的颗粒度、试样用量等。

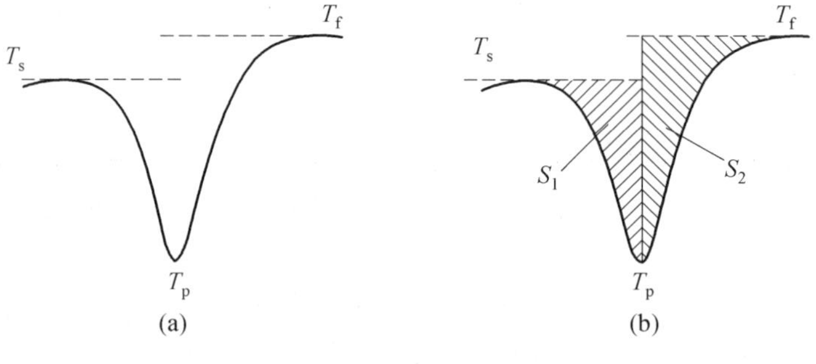

图 7.8　DTA 峰面积的确定示意图

2. 影响差热曲线的因素

差热曲线明显地受仪器类型、待测物质的物理化学性质和采用的实验条件等因素的影响。此外，实验环境的温度和湿度有时也会带来些影响。许多因素的影响并不是孤立存在的，而是互相联系的，有些甚至还是互相制约的。

(1)样品因素。

①试样性质的影响。

样品因素中，最重要的是试样的性质。可以说试样的物理和化学性质，特别是它的密度、比热容、导热性、反应类型和结晶等性质决定了差热曲线的基本特征：峰的个数、形状、位置和峰的性质(吸热或放热)。

②参比物性质的影响。

参比物的基本条件是在实验温区内具有热稳定结构性质(即无热反应),它的作用是为获得 ΔT 创造条件。从差热曲线的形成可以看出,只有当参比物和试样的热性质、质量、密度等完全相同时才能在试样无任何类型能量变化的相应温区内保持 $\Delta T=0$,得到水平的基线。实际上这是不可能达到的。与试样一样,参比物的导热系数也受许多因素影响例如比热容、密度、粒度、温度和装填方式等。这些因素的变化均能引起差热曲线基线的偏移。即使同一试样用不同参比物实验,引起的基线偏移也不一样。因此,为了获得尽可能与零线接近的基线,需要选择与试样导热系数尽可能相近的参比物。然而,参比物的选择在很大程度上还是依据经验,最终必须满足基线能够重复这一基本要求。参比物的粒度应与试样相近(100～300 目筛),常用的参比物是 $\alpha-Al_2O_3$(经 1 270 K 煅烧的高纯 Al_2O_3 粉)。

一些常用的参比物,例如焙烧过的 Al_2O_3、MgO 和 NaCl 均有吸湿性,吸湿后会影响差热曲线起始段的真实性。对这类参比物是否会发生吸附现象,也是需要注意的。

③惰性稀释剂性质的影响。

惰性稀释剂是为了达到某些目的而掺入试样、覆盖或填于试样底部的物质。理想的稀释剂应不改变试样差热分析的任何信息。然而在实际使用中尽管稀释剂与试样之间没有发生化学作用,但稀释剂的加入或多或少会引起差热峰的改变并往往降低差热分析的灵敏度。如果稀释剂同时用作参比物,那么混合后的试样与参比物在物理性质上的差别将随稀释剂用量的增加而减小。当稀释剂的比热容大于试样时,稀释剂的加入还利于试样的比热容保持相对恒定,但使峰高降低。一旦稀释剂使试样的导热系数增加,峰高一般也要下降。

(2)实验条件的影响。

①试样量、颗粒大小的影响。

试样量对热效应的大小和峰的形状有着显著的影响。一般而言,试样量增加,峰面积增加,并使基线偏离零线的程度增大。试样量增加,热传导迟缓,还会使试样内的温度梯度增大,并相应地使变化过程所需的时间延长,从而影响峰在温度轴上的位置,造成相邻的反应峰值重叠或难以区别。另一方面,对有气体参加或释放气体的反应,因气体扩散阻力加大抑制了反应的进行,常使变化过程延长,这将造成相邻变化过程峰的重叠和使分辨率降低,这是不希望发生的。故样品以少为原则。

一般来说,试样量小,差热曲线出峰明显、分辨率高,基线漂移也小,不过对仪器灵敏度的要求也高。同时试样量过少,会使本来就很小的峰消失;在试样均匀性较差时,还会使实验结果缺乏代表性。

试样颗粒越大,峰形趋于扁而宽;反之,颗粒越小,热效应温度偏低,峰形变小。因此,正常的差热分析试样的粒度以 10～50 μm 为宜。

试样的装填要求薄而均匀,与参比物的装填情况一致,否则会因热导率的差异,使低温阶段的误差增大。

②升温速率的影响。

升温速率是影响差热曲线最重要的实验条件之一。

对有质量变化的反应(如化学反应)和没有质量变化的反应(如相变反应),升温速率影响途径有着明显的差别,而且对前者的影响更大,这反映在加热速率增加,使峰温、峰高和峰面积均增加,而与反应时间对应的峰宽减小。如果以在试样中直接测量的温度作温度轴,对没有质量变化的反应,升温速率对峰温几乎没有影响,但影响峰的振幅和曲线下面的面积。

升温速率对差热曲线的峰形(面积)及峰值有明显的影响。升温速率越大,峰形越尖,峰高也增加,峰顶温度也越高(图 7.9(a));升温速率过小则差热峰变圆、变低,甚至显示不出来(图 7.9(b))。

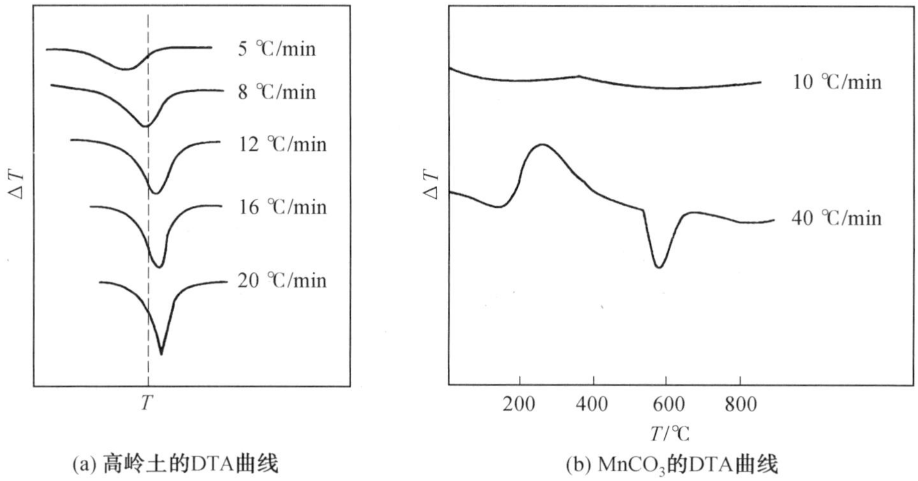

图 7.9　升温速率对 DTA 曲线的影响

加热速率的选择主要根据试样的数量、传热性质、参比物、加热炉、试样座的特性及记录仪的灵敏度而定。如果试样传热差,记录仪的灵敏度要高,则加热速率以慢一些为宜。

③炉内气氛的影响。

气氛对差热曲线的影响由气氛与试样变化关系所决定。当试样的变化过程有气体释放出或能与气氛组分作用时,气氛对差热曲线的影响就特别显著。在差热分析中,常用的气氛有静态和动态两种:静态气氛一般为封闭系统,随着反应的进行,样品上空逐渐被分解出来的气体所包围,将导致反应速度减慢,反应温度向高温方向偏移;在动态气氛中,气氛(一般为氮气气氛)流经试样和参比物,分解产物所产生的气体不断被动态气氛带走。只要控制好气体的流量就能获得重现性好的实验结果,故一般采用动态气氛。惰性气氛并不参与试样的变化过程,但它的压力大小对试样的变化过程(包括反应机理)也会产生影响。

压力对测试中体积变化很小的试样影响不大,而对于体积变化明显的试样则影响显著。在外界压力增大时,试样的热反应温度向高温方向移动;而当外界压力降低或抽真空时,热反应的温度向低温方向移动。

(3)仪器因素。

仪器是固定的,一般只能在某些方面,如坩埚或热电偶作有限的选择。但是在分析不同仪器获得的实验结果或考虑仪器更新时,仪器因素却是不容忽视的。

①加热方式、炉子形状和大小的影响。

常见的加热方式是电阻炉加热,此外还有红外辐射加热与高频感应加热。加热方式不同,向样品的传热方式不同。炉子形状和大小是决定炉子热容的主要因素。它们影响差热曲线基线的平直、稳定和炉子的热惯性。

②样品支持器的影响。

样品支持器尤其是均温块,对热量从热源向样品传递及对发生变化的试样内释出或吸收热量的速率和温度分布都有着明显的影响。所以,在差热分析中,样品支持器是与差热曲线的形状、峰面积的大小和位置,检测温度差的灵敏度及峰的分辨率直接相关的基本因素之一。

作为样品支持器的一个部件,坩埚对差热曲线也有影响。它的影响不仅与坩埚的材料、大小、质量、型式及参比物坩埚和试样坩埚的相似程度直接相关,而且还和与坩埚大小直接相关的试样装填直径大小及装填量紧密相关。

制作坩埚的常用材料是金属或陶瓷,坩埚直径一般决定了试样的装填直径。装填直径越小,试样内的温度梯度就越小。

③温度测量和热电偶的影响。

差热曲线上的峰形、峰面积及峰在温度轴上的位置均受热电偶的影响,其中影响最大的是热电偶的接点位置、类型和大小。测温热电偶接点的位置以及温度轴上的温度测量方法,对差热曲线的分析是非常重要的。测温热电偶接点的位置不同,测出的温度可能相差数十摄氏度。

④电子仪器的工作状态的影响。

影响最大的是仪器低能级微伏直流放大器的抗干扰能力、信噪比、稳定性和对信号的响应能力及记录仪的测量精度、灵敏度和动态响应特性等。

由以上讨论可以看出,影响差热分析的因素是极其复杂的。目前已经知道的影响规律或结论,大多还只是实践经验的总结。在实际测量中,有时很难控制这些影响因素。在进行差热分析前,必须正确选择实验条件,并认真分析,方可得到正确结论。

3. 差热曲线的分析

从差热曲线上可清晰地看到差热峰的数目、位置、方向、宽度、高度、对称性以及峰面积等信息。依据差热曲线特征,可定性和定量地分析物质在加热或冷却过程中所发生的物理或化学变化。

差热曲线上峰的数目表示物质发生物理、化学变化的次数;峰的起始位置和结束位置表示物质发生变化的温度范围;峰的方向表明体系发生热效应的正负性;峰面积说明热效应的大小,相同条件下,峰面积大的表示热效应也大。

表 7.1 为物质差热分析中吸热和放热的原因,可供分析差热曲线时参考。

表 7.1　差热分析中产生放热峰和吸热峰的大致原因

现象		吸热	放热	现象		吸热	放热
物理原因	结晶转化	√		化学原因	化学吸附		
	熔融	√			析出	√	
	气化	√			脱水	√	
	升华	√			分解		
	吸附		√		氧化度降低		
	脱附	√			氧化		
	吸收	√			还原	√	
					氧化还原反应	√	

在相同的测定条件下，许多物质的差热曲线具有特征性，即一定的物质就有一定的差热峰的数目、位置、方向、峰温等，所以，可通过与已知的热谱图的比较来鉴别样品的种类、相变温度、热效应等物理化学性质。

固体物质中的水分通常分为游离水和结合水。游离水是充满物理空间与大毛细管中的水分，一般只有与水直接接触才会出现；而结合水来源于物质对水分的吸附、水分的毛细管凝聚及水与物质的化学结合。结合水与物质的结合力较游离水强，且结合力随结合方式而异。

在 DTA 或 DSC 曲线上脱水过程呈吸热峰，仅在脱水后出现无定形态向稳定的结晶态转化时才出现放热峰。

固体物质中水的脱水温度为：①普通吸附水脱水温度为 100～110 ℃。②层间结合水或胶体水脱水温度在 400 ℃内，大多数在 200 ℃或 300 ℃内。③架状结构水的脱水温度为 400 ℃左右；结晶水的脱水温度为 500 ℃内，分阶段脱水；结构水的脱水温度为 450 ℃以上。

根据加热而发生脱水的温度，可区分固体中水分的结合方式。例如通过研究砂、硅胶和多孔玻璃在 0 ℃以下的冷却与加热 DTA 曲线可知(图 7.10)，这些物质中的水是以两种方式存在的，图中小的低温峰是结合得更为牢固的水形成的。进一步研究多孔玻璃中添加的水的质量和两个 DTA 峰面积的关系，发现添加的水的质量分数为 14.5%时，低温峰面积达到恒定值，这相当于吸附水；而超过 14.5%时，则是游离水。

在矿物分解时一般释放的是 CO_2、SO_2，产生的多是吸热峰；非晶态物质的析晶产生的是放热峰。

4. 差热分析的应用

差热分析已广泛应用于材料、化学、化工、冶金和地质等领域的科研和生产部门。

DTA 曲线上峰在温度或时间轴上的相应位置、形状和数目等信息与物质的组成、结构和性质有关，因此可用来定性地表征和鉴定物质。而峰的面积与反应热焓有关，所以可用来定量地估计参与反应的物质的量或测定热化学参数。

DTA 分析法在大多数情况下只做定性分析，但在分析微量样品时，尤其是以热电堆

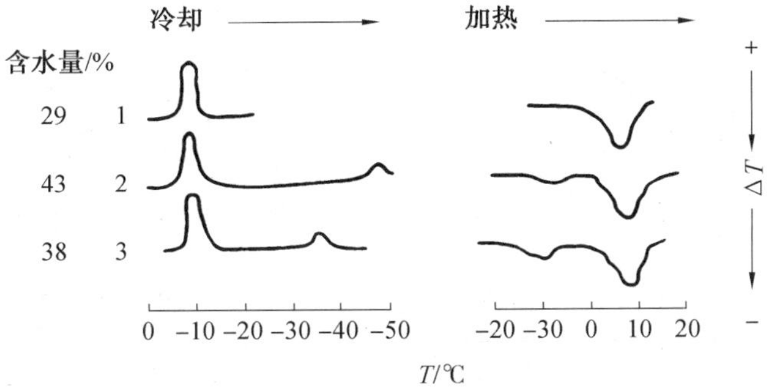

图 7.10　三种含水无机物的 DTA 曲线
1—砂;2—硅胶;3—多孔玻璃

式差热电偶作为检测器时也可进行半定量或定量分析。为了提高 DTA 定量分析的精度,克服测试条件变化对定量分析精度的影响,在测试时可采用内标法进行标定。由于同一 DTA 曲线上的两种物质的峰面积比与含量有关,因此可在未知物中加入已知反应热量的物质作为内标来测定未知物质的热量变化及含量。由于该法的峰面积是在同一曲线上读取的,不受测试条件影响,因此定量分析的精度可以提高。

(1)利用 DTA 鉴别物质和成分分析。

每种物质在加热过程中都有自己独特的 DTA,根据这些曲线可以把它从未知多种物质的混合物中定性地识别出来。

碳酸盐、硫酸盐、硝酸盐、硫化物等物质在加热过程中,由于分解放出 CO_2、NO_2、SO_2 等气体而产生吸热效应。不同的结构的矿物,因其分解温度和 DTA 曲线的形态不同,因此可用差热分析法对这类矿物进行区分、鉴定。

图 7.11(a)是两种物质的混合物的 DTA 曲线,在 120 ℃和 190 ℃的两个吸热峰与图 7.11(b)中的 $CaSO \cdot 2H_2O$ 的两脱水峰一样,而 240 ℃的吸热峰与图 7.11(c)中的 Na_2SO_4 的吸热峰形一样,说明图 7.11(a)的混合物是由无水 Na_2SO_4 和 $CaSO \cdot 2H_2O$ 两种物质组成。

目前科学工作者已先后收集了多种物质的大量 DTA 曲线,并编制成册及索引。我国的地质工作者也在实践的基础上,收集编制了 950 种矿物的 2 600 余条 DTA 曲线,为未知矿物的成分定性分析提供了方便。但在进行矿物成分定性分析时,应注意以下几点:

①加热过程中混合物中的单一物质之间不能有任何化学反应和变化。

②加热过程中物质的热效应不能过于简单,否则不易识别。

③在实验温度区不允许个别物质形成固熔体,影响定性分析结果。

④实验条件必须严格控制,最好在同一台仪器上进行以便比较。

⑤不适于无定形物质的成分定性分析。

(2)利用 DTA 研究氧化反应。

试样或分解产物中含有变价元素,但加热到一定温度时会发生由低价元素变为高价元素的氧化反应,同时放出热量,在 DTA 曲线上表现为放热峰。如 FeO、Co、Ni 等低价元素化合物在高温下均会发生氧化而放热。C 或 CO 的氧化在 DTA 曲线上有大而明显

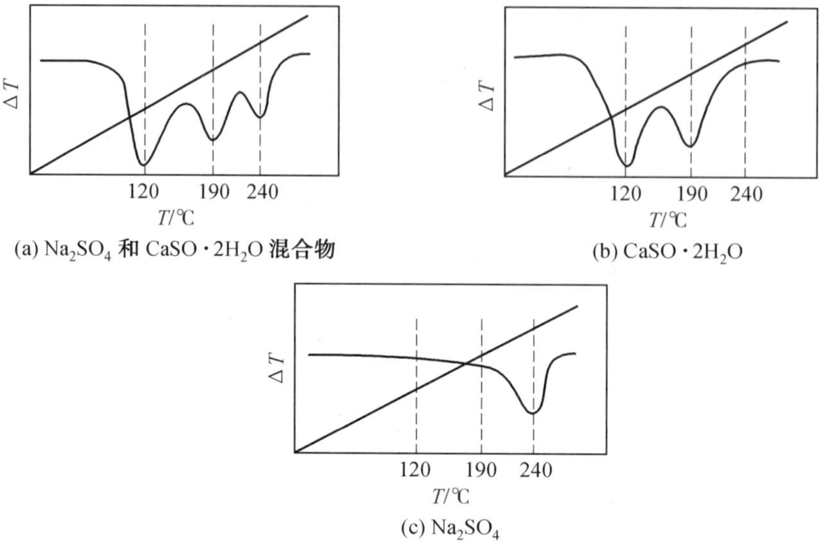

图 7.11 三种样品的 DTA 曲线

的放热峰。

(3)利用 DTA 研究非晶态物质转变为晶态物质。

非晶态物质在加热过程中伴随着析晶或不同物质在加热过程中相互化合成新物质时均会放出热量。如高岭土加热到 1 000 ℃左右会产生 $\gamma-Al_2O_3$ 析晶,钙镁铝硅玻璃加热到 1 100 ℃以上时会析晶,而水泥生料加热到 1 300 ℃以上时会相互化合形成水泥熟料矿物而呈现出各种不同的放热峰。

(4)利用 DTA 研究晶型转变。

有些矿物在加热过程中会发生晶体结构变化,并伴随有热效应。通常在加热过程中晶体由低温变体向高温变体转化时会产生吸热效应,如低温型石英晶体加热到 573 ℃时会转化为高温型石英,C_2S 在加热到 670 ℃时会由 β 型转变为 α′型、830 ℃时由 γ 型转变为 α′型、1 440 ℃时由 α′型转变为 α 型。如果在加热过程中矿物由非平衡态晶体转变为平衡态晶体则产生放热效应。

此外,固体物质的熔化、升华、液体的气化、玻璃化转变等在加热过程中都会产生吸热,在 DTA 曲线上表现为吸热峰。

7.4　差示扫描量热法

差热分析技术具有快速简便等优点,但其缺点是重复性较差,分辨率不够高,其热量的定量也较为复杂。差热分析虽能用于热量定量检测,但其准确度不高,只能得到近似值,且由于使用较多试样,试样温度在产生热效应期间与程序温度间有着明显的偏离,试样内的温度梯度也较大,因此难以获得变化过程中准确的试样温度和反应的动力学数据。差示扫描量热法(DSC)就是为克服 DTA 在定量测定上存在的这些不足而发展起来的一种新技术。

DSC 可以表征所有与热效应有关的物理变化和化学变化，该法通过对试样因发生热效应而发生的能量变化进行及时应有的补偿，保持试样与参比物之间温度始终保持相同，无温差、无热传递，使热损失小，检测信号大，因此在灵敏度和精度方面都大有提高，可进行热量的定量分析工作。因此，DSC 堪称热分析三大技术（TG、DTA 和 DSC）中的主要技术之一，尤其是 DSC 技术由过去难以突破的最高实验温度 700 ℃，提高到 1 650 ℃，极大地拓宽了它的应用范围。

7.4.1　基本原理与差示扫描量热仪

差示扫描量热法是在程序控制温度下测量输入到物质（试样）和参比物的能量差与温度（或时间）关系的一种技术。测量方法又分为两种基本类型：功率补偿型和热流型。两者分别测量输入试样和参比物的功率差及试样和参比物的温度差。测得的曲线称为差示扫描量热曲线或 DSC 曲线，如图 7.12 所示。功率补偿型 DSC 曲线上的纵坐标以 dQ/dT 或 dQ/dt 表示，后者的单位是 mJ/s。纵坐标上热效应的正负号，按照热化学，吸热为正，峰应向上，恰与 DTA 规定的吸热方向相反。对于热流型 DSC，其曲线的表示法与 DTA 曲线相同。

对于功率补偿型 DSC 技术，要求试样和参比物温度，无论试样吸热还是放热都要处于动态零位平衡状态，使 ΔT 等于 0，这是 DSC 和 DTA 技术最本质的区别。要实现 ΔT 等于 0，其办法就是通过功率补偿。热流型 DSC 则要求试样和参比物温度差与试样和参比物间热流量差呈正比关系。

用 DSC 测量时，试样质量一般不超过 10 mg。试样微量化后降低了试样内的温度梯度，样品支持器也做到了小型化，且装置的热容量也随之减小了，这对热量传递和仪器分辨率的提高都是有利的。

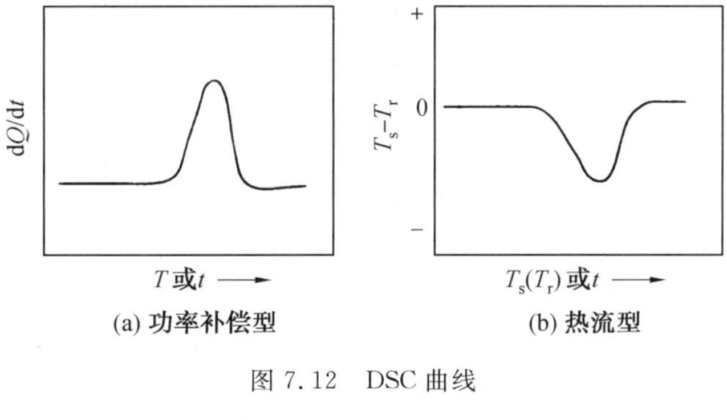

图 7.12　DSC 曲线

为了获得可靠的定性和定量的结果，DSC 与 DTA 一样，也需校正温度轴和标定热定量校正系数 K。而且校正温度轴的方法和使用的温度标准物，热定量校正的原理和热量校正的标准物，与 DTA 相同或类似。

DSC 的工作温度，目前大多还只能到达中温（1 100 ℃）以下，明显低于 DTA。从试样产生热效应释放出的热量向周围散失的情况来看，功率补偿型 DSC 仪的热量损失较多。而热流型 DSC 仪的热量损失较少，一般在 10%左右。在 DSC 中，功率补偿型 DSC 仪比热流型 DSC 仪应用得更多些。

(1)功率补偿型 DSC 仪的工作原理。

经典 DTA 常用一个金属块作为试样保持器,以确保试样和参比物处于相同的加热条件下,而 DSC 的主要特点是试样和参比物各自有独立的加热元件和测温元件,并由两个系统进行监控,如图 7.13(a)所示。功率补偿型差示扫描量热仪包括外加热功率补偿差示扫描量热计和内加热功率补偿差示扫描量热计两种。

①外加热功率补偿差示扫描量热计的主要特点是试样和参比物仍放在外加热炉内加热的同时,都附加有独立的小加热器和传感器,即在试样和参比物容器下各装有一组补偿加热丝。其结构如图 7.13(b)所示,整个仪器由两个控制系统进行监控,其中一个控制系统用于控制温度,使试样和参比物在预定速率下升温或降温;另一个控制系统用于补偿试样和参比物之间所产生的温差,即当试样由于热反应而出现温差时,通过补偿控制系统使流入补偿加热丝的电流发生变化。例如,当试样吸热时,补偿系统流入试样侧加热丝的电流增大;试样放热时,补偿系统流入参比物侧加热丝的电流增大,直至试样和参比物二者热量平衡,温差消失。这就是所谓零点平衡原理。这种 DSC 仪经常与 DTA 仪组装在一起,通过更换样品支架和增加功率补偿单元达到既可做差热分析,又可做差示扫描量热分析的目的。

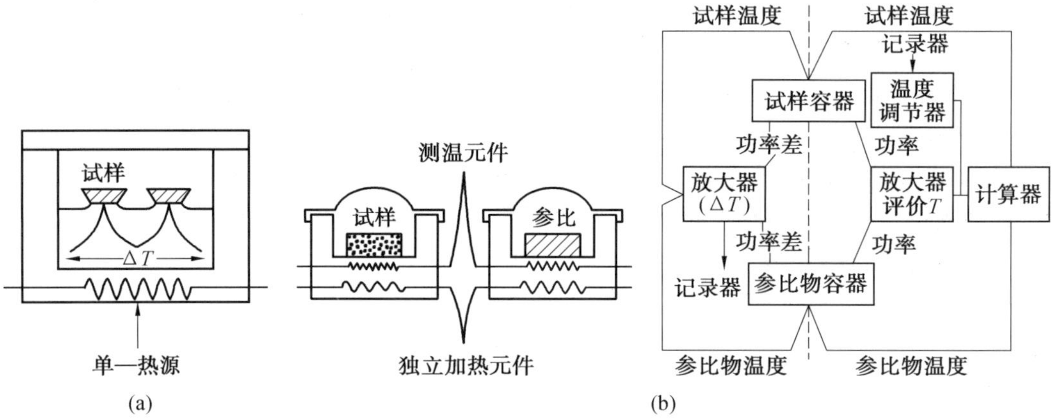

图 7.13　功率补偿型差示扫描量热仪示意图

②内加热功率补偿差示扫描量热计则无外加热炉,直接用两个小加热器进行加热,同时进行功率补偿。由于不使用大的外加热炉,因此仪器的热惰性小、功率小、升降温速率很快。但这种仪器随着试样温度的增加,样品与周围环境之间的温度梯度越来越大,造成大量热量的流失,大大降低了仪器的检测灵敏度和精度。因此,这种 DSC 仪的使用温度较低。

(2)热流型差示扫描量热仪。

热流型 DSC 仪和 DTA 十分相似,是一种定量的 DTA 仪器,不同之处在于试样与参比物的托架下放一个电热片,加热器在程序温度控制下对加热块进行加热,其热量通过电热片对试样和参比物加热,使之受热均匀,如图 7.14(a)所示,具体加热结构如图 7.14(b)所示。加热时利用康铜盘把热量传输到试样和参比物,并且康铜盘还作为测量温度的热电偶节结点的一部分,传输到试样和参比物的热流差,通过试样的参比物平台下的镍铬板与康铜盘的结点所构成的镍铬—康铜热电偶进行监控。热流型就是在基于样品和参比物相同的功率下，测量样品和参比物两端温度差 ΔT，然后根据热流方程将 ΔT 转化 ΔQ(热量差)作为信号输出。热流型 DSC 仪的优点是基线稳定和灵敏度高。

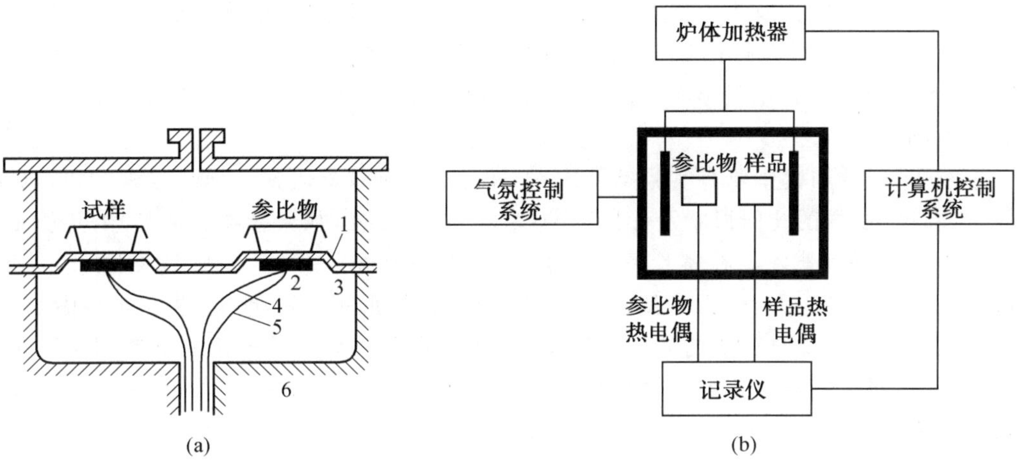

图 7.14　热流型差示扫描量热仪示意图

1—康铜盘；2—热电偶接电；3—镍铬板；4—镍铝丝；5—镍铬丝；6—加热块

7.4.2　差示扫描量热曲线

DSC 法所记录的补偿能量随温度或时间的变化的曲线，称为 DSC 曲线(图 7.15)。典型的 DSC 曲线以热流率$\left(\frac{\mathrm{d}H}{\mathrm{d}t}\right)$为纵坐标，以温度 T 或时间 t 为横坐标，即：$\frac{\mathrm{d}H}{\mathrm{d}t}-T$。

与差热分析一样，它也是基于物质在加热过程中发生物理、化学变化的同时伴随有吸热、放热现象的出现。因此，差示扫描量热曲线的形态外貌与差热曲线完全一样。在 DSC 曲线上离开基线的位移，代表样品吸热或放热的速率，通常以 mJ/s 或 mW(毫瓦)表示。而曲线峰与基线延长线所包围的面积代表热量的变化，因此，DSC 可以直接测量试样在发生变化时的热效应。

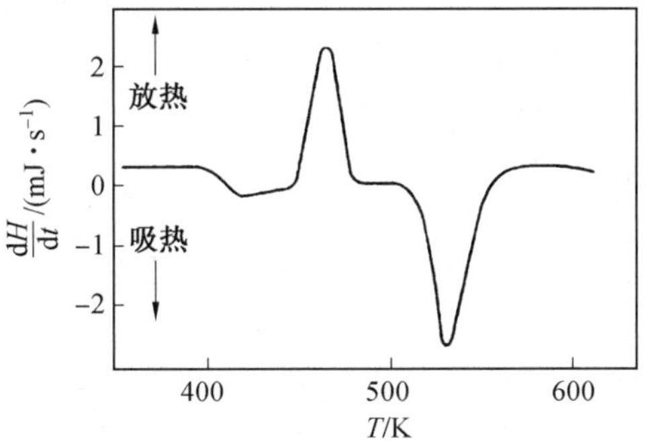

图 7.15　DSC 曲线示意图

7.4.3 差示扫描量热曲线的影响因素

由于 DTA 和 DSC 都是以测量试样焓变为基础的，而且两者在仪器原理和结构上有许多相同或相近之处，因此影响 DTA 的各种因素也会以相同或相近的规律对 DSC 产生影响。但是由于 DSC 试样用量少，试样内的温度梯度较小且气体的扩散阻力下降，对于功率补偿型 DSC 还有热阻影响小的特点，因而某些因素对 DSC 的影响与对 DTA 的影响程度不同。

影响 DSC 的因素主要有实验条件因素、样品因素和仪器因素。样品因素主要是试样的用量、粒度、试样的几何形状及参比物的性质。有些试样(如聚合物和液晶)的热历史对 DSC 曲线也有较大影响。在实验条件因素中，主要是升温速率，它影响 DSC 曲线的峰温和峰形。升温速率越大，一般峰温越高，峰面积越大，峰形越尖锐，但这种影响在很大程度上还与试样种类和受热转变的类型密切相关，升温速率对有些试样相变焓的测定值也有影响。另外，影响因素还有炉内气氛类型和气体性质，气体性质不同，峰的起始温度和峰温甚至过程的焓变都会不同。试样用量和稀释情况对 DSC 曲线也有影响。

7.4.4 DSC 与 DTA 的区别

DSC 与 DTA 的差别主要体现在加热装置、测试结果以及曲线的物理意义不同，具体如下：

(1)差示量热计代替加热炉。

(2)样品和参比物各自独立加热。

(3)产生温差用功率补偿，保持同温。

(4)DTA 是测量试样与参比物之间的温度差，而 DSC 是测量为保持试样与参比物之间的温度一致所需的能量(即试样与参比物之间的能量差)。

(5)DSC 是在控制温度变化情况下，以温度(或时间)为横坐标，以样品与参比物间温差为 0 所需供给的热量为纵坐标所得的曲线。

(6)DTA 是测量 $\Delta T-T$ 的关系，无法建立 ΔH 与 ΔT 之间的联系；而 DSC 是保持 $\Delta T=0$，测定 $\Delta H-T$ 的关系，并建立 ΔH 与 ΔT 之间的联系。两者最大的差别是 DTA 只能定性或半定量，而 DSC 的结果可用于定量分析。

(7)DSC 与 DTA 曲线相同，但 DSC 更准确。

7.4.5 DSC 的应用

DSC 曲线上的峰在温度或时间轴上的相应位置、形状和数目等信息与物质的组成、结构和性质有关，因此可用来定性地表征和鉴定物质。而峰的面积与反应热焓有关，所以可用来定量地估计参与反应的物质的量或测定热化学参数，DSC 分析技术在热量的定量分析方面有着极大的应用前景。DSC 分析不仅可定量地测定物质的熔化热、转变热和反应热，而且还可以用来计算物质的纯度和杂质量。

7.5　热分析法在材料研究中的应用

7.5.1　热分析法在高分子材料研究中的应用

1. 热重法在高分子材料研究中的应用

在高分子材料研究中，热重分析可用于高分子材料组成的分析、共混和共聚的高聚物的鉴定和分析、热稳定性测定、氧化或分解反应及其动力学研究、高聚物裂解反应动力学的研究和活化能的测定、高聚物化学老化寿命的估算和老化性能的评价等。

(1)添加剂和杂质的分析。

TG 在分析高分子材料中各种添加剂和杂质方面有着独特之处，且比一般方法要快速方便。添加剂和杂质可分为两类：一类是挥发性的，如水、增塑剂等，它们在树脂分解之前已先逸出；另一类是无机填料如二氧化硅、玻璃纤维等，它们在树脂分解后仍然残留。

图 7.16 是玻璃钢成分分析的例子。曲线中有三个拐点，分别对应于失水(100 ℃附近开始)和树脂在 400～600 ℃之间的两步分解，最后不分解的是玻璃。从失重率直接得到水、树脂和玻璃的质量分数分别为 2%、80%和 18%。

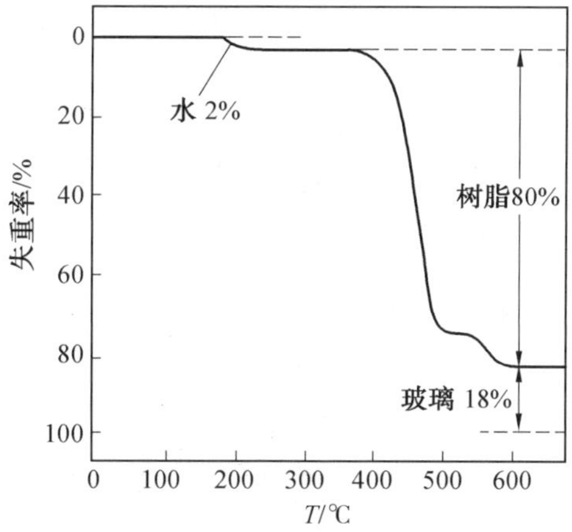

图 7.16　玻璃钢的 TG 曲线

图 7.17 是用 SiO_2 和炭黑填充的聚四氟乙烯的 TG 曲线。首先在 N_2 中，加热到 600 ℃，残留物是两种填料的混合物，然后改为空气气氛，继续加热到 700 ℃，烧掉炭黑。这样通过一次分析，就能分别对炭黑和 SiO_2 进行定量。

图 7.18 是填充了油和炭黑的乙丙橡胶的 TG 和 DTG 曲线。首先在 N_2 中，测定乙丙共聚物和油的含量，在空气中测定炭黑的含量，最后未能分解的残渣为 0.5%～2%。

(2)共聚物和共混物的组成分析。

共聚物的热稳定性总是介于两种均聚物的热稳定性之间，而且随组成比的变化而变化。共混物则出现各组分的失重，而且是各组分纯物质的失重乘以百分含量叠加的结果(图 7.19)。

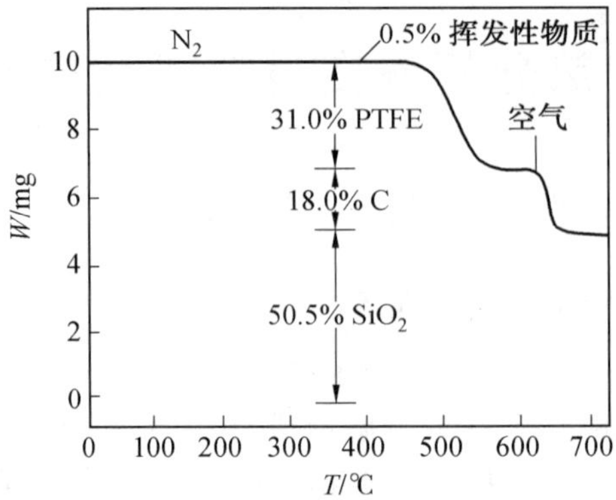

图 7.17 聚四氟乙烯的 TG 曲线(样品 10 mg,5 ℃/min)

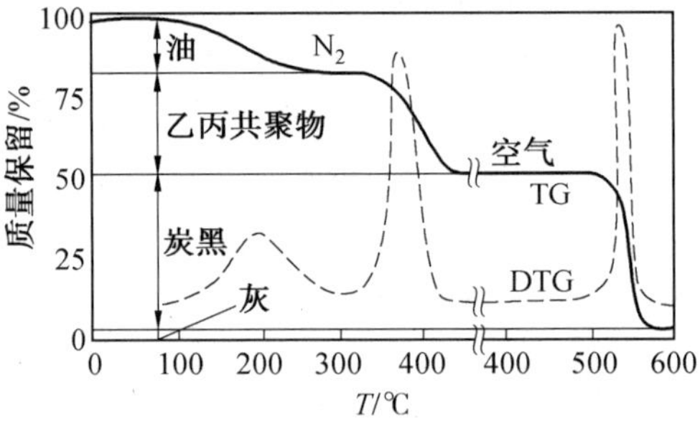

图 7.18 乙丙橡胶的 TG 和 DTG 曲线

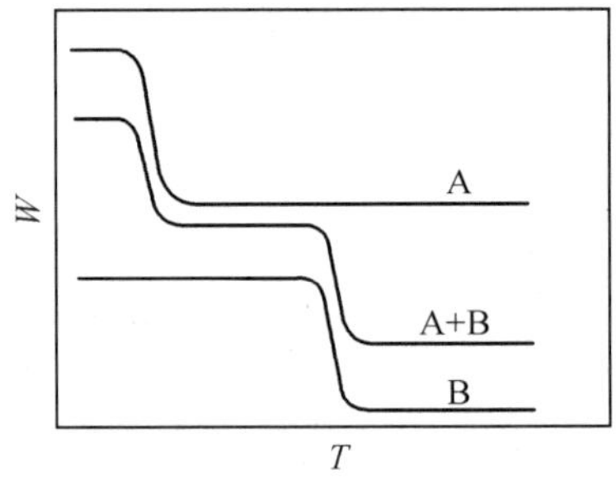

图 7.19 共混物的 TG 曲线

TG 用于分析共聚物的一个例子是 EVA(图 7.20)。EVA 分解的第一阶段定量地释放乙酸,每摩尔醋酸乙烯单元释放 1 mol 乙酸。在氮中缓慢升温(5 ℃/min),在乙酸逸出后能得到很好的拐点,从而能准确计算醋酸乙烯单元的含量。与化学法、IR 法和 NMR 法等相比,TG 法测定 EVA 的组成是最快速、最精确的。TG 法和化学分析结果比较见表 7.2。

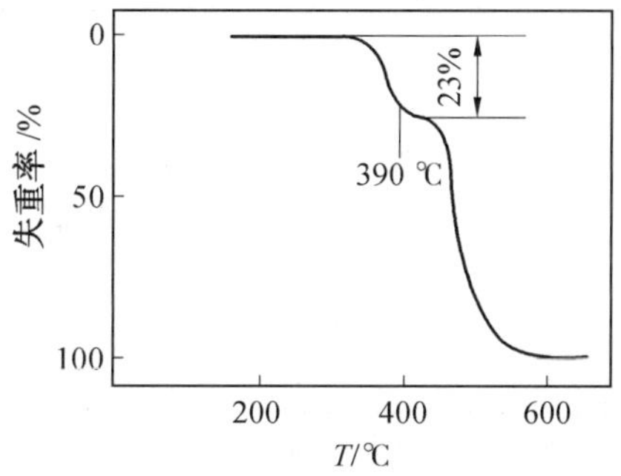

图 7.20　EVA 的 TG 曲线

表 7.2　EVA 的 TG 和化学分析结果的比较

乙酸乙烯质量分数/%（化学分析）	乙酸的失重率/%（TG）	乙酸乙烯质量分数/%（TG）	绝对偏差/%
4.3	3.2	4.6	0.3
8.3	5.8	8.3	0.0
11.2	7.6	10.9	0.3
14.9	10.2	14.6	0.3
27.1	18.9	27.1	0.0
31.1	21.7	31.1	0.0

2. DTA 和 DSC 法在高分子材料研究中的应用

DTA 和 DSC 法在高分子材料方面的应用发展极为迅速，目前已成为高聚物材料常规的测试和基本研究手段。

(1)物性测定。

可用 DTA 和 DSC 技术测定的高聚物的物性有：玻璃化转变温度、熔融温度、结晶转变温度、结晶度、结晶速率、添加剂含量、热化学数据（如比热容、熔化热、分解热、蒸发热、结晶热、溶解热、吸附与解吸热、反应热等）以及相对分子质量等。图 7.21 为高分子材料的 DTA 和 DSC 模式曲线，由图中可看出高聚物的一些物性数据。

(2)高聚物玻璃化转变温度 T_g 的测定。

高聚物的 T_g 温度是一个非常重要的物性数据，在玻璃化转变时高聚物由于热容的改变导致了 DTA 或 DSC 曲线的基线的平移，如图 7.22 所示。根据 ICTA 的规定，以转折线的延线与基线延线的交点 B 作为 T_g 点，又以基本开始转折处 A 和转折回复到基线处 C 为转变区。有时在高聚物玻璃化转变的热谱图上，会出现类似一级转变的小峰，常称为反常比热容峰[图 7.22(b)]，这时 C 点定在反常比热容峰的峰顶上。

(3)高聚物结晶行为的研究。

DTA 与 DSC 法可以用来测定高聚物的结晶速度、结晶度以及结晶熔点和熔融热等，与 X 射线衍射、电子显微镜等配合可作为研究高聚物结晶行为的有力工具。

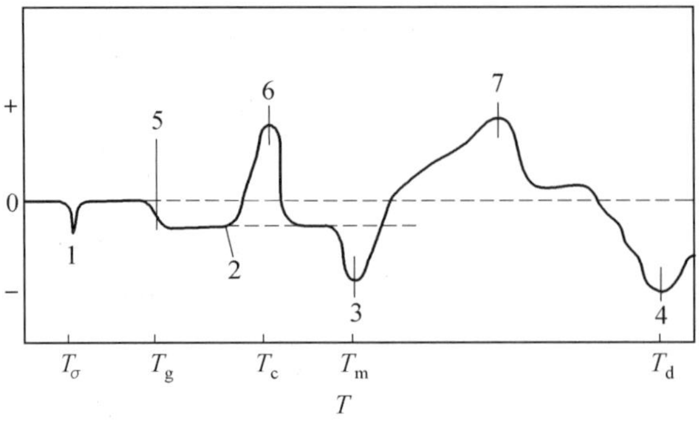

图 7.21　高分子材料的 DTA 和 DSC 曲线

1—固一固一级转变；2—偏移的基线；3—熔融转变；4—降解或气化；5—二级转变或玻璃化转变；6—结晶；7—固化、氧化、化学反应或交联

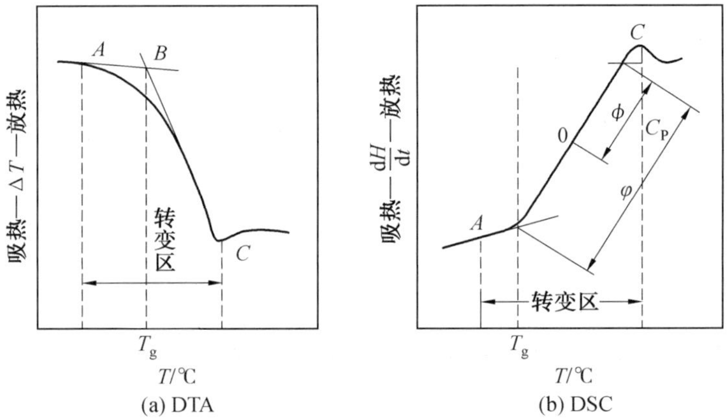

图 7.22　用 DTA 曲线和 DSC 曲线测定 T_g 值

用 DSC 法测定高聚物的结晶温度和熔点可以为其加工工艺、热处理条件等提供有用的资料。最典型的例子是运用 DSC 法的测定结果，确定聚酯薄膜的加工条件。聚酯熔融后在冷却时不能迅速结晶，因此经快速淬火处理，可以得到几乎无定形的材料。淬火冷却后的聚酯再升温时、无规则的分子构型又可变为高度规则的结晶排列，因此会出现冷结晶的放热峰。图 7.23 是经淬火处理后的聚酯的 DSC 图。从图 7.23 可以看到三个热行为：首先是 81 ℃的玻璃化转变温度；第二个是 137 ℃左右的放热峰，这是冷结晶峰；最后是结晶熔融的吸热峰，出现在 250 ℃左右，从这个简单的 DSC 曲线即可以确定其薄膜的拉伸加工条件。拉伸温度必须选择在 T_g 以上和冷结晶开始的温度(117 ℃)以下的温度区间内，以免发生结晶而影响拉伸。拉伸热定型温度则一定要高于冷结晶结束的温度(152 ℃)使之冷结晶完全，但又不能太接近熔点，以免结晶熔融，这样就能获得性能好的薄膜。

(4)热固性树脂固化过程的研究。

用 DSC 法测定热固性树脂的固化过程有不少优点。例如，试样用量小，而测量精度较高(其相对误差可在 10%之内)，适用于各种固化体系。从测定中可以得到固化反应的起始温度、峰值温度和终止温度，还可得到单位质量的反应热以及固化后树脂的玻璃化转

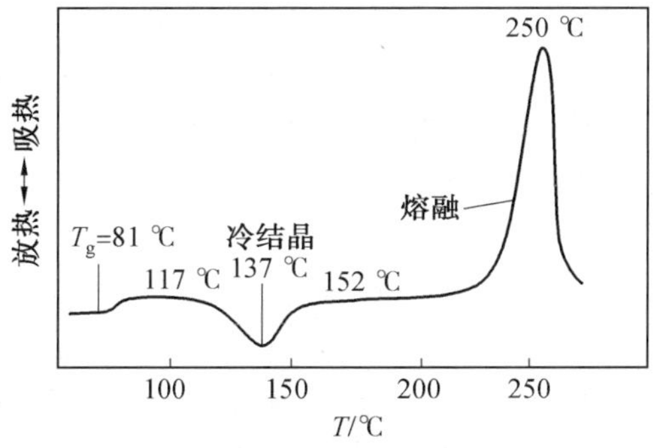

图 7.23　用 DSC 曲线确定聚酯薄膜的加工条件

变温度。这些数据对于树脂加工条件的确定,评价固化剂的配方(包括促进剂等)都很有意义。

图 7.24 示出一种典型的环氧树脂的 DSC 曲线,可以看出首先出现一个吸热峰,这是树脂由固态熔化,然后出现一个很明显的放热峰,这就是固化峰。可以用基线与之相切得到固化起始温度 T_a和终止温度 T_c,从曲线峰顶得到 T_b,由图还可看到下面一条曲线,这是经过第一次实验后,对原试样再进行第二次实验。这时试样已经经过热处理而固化,所以不再出现固化峰,而仅仅可看到一个转折,即固化后树脂体系的玻璃化转变。但是如果树脂固化不完全,则仍可看出有较平坦的固化峰痕迹,同时玻璃化转折出现在较低的温度上,完全固化或经后固化处理的样品测出的 T_g温度最高。

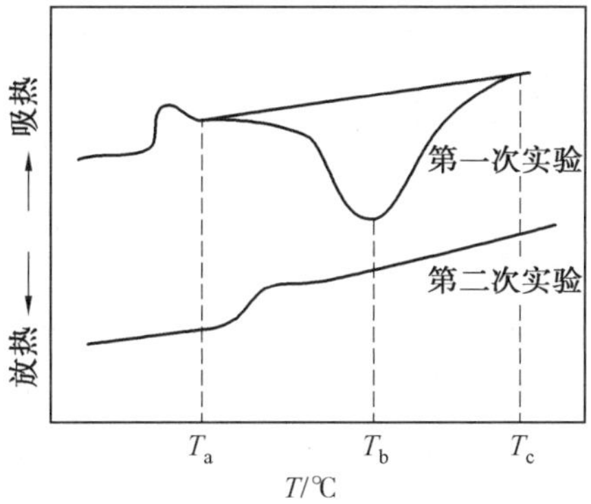

图 7.24　典型的环氧树脂的 DSC 曲线

7.5.2　热分析法在无机非金属材料研究中的应用

1. 热重分析在无机非金属材料中的应用

(1)概述。

热重分析在无机非金属材料领域有着很广泛的应用。它可以用于研究含水矿物的结构及热反应过程、测定强磁性物质的居里点温度、测定计算热分解反应的反应级数和活化能等。在玻璃、陶瓷和水泥材料的研究方面也有着较好的应用价值。在玻璃工艺和结构的研究中,热重分析可用来研究高温下玻璃组分的挥发、验证伴有失重现象的玻璃化学反应等。在水泥化学研究中，热重分析可用于研究水合硅酸钙的水合作用动力学过程，它可以精确地测定加热过程中水合硅酸钙中游离氢氧化钙和碳酸钙的含量变化。在采用热重分析结合逸气分析研究硬化混凝土中的水含量时，可以发现在 500 ℃以前发生脱水反应，而在 700 ℃以上发生的则是脱碳过程。

(2)应用实例。

物质的热重曲线的每一个平台都代表了该物质确定的质量，它能精确地分析出二元或三元混合物各组分的含量。在研究白云石的热重曲线时，如图 7.25 所示，可求出白云石中 CaO 和 MgO 的含量，并推算白云石的纯度。图 7.25 中 m_1-m_0 为白云石中 $MgCO_3$ 分解出 CO_2 的失重，以此可算出 MgO 的含量。m_2-m_1 为白云石中 $CaCO_3$ 分解放出 CO_2 的失重，以此可算出 CaO 的质量。由白云石中的 CaO 和 MgO 的质量可算出白云石的纯度。

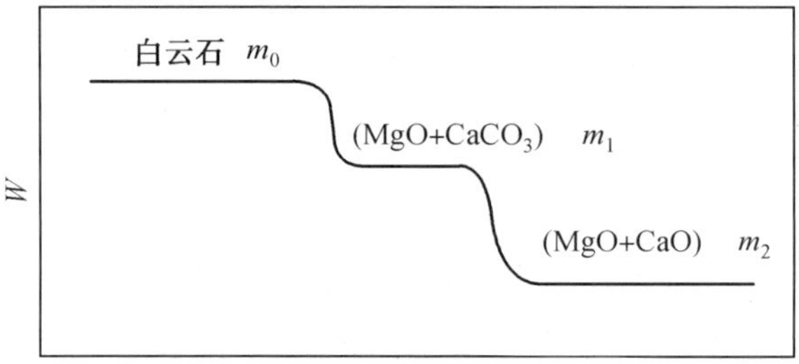

图 7.25 白云石的热重曲线

2. DTA 在水泥研究中的应用

(1)概述。

利用 DTA 可对水泥进行如下化学分析：

①煅烧前的原料分析，如确定原料中所含的 $CaCO_3$ 和 $MgCO_3$ 的含量。

②研究精细研磨的原料逐渐加温到 1 500 ℃形成水泥熟料的物理化学过程。

③研究水泥凝固后不同时间内水合产物的组成及生成速率。

④研究促进剂和阻滞剂对水泥凝固特性的影响。

(2)应用实例。

图 7.26 是典型的普通硅酸盐水泥原材料及其水化产物的 DTA 曲线。图 7.26 中曲线 1 是硅酸盐水泥混合原料(即石灰石和黏土混合物)的 DTA 曲线，其中 100～150 ℃的吸热峰为黏土原料吸附水的释放所产生的，900～1 000 ℃的大吸热峰为 $CaCO_3$ 的分解所产生的，1 200～1 400 ℃的放热和吸热峰是原料物质的反应和 $2CaO \cdot SiO_2$(C_2S)、$3CaO \cdot SiO_2$(C_3S)等产物的吸热峰。曲线 2 是硅酸盐水泥水化 7 d 后的 DTA 曲线，可发现在 100～200 ℃时存在着水化硅酸钙凝聚物的脱水吸热峰；在 500 ℃附近出现的第二个吸热峰是由于 $Ca(OH)_2$ 分解造成的；第三个吸热过程在 800～900 ℃，这可能是 $CaCO_3$ 分解形成的，同时也有可能与固一固相转变有关。曲线 3 是水泥的一个重要成分 $2CaO \cdot SiO_2$ 的 DTA 曲线，它在 780～830 ℃以及 1 447 ℃的吸热峰是由 γ 型转变为 α′型和由 α′型转变为 α 型而形成的。曲线 4 是水泥的主要组分 $3CaO \cdot SiO_2$ 的 DTA 曲线，其在

464 ℃的吸热峰为 $Ca(OH)_2$ 的脱水峰，622 ℃和 755 ℃时产生的峰是 $2CaO \cdot SiO_2$ 由 γ 型转变为 α′型和由 α′型转变为 α 型而形成的，923 ℃和 980 ℃两个峰是 $3CaO \cdot SiO_2$ 发生转变而产生的。

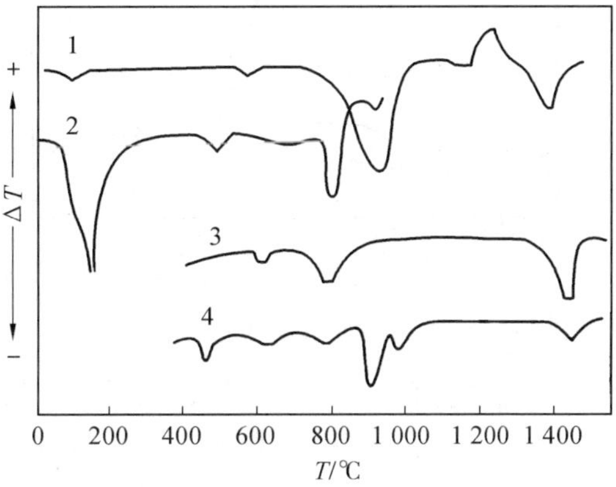

图 7.26　普通硅酸盐水泥原料及其水化产物的 DTA 曲线
1—水泥原料、水泥水化物；2—硅酸盐水泥（水化第 7 天）；3—C_2S；4—C_3S

3. DTA 在玻璃研究中的应用

DTA 在玻璃研究中主要应用于以下方面：

(1)研究玻璃熔制过程的物理、化学反应和过程；

(2)测定玻璃的玻璃转变温度与熔融行为；

(3)研究高温下玻璃组分的挥发；

(4)研究玻璃的结晶过程和测定晶体生长活化能；

(5)制作相图；

(6)研究玻璃工艺中遇到的技术问题；

(7)微晶玻璃的研究。

在利用 DTA 研究玻璃转变和析晶时，要注意的是，玻璃加热转变成熔体与晶体熔化不同，晶体有固定的熔点，而玻璃的转变是在一个温度范围内进行的。由于玻璃在开始转变时比热容会有一个较大的增加，因此，在 DTA 曲线上会表现为吸热峰。而玻璃析晶时则会释放热量，因而在 DTA 曲线上会显现出一个强大的放热峰。例如，图 7.27 为 $Li_2O \cdot 3SiO_2$ 玻璃及其在加入添加剂 K_2O 和 SrO 后的 DTA 曲线。图中 484～493 ℃处的吸热峰即对应为玻璃的转变温度 T_g，而在 600～680 ℃左右出现的强大放热峰则是由于玻璃晶化造成的。由图中可知，在 $Li_2O \cdot 3SiO_2$ 玻璃中加入 SrO 后可使玻璃的 T_g 温度和晶化温度提高，但加入 K_2O 后仅能提高晶化温度而 T_g 温度没有变化。另外，玻璃发生分相时，从 DTA 曲线上可见两个吸热峰，对应于两相玻璃的 T_g 温度。因而 DTA 曲线可用于检验玻璃是否分相，还可根据吸热峰的面积估计两相的相对含量。

DTA 分析在微晶玻璃研究中具有重要作用。微晶玻璃是将特定组成的基础玻璃通过控制晶化而制得的一类含有大量微晶相及玻璃相的新型多晶材料，其机械强度、硬度、耐磨性能和耐腐蚀性及热稳定性等较原始玻璃都有大幅度提高。微晶玻璃的晶化与普通

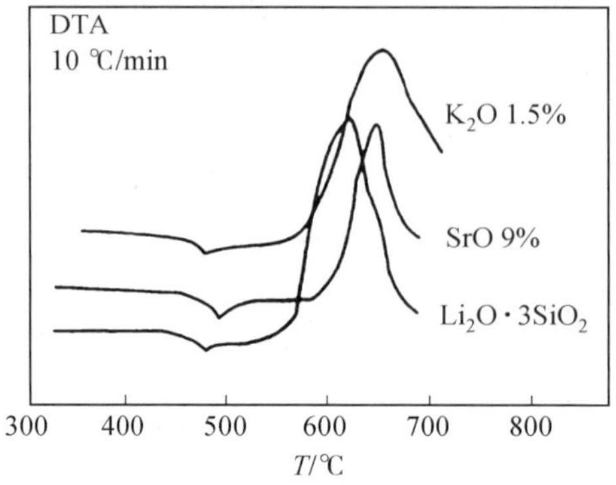

图 7.27 $Li_2O\cdot 3SiO_2$ 玻璃的 DTA 曲线

玻璃的析晶既有相同之处，也有不同的地方。微晶玻璃的析晶是在有控制的条件下进行的，在晶化过程中会释放出大量的结晶潜热，产生明显的热效应。微晶玻璃的晶化过程分核化和晶化两个阶段，一般核化温度取接近 T_g 温度而低于膨胀软化点的温度范围，而晶化温度则取放热峰的上升点至峰顶温度范围。

7.5.3 热分析法在金属材料研究中的应用

在金属与合金材料上，DTA 与 DSC 分析的主要应用领域如下：

(1)研究金属或合金的相变，用以测定熔点(或凝固点)、制作合金的相图以及测定相变热等。

(2)研究合金的析出过程。用于低温时效现象的解释。

(3)研究过冷的亚稳态非晶金属的形成及其稳定性。

(4)研究磁学性质(居里温度)的变化。

(5)研究化学热处理条件、金属或合金的氧化及抗腐蚀性等。

(6)测定比热容。

思考题与作业

1. 简述热分析的定义与内涵。
2. 热分析方法有哪些？
3. 影响热重曲线基线漂移的因素有哪些？
4. 简述热重分析、差热分析和差示扫描量热分析的定义及原理。
5. 什么是热重曲线、差热分析曲线、差示扫描量热曲线？
6. 比较 DSC 和 DTA 曲线的异同点。
7. 在 DTA 与 DSC 曲线中，峰的含义有何不同？峰的面积能否直接用于表征试样的热效应？
8. 物质在加热过程中具体会涉及哪些变化？
9. 差热曲线可获得哪些信息？它反映了物质的哪些信息？

10. 单一的热分析法能确定物质的组成及结构信息吗？原因是什么？
11. 碳酸钙的分解、二氧化硅和碳酸钠的反应在差热曲线上有何体现？
12. 玻璃的熔融和析晶、水泥生料的脱水在差热曲线上有何体现？
13. 差热分析有哪些应用？
14. 影响热重曲线的因素有哪些？
15. 影响差热分析曲线的因素有哪些？
16. 简述热分析法在材料研究中的应用。

第 8 章　色谱法

8.1　概　　述

8.1.1　色谱法的定义和分类

色谱法(chromatography)又称色谱分析法、层析法，是一种分离和分析方法，在分析化学、有机化学、生物化学等领域有着非常广泛的应用。

色谱法利用不同物质在不同相态的选择性分配，以流动相对固定相中的混合物进行洗脱，混合物中不同的物质会以不同的速度沿固定相移动，最终达到分离的效果。

色谱过程的本质是待分离物质分子在固定相和流动相之间分配平衡的过程，不同的物质在两相之间的分配会不同，这使其随流动相运动速度而各不相同，随着流动相的运动，混合物中的不同组分在固定相上相互分离。

色谱法可以按以下几个方面分类：

(1)按两相状态分类：以流动相状态为标准划分类型，用气体作为流动相的色谱法称为气相色谱法(gas chromatography，GC)，用液体作为流动相的色谱法称为液相色谱法(liquid chromatography，LC)。

(2)按样品组分在两相间的分离机理分类：利用组分在流动相和固定相之间的分离原理不同而命名的分类方法。包括吸附色谱法、分配色谱法、离子交换色谱法、凝胶色谱法、凝胶渗透色谱法、离子色谱法和超临界流体色谱法等十余种方法。

(3)按色谱技术分类：为提高组分的分离效能和高选择性，采取了许多技术措施，根据这些色谱技术的性质不同而形成的色谱分类法。例如，程序升温气相色谱法、反应气相色谱法、裂解气相色谱法、顶空气相色谱法、毛细管气相色谱法、多维气相色谱法、制备色谱法等七种方法。

(4)按固定相存在形态分类：根据固定相在色谱分离系统中存在的形状，可分为柱色谱法(其中又含填充柱色谱法和开管柱色谱法)、平面色谱法(其中又含纸色谱法和薄层色谱法)等九种方法。

(5)按色谱动力学分类：根据流动相洗脱的动力学过程不同而进行分类的色谱法，例如，冲洗色谱法、顶替色谱法和迎头色谱法等。

(6)按色谱法的应用分类：根据应用的目的不同，色谱法分为制备性色谱法和分析性色谱法两大类。

制备性色谱法的目的是分离混合物，获得一定数量的纯净组分，这包括对有机合成产物的纯化、天然产物的分离纯化以及去离子水的制备等。相对于色谱法出现之前的纯化分离技术如重结晶，色谱法能够在一步操作之内完成对混合物的分离，但是色谱法分离纯化的产量有限，只适合于实验室应用。

分析性色谱法的目的是定量或者定性测定混合物中各组分的性质和含量。定性的分析性色谱有薄层色谱、纸色谱等，定量的分析性色谱有气相色谱、高效液相色谱等。色谱法应用于分析领域使得分离和测定的过程合二为一，降低了混合物分析的难度，缩短了分析的周期，是目前比较主流的分析方法。

8.1.2　常用的色谱法

常用的色谱法有：柱色谱法、薄层色谱法、气相色谱法、高效液相色谱法（HPLC）等。

（1）柱色谱法是最原始的色谱方法，这种方法将固定相注入下端塞有棉花或滤纸的玻璃管中，将被样品饱和的固定相粉末摊铺在玻璃管顶端，以流动相洗脱。常见的洗脱方式有两种，一种是自上而下依靠溶剂本身的重力洗脱，另一种是自下而上依靠毛细作用洗脱。收集分离后的纯净组分也有两种不同的方法，一种方法是在柱尾直接接收流出的溶液；另一种方法是烘干固定相后用机械方法分开各个色带，以合适的溶剂浸泡固定相提取组分分子。柱色谱法被广泛应用于混合物的分离，包括对有机合成产物、天然提取物以及生物大分子的分离。

（2）薄层色谱法是应用非常广泛的色谱方法，这种色谱方法将固定相涂布在金属或玻璃薄板上形成薄层，用毛细管、钢笔或者其他工具将样品点染于薄板一端，之后将点样端浸入流动相中，依靠毛细作用令流动相溶剂沿薄板上行展开样品。薄层色谱法成本低廉、操作简单，被用于对样品的粗测、对有机合成反应进程的检测等。

（3）气相色谱法是机械化程度很高的色谱方法，气相色谱系统由气源、色谱柱和柱箱、检测器和记录器等部分组成。气源负责提供色谱分析所需要的载气，即流动相，载气需要经过纯化和恒压的处理。气相色谱的色谱柱一般直径很细、长度很长，根据结构可以分为填充柱和毛细管柱两种，填充柱比较短粗，直径在 5 mm 左右，外壳材质一般为不锈钢，内部填充固定相填料；毛细管柱由玻璃或石英制成，内径不超过 0.5 mm，长度在数十米到一百米之间，柱内或者填充填料或者涂布液相的固定相。柱箱是保护色谱柱和控制柱温度的装置，在气相色谱中，柱温常常会对分离效果产生很大影响，程序性温度控制常常是达到分离效果所必需的，因此柱箱扮演了非常重要的角色。检测器是气相色谱带给色谱分析法的新装置，在经典的柱色谱和薄层色谱中，对样品的分离和检测是分别进行的，而气相色谱则实现了分离与检测的结合，随着技术的进步，气相色谱的检测器已经有超过 30 种不同的类型。记录器是记录色谱信号的装置，早期的气相色谱使用记录纸和记录器进行记录，现在记录工作都已经依靠计算机完成，并能对数据进行实时的化学计量学处理。气相色谱被广泛应用于小分子量复杂组分物质的定量分析。

（4）高效液相色谱法（HPLC）是目前应用最多的色谱分析方法，高效液相色谱系统由流动相储液体瓶、输液泵、进样器、色谱柱、检测器和记录器组成，其整体组成类似于气相色谱，但是针对其流动相为液体的特点作出很多调整。HPLC 的输液泵要求输液量恒定平稳，进样系统要求进样便利、切换严密，由于液体流动相黏度远远高于气体，为了减低柱压，高效液相色谱的色谱柱一般比较粗，长度也远小于气相色谱柱。HPLC 应用非常广泛，几乎遍及定量定性分析的各个领域。

8.2 高效液相色谱法

8.2.1 液相色谱法

1. 液相色谱法的分离机理

液相色谱法是用液体作为流动相的色谱法。1906 年俄国化学家 M. C. 茨维特首先将液相色谱法用于分离叶绿素。

液相色谱法的分离机理是基于混合物中各组分对两相亲和力的差别而实现分离。

2. 液相色谱法的分类

根据固定相的不同,液相色谱法分为液固色谱法、液液色谱法和键合相色谱法。应用最广的是以硅胶为填料的液固色谱法和以微硅胶为基质的键合相色谱法。

根据固定相的形式,液相色谱法可以分为柱色谱法、纸色谱法及薄层色谱法。

按吸附力,液相色谱法可分为吸附色谱法、分配色谱法、离子交换色谱法和凝胶渗透色谱法。近年来,在液相柱色谱系统中加上高压液流系统,使流动相在高压下快速流动,以提高分离效果,因此出现了高效(又称高压)液相色谱法(HPLC)。

(1)液固吸附色谱法。

它是高效液相色谱中的一种,是基于物质吸附作用的不同而实现分离。其固定相是一些具有吸附活性的物质如硅胶、氧化铝、分子筛、聚酰胺等。

(2)液液分配色谱法。

它是基于被测物质在固定相和流动相之间的相对溶解度的差异,通过溶质在两相之间进行分配以实现分离。根据固定相与流动相的极性不同,分为正相色谱和反相色谱。前者是以硅胶或极性键合相为固定相,非极性溶剂为流动相;后者是硅胶为基质的烷基键合相为固定相,极性溶剂为流动相,适用于非极性化合物的分离。

(3)离子交换色谱法。

它是基于离子交换树脂上可电离的离子与流动相中具有相同电荷的溶质离子进行可逆交换,依据这些离子对离子交换基具有不同的亲和力而实现分离。薄壳型离子交换树脂柱效高,主要用来分离简单的混合物;多孔性树脂进样容量大,主要用来分离复杂混合物。

(4)凝胶渗透色谱法。

它是以溶剂为流动相,多孔填料(如多孔硅胶、多孔玻璃)或多孔交联高分子凝胶为分离介质的液相色谱法。当混合物溶液入凝胶色谱柱后,流经多孔凝胶时,体积比多孔凝胶孔隙大的分子不能渗透到凝胶孔隙里去而从凝胶颗粒间隙中流过,较早地被冲洗出柱外,而小分子可渗透到凝胶孔隙里面去,较晚地被冲洗出来,混合物经过凝胶色谱柱后就按其分子大小顺序先后由柱中流出达到分离的目的。用凝胶渗透色谱的优点是:分离不需要梯度冲洗装置;同样大小的柱能接收比通常液相色谱大得多的试样量;试样在柱中稀释少,因而容易检测;组分的保留时间可提供分子尺寸信息;色谱柱寿命长。它的缺点是:不能分离分子尺寸相同的混合物,色谱柱的分离度低;峰容量小;可能有其他保留机理起作用时引起干扰。凝胶渗透色谱法为测定高聚物分子量和分子量分布提供了一个有效的方法,此外还可用来分离低聚物、单体和聚合物添加剂等。

(5)离子色谱法。

它是采用柱色谱技术的一种高效液相色谱法,样品展开方式采用洗脱法。根据不同的分离方式,离子色谱法可以分为高效离子色谱法、离子排斥色谱法和流动相离子色谱法3类。高效离子色谱法使用低容量的离子交换树脂,分离机理主要是离子交换。离子排斥色谱法用高容量的树脂,分离机理主要是利用离子排斥原理。流动相离子色谱用不含离子交换基团的多孔树脂,分离机理主要是基于吸附和离子对的形成。离子色谱法具有快速、灵敏、选择性好和同时测定多组分的优点。尤其对于阴离子的测定,离子色谱的出现是分析化学中的一项突破性的新进展。

液相色谱不能由色谱图直接给出未知物的定性结果,而必须由已知标准做对照定性。当无纯物质对照时,定性鉴定就很困难,这时需借助质谱、红外和化学法等配合。另外大多数金属盐类和热稳定性差的物质还不能分析。此缺点可由高效液相色谱法来克服。

8.2.2 高效液相色谱法

高效液相色谱法(high performance liquid chromatography,HPLC)又称“高压液相色谱”“高速液相色谱”“高分离度液相色谱”“近代柱色谱”等。高效液相色谱是色谱法的一个重要分支,以液体为流动相,采用高压输液系统,将具有不同极性的单一溶剂或不同比例的混合溶剂、缓冲液等流动相泵入装有固定相的色谱柱,经进样阀注入待测样品,由流动相带入柱内,在柱内各成分被分离后,依次进入检测器进行检测,从而实现对试样的分析。该方法已成为化学、生化、医学、工业、农业、环保、商检和法检等学科领域中重要的分离分析技术。

1. 高效液相色谱法的特点

高效液相色谱法有“四高一广”的特点:

(1)高压。流动相为液体,流经色谱柱时,受到的阻力较大,为了能迅速通过色谱柱,必须对载液加高压。

(2)高速。分析速度快、载液流速快,较经典液体色谱法速度快得多,通常分析一个样品在15～30 min,有些样品甚至在5 min内即可完成,一般小于1 h。

(3)高效。分离效能高。可选择固定相和流动相以达到最佳分离效果,比工业精馏塔和气相色谱的分离效能高出许多倍。

(4)高灵敏度。紫外检测器可达0.01 ng,进样量在μL数量级。

(5)应用范围广。70%以上的有机化合物可用高效液相色谱分析,特别是高沸点、大分子、强极性、热稳定性差化合物的分离分析,更显示出其优势。

此外,高效液相色谱还有色谱柱可反复使用、样品不被破坏、易回收等优点,但也有缺点,与气相色谱相比各有所长,相互补充。高效液相色谱的缺点是有“柱外效应”。在从进样到检测器之间,除了柱子以外的任何死空间(进样器、柱接头、连接管和检测池等)中,如果流动相的流型有变化,被分离物质的任何扩散和滞留都会显著地导致色谱峰的加宽,柱效率降低。高效液相色谱检测器的灵敏度不及气相色谱。

2. 高效液相色谱法的分类

根据分离原理的不同，高效液相色谱法可分为：

(1)液液色谱法(或称液液分配色谱法)。

流动相和固定相都是液体。试样溶于流动相后，在色谱柱内经过分界面进入固定液(固定相)中，由于试样组分在固定相和流动相之间的相对溶解度存在差异，因而溶质在两相间进行分配。跟气液分配色谱有相似之处：分离顺序决定于分配系数的大小，分配系数大的组分保留值大。分配系数为溶质在固定相和流动相中的浓度之比。但是气相色谱法中流动相的性质对分配系数影响大小，而液相色谱中流动相的种类对分配系数却有较大的影响。

(2)液固色谱法(或称液固吸附色谱法)。

流动相为液体，固定相为吸附剂。这是根据物质吸附作用的不同来进行分离的。溶质分子被固定相吸附，将取代固定相表面上的溶剂分子。如果溶剂分子吸附性更强，则被吸附的溶质分子将相应地减少。吸附性大的溶质就会最后流出。

液固色谱适用于分离相对分子质量中等的油溶性样品，对具有不同官能团的化合物和异构体有较高的选择性。凡能用薄层色谱成功地进行分离的化合物，亦可用液固色谱进行分离。缺点是由于非线性等温吸附常引起峰的拖尾现象。

(3)离子交换色谱法。

离子交换色谱法是基于离子交换树脂上可电离的离子与流动相中具有相同电荷的溶质离子进行可逆交换，依据这些离子对交换剂具有不同的亲和力而将它们分离的一种方法。

离子交换色谱主要用来分离离子或可离解的化合物，它不仅用于无机离子的分离，例如稀土化合物及各种裂变产物，还用于有机物的分离。20 世纪 60 年代前后，已成功地分离了氨基酸、核酸、蛋白质等，在生物化学领域得到了广泛的应用。

(4)离子对色谱法。

离子对色谱法是将一种(或多种)与溶剂分子电荷相反的离子(称为对离子或反离子)加到流动相或固定相中，使其与溶质离子结合形成离子对化合物，从而控制溶质离子的保留行为。

离子对色谱，特别是反相离子对色谱解决了以往难分离混合物的分离问题，诸如酸、碱和离子和非离子的混合物，特别对一些生化样品如核酸、核苷、儿茶酚胺、生物碱以及药物等的分离。另外还可以借助离子对的生成给样品引入紫外吸收或发荧光的基团，以提高检测的灵敏度。

(5)离子色谱法。

离子色谱是目前唯一能获得快速、灵敏、准确和多组分分析效果的方法，因而受广泛重视并得到迅速的发展。检测手段已扩展到电导检测器之外的其他类型的检测器，如电化学检测器、紫外光度检测器等。可分析的离子正在增多，从无机和有机阴离子至金属阳离子，从有机阳离子到糖类、氨基酸等均可用离子色谱法进行分析。

(6)空间排阻色谱。

空间排阻色谱以凝胶为固定相,它的分离机理与其他色谱完全不同。它类似于分子筛的作用,但凝胶的孔径比分子筛要大得多,一般为数纳米到数百纳米。溶质在两相之间不是靠其相互作用力的不同来分离,而是按分子大小进行分离。分离只与凝胶的孔径分布和溶质的流体力学体积或分子大小有关。

3. 高效液相色谱仪的组成

高效液相色谱仪由输出泵(高压输液泵)、进样器、色谱柱、梯度冲洗装置、检测器及数据处理和微机控制单元组成。输出泵的功能是将冲洗剂在高压下连续不断地送入柱系统,使混合物试样在色谱中完成分离过程。常用的进样方式有 3 种:注射器隔膜进样、阀进样和自动进样器进样。色谱柱的功能是将混合物中各组分分离。梯度冲洗又称溶剂程序,通过连续改变冲洗剂的组成,改善复杂样品的分离度,缩短分析周期和改善峰形,其功能类似于气相色谱中的程序升温。检测器的功能是将从色谱柱中流出的已经分离的组分显示出来或转换为相应的电信号,主要有紫外吸收检测器、荧光检测器、电化学检测器和折光示差检测器,其中以紫外吸收检测器使用最广。现代化的仪器都配有计算机,以实现自动处理数据、绘图和打印分析报告。

(1)高压输液泵。

功能:驱动流动相和样品通过色谱分离柱和检测系统;

性能要求:流量稳定(±1%),耐高压(30～60 MPa),耐各种流动相,例如:有机溶剂、水和缓冲液;

种类:往复泵和隔膜泵。

(2)色谱柱。

功能:分离样品中的各种物质;

尺寸:10～30 cm 长,2～5 mm 内径的内壁抛光的不锈钢管柱;

填料粒度:5～10 μm,高效微粒固定相。

(3)进样器。

功能:将待分析样品引入色谱系统;

种类:①注射器,10 MPa 以下,1～10 μL 微量注射器进样;②停流进样;③阀进样,常用、较理想、体积可变,可固定;④自动进样器,有利于重复操作,实现自动化。

(4)检测器。

功能:将被分析组在柱流出液中浓度的变化转化为光学或电学信号;

分类:检测器有示差折光化学检测器、紫外吸收检测器、紫外一可见分光光度检测器、二极管阵列紫外检测器、荧光检测器、电化学检测器等类型。

(5)馏分收集器。

功能:如果所进行的色谱分离不是为了纯粹的色谱分析,而是为了做其他波谱鉴定,或获取少量实验样品的小型制备,馏分收集是必要的;

方法:①手工,少数几个馏分,手续麻烦,易出差错;②馏分收集器收集,比较理想,微机控制操作准确。

(6)数据获取和处理系统。

功能:把检测器检测到的信号显示出来。

4. 高效液相色谱法的应用

高效液相色谱更适宜于分离、分析高沸点、热稳定性差、有生理活性及相对分子质量比较大的物质,因而广泛应用于核酸、肽类、内酯、稠环芳烃、高聚物、药物、人体代谢产物、表面活性剂、抗氧化剂、杀虫剂、除莠剂等物质的分析。

8.3 气相色谱法

8.3.1 气相色谱法的分类和特点

气相色谱法(gas chromatography,GC)是20世纪50年代出现的一项重大科学技术成就。这是一种新的分离、分析技术,它在工业、农业、国防、建设、科学研究中都得到了广泛应用。

1. 气相色谱法的分类

气相色谱法可分为气固色谱法(GSC)和气液色谱法(GLC)。气固色谱法指流动相是气体,固定相是固体物质的色谱分离方法。例如活性炭、硅胶等作为固定相。气液色谱法指流动相是气体,固定相是液体的色谱分离方法。例如在惰性材料硅藻土涂上一层角鲨烷,可以分离、测定纯乙烯中的微量甲烷、乙炔、丙烯、丙烷等杂质。

2. 气相色谱法的特点

气相色谱法亦称气相层析法,是指用气体作为流动相的柱色谱法。由于样品在气相中传递速度快,因此样品组分在流动相和固定相之间可以瞬间达到平衡。另外加上可选作固定相的物质很多,因此气相色谱法具有分离效率高、高选择性、高灵敏度、快速等特点。近年来采用高灵敏选择性检测器,使得它又具有分析灵敏度高、应用范围广等优点。

8.3.2 气相色谱法的原理和气相色谱法的分离流程

1. 气相色谱法的原理

气相色谱法的流动相为惰性气体,气固色谱法中以表面积大且具有一定活性的吸附剂作为固定相。当多组分的混合样品进入色谱柱后,由于吸附剂对每个组分的吸附力不同,经过一定时间后,各组分在色谱柱中的运行速度也就不同。吸附力弱的组分容易被解吸下来,最先离开色谱柱进入检测器,而吸附力最强的组分最不容易被解吸下来,因此最后离开色谱柱。如此,各组分得以在色谱柱中彼此分离,顺序进入检测器中被检测、记录下来。

2. 气相色谱法的分离流程

气相色谱法主要是利用物质的沸点、极性及吸附性质的差异来实现混合物的分离,其过程如图8.1气相分析流程图所示。

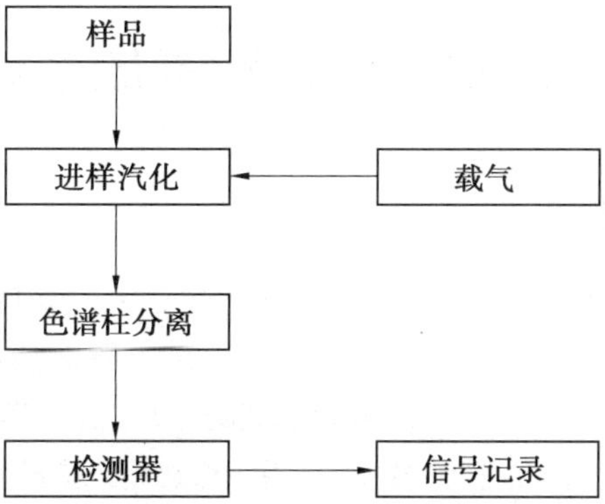

图 8.1　气相分析流程图

待分析样品在汽化室汽化后被惰性气体(即载气,也叫流动相)带入色谱柱,柱内含有液体或固体固定相,由于样品中各组分的沸点、极性或吸附性能不同,每种组分都倾向于在流动相和固定相之间形成分配或吸附平衡。但由于载气是流动的,这种平衡实际上很难建立起来。也正是载气的流动使样品组分在运动中进行反复多次的分配或吸附/解吸附,结果是在载气中浓度大的组分先流出色谱柱,而在固定相中分配浓度大的组分后流出。当组分流出色谱柱后,立即进入检测器。检测器能够将样品组分的存在与否转变为电信号,而电信号的大小与被测组分的量或浓度成正比。将这些信号放大并记录下来就获得了气相色谱图。

根据色谱流出曲线上得到的每个峰的保留时间,可以进行定性分析,根据峰面积或峰高的大小,可以进行定量分析。

8.3.3　气相色谱仪的组成和气相色谱法的应用

1. 气相色谱仪的组成

气相色谱仪由五大系统组成:气路系统、进样系统、分离系统、温控系统、检测记录系统。

组分能否分开,关键在于色谱柱;分离后组分能否鉴定出来则在于检测器,所以分离系统和检测系统是仪器的核心。

目前有很多种检测器,其中常用的检测器是:氢火焰离子化检测器(FID)、热导检测器(TCD)、氮磷检测器(NPD)、火焰光度检测器(FPD)、电子捕获检测器(ECD)等类型。

2. 气相色谱法的应用

气相色谱法在聚合物分析方面的主要应用有:单体分析、添加剂分析、共聚物组成分析、聚合物结构表征、聚合物中的杂质分析、热稳定性研究等。在石油化学工业中大部分的原料和产品都可采用气相色谱法来分析,在电力部门中可用来检查变压器的潜伏性故障,在环境保护工作中可用来监测城市大气和水的质量,在农业上可用来监测农作物中残留的农药,在商业部门可用来检验及鉴定食品质量的好坏,在医学上可用来研究人体新陈代谢、生理机能,在临床上用于鉴别药物中毒或疾病类型,在宇宙舱中可用来自动监测飞船密封仓内的气体等等。

8.4 薄层色谱法和凝胶色谱法

8.4.1 薄层色谱法

薄层色谱法(TLC)是将适宜的固定相涂布于玻璃板、塑料或铝基片上,成一均匀薄层,待点样、展开后,根据比移值(Rf)与适宜的对照物按同法所得的色谱图的比移值(Rf)做对比,用以进行药品的鉴别、杂质检查或含量测定的方法。薄层色谱法是快速分离和定性分析少量物质的一种很重要的实验技术,也用于跟踪反应进程。

1. 基本原理

薄层色谱法(也称薄层层析)是一种吸附薄层色谱分离法,它利用各成分对同一吸附剂吸附能力不同,使在移动相(溶剂)流过固定相(吸附剂)的过程中,连续产生吸附、解吸附、再吸附、再解吸附,从而达到各成分的互相分离的目的。

薄层层析可根据作为固定相的支持物不同,分为薄层吸附层析(吸附剂)、薄层分配层析(纤维素)、薄层离子交换层析(离子交换剂)、薄层凝胶层析(分子筛凝胶)等。一般实验中应用较多的是以吸附剂为固定相的薄层吸附层析。

吸附是表面的一个重要性质。任何两个相都可以形成表面,吸附就是其中一个相的物质或溶解于其中的溶质在此表面上的密集现象。在固体与气体之间、固体与液体之间、吸附液体与气体之间的表面上,都可能发生吸附现象。

物质分子之所以能在固体表面停留,这是因为固体表面的分子(离子或原子)和固体内部分子所受的吸引力不相等。在固体内部,分子之间相互作用的力是对称的,其力场互相抵消。而处于固体表面的分子所受的力是不对称的,向内的一面受到固体内部分子的作用力大,而表面层所受的作用力小,因而气体或溶质分子在运动中遇到固体表面时受到这种剩余力的影响,就会被吸引而停留下来。吸附过程是可逆的,被吸附物在一定条件下可以解吸出来。在单位时间内被吸附于吸附剂的某一表面积上的分子和同一单位时间内离开此表面的分子之间可以建立动态平衡,称为吸附平衡。吸附层析过程就是不断地产生平衡与不平衡、吸附与解吸的动态平衡过程。

例如用硅胶和氧化铝作为支持剂,其主要原理是吸附力与分配系数的不同,使混合物得以分离。当溶剂沿着吸附剂移动时,带着样品中的各组分一起移动,同时发生连续吸附与解吸作用以及反复分配作用。由于各组分在溶剂中的溶解度不同,以及吸附剂对它们的吸附能力的差异,最终将混合物分离成一系列斑点。如作为标准的化合物在层析薄板上一起展开,则可以根据这些已知化合物的 Rf 值(后面介绍 Rf 值)对各斑点的组分进行鉴定,同时也可以进一步采用某些方法加以定量。

2. 薄层色谱法的特点

薄层层析有许多优点:它保持了操作方便、设备简单、显色容易等特点,同时展开速率快,一般仅需 15～20 min;混合物易分离,分辨力一般比以往的纸层析高 10～100 倍,它既适用于只有 0.01 μg 的样品分离,又能分离大于 500 mg 的样品作制备用,而且还可以使用如浓硫酸、浓盐酸之类的腐蚀性显色剂。薄层层析的缺点是对生物高分子的分离效果不甚理想。

3. 仪器与材料

(1)载板。

用作涂布薄层的载板有玻璃板、铝箔及塑料板，对薄层板的要求是：需要有一定的机械强度及化学惰性，且厚度均匀、表面平整，因此玻璃板是最常用的。载板可以有不同规格，但最大不得超过 20 cm×20 cm，玻璃板在使用前必须洗净、干燥备用。玻璃板除另有规定外，用 5 cm×20 cm、10 cm×20 cm 或 20 cm×20 cm 的规格，要求光滑、平整，洗净后不附水珠，晾干。

(2)固定相(吸附剂)或载体。

薄层层析硅胶最常用的有硅胶 G、硅胶 GF〈[254]〉、硅胶 H、硅胶 HF〈[254]〉，其次有硅藻土、硅藻土 G、氧化铝、氧化铝 G、微晶纤维素、微晶纤维素 F〈[254]〉等。关于颗粒大小，一般要求直径为 10～40 μm。薄层涂布，一般可分无黏合剂和含黏合剂两种，前者系将固定相直接涂布于玻璃板上，后者系在固定相中加入一定量的黏合剂，一般常用 10%～15%煅石膏($CaSO_4 \cdot 2H_2O$ 在 140 ℃烘 4 h)，混匀后加水适量使用，或用羧甲基纤维素钠水溶液(0.5%～0.7%)适量调成糊状，均匀涂布于玻璃板上。也有含一定固定相或缓冲液的薄层。

(3)涂布器。

应能使固定相或载体在玻璃板上涂成一层符合厚度要求的均匀薄层。

(4)点样器。

定性：内径为 0.5 mm 管口平整的普通毛细管。

定量：微量注射剂。

点样直径不超过 5 mm，点样距离一般为 1～1.5 cm 即可。

(5)展开室。

应使用适合载板大小的玻璃制薄层色谱展开缸，并有严密的盖子，除另有规定外，底部应平整光滑，应便于观察。

8.4.2　凝胶色谱

1. 原理

凝胶色谱的原理比较特殊，类似于分子筛。待分离组分在进入凝胶色谱后，会依据分子量的不同，进入或者不进入固定相凝胶的孔隙中，不能进入凝胶孔隙的分子会很快随流动相洗脱，而能够进入凝胶孔隙的分子则需要更长时间的冲洗才能够流出固定相，从而实现了根据分子量差异对各组分的分离。调整固定相使用的凝胶的交联度可以调整凝胶孔隙的大小；改变流动相的溶剂组成会改变固定相凝胶的溶胀状态，进而改变孔隙的大小，获得不同的分离效果。

2. 载体

载体是在水中不溶，但可膨胀的球型颗粒，具有三维空间的网状结构。

3. 凝胶色谱分类

根据分离的对象是水溶性的化合物还是有机溶剂可溶物，凝胶色谱又可分为凝胶过滤色谱(GFC)和凝胶渗透色谱(GPC)。

8.5　色谱法在材料研究中的应用

色谱法在材料研究中主要用于高分子材料的研究。本节介绍最常用的色谱法：普通的气相色谱法、裂解气相色谱法、反应气相色谱法和液相色谱法中的凝胶渗透色谱法在高分子材料研究中的应用。

8.5.1　气相色谱法的应用

高分子材料不能气化，因而气相色谱法不能直接测定高分子本身。气相色谱法研究高分子主要有两个方面：一是分析单体中的杂质、高分子中的挥发性物质等小分子物质；二是通过加热或化学反应的方法使高分子分解，再分析分解得到的碎片(小分子物)。前一种分析为普通的气相色谱法，后一种分析为裂解气相色谱法和反应气相色谱法。

1. 单体中杂质的分析

在高分子合成工艺中，对单体的纯度都有相当严格的要求。在分析控制中，所要测定的几乎都是其中的微量(或痕量)杂质。气相色谱法由于它的灵敏度高和分析速度快，在实际工作中得到广泛应用。

(1)乙烯单体中微量乙炔的测定。

色谱条件是：0.5 m×4 mm(内径)不锈钢柱，50～70 目碳分子筛为固定相，柱温 150 ℃，载气(N_2)流速为 50 mL/min，氢焰离子化检测(FID)。结果如图 8.2 所示，乙炔(7.8×10^{-6})在乙烯前流出，定量快速、准确。

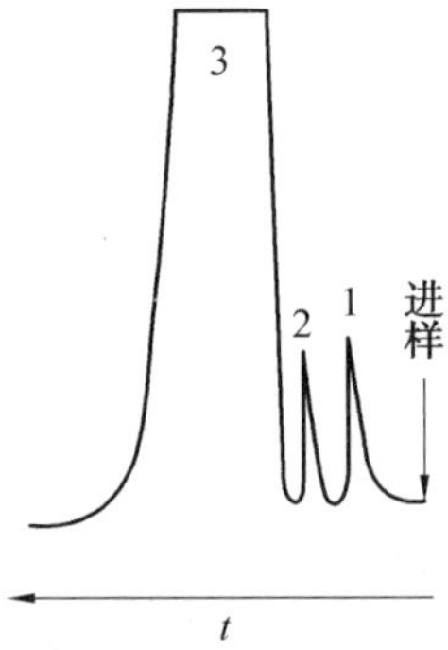

图 8.2　乙烯单体上杂质的气相色谱分析

1—甲烷；2—乙炔；3—乙烯

(2)苯乙烯单体中杂质的分析。

苯乙烯中应控制二乙烯苯质量分数小于 2×10^{-5}，否则会导致聚苯乙烯生产出现预聚合反应剧烈，聚合速度不易控制，产品流动性差，挤出困难等不正常现象。

色谱条件是:4 m×4 mm 螺旋形黄铜柱,固定相为阿皮松 L、吐温、6201 担体,质量比为 10∶10∶100;装柱后在 130 ℃,N_2 入口压力为 1.2 kg/cm^2 下老化 24 h;柱温 115 ℃,载气入口压力 1.2 kg/cm^2;氢焰离子化检测。结果如图 8.3 所示。

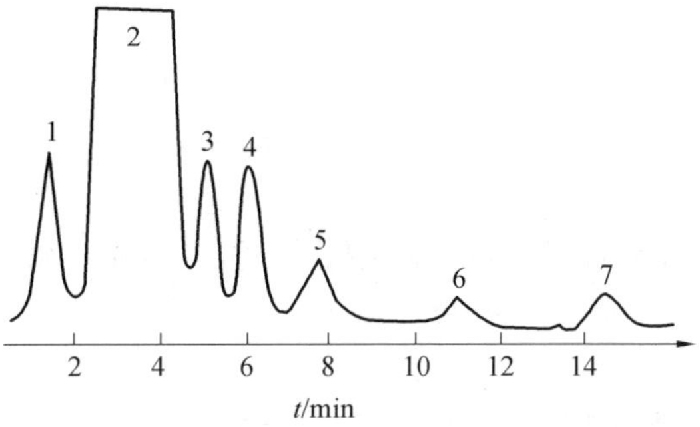

图 8.3　苯乙烯单体的气相色谱图

1—乙苯;2—苯乙烯;3—α－甲基苯乙烯;4—甲基苯乙烯;5—β－甲基苯乙烯;6—乙基乙烯基苯;7—二乙烯基苯

(3)丁二烯单体中微量水的分析。

色谱条件是:2 m 不锈钢柱,GDX－01 固定相,柱温 69 ℃,载气 H_2,线速 9.3 cm/s。结果如图 8.4 所示。

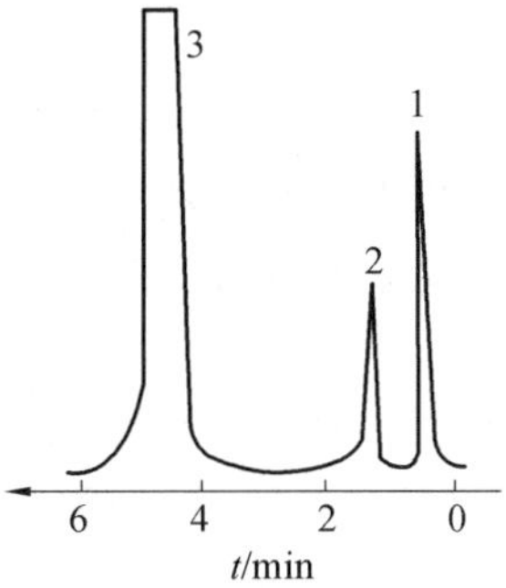

图 8.4　丁二烯单体的气相色谱图

1—空气;2—水;3—丁二烯

(4)切割杂质峰的技术。

因为单体中杂质浓度很低,分析时必须使用高灵敏度检测器和适当增大样品量。但当杂质峰在紧靠主峰的前后流出时,即使检测器的灵敏度高也无法定量测定,特别是在主峰尾部流出的杂质峰的定量测定更为困难。此时,必须减少主成分与杂质的含量比。具体的方法有:

①通过特征的化学反应或吸附法除去或减少主成分而留下杂质;

②选择性吸附(或吸收)杂质使之富集后再分析;

③在色谱流程中切割杂质峰。

2. 高分子材料中挥发性物质的分析

高分子材料中的可挥发物质包括残余单体、溶剂、挥发性低聚物、增塑剂和添加剂等。分析的关键是样品的处理和取样，分析方法有：

(1)直接法。

样品不必经预处理而直接引入特设的色谱进样装置。挥发性组分受热(温度不能高于高分子的分解温度)挥发进入气相，被载气带入色谱柱而得到分离。

(2)溶剂萃取法。

将样品溶解后再沉淀出高分子，取溶液进样分析。不能溶解的样品用适当溶剂反复萃取，分析萃取液，萃取液体积太大时可先浓缩。

(3)减压法。

通过减压加热样品使其释放出挥发性物质，然后取样分析。

8.5.2　裂解气相色谱法和反应气相色谱法的应用

1. 裂解气相色谱法的应用

裂解气相色谱法(PGC)是在一定条件下，将高分子裂解成易挥发的较小分子，然后再将裂解产物进行气相色谱分析，从而来推断原样品的组成、结构和性质的分析方法。裂解色谱法已成为研究高分子材料的一种重要手段，用它几乎可以分析所有聚合物品种。在一般的气相色谱仪的进样部位加一个热裂解器，即可测定裂解色谱，因而裂解器是 PGC 的核心部件。样品在裂解器中裂解，裂解器的结构和性能直接关系到裂解反应的结果。因而在设计和使用一个裂解器时，应当考虑裂解条件的影响。

裂解色谱技术与红外、核磁共振、质谱等仪器联用，可对裂解产物进行准确的定性鉴定，从而获得高聚物的组成、微观结构以及裂解机理等重要信息。

1)高分子的裂解机理。

裂解色谱兼有裂解反应和气相色谱两方面的特点。了解高分子的裂解机理，大致估计样品可能进行的反应及其产物，以便选择条件，解释实验结果，这对于裂解色谱工作来说，是十分必要的。

(1)烯烃高分子的裂解机理。

一般认为，高分子在 350～800 ℃范围内裂解是按自由基反应历程进行的。烯烃高分子的裂解大致有下列三种方式：

①解聚。

按这种方式裂解的产物主要是单体。凡是具有 α－取代基单体聚合的高分子，大都倾向于按聚合反应的逆反应，即解聚方式裂解。例如聚甲基丙烯酸甲酯和聚 α－甲基苯乙烯，裂解时单体产率大于 90%，原因是空间障碍和共轭因素使中间产物自由基比较稳定。

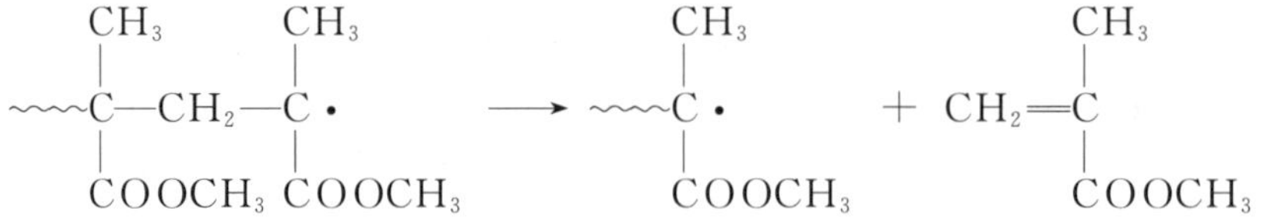

事实上即使以解聚为主的这些聚合物，其裂解机理也是相当复杂的，总是伴随有其他裂解方式，而且起初形成的裂解产物还可能在高温下二次反应，因而得到的是一个复杂的混合物。例如，聚异丁烯也有季碳原子，裂解以解聚为主，单体产率在 30%左右，此外还有丙烯、2,4,4－三甲基－2－戊烯以及三聚体、四聚体等。

②无规断链。

通常是那些不含季碳原子的烯烃高分子按此方式裂解，例如聚乙烯、聚丙烯和聚丁二烯等。其裂解产物按碳数分布较宽，单体产率很低。

③非断链。

非断链的裂解主要与消除反应有关，例如对聚氯乙烯和聚醋酸乙烯酯有如下裂解反应：

$$—CH_2—\underset{\displaystyle Cl}{\underset{|}{CH}}— \longrightarrow —CH{=}CH— + HCl$$

$$—CH_2—\underset{\displaystyle OCOCH_3}{\underset{|}{CH}}— \longrightarrow —CH{=}CH— + CH_3COOH$$

由于产生的挥发性产物与该聚合物或共聚的单体浓度有关，所以这类反应在定量分析中特别有用。

实际上非断链反应中也会伴随有断链反应，例如上述两种聚合物裂解时有一定量的苯生成，这是不饱和的聚合物主链环化和解离的结果。

(2)杂链高分子的裂解机理。

由于杂原子和 C 原子间的链能比 C—C 键小，形成主链上的弱点，故裂解首先在此发生。如尼龙、涤纶和聚砜，分子主链上分别有 C—N、C—O 和 C—S 键，裂解时这些键先断裂。

以上裂解机理表明，高分子能按某种方式裂解，产生一定的小分子，裂解产物反映了原来高分子的结构特征。例如，许多高分子裂解产生单体，这就直接代表了高分子的链节结构；有些高分子裂解产生了其他特征产物，通过对这些特征产物的分析，可对原高分子做定性鉴别和定量测定。

2)PGC 在高分子材料分析中的应用。

(1)定性鉴别。

①指纹图法。

每一种高分子材料都有一特征的热解色谱图，因此可以直接以整个色谱图作为该聚合物的“指纹”。应当指出，高分子的指纹图必须在一定的裂解色谱条件下获得，包括相同的裂解器、裂解温度、样品量及色谱操作条件等。因而与红外相比，裂解指纹图常只能作为一种有力的佐证。由于实验条件难以统一，目前还没有完整的各实验室通用的标准谱图，常须用已知高分子作出指纹图进行比较对照。例如图 8.5 是两种聚甲基丙烯酸酯的 PGC 图，两者有明显的不同之处，可以通过与已知物谱图对比很快得到鉴别。谱图上虽有许多峰，但只要抓住 3～5 个主要峰，就可以进行定性鉴别。

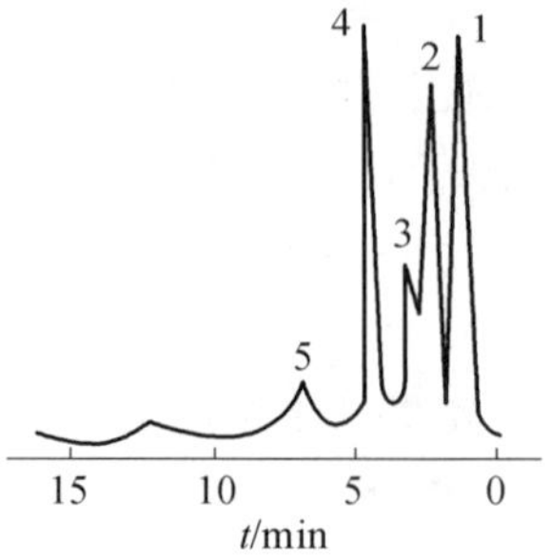

(a) 聚甲基丙烯酸甲酯的 PGC 图

1—空气；2—甲醇；3—乙醇；4—丙烯酸甲酯；5—甲基丙烯酸甲酯

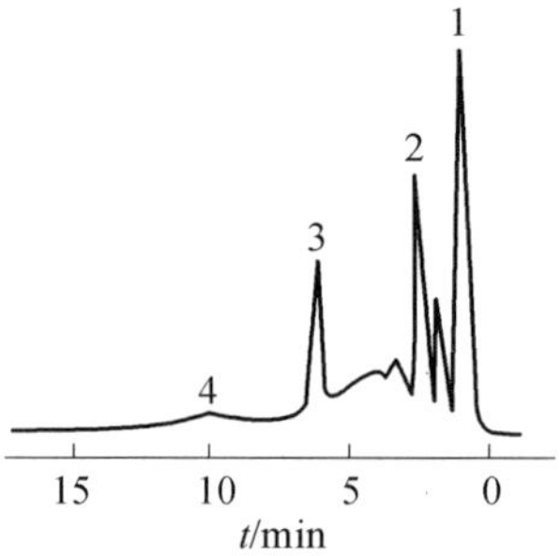

(b) 聚甲基丙烯酸乙酯的 PGC 图

1—空气；2—乙醇；3—丙烯酸酯；4—甲基丙烯酸乙酯

图 8.5　两种聚甲基丙烯酸酯的 PGC 图

②特征峰法。

单体峰是主要的特征峰，此外还可以从实验中找到其他特征峰，比如尼龙 66 的特征峰是环戊酮，聚丁二烯的特征峰是 4－乙烯基环已烯。

特征峰的鉴定方法有：

a. 对比已知物的保留值；

b. 按保留体积收集裂解产物后测红外光谱；

c. 用色质联用仪。

例如尼龙 6 和尼龙 66 的结构很相似，红外谱图和熔点的差别甚微，不能区分。但由于它们的裂解机理完全不同，所以裂解谱图有显著不同。

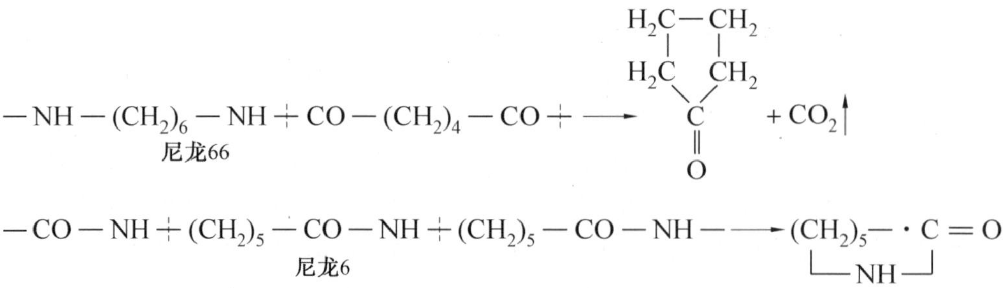

由以上裂解反应可知，尼龙 6 和尼龙 66 的特征峰分别是己内酰胺和环戊酮，通过与

已知物己内酰胺和环戊酮的保留值对照，就可以分辨出尼龙 6 和尼龙 66。

将 PGC 仪与质谱仪连接，称为 PGC－MS 联用。经 PGC 裂解并分离的高分子碎片，进入质谱仪中一一鉴定，从而使高分子样品得到全面分析。

(2)共聚物与共混物的区分。

相同化学组成的共聚物和共混物，其裂解谱图多半是不一样的。一个典型的例子是甲基丙烯酸甲酯－丙烯腈共聚物(MMA－AN)的裂解谱图出现“杂交”二聚体峰，而共混物是绝对不可能有这个峰的。它产自以下裂解过程：

$$\sim\sim\sim AN - MMA \xrightarrow{\triangle} \sim\sim\sim + AN - MMA$$

$$\sim\sim\sim AN - MMA \xrightarrow{\triangle} \sim\sim\sim + MMA - AN$$

另一个例子是甲基丙烯酸甲酯与丙烯酸甲酯共聚物(MMA－MA)和共混物的区别，其共混物生成的甲醇远比共聚物多，如图 8.6 所示。

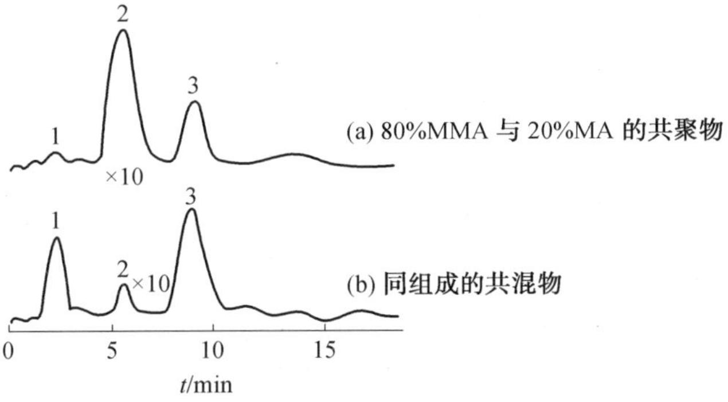

图 8.6　MMA－MA 共聚物与共混物的 PGC 图(×10 为信号衰减倍数)
1—甲醇；2—MA；3—MMA

(3)共聚组成的定量分析。

均聚物裂解生成单体或小分子物的特征峰的峰面积与试样量成比例。对于共聚物，单体或特征碎片的产率与共聚物中的组成含量也有简单函数关系，因而通过测量特征峰可以计算共聚组成。

例如，甲基丙烯酸甲酯－苯乙烯共聚物(MMA－S)在 600 ℃裂解得图 8.7(a)，两种单体的峰可作为分析峰。预先用已知组成的共聚物作出 $A_M/(A_M+A_S)$ 对共聚组成的工作曲线(图 8.7(b))，即可进行定量分析。

注意不能用共混物代替共聚物作标样绘制工作曲线，因为共聚物受“边界效应”(邻近单元的影响)，其单体产率与共混物不同。

许多共聚物(二元或三元以上)都可以找出相应的特征峰来进行定量分析。如氯乙烯－醋酸乙烯共聚物的特征峰是 HCl 和醋酸峰，ABS 树脂的特征峰是三种单体峰。

(4)高分子链结构的分析。

① 键接结构的测定。

以测定聚丙烯中头－头结构含量为例。将聚丙烯氯化处理，其叔碳原子上的氢首先

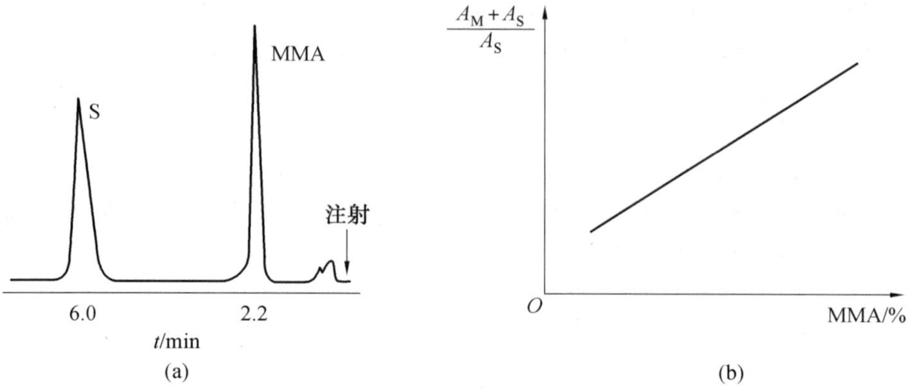

图 8.7　MMA－S 共聚物的 PGC 谱图及其定量曲线

（A_M 和 A_S 分别为 MMA 峰和 S 峰的峰面积）

被取代。再经裂解，会出现一些取代苯的裂解碎片，其中头－尾结构产生 1,3,5－三甲苯，而头－头结构产生 1,2,4－三甲苯。反应如下：

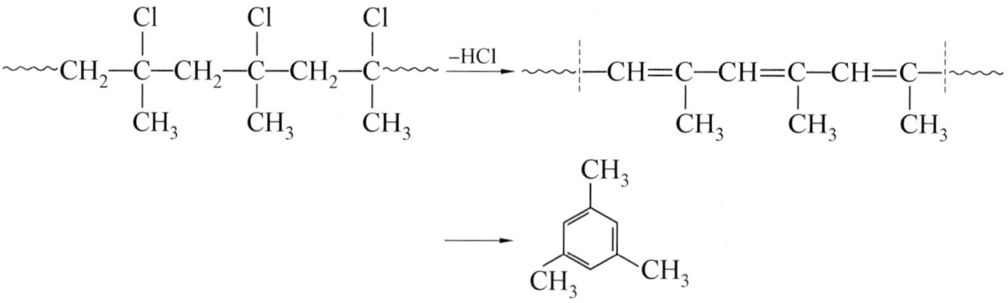

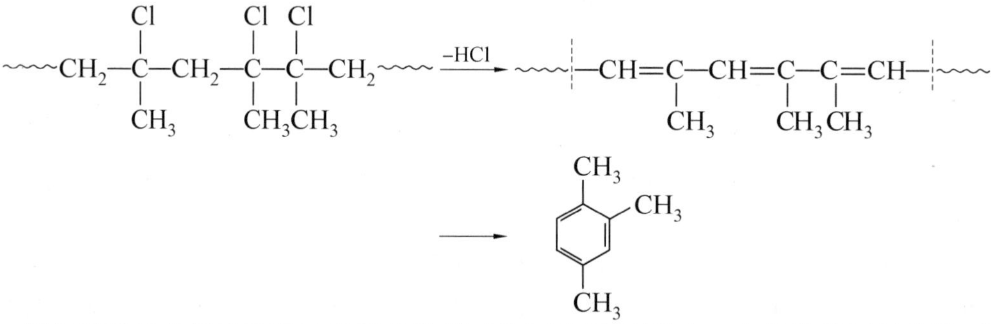

根据特征峰分析这两种三甲苯的比例，便可求得聚丙烯头－头结构的质量分数，实测值为 2.5%。

② 支化高分子的研究。

在低密度聚乙烯的裂解产物中发现有甲烷、乙烷，此外还有 1－丁烯和 2－甲基己烷。显然甲烷、乙烷相应于 C_1 和 C_2 的短支链。对于后两者，应相应于 C_4 的短支链，并推测它们是由于裂解时发生以下分子内或分子间链转移而产生的。

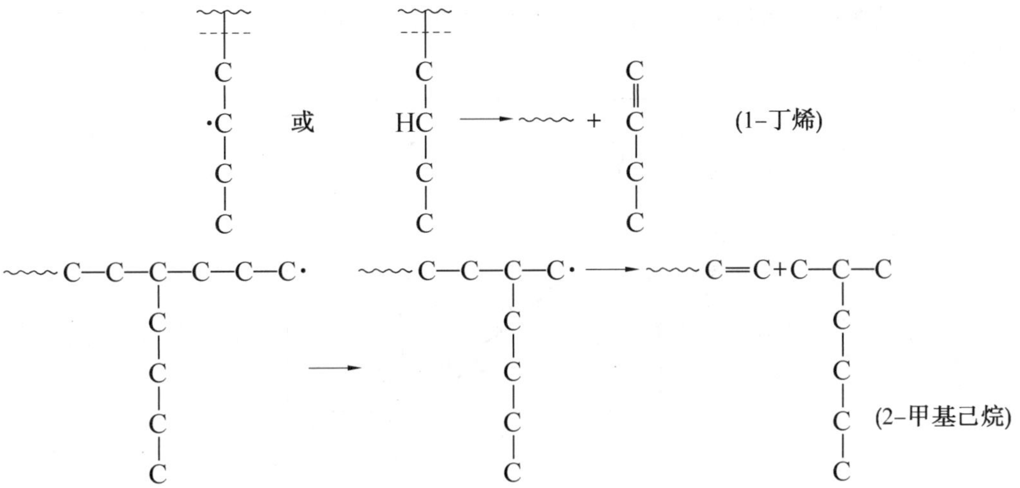

③ 立构规整性的测定。

聚丙烯的 PGC 谱图中有甲烷、乙烷、异丁烷、正丁烷等二十多种碎片，由全同立构聚丙烯裂解产生的异丁烷产率较高，而由无规和间同聚丙烯裂解产生的正丁烷产率较高。因而从异丁烷和正丁烷特征峰面积（用 $A_{异}$ 和 $A_{正}$ 表示），可计算出聚丙烯的全同立构规整度（图 8.8）。

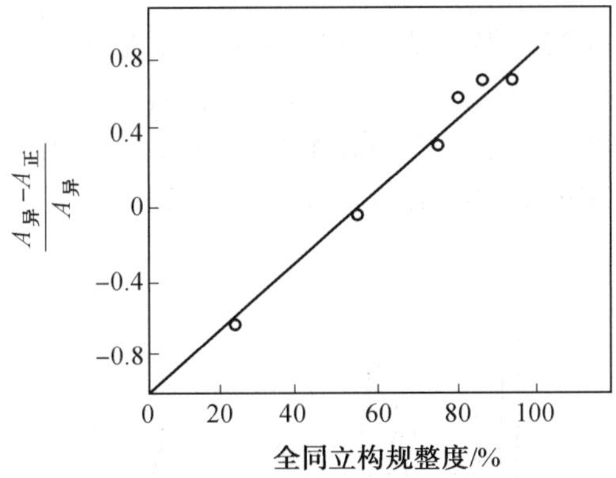

图 8.8　从聚丙烯 PGC 谱图测定全同立构规整度的工作曲线

④ 分子量的评价。

端基能产生特征碎片时可用来估算分子量。例如溶液聚合的聚碳酸酯裂解时出现对叔丁基酚。

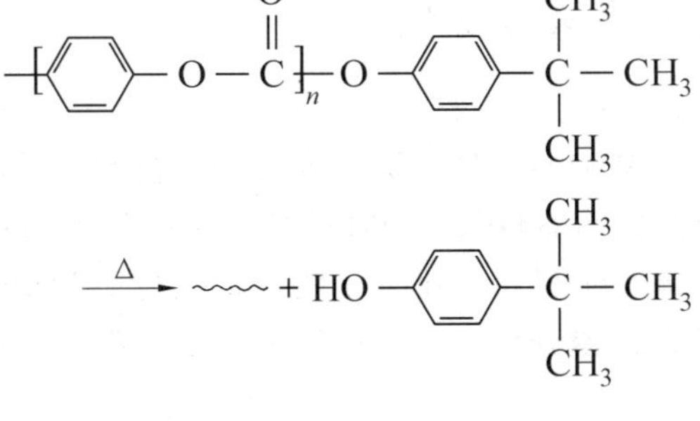

对叔丁基酚的产率和聚碳酸酯的重均分子量的关系如图 8.9 所示，从 PGC 谱图可以估算分子量。

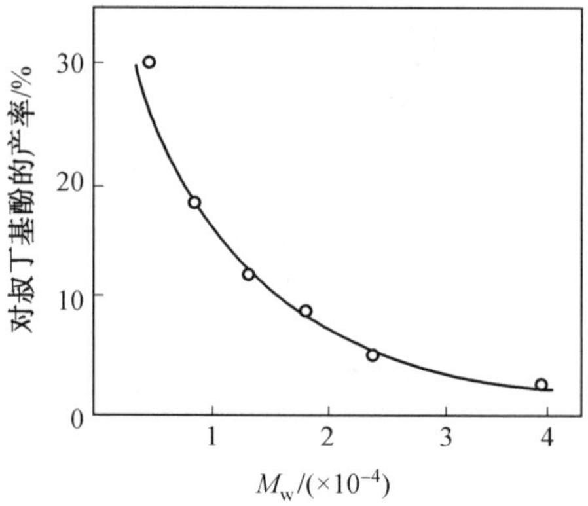

图 8.9　对叔丁基酚的产率与重均分子量之间的关系

2. 反应气相色谱法的应用

高分子的反应气相色谱法是指先用化学方法将聚合物本身降解成挥发性化合物，或用特种试剂与大分子链上的官能团反应生成相应的挥发性产物，然后用气相色谱分析的方法。

聚酯、醇酸树脂和聚酰胺等都可以通过化学降解成能为气相色谱分析的小分子化合物。由于化学降解反应条件比较温和与专一，因此有可能测定高分子的许多重要特性，如共缩聚单体的比例，单体在高分子链中的分布等。图 8.10 是聚酯和醇酸树脂的醇解产物的气相色谱图，可用于对缩聚单体组成的定性和定量分析。

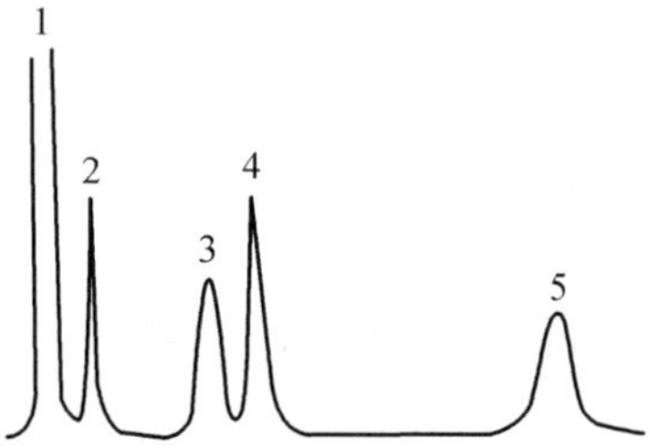

图 8.10　聚酯和醇酸树脂的醇解产物的气相色谱图
1—甲醇；2—丙二醇；3——缩二丙二醇；4—甲氧基丁二酸二甲酯；5—间苯二甲酸二甲酯

8.5.3　凝胶渗透色谱法的应用

高聚物的分子量及分子量分布对材料的物理机械性能和可加工性等有着很大影响，是高分子材料最重要的、最基本的参量。测定高分子材料的分子量及其分布的最常用、快速和有效的方法是凝胶渗透色谱（GPC）。GPC 是柱液相色谱，除了能用于测定高聚物的分子量分布外，还能用于高分子材料内小分子物质的测定、支化度等某些结构分析，以及作为分离手段，再结合其他仪器分析方法进行级分的定性和定量检测。

1. 高分子和低分子的同时测定

由于小分子与高分子的流体力学体积相差甚远，因而用 GPC 可同时分析而不必预先分离。一般来说，从高分子材料的 GPC 谱图可明显看到三个区域：A 区为高分子；B 区为添加剂和低聚物；C 区为未反应的单体和低分子量污染物如水等（图 8.11）。

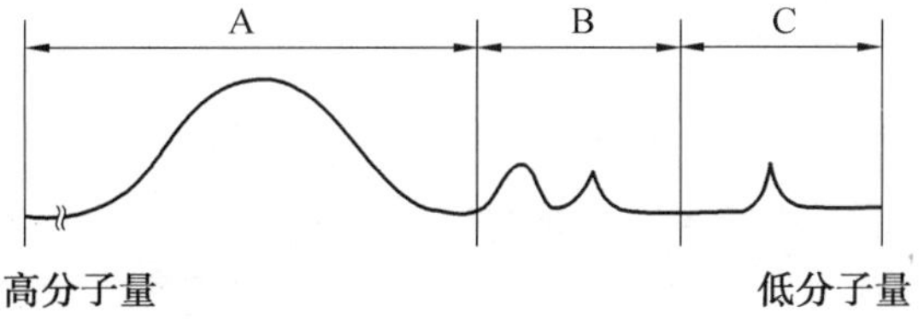

图 8.11　高分子材料 GPC 谱图的分区

（1）聚氯乙烯中树脂和增塑剂的同时分析。

根据聚氯乙烯的 GPC 谱图（图 8.12），可同时测定树脂的分子量及分布和增塑剂的组成与配比。从图 8.12 还可以看到，两种增塑剂在 UV 检测的谱图上出峰比示差折光（RI）检测高得多，说明它们都是含芳环的，而不是脂肪酯类增塑剂。测得的相对含量也与该聚氯乙烯中邻苯二甲酸二辛酯和二丁酯的实际含量（12%和 5%）基本一致。

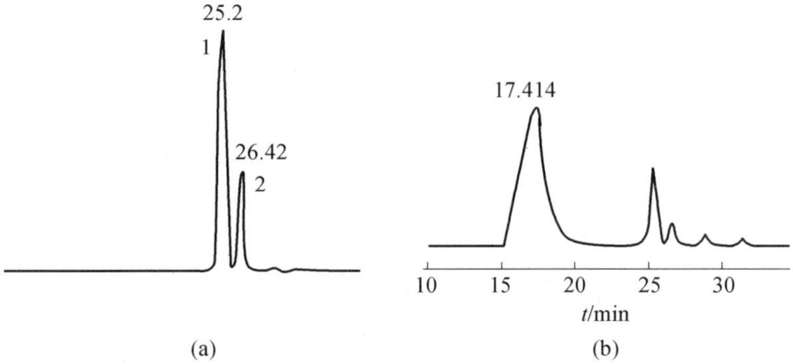

图 8.12　含增塑剂 DOP 和 DBP 各 12%和 5%的聚氯乙烯的 GPC 谱图
（分析条件：0.8 mm（内径）× 300 mm 不锈钢柱，凝胶为岛津 804、802(2)，流动相为四氢呋喃，柱温 40 ℃，样品浓度 0.5%（质量/体积），注射量 200 μL，检测器为：(a)UV；(b)RI）

（2）环氧树脂中树脂和低聚物的同时分析。

普通双酚 A 型环氧树脂有很宽的分子量范围，包括低分子量的（液态）、中等分子量的（半固态）和高分子量的（固态）产品。结构式如下：

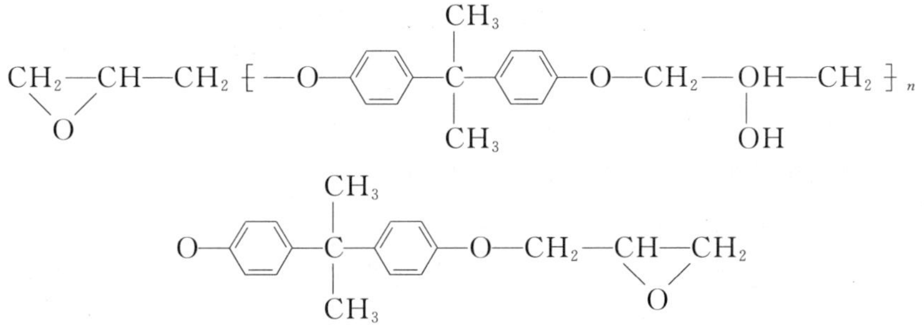

GPC 能快速、可靠地鉴别不同类型环氧树脂的分子量特性。图 8.13 是三种不同分子量环氧树脂的 GPC 谱图，图上数字代表结构式中的 n 值。树脂和低聚物的峰形特征可用作指纹图，以区别不同厂家或不同批号的产品。

实际上 GPC 对低聚物的分离效果不如高效液相色谱好，后者至少可分离出聚合度为 20 的组分。在 HPLC 谱图中，低聚物先于高分子量树脂被淋洗出来，这点与 GPC 正好相反。

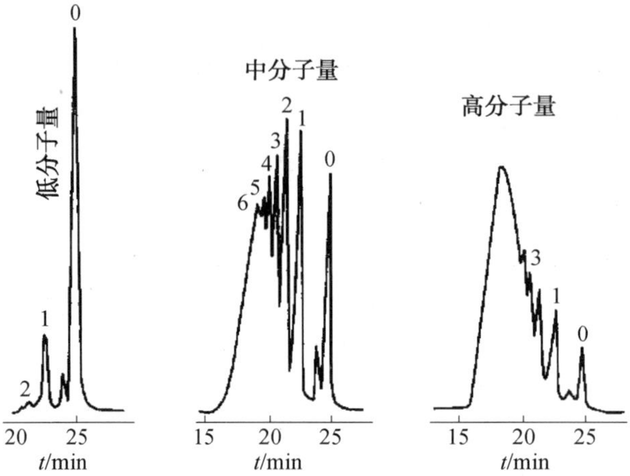

图 8.13　低、中和高分子量双酚 A 型环氧树脂的 GPC 谱图

（色谱条件：四根微粒凝胶柱（7.7 mm×250 mm），孔径分别为 5、10、50 和 100 mm，颗粒直径 10 μm；280 nm 下 UV 检测；流动相为四氢呋喃，流速 1 mL/min；柱温为 50 ℃；样品量为 10 μL 0.2%～0.5%溶液）

(3)高分子材料中小分子物质的定性鉴别。

和其他色谱方法一样，凝胶渗透色谱法也可以用保留体积鉴别，或分离后用红外等方法鉴定高分子材料中小分子物质。这里介绍一种称为强化法的便利方法。如果能预测某未知峰可能归属于某化合物，则将该化合物加入到试样中，比较加入前后的谱图变化。如果未知峰被强化，即只改变高度，而不改变形状或位置，则未知物很可能就是该物质(示意见图 8.14)。

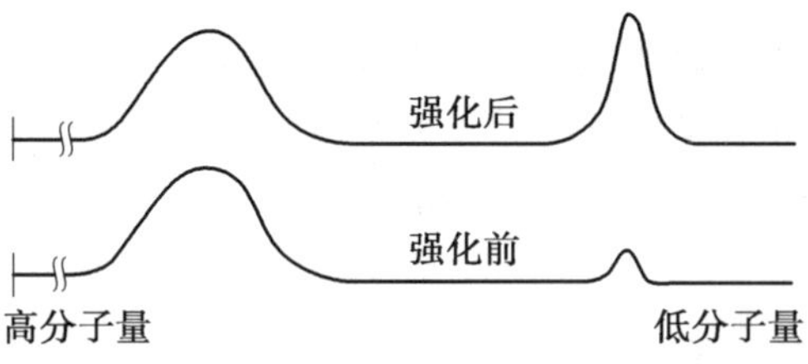

图 8.14　强化法鉴别高分子材料中的小分子化合物的示意图

2. 在高分子材料生产或加工过程中的监测应用

(1)丁苯橡胶在塑炼时分子量分布的变化。

在丁苯橡胶塑炼过程中定量取样分析，结果如图 8.15 所示。随塑炼时间增加，高分子量组分裂解增加，GPC 曲线向低分子量方向移动，约经 25 min 后，较高分子量组分已几乎完全消失。如果塑炼的目的只是减少该组分的量，那么塑炼 25 min 已足够，超过 25 min会浪费生产时间。这样通过 GPC 数据，可帮助操作人员确定塑炼时间以增加效率和产量。

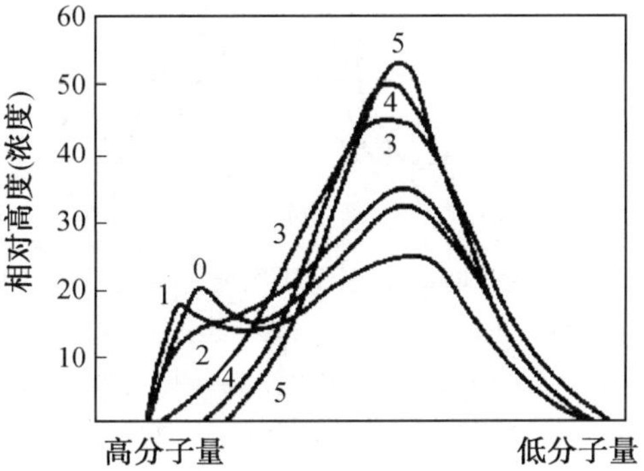

图 8.15　经不同时间塑炼后的丁苯胶的 GPC 谱图

塑炼时间为：0—0 min；1—4 min；2—5 min；3—25 min；4—120 min；5—180 min

(2)控制聚合反应终点。

用 GPC 对聚合反应进行中间控制分析，使生产人员能在达到预定的单体/聚合物比后及时终止反应，以节省生产时间。例如对某一聚合反应，单体/聚合物比达到 0.15 就可以结束反应，图 8.16 即该体系从反应开始到结束的 GPC 谱图的示意图。

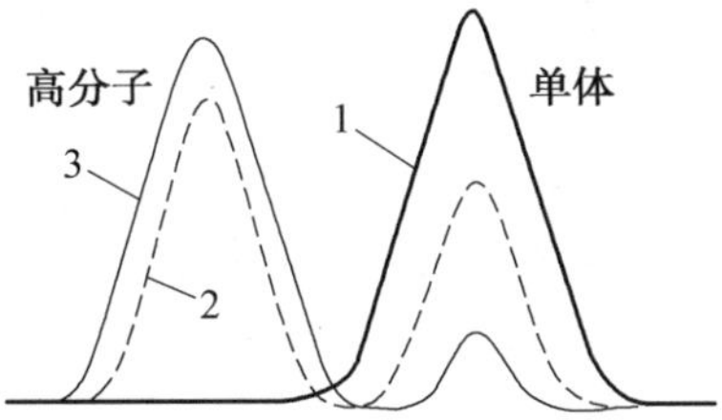

图 8.16　用 GPC 对聚合终点控制分析的示意图

1—反应开始时全部是单体；2—反应进行一半，部分单体部分聚合物；3—反应终点，大部分是聚合物，单体/聚合物比为 0.15

(3)不饱和聚酯树脂合成过程中的控制分析。

以如下结构的不饱和聚酯为例：

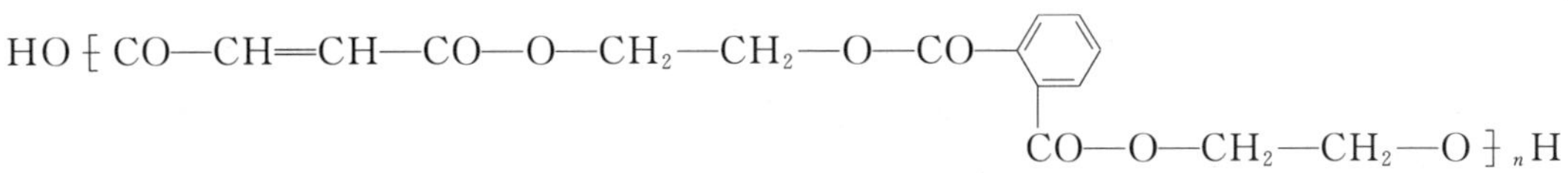

GPC 可用于跟踪缩聚过程，确定终止聚合的最佳时间，从而利于提高产品质量和减少生产事故。在不同聚合时间取样分析的 GPC 谱图示于图 8.17(a)，为了更加直观，图的横坐标已转换成分子量，而平均分子量随聚合时间的变化也同时示于图 8.17(b)中。从图中可见，反应超过 2.5 h 后，低聚物含量已经很少。由于不饱和聚酯的聚合度较高，而且化学组成比较复杂，因而其 HPLC 谱图提供的有用细节信息较少，只能用作指纹图。

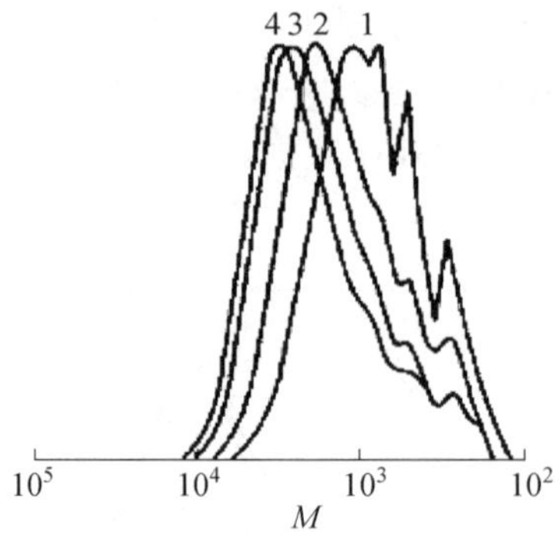

(a)不同聚合时间下不饱和聚酯树脂的 GPC 图

色谱条件:2 根 Ultra Styragel 柱(7.8 mm×300 mm),颗粒直径 10 mm;在 254 nm 下 UV 检测;流动相为四氢呋喃,流速 1 mL/min;柱温为 35 ℃;样品量为 10 μL 0.2%溶液

1—1.5 h;2—2.5 h;3—4.5 h;4—5 h

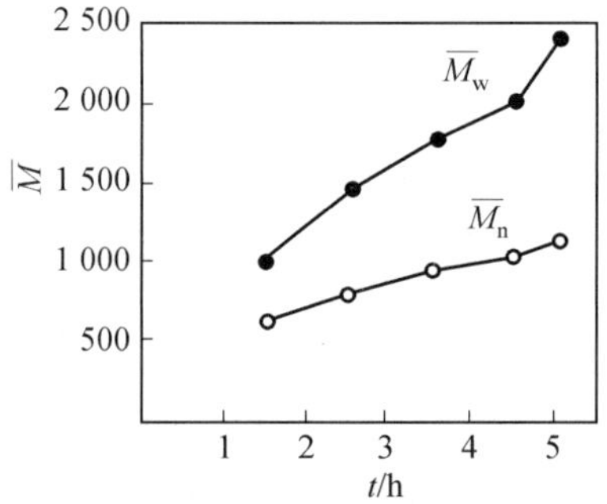

(b)不饱和聚酯树脂平均分子量 $\overline{M}$ 与反应时间的关系

图 8.17　不饱和聚酯树脂的 GPC 图和 $\overline{M}-t$ 曲线

思考题与作业

1. 什么是色谱法?
2. 色谱技术的原理是什么?
3. 色谱法是如何分类的?
4. 常用的色谱法有哪些?各有何特点?
5. 什么是高效液相色谱?高效液相色谱有哪些?
6. 高效液相色谱法有何特点和应用?
7. 什么是气相色谱法?其原理是什么?有哪些分类和应用?
8. 简述薄层色谱法和凝胶色谱法。
9. 简述凝胶渗透色谱法在高分子材料研究中的应用。
10. 简述裂解气相色谱法在高分子材料研究中的应用。

第 9 章　质谱法

9.1　概　　述

1913 年，英国科学家弗朗西斯·阿斯顿在卡文迪什实验室与 J. J. 汤姆生一起研究氖的同位素，当时他就发现多数化学元素是几种质量不同但化学性质相同的原子的集合物。第一次世界大战后，他继续此项研究，1919 年他利用电磁聚焦发明了第一台质谱仪。利用质谱仪，他迅速发现天然存在的 287 种同位素中的至少 212 种。他因发明质谱仪和发现非放射性元素的同位素而获 1922 年诺贝尔化学奖。

1. 质谱法的定义

质谱法(mass spectrometry，MS)是将被测物质离子化，按离子的质荷比分离，测量各种离子谱峰的强度而达到分析目的的一种分离和分析方法。质量是物质的固有特征之一，不同的物质有不同的质量谱——质谱。

2. 质谱图

离子峰的相对丰度与质荷比之间的关系曲线称为质谱图。质谱图以质荷比(m/z)为横坐标，以离子峰的相对丰度为纵坐标。图 9.1 为乙酸丁酯的质谱图，竖线称为质谱峰，不同的质谱峰代表不同质荷比的离子，峰的高低表示该离子数量的多少。

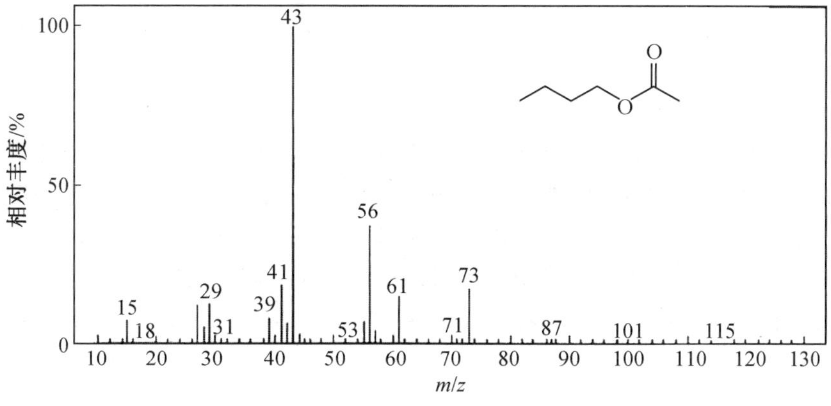

图 9.1　乙酸丁酯的质谱图

(1)基峰。

基峰为质谱图中丰度最大的峰，规定基峰的相对丰度为 100%，其他离子峰的强度按基峰的百分数表示。

(2)质荷比。

质荷比为离子的质量与所带电荷数之比，用 m/z 或 m/e 表示。单位分辨质谱中，m

为组成离子的各元素同位素的原子核的质子数目和中子数目之和，如 H1；C12，13；N14，15；O16，17，18 等。z 或 e 为离子所带正电荷或所丢失的电子数目，通常 z 或 e 为 1。

(3)精确质量。

单位分辨质谱中离子的质量为整数，高分辨质谱给出分子离子或碎片离子的精确质量，其有效数字根据质谱检测器的分辨率而定，分子离子或碎片离子的精确质量的计算基于精确的原子量。

3. 质谱中的离子类型

质谱中的离子包括分子离子、碎片离子、同位素离子、亚稳离子、重排离子或多电荷离子等，准确认识和理解这些离子，对于解析质谱图有非常大的帮助。

(1)分子离子。

样品中的分子在受到一定能量的电子轰击下，失去一个电子而形成的离子称为分子离子，常用符号 M^+ 表示。分子离子是质谱中其他离子的起源，可以根据 $z=1$ 的分子离子的 m/z 来确定分子的分子量。在质谱裂解反应中，分子离子中自由基或电荷中心的形成与分子中化学键电子的电离能有关。电离能越低的键电子越容易被电子轰击而被电离，电离顺序为：n 电子＞π 电子＞σ 电子。

$$M+e^- \longrightarrow M^{\cdot +}+2e^-$$

在质谱图中，相对强度最大的离子峰不一定是分子离子峰，因为多数分子离子在电子束的轰击下会裂解成碎片，从而使一些碎片离子的数量超过分子离子。不过分子离子一定是质谱图中质量最高的奇电子离子，能够通过丢失合理的中性碎片产生谱图中高质量区的重要离子。

计算分子离子的质荷比遵循氮规则，是指若在分子中只含 C、H、O、S、X 元素时，分子量 M_r 为偶数。若分子中除上述元素外还含有 N，若含奇数个 N 时，分子量 M_r 为奇数；含偶数个 N 时，分子量 M_r 为偶数。例如，$CH_3CH_2CH_2COOH$，m/z 为 88($M^{\cdot +}$)；$CH_3C(CH)_4CNO_2$，m/z 为 137($M^{\cdot +}$)。

(2)碎片离子。

广义的碎片离子是指由分子离子裂解产生的所有离子。一个特定的碎片离子相对于分子离子和其他碎片离子的丰度能够提供该碎片离子在分子中所处的化学环境等重要信息(如结构位置等)。碎片离子既可以以奇电子离子存在，以 $OE^{\cdot +}$ 表示，也可以以偶电子离子存在，以 EE^+ 表示，带有未配对电子的离子为奇电子离子，如 $M^{\cdot +}$、$A^{\cdot +}$，配对电子的离子为偶电子离子，如 C^+、D^+。在质谱图中，奇电子离子更重要，分子离子常以奇电子离子形式存在。

(3)同位素离子。

同位素离子由存在天然同位素元素所引起，表 9.1 列出了有机化合物中常见元素的同位素及其天然丰度。由质谱图中的同位素离子峰可以了解被测物的元素组成及有关结构信息。

表 9.1　有机化合物中常见元素的同位素和天然丰度

元素	同位素	天然丰度/%	同位素	天然丰度/%	同位素	天然丰度/%
H	1H	100	2H	0.015		
C	12C	100	13C	1.11		
N	14N	100	15N	0.37		
O	16O	100	17O	0.04	18O	0.20
F	19F	100				
Si	28Si	100	29Si	5.06	30Si	3.36
P	31P	100				
S	32S	100	33S	0.79	34S	4.43
Cl	35Cl	100			37Cl	31.99
Br	79Br	100			81Br	97.28
I	127I	100				

在质谱图中，当分子离子峰(M)的相对丰度(RI)较大时，可以观察到分子离子峰的同位素峰簇，相对较强的碎片离子峰的同位素峰簇也可以存在，需要注意某些离子峰对同位素峰 RI 的干扰。

①若化合物中含有 C、H、N、O 元素，分子满足以下通式：$C_xH_yN_zO_w$（x、y、z、w 分别为 C、H、N、O 的原子数目），同位素的峰簇相对强度计算公式如下：

$$\mathrm{RI(M+1)/RI(M)}\times 100=1.1x+0.37z$$

$$\mathrm{RI(M+2)/RI(M)}\times 100=(1.1x)2/200+0.2w$$

② 若化合物中含有 S 元素，以上公式进行修正如下：

$$\mathrm{RI(M+1)/RI(M)}\times 100=1.1x+0.37z+0.8s$$

$$\mathrm{RI(M+2)/RI(M)}\times 100=(1.1x)2/200+0.2w+4.4s$$

式中，s 为化合物中 S 的原子个数。

③ 若化合物中含有 Cl、Br 元素，同位素离子峰的强度可按$(a+b)^n$进行计算，其中：a 为轻同位素的相对丰度，b 为重同位素的相对丰度，n 为分子中含同位素原子的个数。

例如，某分子中有 3 个 Br，$n=3$，a 为^{79}Br 的相对丰度(50.52%)，b 为 ^{81}Br 的相对丰度(49.48%)。进而将 $n=3$ 代入：

$$(a+b)^3=a^3+3a^2b+3ab^2+b^3$$

由于 $a\approx b$，因此该分子有 4 个质量分别为 M、M+2、M+4、M+6 的同位素离子峰，M、(M+2)、(M+4)、(M+6)强度比约为 1∶3∶3∶1，M、(M+2)、(M+4)、(M+6)分别为含有 3 个^{79}Br、含有 2 个^{79}Br 和 1 个^{81}Br、含有 1 个^{79}Br 和 2 个^{81}Br、含有 3 个^{81}Br的离子质量。

(4)亚稳离子。

在离子源中产生的离子绝大部分能稳定地到达检测器。亚稳离子是指不稳定、在从离子源抵达检测器途中会发生裂解的离子。由于质谱仪无法检测到这种中途裂解的离子，而只能检测到由这种离子中途产生的离子，所以常将这种离子称为亚稳离子。亚稳离子峰的峰形弱且宽，呈小包状，可跨越 2～5 个质量单位。虽然亚稳离子与其离子在正常电子轰击下裂解产生的子离子结构相同，但其被记录在质谱图上的质荷比却比后者小，大多数不是整数。亚稳离子峰的质荷比称为亚稳离子的表观质量，用 m^* 表示。

某种母离子 m_1 与其离子源内裂解产生的子离子 m_2 及其按亚稳裂解方式产生的亚稳离子 m^* 之间有如下关系：

$$m^* = \frac{m_2^2}{m_1} \tag{9.1}$$

利用上述关系式，可以确定质谱图中哪两个离子呈母子关系。例如，若某化合物的质谱图中存在 m/z 为 136、121、93 质谱峰及 m/z 为 63.6 亚稳离子峰，根据式(9.1)计算，可以确定 m/z 为 93 离子，由 m/z 为 136 离子裂解而产生。

亚稳离子对研究有机质谱的反应机理很有帮助，但一般化合物的质谱图中很少显示亚稳离子峰。在有些情况下，可专门采用亚稳扫描技术取得亚稳离子质谱峰来确定主要碎片离子之间的母子关系，从而进一步分析离子和分子的结构。

(5)重排离子。

重排离子是由原子迁移重排反应而形成的离子。重排反应中，发生变化的化学键至少有两个或更多，重排反应可导致原化合物碳架的改变，并产生原化合物中并不存在的结构单元离子。

(6)多电荷离子。

多电荷离子指带两个或两个以上电荷的离子。多电荷离子质谱峰的 m/z 值是相同结构单电荷离子 m/z 值的 $1/n$，n 为失电子的数目。在质谱图中，双电荷离子出现在单电荷离子的 1/2 质量处。双电荷离子仅存在于稳定的结构中，如蒽醌，m/z 为 180 是由 $M^{\cdot +}$ 丢失 CO 的离子峰，m/z 为 90 是该离子的双电荷离子峰。

(7)准分子离子。

采用 Cl 电离法，常得到比分子量多(或少)1 质量单位的离子，称为准分子离子，如 (MH)、$(M-H)^+$。在醚类化合物的质谱图中出现(M+1)峰为 $(MH)^+$。

4. 质谱法的特点

(1)信息量大，应用范围广，是研究有机化学和结构的有力工具。

(2)由于分子离子峰可以提供样品分子的相对分子质量的信息，所以质谱法也是测定分子量的常用方法。

(3)分析速度快、灵敏度高、高分辨率的质谱仪可以提供分子或离子的精密测定。

(4)质谱仪器较为精密，价格较贵，工作环境要求较高，给普及带来一定的限制。

5. 质谱法的应用

根据质谱图提供的信息可进行有机物、无机物的定性、定量分析，化合物的结构分析，原子量与分子量的测定，同位素分析及固体表面的结构和组成的分析，生产过程监测、环境监测、生理监测，临床研究，热力学与反应动力学研究，空间探测与研究等。

目前,质谱分析方法已广泛应用于化学、生物学、医学、材料等多个研究领域,将质谱与色谱联用,还可以为有机混合物的分离、鉴定提供快速、有效的分析手段。

9.2　质谱仪与测试

9.2.1　质谱仪

1. 质谱仪的工作原理

质谱仪可以分成三个部分:离子化器、质量分析器与侦测器。

其基本原理是:将样品转化成气态,置于离子化器中受到高能电流的轰击或强直流电场等作用发生电离,使样品分子失去一个外层电子而生成带正电荷的分子离子;或使化学键断裂生成各种碎片离子,生成不同质荷比的带正电荷离子,经加速电场的作用,形成离子束,进入质量分析器。在质量分析器中,利用电场和磁场使发生相反的速度色散:离子束中速度较慢的离子通过电场后偏转大,速度快的偏转小;在磁场中离子发生角速度矢量相反的偏转,即速度慢的离子依然偏转大,速度快的偏转小;当两个场的偏转作用彼此补偿时,它们的轨道便相交于一点。与此同时,在磁场中还能发生质量的分离,这样就使具有同一质荷比而速度不同的离子聚焦在同一点上,不同质荷比的离子聚焦在不同的点上,实现空间上或时间上的分离,将它们分别聚焦到侦测器而得到质谱图,从而确定不同离子的质量,通过解析,可获得物质分子量、化学结构等信息。

不同质荷比的离子,在磁场中被分离的原理是:不同质荷比的离子进入由磁场构成的质量分析器后,离子流在磁场中飞行,在磁场作用下,飞行轨道发生弯曲,做圆周运动,其离心力与磁场力平衡。当加速电压和磁场不变时,不同质荷比的离子其运动半径不同,获得了分离。质谱仪中一般保持加速电压 U、圆周运动半径 r 不变,通过电磁铁扫描磁场 B 而获得质谱图。在扇形磁场结构中,r 便是扇形磁场的曲率半径。早期发展的质谱仪只依靠磁场进行质量分离,称为单聚焦质谱仪。随后又发展了磁场前加一静电场的双聚焦质谱仪,以提高质谱仪的分辨率。

在一张质谱图中,可得到许多峰,这些峰的位置与相对强度除与分子结构有关外,还与离子化电位、样品所受压力和仪器结构有关。质谱峰可归纳为以下几种:分子离子峰、碎片离子峰、重排离子峰、同位素离子峰、亚稳离子峰及多电荷离子峰。各种化合物在一定能量的离子源中是按照一定规律进行裂解而形成各种碎片离子的,表现为一定的质谱图,所以根据裂解后形成的各种离子峰就可鉴定物质的组成和结构。

2. 质谱仪的分类

质谱仪种类非常多,可以从其应用、工作原理等方面进行分类。

(1)按质谱仪的应用分类。

按质谱仪的应用,质谱仪可以分为:有机质谱仪和无机质谱仪两类。

有机质谱仪由于应用特点不同分为:气相色谱－质谱联用仪(GC－MS)和液相色谱－质谱联用仪(LC－MS)。在气相色谱－质谱联用仪中,由于质谱仪工作原理不同,又有气相色谱—四极质谱仪、气相色谱—飞行时间质谱仪、气相色谱—离子阱质谱仪等。液相色谱—质谱联用仪(LC—MS)同样有液相色谱—四器极质谱仪、液相色谱—离子阱质谱仪、液相色谱—飞行时间质谱仪,以及各种各样的液相色谱—质谱—质谱联用仪。

其他有机质谱仪主要有:基质辅助激光解吸飞行时间质谱仪、傅里叶变换质谱仪。

无机质谱仪分为:火花源双聚焦质谱仪、电感耦合等离子体质谱仪(ICP—MS)、二次离子质谱仪(SIMS)、辉光放电质谱仪(GDMS)。

但以上的分类并不十分严谨。因为有些仪器带有不同附件,具有不同功能。例如,一台气相色谱—双聚焦质谱仪,如果改用快原子轰击电离源,就不再是气相色谱—质谱联用仪,而称为快原子轰击质谱仪(FABMS)。另外,有的质谱仪既可以和气相色谱相连,又可以和液相色谱相连,因此也不好归于某一类。在以上各类质谱仪中,数量最多,用途最广的是有机质谱仪。

(2)按质谱仪的工作原理分类。

质谱仪由工作原理的不同分类如下:

按电离方式的不同,质谱仪分为:电子碰撞质谱仪、化学电离质谱仪、光电离质谱仪、阈值电离质谱仪。

根据质量分析器的工作原理,可将质谱仪分为动态仪器和静态仪器两大类,静态质谱仪的质量分析器为稳定的电磁场,它是按照空间位置将 m/z 不同的离子分开;动态质谱仪的质量分析器则采用变化的电磁场,按照时间和空间区分不同 m/z 的离子。如由单聚焦和双聚焦质量分析器组成的质谱仪,属于静态质谱仪;而飞行时间和四极滤质器组成的质谱仪,属于动态质谱仪。

3. 质谱仪的组成

质谱仪一般由高真空系统、样品注入系统、离子源、质量分析器、收集器构成。

(1)高真空系统。

质谱仪的离子源、质量分析器、检测器必须在高真空状态下工作,以减少背底的干扰,避免发生不必要的分子离子反应。其高真空系统由机械泵和扩散泵或涡轮分子泵组成,要将质谱仪的真空度降至 10^{-4}~10^{-5} Pa,一般需要 2 h 左右。

(2)样品注入系统(进样系统)。

进样系统由直接进样杆组成,主要是使化合物通过进样杆直接送入离子源。样品注入可分直接注入、气相色谱、液相色谱、气体扩散四种方法。固体样品通过直接进样杆将样品注入,加热使固体样品转为气体分子。对不纯的样品可经气相或液相色谱预先分离后,通过接口引入。液相色谱—质谱接口有传动带接口、直接液体接口和热喷雾接口。热喷雾接口是最新提出的一种软电离方法,能适用于高极性反相溶剂和低挥发性的样品。样品由极性缓冲溶液以 1~2 mL/min 流速通过一毛细管。控制毛细管温度,使溶液接近出口处时,蒸发成细小的喷射流喷出。微小液滴还保留有残余的正负电荷,并与待测物形成带有电解质或溶剂特征的加合离子而进入质谱仪。

(3)离子源。

离子源是使样品电离产生带电粒子(离子)束的装置。离子源的作用是将被分析的样品分子电离成带电的离子,并使这些离子在离子光学系统的作用下,会聚成有一定几何形状和一定能量的离子束，进入质量分析器被分离。应用最广的离子源是电子轰击源(EI)，其次是化学电离源(CI)，其他的离子源还有场致电离源(FI)、光致电离源、激光电离源、火花电离源、X 射线电离源、场解吸电离源(FD)和快原子轰击电离源(FAB)等。其中场解吸和快原子轰击电离源特别适合测定挥发性小和对热不稳定的化合物。

(4)质量分析器。

质量分析器是将离子束按质荷比进行分离的装置。它的结构有单聚焦、双聚焦、四极矩、飞行时间和摆线等。质量分析器的作用是将离子源产生的离子按质荷比的不同、在空间的位置、时间的先后或轨道的稳定与否进行分离，得到按质荷比大小顺序排列的质谱图。质量分析器可分为静态分析器和动态分析器两类。

(5)收集器。

经过分析器分离的同质量离子可用照相底板、法拉第筒或电子倍增器收集检测。随着质谱仪的分辨率和灵敏度等性能的大大提高，只需要微克级甚至纳克级的样品，就能得到一张较满意的质谱图，因此，对于微量不纯的化合物，可以利用气相色谱或液相色谱(对极性大的化合物)将化合物分离成单一组分，导入质谱计，录下质谱图，此时质谱计的作用如同一个检测器。

由于色谱仪－质谱计联用后给出的信息量大，该法与计算机联用，使质谱图的规格化、背景或柱流失峰的舍弃、元素组成的给出、数据的储存和计算、多次扫描数据的累加、未知化合物质谱图的库检索，以及打印数据和出图等工作均可由计算机执行，大大简化了操作手续。

4. 质谱仪的主要性能指标

(1)灵敏度。

灵敏度表示仪器对样品在量的方面的检测能力。它是仪器电离效率、离子传输效率及检测器检测效率的综合反映。

有机质谱常用某种标准样品产生一定信噪比的分子离子峰所需的最小检测量作为仪器的灵敏度指标。

(2)分辨率。

质谱仪的分辨率是一项重要的技术指标，是指仪器对质量非常接近的两种离子的分离能力，高分辨质谱仪可以提供化合物组成式，这对于结构测定是非常重要的。

如果两个质量非常接近的离子(m_1 和 m_2)峰能被仪器分开，则仪器的分辨率 R 定义为

$$R=\frac{m_1}{\Delta m} \tag{9.2}$$

式中，$\Delta m=m_2-m_1$。例如，假设能被仪器分开的两个最接近的峰质量数分别为 1 000 和 1 001，则此时仪器的分辨率 $R=1\,000/(1\,001-1\,000)=1\,000$。分辨率 1 000 还表示在质量数 100 附近仪器能分开质量数分别为 100.1 和 100.0 的两个离子峰。因此，分辨率又可理解为仪器在质量数为 m 附近能分辨的最小相对质量差。

在一定的质量数附近，分辨率越高，能分辨的质量差越小，测定的质量精度越高。

(3)质量范围。

质量范围指质谱仪所能测量的最大 m/z 值,它决定仪器所能测量的最大分子量。不同类型的质谱仪具有不同的质量范围,目前质量范围最大的质谱仪是基质辅助激光解吸电离飞行时间质谱仪(MALDI－TOF－MS),该仪器测定的分子质量高达 1 000 000 u 以上($1\ u=1.660\ 54\times10^{-27}$ kg)。

9.2.2 质谱仪的测试

1. 样品的制备

样品的制备主要包括样品收集、分离和浓缩三个过程。在进行样品制备时,应当针对样品的类型、性质及检测设备对待测样品的要求等因素进行优化处理,才有利于获得可靠的结果。

1)对待测样品的要求。

(1)要求待测样品纯净,杂质含量少,避免对测试结果造成干扰和增加分析难度;

(2)不含高浓度难挥发酸(硫酸、磷酸等)及其盐,对于溶解后的液体样品进行滤膜过滤;

(3)样品黏度不应过大,避免堵塞柱子、喷口及毛细管入口。

2)应避免使用的溶剂添加剂。

(1)碱金属氯化物及其酸溶液,如 LiI、KCl、NaCl、HCl、$CHCl_3$ 等;

(2)有机胺,尤其是三乙胺会影响正离子模式离子化;

(3)三氟乙酸,会影响负离子模式离子化;

(4)含过氧化物或过氧化物的色谱纯醚,如二氧六环、二丙基乙醚;

(5)强酸、强碱、不挥发性酸及相应的盐(如磷酸盐、硼酸盐、柠檬酸盐等)、表面活性剂、强配位剂等。

3)检测设备对待测样品的要求。

质谱分析法往往采用联用技术,不同的联用技术对待测样品有一定的要求,应用范围最广的为气相色谱－质谱仪(GC－MS)和液相色谱－质谱仪(LC－MS)分析。

GC－MS 分析的样品应是有机溶液,水溶液中的有机物一般不能测定,需进行萃取分离成为有机溶液,或采用顶空进样技术;有些化合物极性太强,在加热过程中易分解,如有机酸类化合物,此时可以进行酯化处理,将酸变为酯,再进行 GC－MS 分析,由分析结果可以推测酸的结构;如果样品不能气化也不能酯化,那就只能进行 LC－MS 分析。

LC－MS 分析的样品最好是水溶液或甲醇溶液,LC 流动相中不应含有不挥发盐;对于极性样品,一般采用电喷雾电离源(ESI 源),对于非极性样品,采用大气压化学电离源(APCI 源);对于生物大分子样品需使用 LC－MS 分析,还需去除蛋白、脱盐处理。

2. 样品的测试方法

质谱仪种类繁多,不同仪器应用特点也不同,一般来说,在 300 ℃及以下能气化的样品可以优先考虑用 GC－MS 进行分析,因为 GC－MS 使用 EI 源,得到的质谱信息多,可以采用数据库检索;毛细管柱的分离效果也好;对于 300 ℃以上才能气化的样品,则需要采用 LC－MS 分析,此时主要是得到分子量信息,如果是串联质谱,还可以得到一些结构信息；如果是生物大分子，主要利用 LC－MS 和基质辅助激光解吸电离飞行时间质谱分析，主要获取分子量信息；对于蛋白质样品，还可以测定氨基酸序列。

在样品的质谱分析过程中，分子离子峰的获取起重要作用，除得到分子量外，对于分子结构或化学分子式的判断也至关重要。为获得分子离子峰，可以采用以下测试方法：

(1)降低冲击电子流的电压，使其能量低到化合物的解离能附近，以避免多余的能量使分子离子进一步裂解；

(2)制备容易挥发的衍生物；

(3)降低加热温度，防止化合物高温分解；

(4)对于一些分子量较大难以挥发的有机化合物，若改用直接进样法而不是加热进样法，往往可以使分子离子峰强度增大；

(5)改变电离源。

3. 测试

以质量浓度为 100 μg/mL 的对氯苯胺的乙醇溶液的定性分析为例，介绍质谱仪的测试。

1)测试原理。

苯胺类化合物通过进样杆直接被送进离子源，在真空条件下受电子流的轰击电离成离子，同时发生某些化学键有规律的断裂，生成具有不同质量的带正电荷的离子，这些离子按质荷比的大小被收集并记录成质谱。

2)测试仪器和条件。

5973N 质谱(Agilent)，毛细管色谱柱：HP－5MS(50 m×0.32 mm×0.25 mm)，涡轮泵，扩散泵，10.0 μL 微量进样器，打印机，701 红外线快速干燥器。

3)测试步骤。

(1)开启计算机，5973N/MSD，进入化学工作站，稳定仪器 2 h 以上，氮气、水达标(设离子峰高为 100，氮气 28/69 的相对丰度小于 20%，水 18/69 的相对丰度小于 20%)。

(2)开启直接进样控制器电源，进入 ProbeDirect 温度控制界面。

① 在 Win2000 界面下，单击“Start/Program/SSI ProbeDirect”进入温度控制界面。

② 进入 ProbeDirect 温度控制界面后，单击右上角“Connect”，联机成功。

(3)在化学工作站上编辑方法，并启动运行。

① 在 MSD 工作站“Method”菜单下选择“Edit Entire Method…”。

② 选择进样方式为“SSI DIP1”，溶剂延迟为 2.5 min。

③ 方法编辑完成后，单击“Run”，MSD 处于准备运行状态。

(4)样品准备(取样)。

① 将待测样品溶于合适的溶剂中，浓度要低，混合均匀。

② 用微量注射器吸取少量样品溶液注入进样管中。

③ 将进样管置于铝样品架上一起放入烘箱，低温除去溶剂。

④ 将进样管放入进样杆。

(5)进样操作(进样杆插入)。

① 将进样杆放在进样轨道上。

② 将进样杆推进到进样轨道位置 1 上。

③ 顺时针打开进样杆阀。

④ 抬起固定栓推动进样杆至位置 2。

⑤ 慢慢打开隔离阀。

⑥ 抬起固定栓推动进样杆至位置 3。

⑦ 逆时针旋转关闭进样杆阀。

⑧ 抬起固定栓推动进样杆接近离子源。注意:不要太用力,避免损害离子源。

(6)编辑 ProbeDirect 升温参数并运行样品。

在 ProbeDirect 温度控制界面下输入温度参数,点击“Start”开始运行样品。

(7)取出进样杆。

① 拉动进样杆到位置 3,等待进样杆降温。

② 等待进样杆温度降至 100 ℃以下,拉动进样杆到位置 2。

③ 关闭隔离阀,使进样杆顶部离开 MSD 真空系统。

④ 关闭隔离阀后,拉动进样杆到位置 1。

(8)数据分析。

双击计算机桌面“Instrument＃1 Data Analysis”图标,进入数据分析界面;在“File”的下拉菜单中选择“Load Data File…”;在调用数据对话框中选中要调用的数据文件名,点击“OK”。在“Spectrum”菜单中选择检索库,对总分子流图双击右键,给出所选处的质谱图;对着质谱图任意位置双击右键,给出谱库检索结果。如果结构库中有该化合物,则同时给出结构。打印需要的谱图。

(9)关机操作。

① 在“Instrument Control”菜单中,单击“View”菜单,选择 “Diagnostics”→“Vaccum Control”进入诊断与真空控制界面。

② 在“Vacuum”菜单中选择“Vent…”,工作站将柱温设为 30 ℃,关闭接口温度,停止分子涡轮泵或关闭扩散泵加热。该过程需要 40 min 左右。

③ 等待 Time remaining 至 0min approv 时,退出工作站,关闭计算机。

④ 关闭质谱电源和直接进样控制器电源。

(10)测试结果处理。

① 由获得的质谱图找出分子离子峰和基峰。

② 解释对氯苯胺的分子离子峰和同位素离子峰 M^{+2} 的相对强度比例,并说明各碎片离子峰形成的原因。

9.3 质谱的解析和质谱法的应用

9.3.1 质谱的解析

1. 质谱解析的步骤

对于未知样品的质谱解析,大致可按照以下步骤进行。

1)确认分子离子峰,并由其求得相对分子质量和分子式。

相对分子质量由 M 获得,质谱中其他的碎片离子峰都必须能通过 M 合理地丢失中性碎片而产生。然而,在确定 M 的过程中可能会遇到以下难题。

(1)分子离子峰不稳定,在质谱上不出现,尤其是 EI 质谱图中,质量最大的离子有可能不是 M。不同类型化合物按分子离子峰稳定存在的先后顺序排序如下:

芳香环(包括芳香杂环)＞脂环＞硫醚、硫酮＞共轭烯、直链烷烃＞酰胺＞酮＞醛＞胺＞ 酯＞醚＞羧酸＞支链烃＞伯醇＞叔醇＞缩醛(胺、醇化合物质谱中往往见不到分子离子峰)。

(2)有时 M 产生后就与其他离子或分子相碰撞而结合,变为质量数更大的配离子。质谱图中如果出现质量最大的离子与其附近碎片离子间质量差为 3、4、5～14 或 21、22～25,可以确定最大质量的离子不是 M。

通过质谱图,除了可以判定化合物的相对分子质量,还可以提供以下信息。

(1)根据相对分子质量判定是否符合氮元素规则。有机分子中,含奇数个 N 原子的化合物分子量为奇数,因此当分子离子的分子量为奇数时,可判定有机分子中含有奇数个 N 原子。

(2)可判定杂原子的存在。Cl、Br 元素的同位素丰度较强,含 Cl、Br 的 M 有明显的特征,容易在质谱图上观察到;同时,还可以通过同位素峰形判定两种元素在化合物中的原子数目;再者,通过质谱图中 M 的同位素峰及丰度,可以分析被测样品中是否还有其他元素,如 S、P、Si。

(3)若质谱图中出现 M＋1 峰,则化合物可能为醚、酯、胺、酰胺、氨基酸酯和胺醇等;如果出现 M－1 峰,则有可能为醛、醇或含氮化合物。

2)推测化合物的类别。

通过 M 和附近碎片离子峰 m/z 的差值,计算失去的中性碎片离子的种类,推测化合物的结构类型。表 9.2 中列出了碎片离子、中性碎片及可能对应的化合物类型。

表 9.2　碎片离子、中性碎片及可能对应的化合物类型

碎片离子	失去的中性碎片	可能的化合物类型
M－1	H·	醛(某些酯、胺)
M－2	H_2	—
M－14	—	同系物
M－15	$\cdot CH_3$	高度分支的碳链,甲基在分支处裂解,醛、酮、酯
M－16	$\cdot CH_3+H$	高度分支的碳链,甲基在分支处裂解
M－16	O	硝基化合物、亚砜、吡啶 N－氧化物、环氧、醌
M－16	NH_2	$ArSO_2NH_2$、$-CONH_2$
M－17	OH	醇 ROH、羧酸 RCOOH
M－17	NH_2	—
M－18	H_2O,NH_4	醇、醛、酮、胺等

续表9.2

碎片离子	失去的中性碎片	可能的化合物类型
M－19	F	氟化物
M－20	HF	氟化物
M－26	C_3H_2	芳烃
M－26	C≡N	腈
M－27	$CH_2=CH$	酯、R_2CHOH 等
M－27	HCN	氮杂环
M－28	CO	醌、甲酸酯等
M－28	C_2H_4	芳烃、乙醚、乙酯、正丙基酮、环烷烃、烯烃
M－29	C_2H_5	高度分支的碳链、乙基在分支处裂解、环烷烃
M－29	CHO	醛
M－30	C_2H_6	高度分支的碳链、乙基在分支处裂解
M－30	CH_2O	芳香甲醚
M－30	NO	$Ar-NO_2$
M－30	NH_2CH_2	伯胺类
M－31	OCH_3	甲酯、甲醚
M－31	CH_2OH	醇
M－31	CH_3NH_2	胺
M－32	CH_3OH	甲酯
M－32	S	—
M－33	H_2O+CH_3	—
M－33	CH_2F	氟化物
M－33	HS	硫醇
M－34	H_2S	硫醇
M－35	Cl	氯化物（^{37}Cl 同位素峰）
M－36	HCl	氯化物
M－37	H_2Cl	氯化物
M－39	C_2H_3	丙烯酯
M－40	C_2H_4	芳香化合物
M－41	C_2H_5	烯烃（丙烯基裂解）、丙基酯、醇
M－42	C_2H_6	丁基酮、芳香醚、正丁基芳烃、烯、丁基环烷

续表9.2

碎片离子	失去的中性碎片	可能的化合物类型
M－42	CH_2CO	甲基酮、芳香乙酸酯、$ArNHCOCH_3$
M－43	C_3H_7	丙基在高度分支碳链的分支处、丙基酮、醛、酮、酯、正丁基芳烃
M－43	NHCO	环酰胺
M－43	CH_2CO	甲基酮
M－44	CO_2	酯(碳架重排)、酐
M－44	C_3H_8	高度分支的碳链
M－44	$CONH_2$	酰胺
M－44	CH_2CHOH	醛
M－45	COOH	羧酸
M－45	C_2H_5O	乙基醚、乙基酯
M－46	C_2H_5OH	乙酯
M－46	NO_2	$Ar-NO_2$
M－47	C_2H_4F	氟化物
M－48	SO	芳香亚砜
M－49	C_2H_2Cl	氯化物(^{37}Cl同位素峰)
M－50	CF_2	氟化物
M－53	C_4H_5	丁烯腈、丁酯、烯
M－55	C_4H_7	$Ar-n-C_5H_{11}$、$ArO-n-C_4H_9$、$Ar-i-C_5H_{11}$、$ArO-i-C_4H_9$ 戊基
M－56	C_4H_8	酮、戊酯
M－57	C_4H_9	丁基酮、高度分支碳链
M－57	C_2H_5CO	乙基酮
M－58	C_4H_{10}	高度分支碳链
M－59	C_3H_7O	丙基醚、丙基酯
M－59	$COOCH_3$	R—COOCH
M－60	CH_3COOH	乙酸酯
M－63	C_3H_4Cl	氯化物
M－67	C_5H_7	戊酸酯
M－69	C_5H_9	酯、烯
M－71	C_5H_{11}	高度分支碳链、醛、酮、酯
M－72	C_5H_{12}	高度分支碳链

续表9.2

碎片离子	失去的中性碎片	可能的化合物类型
M－73	$COOC_2H_5$	酯
M－74	$C_3H_6O_2$	一元羧酸甲酯
M－77	C_6H_5	芳香化合物
M－79	Br	溴化物（^{81}Br 同位素峰）
M－127	I	碘化物

3）分析特征结构官能团或分子片段。

依据碎片离子的分子量及满足分子结构的化学通式，分析碎片离子对应的特征结构官能团或分子片段。

4）推导化合物可能的结构。

根据上述分析，结合分子量、不饱和度、碎片离子及特征结构官能团，推导出化合物可能的结构。其中，不饱和度的计算公式为

$$\text{不饱和度}=\text{四价原子数}-\text{一价原子数}/2+\text{三价原子数}/2+1$$

5）确定化合物的结构。

分析推导化合物可能结构的裂解机理，与质谱图上的数据进行对比，进一步确定化合物的结构，同时可以与其他检测手段相结合，如结合 NMR、IR、UV、元素分析进一步明确化合物的结构；再者，可以通过质谱测试设备自带的质谱数据库进行检索比对，确定化合物的结构。目前较普遍使用的数据库有美国国家标准与技术研究院（National Institute of Standards and Technology，NIST）的 NIST Chemistry WebBook、Wiley 质谱数据库、DRUG 质谱数据库等。

6）已知化合物可用标准谱图对照来确定结构是否正确，这步工作可由计算机自动完成。对新化合物的结构，最终结论要用合成此化合物并做波谱分析的方法来确证。

2. 质谱解析举例

（1）已知组成的有机物的结构分析。

酮 $C_6H_{12}O$ 的质谱图如图 9.2 所示，确定其结构。

从图 9.2 可知：化合物较强的离子峰 m/z 分别为 100、85、72、57、43。

①$m/z=100$：可能是分子离子峰 M；

②$m/z=85$：满足 M－15，可能为失掉一个 $\cdot CH_3$ 产生的碎片离子；

③$m/z=43$：满足 M－57，可能为失掉一个 $\cdot C_4H_9$ 产生的碎片离子；

④$m/z=57$：可能是 $C_4H_9^+$ 碎片离子，满足 M－15－28（即 M—CH_3—CO）。

因此，化合物 $C_6H_{12}O$ 酮的结构为

$$C_4H_9-\overset{\overset{\displaystyle O}{\|}}{C}-CH_3$$

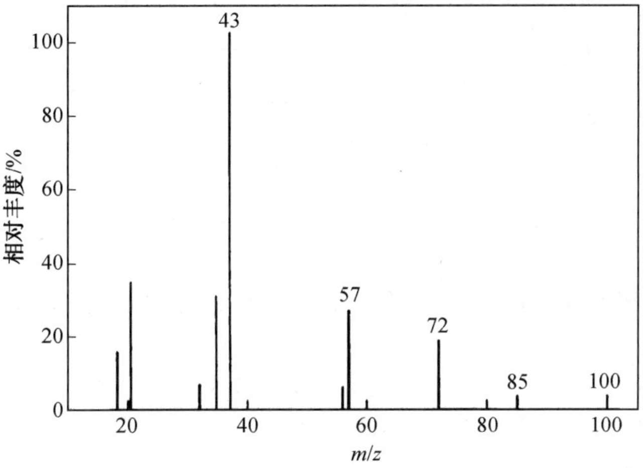

图 9.2　化合物酮 $C_6H_{12}O$ 的质谱图

裂解方程式如下：

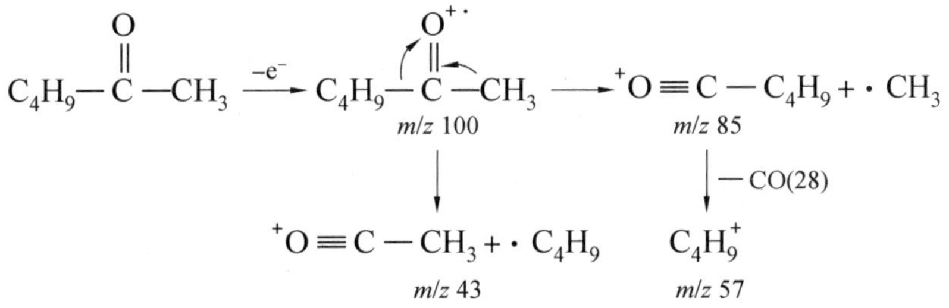

(2)未知组成化合物的结构分析。

①未知组成化合物 1 的结构分析。

化合物 1 的质谱图如图 9.3 所示，化合物 1 裂解的离子峰质荷比及丰度如下：*m/z* 10 682.0，*m/z* 1 074.3，*m/z* 1 083.8，推导其结构。

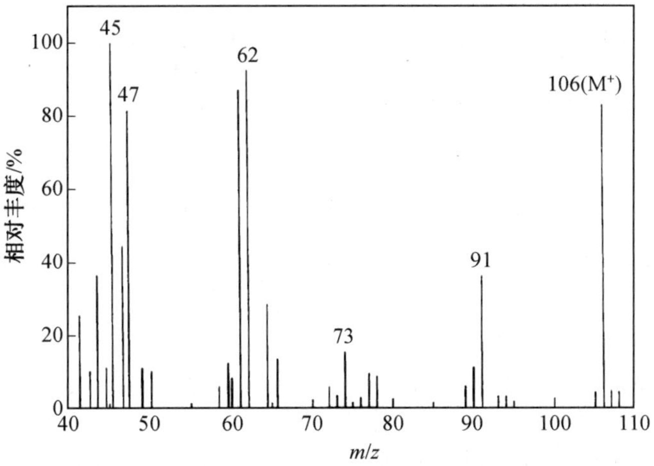

图 9.3　化合物 1 的质谱图

在图 9.3 中，m/z 10 682.0 标定为 M^*，为分子离子峰，与 m/z 91 关系合理，可以认为分子中不含 N 或含偶数个 N，由 RI(M+1)/RI(M)×100=5.2，RI(M+2)/RI(M)×100=4.7，可认为分子中含有一个 S 原子，化合物中其他组成计算可展开如下：

假设 N 原子的数目为 0(z=0)：

$$x=(5.2-0.8)1.1\approx 4$$

$$w=[(4.7-4.4)-(1.1\times 4)2/100]/0.2\approx 1$$

$$y=106-32-12\times 4-16=10$$

若假设 N 原子的数目为 2，计算偏差大，因此可以判定化合物 1 的分子式为 $C_4H_{10}OS$。

从质谱图中还可以看到 m/z 45、59 的含 O 碎片离子峰及 m/z 47、61、62 的含 S 碎片离子峰，进一步认定上述化合物的分子式的合理性。m/z 为 45(RI 100)的 C_2H_5O+有可能来自 α—甲基仲醇的 α 裂解，生成 CH_3CH ═+OH 的碎片离子，同时结合质谱图中相对较弱的 m/z 89(M−17 和 88(M−18)离子峰，可判定化合物 1 为醇类化合物。m/z 47 (CH_2S+)及 m/z 61(C_2H_5S+)的碎片离子峰说明化合物中存在 CH_3CH_2S 或 CH_3SCH_2 基团。

综上分析，化合物 1 的结构为 $CH_3SCH_2CH(OH)—CH_3$ 或 $CH_3CH_2SCH(OH)—CH_3$，由基峰 m/z 45 可知，结构 $CH_3SCH_2CH(OH)—CH_3$ 与质谱图更符合。具体裂解过程如下：

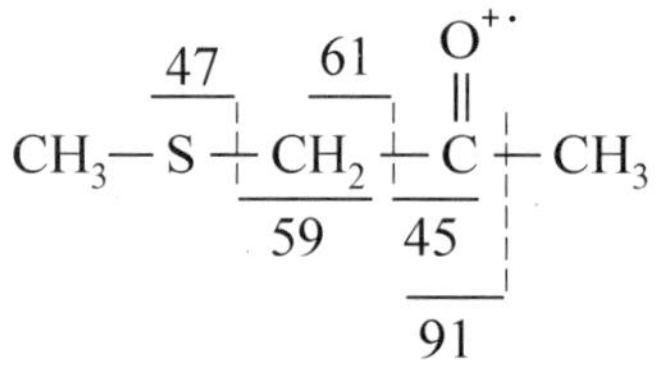

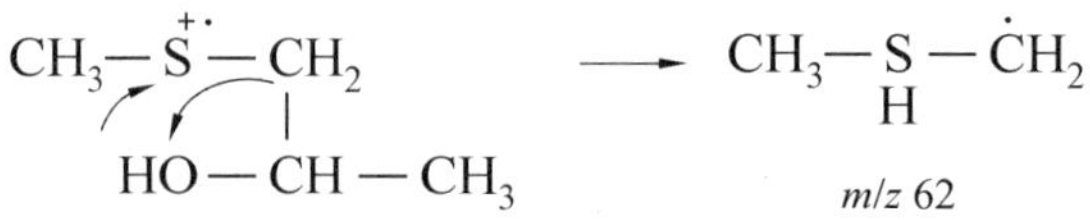

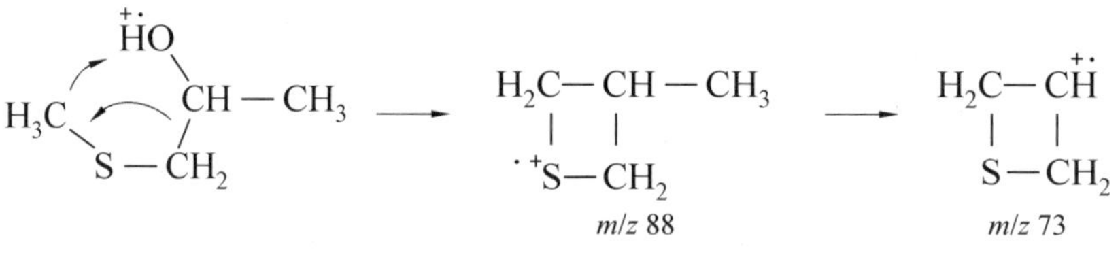

②未知组成化合物 2 的结构分析。

化合物 2 的质谱图如图 9.4 所示，其红外光谱图显示在 1 150～1 070 cm^{-1} 有强吸收，确定化合物 2 的结构。

由化合物 2 的质谱图可得到以下信息：分子离子峰为 m/z 88，m/z 88 与 m/z 59 相差 29，为合理丢失，且丢失的碎片可能为 C_2Hs 或 CHO；谱图中的 m/z 29 与 m/z 43 离子峰，可认为乙基、正丙基或异丙基的存在；m/z 31 的基峰可判定为醇或醚的特征离子峰，

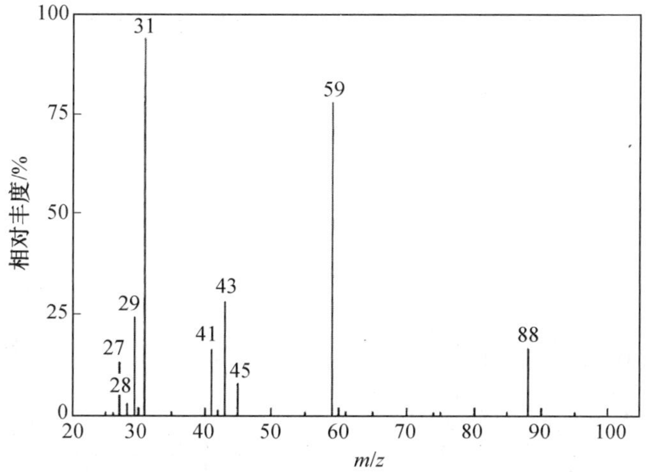

图 9.4　化合物 2 的质谱图

表明化合物 2 可能为醇或醚。

由红外光谱信息可知，在 1 740～1 720 cm^{-1}和 3 640～3 620 cm^{-1}无吸收，可推断出化合物 2 不是醇和醛。再者，m/z 31 峰可以通过醚的重排反应产生。

综合以上分析可以推测化合物 2 可能的结构为

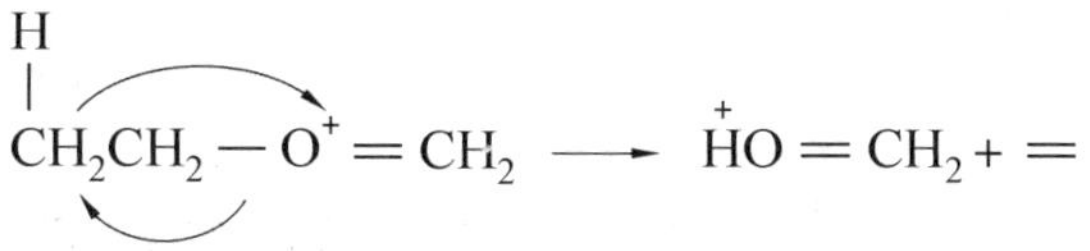

具体裂解过程如下：

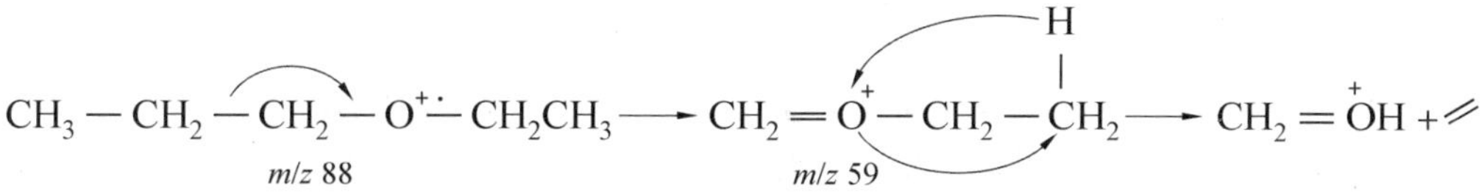

(3)利用同位素峰组确定分子结构。

图 9.5 为某常用高分子溶剂的质谱图。

首先确认分子离子峰，在谱图中质量数最高的离子 m/z 88。如果此离子为分子离子则有 M－2 和 M－4 的峰。但由于图上 M－4 峰(m/z＝84)的丰度比较大，按分子离子峰的条件判别可能性不大，因此，应考虑 m/z 84、86、88 为一同位素峰组，分子离子峰为 m/e 84。再观察谱图中同位素峰组的丰度比约为 M∶(M＋2)∶(M＋4)＝9∶6∶1，该化合物可能含有两个氯原子。依照相对分子质量初步推测该溶剂的分子式是 CH_2Cl_2 为二氯甲烷。然后再根据谱图进一步验证：

$$CH_2Cl_2^{+\cdot} \xrightarrow{-\cdot Cl} \underset{m/z\ 49,51}{CH_2Cl^{+}}$$

因此，基峰是分子离子峰丢掉一个氯游离基而形成的，m/z 49 与 51 峰丰度之比约为 3∶1，与该碎片离子结构符合。

(4)已知某一化合物不含氮，其质谱图如图 9.6 所示。推测其分子式。

最高质量端的峰质量数为 120，符合分子离子峰条件，可假定为分子离子峰。由于无

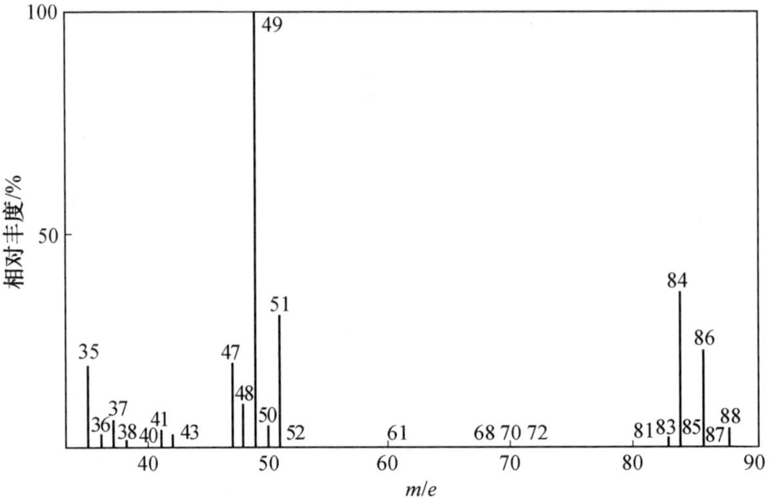

图 9.5　某种有机溶剂的质谱图

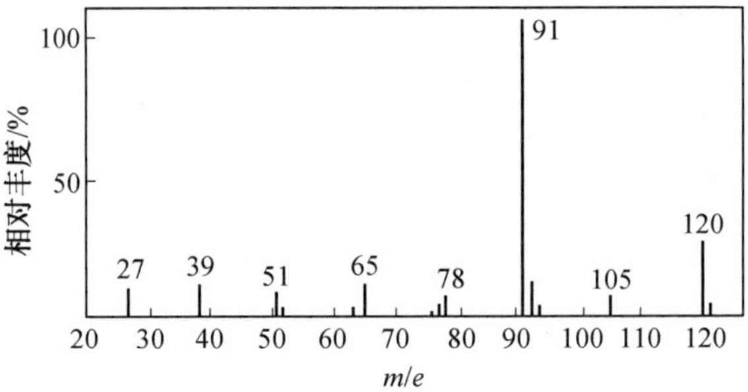

图 9.6　未知化合物质谱图

特殊元素的同位素峰，只能从碎片离子的特征推出结构。先标记 $OE^{\ddagger}$ 和 EE^{+}，其中只有 m/z 92 的碎片峰为 $OE^{\ddagger}$，其他均为 EE^{+} 峰。由 m/z 为 39、51、65、77、91 的偶电子系列峰的特征可知未知化合物中应有苄基离子的结构；在高质量端 m/z 105、91 的峰分别为 M－15和 M－29，化合物中应含有甲基和乙基；OE 碎片峰应为重排峰，则化合物中可能有 γ－H 存在，依照上述各点推测化合物可能为正丙苯。进一步验证各主要碎片峰的开裂方式如下：

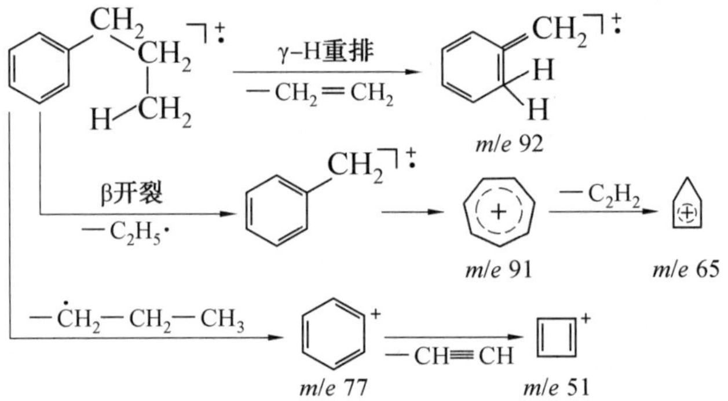

可确定未知化合物为正丙苯。

(5)未知化合物分子式为 $C_4H_{10}O$,其质谱图如图 9.7 所示。推测其分子结构。

由分子式可知 m/z 74 的峰为分子离子峰。计算不饱和度为 0,不含有双键,可能为脂肪族醇或醚类化合物。从碎片离子分析,m/z 59 的峰为 M－15,分子中应含有—CH_3。查文献可知由 m/z 31、45、59 组成的偶电子系列峰可能为 C_nH_{2n+1} 或 $C_nH_{2n-1}O_2$ 的碎片峰,但后者不可产生 m/z 31 的基峰,而且此碎片峰含有双键,与所计算的不饱和度也不符,因此只可能为前者。考虑到应含有—CH_3,可以列出可能的结构式为

①$C_2H_5—O—C_2H_5$。

②$CH_3—O—CH_2—CH_2—CH_3$。

③$HO—CH_2—CH_2—CH_2—CH_3$。

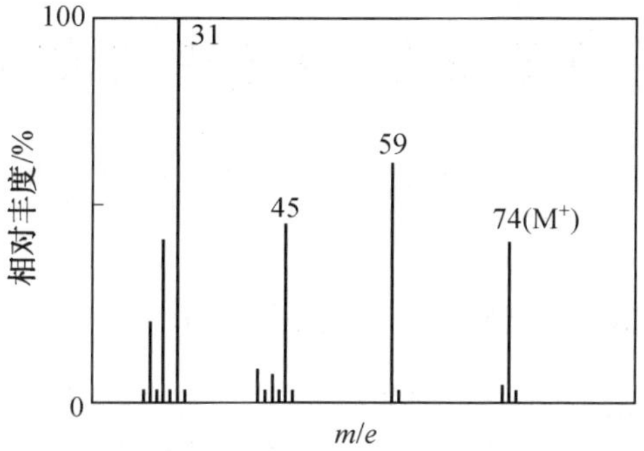

图 9.7　未知化合物的质谱图

如果是化合物③应有 M－18 的峰,图 9.7 中未出现,因此可排除。化合物②M－15 不可能很强,因此,最大可能性为化合物①的结构,进一步验证:

$$C_2H_5—\overset{+\cdot}{O}—C_2H_5 \xrightarrow{-CH_3} \underset{m/z\ 59}{C_2H_5—\overset{+}{O}=CH_2} \xrightarrow[\text{重排}]{-C_2H_4} \underset{m/z\ 31}{H\overset{+}{O}=CH_2}$$

$$C_2H_5—\overset{+\cdot}{O}—C_2H_5 \xrightarrow{-H\cdot} C_2H_5—\overset{+}{O}=CHCH_3 \xrightarrow[\text{重排}]{-C_2H_4} \underset{m/z\ 45}{H\overset{+}{O}=CHCH_3}$$

9.3.2　质谱的应用

质谱已经得到了广泛的应用,它可以为我们提供以下信息:

(1)样品的元素组成。

(2)无机物、有机物及生物的结构。结构不同,分子或原子碎片不同(质荷比不同)。

(3)复杂混合物的定性定量分析—色谱方法联用(GC－MS)。

(4)固体表面结构和组成分析—激光烧蚀等离子体—质谱联用。

(5)样品中原子的同位素比。

质谱法特别是它与色谱仪及计算机联用的方法,已广泛应用在有机化学、生化、药物代谢、临床、毒物学、农药测定、环境保护、石油化学、地球化学、食品化学、植物化学、宇宙化学和国防化学等领域。

用质谱计做多离子检测,可用于定性分析,例如,在药理生物学研究中能以药物及其代谢产物在气相色谱图上的保留时间和相应质量碎片图为基础,确定药物和代谢产物的

存在；也可用于定量分析，用被检化合物的稳定性同位素异构物作为内标，以取得更准确的结果。

在无机化学和核化学方面，许多挥发性低的物质可采用高频火花源的质谱法测定。该电离方式需要一根纯样品电极。如果待测样品呈粉末状，可和镍粉混合压成电极。此法对合金、矿物、原子能和半导体等工艺中高纯物质的分析尤其有价值，有可能检测出含量为亿分之一的杂质。

利用存在寿命较长的放射性同位素的衰变来确定物体存在的时间，在考古学和地理学上非常有意义。例如，某种放射性矿物中有放射性铀及其衰变产物铅的存在，铀238和铀235的衰变速率是已知的，则由质谱测出铀和由于衰变产生的铅的同位素相对丰度，就可估计该铀矿物生成的年代。

9.4 质谱法在材料研究中的应用

质谱法可以用于金属材料、高分子材料、无机非金属材料和复合材料的定性、定量分析。这里简单介绍质谱法在高分子材料和无机非金属材料及金属材料分析中的应用。

9.4.1 质谱法在高分子材料研究中的应用

质谱分析的主要应用之一是未知物的结构鉴定，它能提供未知物的相对分子质量、元素组成及其他有关结构信息。在测定一个未知物结构之前，首先必须检验该物质的纯度，了解其是否含有其他杂质。这可根据样品为固体或液体，选择测熔点或沸点，折光率和旋光度来判别。如不纯，则需通过重结晶、分馏、薄层层析、纸层析、柱层析或制备型的气相与液相色谱等方法加以分离、提纯，然后才能用质谱等方法(GC/MS除外)测定相对分子质量，确定分子式。根据质谱的碎裂机制和其他波谱如红外光谱、核磁共振谱、紫外可见光谱等提供的结构信息推断出分子结构。

1. 合成材料的单体、中间体以及添加剂的分析

利用材料中未反应的单体、中间体以及添加助剂在高真空和加温的质谱电离室中会有部分程度的挥发的性质，可将它们从材料中分离出来，并直接得到不同低相对分子质量化合物的质谱图。

例9.1 为确定某一未知物的结构，测试得到了其质谱图(图9.8)，试确定该化合物的结构。

解析过程如下：

(1)未知物分子的分子离子峰应为 $m/z=100$，从分子离子断下来的最小碎片离子的质量数为15。

(2)由于 M+2 峰很弱，所以化合物中没有 Cl、Br、S 等元素存在。

(3)M、M+1 和 M+2 峰的相对强度无法精确测量，因此，除了估计未知物的分子不含氮或含偶数个氮原子以外，无法按通常的方法确定分子式。

(4)由于质谱图中大部分离子的质量数为奇数，联系相对分子质量为偶数这一事实，估计该未知物分子不含氮原子。如果确是这样，则 m/z 为82和54的2个碎片离子是奇

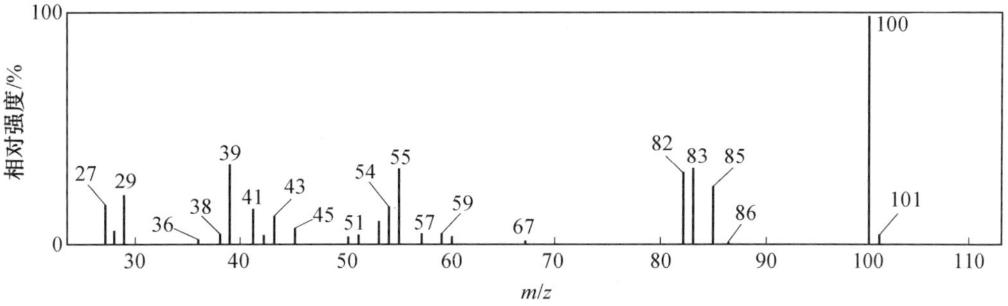

图 9.8　某一未知物的质谱图

电子碎片离子，并且后者只能是 C_3H_2O 或 C_4H_6。

(5)前 5 个从分子离子断下的较大碎片，它们的质量数分别是 15、17、18、45 和 46，如果未知物分子不含氮，则前 3 个碎片为 CH_3、HO 和 HO。质量数 45 的碎片为 17 和 28 组成，几乎可以肯定是 HO+CO，即未知物含有羧基。

(6)低质量的碎片离子有 $m/z=29$、39、41、54 和 55，因为未知物不含氮，故 $m/z=39$ 的碎片离子必定是 $C_3H_3^+$，并且 $m/z=41$ 的碎片离子很可能是 $C_3H_5^+$。

综上所述，未知物分子含有 1 个羧基和 1 个甲基，而分子的其余部分(质量数为 100−45−15=40)只能是 C_2O 或 C_3H_4。显然，后者可能性更大。这样，未知物的分子式可推测为 $C_5H_8O_2$。

(7)该未知物的不饱和度为(2×5+2−8)/2=2，除了 1 个羧基外，还应有 1 个双键。

结合其他的化学知识推测，未知物很可能是 α，β−不饱和酸，它的可能结构为

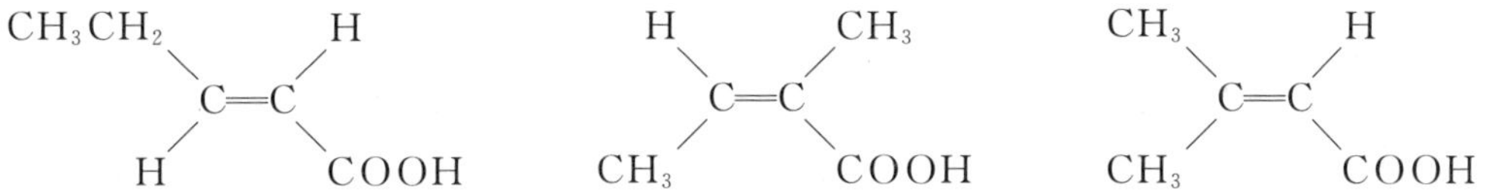

(Ⅰ)　　　　(Ⅱ)　　　　(Ⅲ)

因为质谱中没有$[M-29]^+$峰，因而可以否定(Ⅰ)式，而认为未知物的结构可能是(Ⅱ)式或(Ⅲ)式。实际上只需再做一个核磁共振谱就可确定其具体结构。

例 9.2　图 9.9 为某进口阻燃原料的 EI−MS 的程序升温的总离子流图，从中可获悉有 4 种不同组分。由谱库检索和质谱碎裂机理分析鉴定它们分别是：抗氧剂(2，6−二叔丁基−4−甲基苯酚)、润滑剂(软、硬脂酸)以及阻燃剂(十溴联苯醚)。图 9.10 为十溴联苯醚的分子离子簇峰，其同位素丰度恰好证明其含有 10 个溴原子。

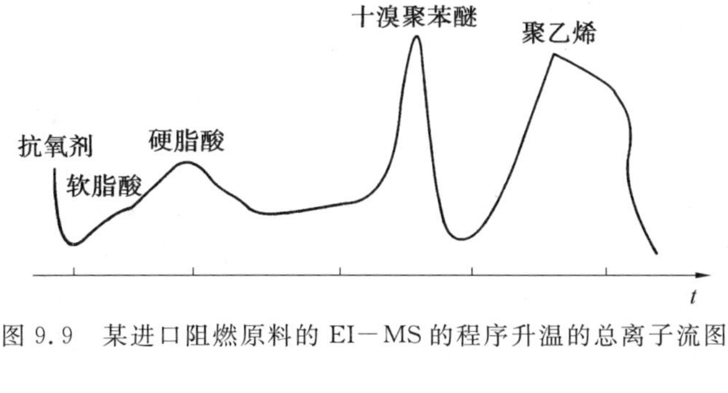

图 9.9　某进口阻燃原料的 EI−MS 的程序升温的总离子流图

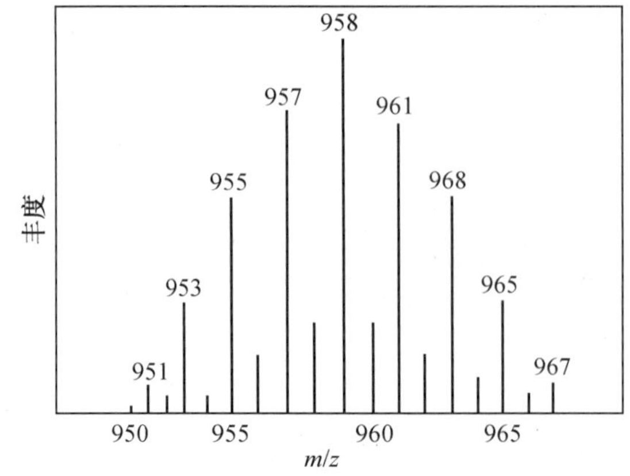

图 9.10　十溴联苯醚分子离子的同位素分布

例 9.3　图 9.11 为高分子材料中邻苯二甲酸二辛酯增塑剂的 FD－MS 质谱图。

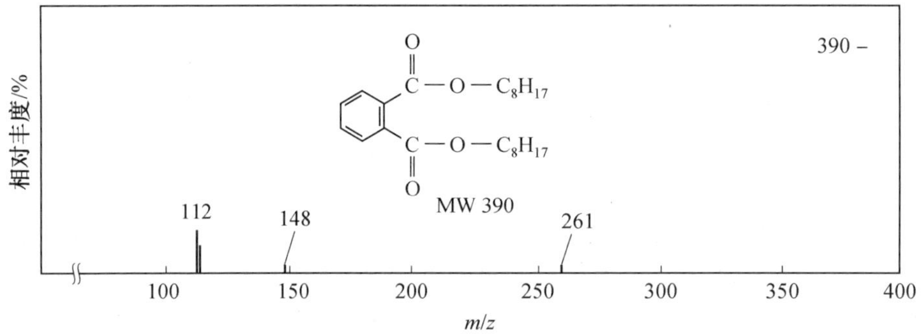

图 9.11　邻苯二甲酸二辛酯的 FD－MS 质谱图

图 9.11 中 $m/z=390$ 为第一强峰，而 $m/z=261$ 与其 148 碎片峰可归结为以下两种离子：

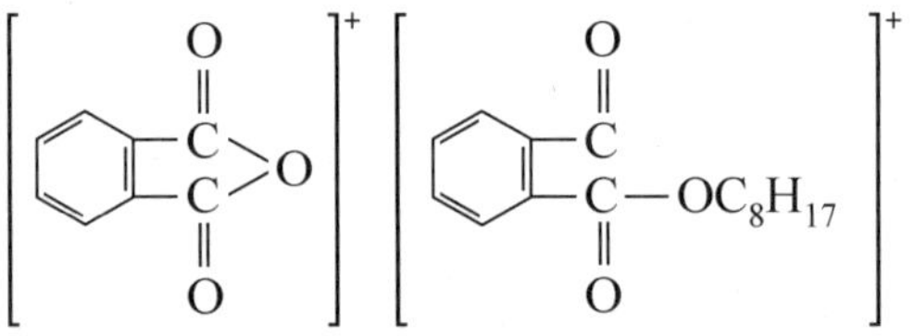

谱图中 $m/z=112$ 可能是 C_8H_{16} 的碎片峰。FD－MS 谱不仅显示出添加剂主体的峰，而且又显示出材料中的杂质。

2. 聚合物结构的表征

近年来，质谱技术应用于高分子材料的分析引起人们广泛的重视。直接 EI 质谱法不仅能鉴定聚合物的结构、人工合成聚合物中微量单体的组成以及低相对分子质量的低聚物，而且也可以作为聚合物初级热解机理研究的有力工具。此外，对于一些难熔、难溶的高分子的结构表征，裂解质谱（DYMS）是提供其结构信息唯一而有效的方法。随着质谱技术的发展，各种解吸技术也用于获得高分子的质谱。例如：场解吸质谱（FD－MS）、场吸附化学电离质谱（DCIMS）以及激光解析质谱（LD－MS）。这些技术可获得高质量数的分子离子或准分子离子碎片，并且谱图简单，特别适用于聚合物和生物大分子的结构分析。而静态二次离子质谱(SSIMS)和 20 世纪 80 年代发展起来的快原子质谱(FABMS)，对高分子的表面分析特别有用。

(1)低聚物的分析。

高分子材料中常含有少量低聚物，低聚物的相对分子质量较低，通常采用FD－MS或EI－MS 方法来分析，同时还可以推测其合成路线。

图 9.12(a)和(b)分别为商品 PET(聚对苯二甲酸乙二酯)中低聚物的 EI－MS 和 FD－MS。通过比较发现在FD－MS谱图上，出现 $m/z=576$ 的峰，而在 EI－MS 谱图上却仅显示 $m/z=532$、445 以及 219 等峰。$m/z=576$ 与 $m/z=532$ 相差 44，相应为(—CH_2CH_2O)基团。说明 FD－MS 谱图上主要的低聚物为聚对苯二甲酸乙二酯的三聚体。

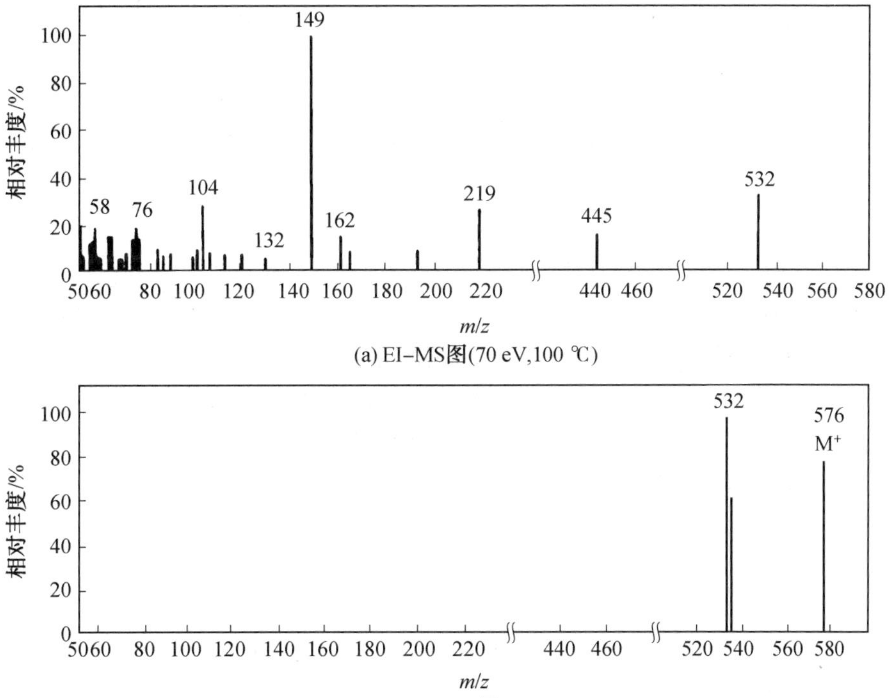

(a) EI-MS图(70 eV,100 ℃)

(b) FD-MS图(12 mA)

图 9.12 聚对苯二甲酸乙二酯中低聚物的 MS 图

(2)聚合物结构的鉴定。

直接 EI－MS 是实验中常见的质谱方法。在聚合物的最终热解产物 EI－MS 图中，热解形成的分子离子峰往往与碎片离子峰混在一起，不易解释，但若采用 70 eV 的 EI 谱与降低能量的 13～18 eV 时的 EI 谱结合起来，对于聚合物的结构分析特别有利。

例 9.4 表 9.3 是聚苯乙烯 600 的 EI－MS 谱中的主要离子峰的数据。

表 9.3　聚苯乙烯 600 的 EI—MS 谱中的主要离子峰的 m/z

系列	m/z
系列 A	162,266,370,474,578,682,786,890,994
系列 B	92,796,300,404,508,612

从表 9.3 的两个主要系列数据中可以看出系列 A 和系列 B 相邻二离子质量相差 104,即为苯乙烯的结构式。重复单元的质量数为 104,而 A 系列与 B 系列每对相关峰之间相差 70 质量单位,表明一个戊烯基的丢失。

系列 A 的各峰可以认为是一个含有 n 个苯乙烯与一个丁烷的加成系列,即$(n\times104)+58$。B 系列的峰的形成是麦式重排的结果,如图 9.13 所示。

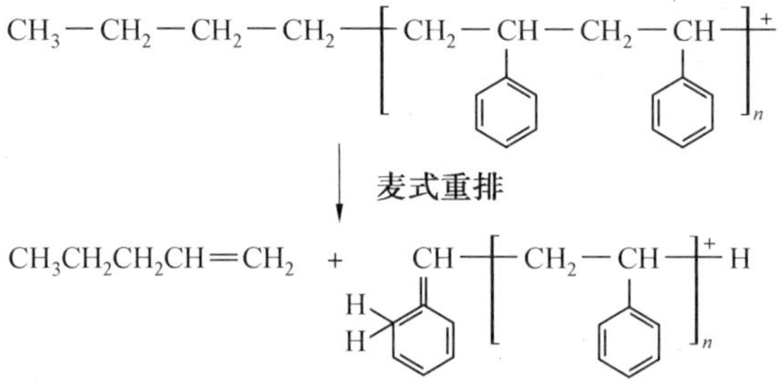

图 9.13　B 系列峰形成机理示意图

例 9.5　某种聚氨酯的热解 EI 质谱如图 9.14 所示。从图中可知:该质谱为亚甲基二苯基二异氰酸酯(MID)和 1,4—丁二醇的质谱之和。基峰 $m/z=250$ 为 MID 的分子离子峰,而 $m/z=221$ 及 206 则是它的碎片峰。丁二醇的分子离子峰未出现,但有典型的碎片峰 $m/z=42$ 或 71。由此可推断,解聚是该聚合物唯一的热解反应。反应结果生成了丁二醇和二异氰酸酯,如下式所示:

$$\sim\sim Y—NH—CO—O—Y\sim\sim \xrightarrow{\triangle} \sim\sim Y—NCO + HO—Y\sim\sim$$

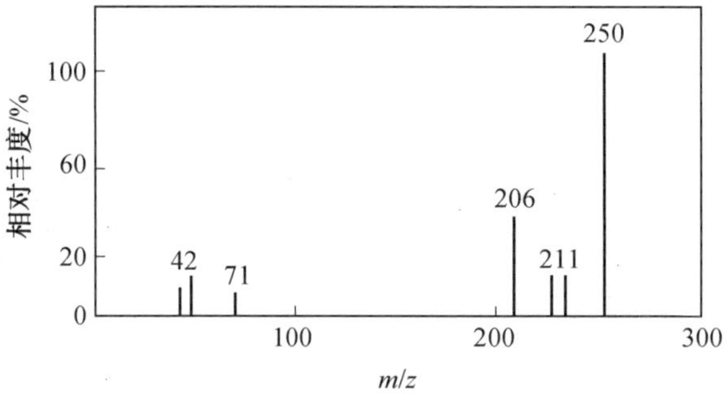

图 9.14　某种聚氨酯的热解 EI 质谱

例 9.6　说明:直接热介质谱可应用于聚合物的初级热解机理的研究,例如可以对许多聚合物,如聚苯乙烯、聚酰胺、聚乙烯、聚氨酯、聚醚等进行直接热解质谱的研究。它一般能准确无误地给出聚合物初级热解产物的信息,从而得到聚合物初级热解反应的机理。研究结果表明:热分解并不是随机进行的,而是有选择性的特征反应。

例 9.7　一般认为，氯乙烯(PVC)和偏氯乙烯(PVDC)的均聚物的裂解有如下规律：

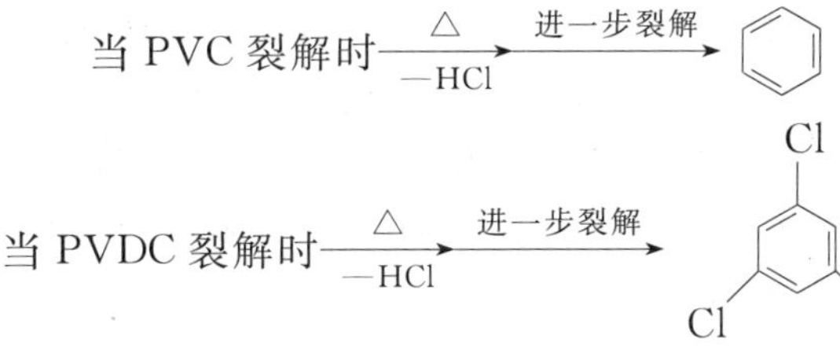

如用 A 表示 PVC 一个单体单元，用 B 表示的 PVDC 一个单体单元，则 VCVDC 共聚物的裂解产物如下：

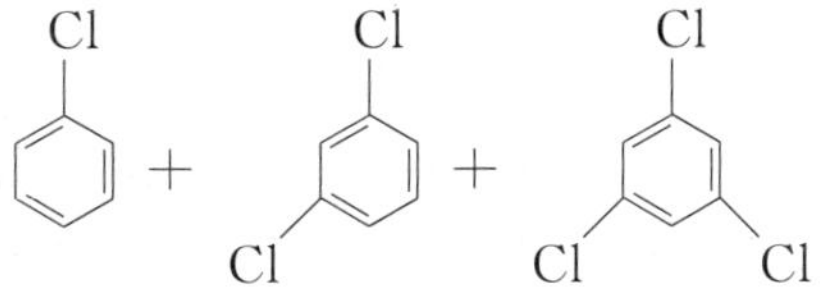

BAA　　BBA　　BBB

图 9.15 为氯乙烯(PVC)与偏氯乙烯(PVDC)共聚物的 PY－GC－MS 谱图。由图 9.15 可直接观察到 BAA、BBA 以及 BBB 共聚离子的碎片峰。

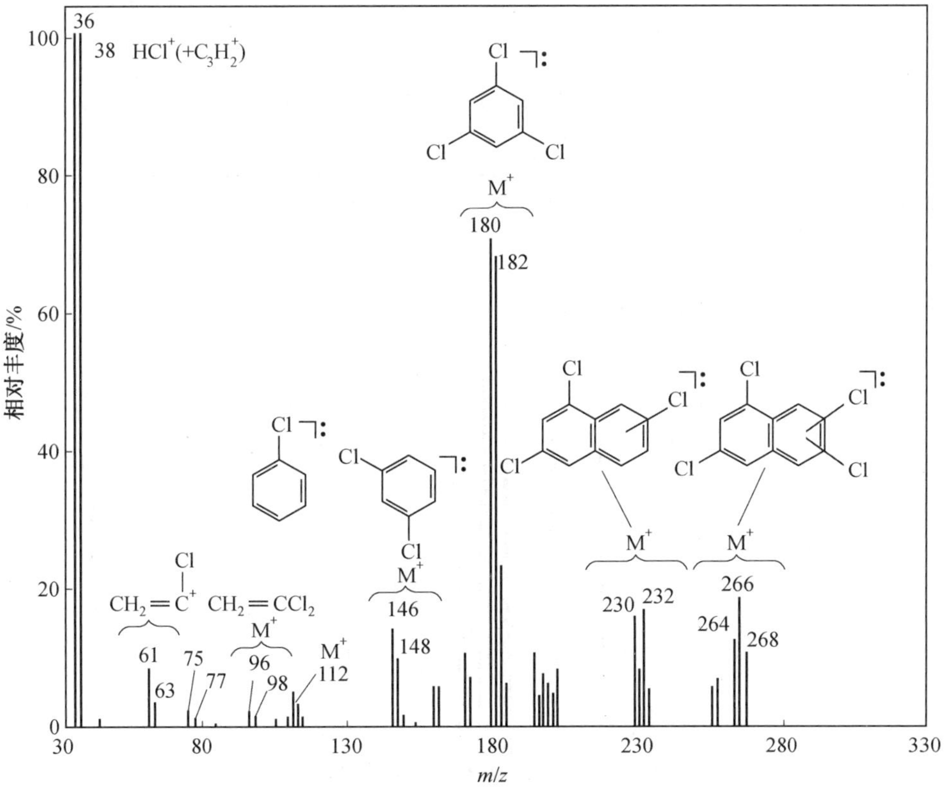

图 9.15　氯乙烯与偏氯乙烯共聚物的 EI－MS 谱图
(用质谱仪的电子冲击源，试样加热到 245 ℃，进入热裂解)

聚合物的热裂解—质谱和裂解—色谱—质谱是研究聚合物结构和性能关系的有效方法之一。大多数交联的热固性树脂和橡胶以及一些耐高温又具有高强度和高模量的高分子材料都难以溶解或熔融，这给结构鉴定带来一定的困难。但运用 PY—MS 或 PY—GC/MS 可以很方便地将试样裂解再进行分析。它不仅给出不同高聚物各自结构特征的热裂解产物，而且还可以揭示不同单体链节的序列排布、确认共聚物的结构、辨别低聚物的相对分子质量和相对分子质量分布情况，区分高分子的异构体以及探讨复杂大分子热分解的机理。

9.4.2 质谱在无机非金属材料研究中的应用

辉光放电质谱(GDMS)和火花源质谱(SSMS)是进行无机高纯固体材料直接和全面分析的主要分析技术。用电子轰击法使样品表面产生二次离子进行表面质谱分析。

例 9.8 固态样品中微量杂质的元素分析。表 9.4 为 Y_2O_3 粉末样品中杂质的测定结果。将 Y_2O_3 粉末样品与辅助导电石墨粉经过 30～40 min 研磨，充分均匀混合，其质量比为 3∶1，可准确测量出 Y_2O_3 粉末中各种稀有元素的质量分布。

表 9.4 Y_2O_3 粉末样品中杂质的测定结果

杂质	La_2O_3	CeO_2	Pr_6O_{11}	Na_2O_3	Sn_2O_3	Eu_2O_3	Gd_2O_3
质量分数/$\times 10^{-6}$	1.28	0.62	0.12	0.92	0.29	0.05	0.68
杂质	Tb_4O_7	Dy_2O_3	Ho_2O_3	Tm_2O_5	Yb_2O_3	Lu_2O_3	
质量分数/$\times 10^{-6}$	0.22	0.41	0.72	0.13	0.32	0.48	

注：上述数据是由火花源质谱(SSMS)测得的。

例 9.9 用电子轰击法使样品表面产生二次离子进行质谱分析，例如用 SIMS 分析铝蒸发膜中杂质的分布，如图 9.16 所示。

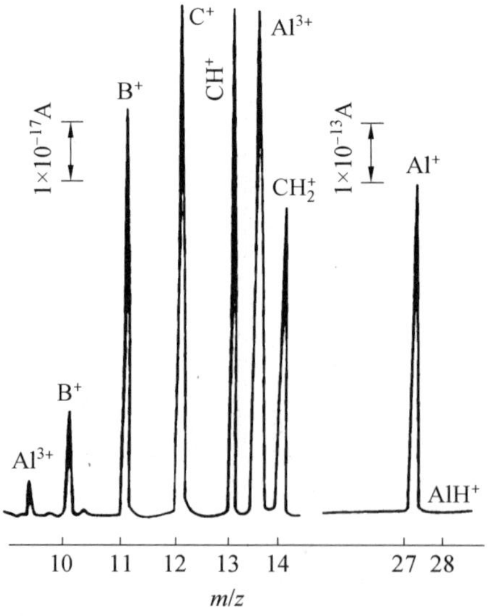

图 9.16 铝蒸发膜的质谱

图 9.17 为硅基表面污染层的 SIMS 的质谱。此外，硅片上氧化铝中铝和硅的纵深分析，砷化镓单晶中扩散铜的纵深分布都可用 SIMS 方法来进行离子图像的立体分析。石英玻璃中元素的深度分布和花岗岩的微区定量分析也可参照此法。

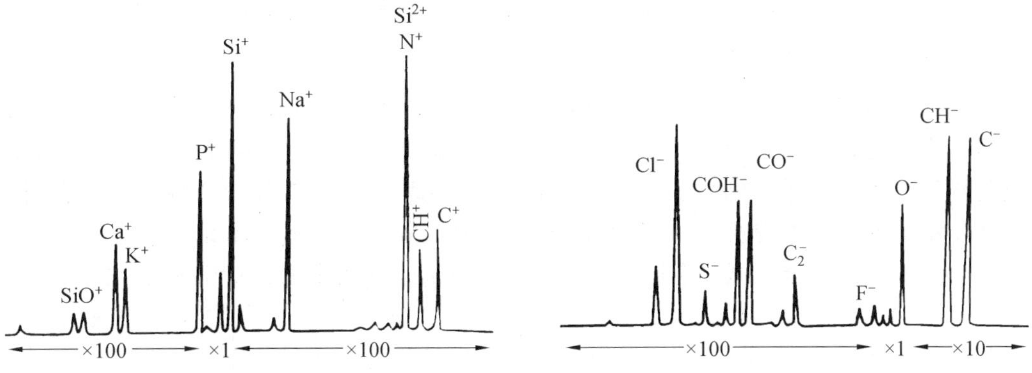

图 9.17　硅基片表面污染层的质谱(真空度 2.66×10^{-9} Pa)

9.4.3　质谱法在金属材料研究中的应用

金属基体由于具有良好的导电性，是辉光质谱(GDMS)分析应用的优势领域之一。GDMS 可分析几乎所有的金属、合金材料，并且在全元素范围内均具有极低的检测限。目前 GDMS 已逐渐成为国际上高纯金属材料、高纯合金材料、稀贵金属、溅射靶材杂质分析的重要方法，例如对高纯 Al、Al 合金、Ti 合金等材料的杂质元素定量分析已被收入美国 ASTM 标准。在多数情况下，GDMS 被用来对金属材料从主量元素到超痕量元素组成的全元素的半定量监控分析。随着近年来半导体和电子工业的迅猛发展，这方面的分析需求也日益增长。GDMS 的金属材料分析应用很多，这里仅列举两个较典型的应用实例加以说明。

1. 辉光放电质谱法分析高纯锑

锑是一种应用十分广泛的半导体材料。随着区熔提纯技术的不断完善，半导体材料锑的提纯已获得空前的成功，这使得相关的材料和器件的研制得以长足发展，但也对高纯材料锑的杂质分析提出了越来越高的要求。要测定高纯度半导体材料中的杂质元素，其分析方法的检出限必须在 1.0×10^{-6} 量级水平。由于 VG9000 型辉光放电质谱仪(CDMS)是以被测样品作为阴极，原子化过程与离子化过程分离，信号不受基底影响，因而可实现样品的非标定量测量。由于采用了低噪声的离子计数器，因而检出限可低于 1.0×10^{-11} 量级，满足了高纯材料的测定要求。

将试样制备成大小尺寸约为 2.5 mm×2.5 mm×20 mm 的棒状样品，先用甲苯超声清洗残留在样品表面上的油污，后经纯水超声清洗，用 50%的硝酸超声腐蚀数分钟，再用纯水反复清洗后，放入甲醇中保存，待分析前取出在红外灯下烘干即可。将样品放入样品夹中，抽真空后，推入离子源腔内，待离子源压力达到 2.0×10^{-5} Pa 后，缓慢旋开氩气针阀，放电电压调至 1.0 kV，放电电流调至 2 mA，在不收集离子信号情况下将样品预溅射约 40 min，一般是通过质量扫描，以样品表面容易引入的污染如 Na 元素的探测量趋于稳定为准，用以消除样品制备和处理过程中表面可能产生的污染。调节放电电压至 1.0 kV，放电电流至 1.5 mA，进行质量校正后，打开离子通道（分析室）阀门，收集待测元素的离子信号，根据 GDMS 定量分析测定原理，即可求出待测杂质元素的浓度。

2. 辉光放电质谱法分析高纯钽

钽制品在电子、化工、航空航天及武器领域均有重要应用。我国是钽生产大国，钽制品产量占世界总产量的三分之一，但大多是低端产品。近年来随着电子工业的不断发展，对高纯钽制品的需求也不断增大。高纯钽的纯度可达 99.99%，其中主要的杂质是伴生元素 Nb 和制备过程中较难除去的高熔点元素 Mo、W 等，其他金属元素的含量大多在 μg/g 至 ng/g 量级甚至更低，因此对高纯钽痕量杂质元素的全面准确分析提出了较高的要求。

辉光放电质谱法（GDMS）具有固体样品直接分析、可分析元素范围广以及检测限低的优点，是分析精度较低的固样分析技术一真空火花源质谱法（SSMS）的最佳替代方法。辉光放电离子源中样品的原子化和离子化分别在靠近样品表面的阴极暗区和靠近阳极的负辉区两个不同的区域内进行，使基体效应大为降低，因此即使在没有标样的情况下，也能给出较准确的多元素分析结果，十分有利于高纯样品的半定量分析。

被测钽锭经机械切割加工成 20 mm×20 mm×3 mm 的片状和 3 mm×3 mm×20 mm的棒状。样品在测定前经 1∶1∶1 的 HNO_3、HF 和水的混合溶液超声侵蚀 10 min，再分别用去离子水和甲醇清洗，烘干后进行测定。所用清洗试剂均为分析纯以上。采用 1 kV、2 mA 的常规分析条件，先对样品进行一定时间的预溅射。选定待分析的元素，在每一元素质量数处以预设的扫描点数和积分时间对谱峰积分，所得面积即为谱峰强度。元素含量 C_x 用下式求出：

$$C_x=\frac{\mathrm{RSF}_{x,\mathrm{Ta}}\times I_x}{I_{\mathrm{Ta}}\times A_x} \tag{9.3}$$

式中，I_x、I_{Ta}分别为待测元素和 Ta 元素的谱峰强度；A_x 为待测元素同位素的丰度；$\mathrm{RSF}_{x,\mathrm{Ta}}$为校正系数，即“典型相对灵敏度因子”。

GDMS 在分析中可以对样品表面进行逐层的溅射剥离，可以通过预溅射过程消除样品表面因玷污带来的杂质干扰。由于高纯钽在制备和加工过程中常常引入较大的表面污染，因此对样品进行适当的预处理可以大大节省预溅射时间。高纯钽有很强的化学稳定性，不溶于盐酸和硝酸，但溶于氢氟酸。实验中对某一高纯钽样品分别选取 HCl 与 10% HF 的混合溶液和 1∶1∶1 的 HNO_3、HF 与水的混合溶液两种溶液进行 10 min 的侵蚀处理。经过 45 min 溅射后，Na、Al 元素的变化曲线示于图 9.18。图 9.18 表明用第一种溶液进行处理不足以有效消除表面 Al 的杂质污染。选取第二种溶液处理 30 min 左右，Al 含量即降至稳定的水平。

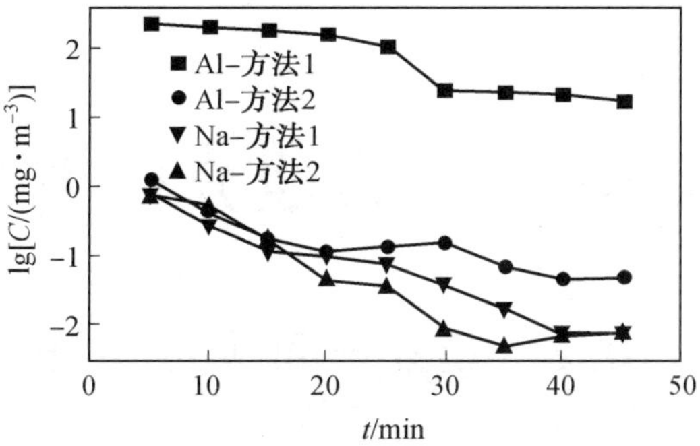

图 9.18　Na、Al 元素含量随溅射过程的变化曲线

思考题与作业

1. 何谓质谱法？有何特点？
2. 质谱法主要有哪些应用？
3. 质谱仪有哪些类型？
4. 简述质谱仪的工作原理。
5. 直接进样质谱与气相色谱一质谱有何不同？
6. 质谱仪为什么要在真空状态下工作？
7. 如何解析质谱？
8. 简述质谱仪的工作原理。
9. 在有机化合物的质谱图中可以找到哪些离子？
10. 简述判断分子离子峰的方法。

第 10 章　其他分析方法

10.1　紫外一可见光谱法

10.1.1　概述

约翰·威廉·里特在 1801 年发现紫外线光，紫外光是波长比可见光短，但比 X 射线长的电磁辐射。紫外光在电磁波谱中波长范围为 10～400 nm。这范围内开始于可见光的短波极限，而与长波 X 射线的波长相重叠。紫外光被划分为 A 射线、B 射线和 C 射线（简称 UVA、UVB 和 UVC），波长范围分别为 315～400 nm、280～315 nm、190～280 nm。

可见光是电磁波谱中人眼可以感知的部分，可见光谱没有精确的范围。一般人的眼睛可以感知的电磁波的波长在 400～700 nm 之间，但还有一些人能够感知到波长在 380～780 nm 之间的电磁波。正常视力的人眼对波长约为 555 nm 的电磁波最为敏感，这种电磁波处于光学频谱的绿光区域。人眼可以看见的光的范围受大气层影响。大气层对于大部分的电磁波辐射来讲都是不透明的，只有可见光波段和其他少数（如无线电通信）波段等例外。

紫外一可见吸收光谱法是通过被测溶液选择性吸收可见光或紫外光而定量测定被测成分的分析方法，这种分子吸收光谱产生于价电子和分子轨道上的电子在电子能级间的跃迁，广泛用于有机和无机物质的定性和定量测定。一般用于微量组分的测定，是材料（尤其是冶金材料）分析测试中广泛采用的分析手段，具有以下特点。

(1)灵敏度高。

该法用于微量组分的测定，其浓度下限为 10^{-5}～10^{-6} mol/L，测定下限可达质量分数 10^{-3}%～10^{-4}%。若将微量组分预先富集，灵敏度可提高 1～2 个数量级。

(2)准确度较高。

该法相对偏差为 5%～10%，若采用精密仪器测量，相对偏差可降至 1%～2%。其准确度虽不及称量分析和滴定分析，但对于微量组分来说，已能满足准确度的要求。

(3)操作简便快速。

该法操作一般包括试料的溶解、被测组分的显色和测量吸光度三部分，特别是使用高灵敏度、高选择性的显色剂和掩蔽剂，可不经分离直接测定。

(4)应用广泛。

该法不仅可测定绝大多数无机离子，也能测定具有共轭双键的有机化合物；不仅能测定微量组分，也能测定较高含量的组分（使用差示分光光度法或光度滴定法）；不仅能进行成分分析，还能进行络合物组成及酸碱离解常数的测定。

分子的紫外－可见吸收光谱法是基于分子内电子跃迁产生的吸收光谱进行分析的一种常用的光谱分析法。分子在紫外－可见光区的吸收与其电子结构紧密相关。紫外光谱的研究对象大多是具有共轭双键结构的分子。紫外－可见光研究对象大多在 200～380 nm的近紫外光区和或 380～780 nm 的可见光区有吸收。紫外－可见吸收测定的灵敏度取决于产生光吸收分子的摩尔吸收系数。该法仪器设备简单，应用十分广泛。如医院的常规化验中，95％的定量分析都用紫外－可见吸收光谱法。

10.1.2　紫外－可见吸收光谱产生机理和朗伯－比尔定律

1. 紫外－可见吸收光谱产生机理

紫外吸收光谱、可见吸收光谱都属于电子光谱，它们都是由于价电子的跃迁而产生的。用一束具有连续波长的紫外－可见光照射材料，其中某些波长的光被材料的分子吸收。若材料的吸光度对波长作图就可以得到该材料的紫外－可见吸收光谱。在紫外－可见吸收光谱中，常用最大吸收位置处波长 λ_{max} 和该波长的摩尔吸收系数 ε_{max} 来表征材料的吸收特征。

1)分子轨道。

在理解电子跃迁之前，首先需要明白分子轨道理论（MO 理论）。分子轨道理论是处理双原子分子及多原子分子结构的一种有效的近似方法。它与价键理论不同，后者着重于用原子轨道的重组杂化成键来理解结构，而前者则注重于分子轨道的认知，即认为分子中的电子围绕整个分子运动。1932 年，美国化学家 R. S. Mulliken 和德国化学家F. Hund 提出了一种新的共价键理论——分子轨道理论，即 MO 法。该理论注意了分子的整体性，因此较好地说明了多原子分子的结构。目前，该理论在现代共价键理论中占有很重要的地位。

原子在形成分子时，所有电子都有贡献，分子中的电子不再从属于某个原子，而是在整个分子空间范围内运动。在分子中电子的空间运动状态可用相应的分子轨道波函数 ψ（称为分了轨道）来描述。

分子轨道和原子轨道的主要区别在于：

(1)在原子中，电子的运动只受一个原子核的作用，原子轨道是单核系统；而在分子中，电子则在所有原子核势场作用下运动，分子轨道是多核系统。

(2)原子轨道的名称用 s、p、d、… 符号表示，而分子轨道的名称则相应地用 σ、π、δ、… 符号表示。

分子轨道可以由分子中原子轨道波函数的线性组合而得到。几个原子轨道可组合成几个分子轨道，其中有一半分子轨道分别由正负符号相同的两个原子轨道叠加而成，两核间电子的概率密度增大，其能量较原来的原子轨道能量低，有利于成键，称为成键分子轨道，如 σ、π 轨道（轴对称轨道）；另一半分子轨道分别由正负符号不同的两个原子轨道叠加而成，两核间电子的概率密度很小，其能量较原来的原子轨道能量高，不利于成键，称为反键分子轨道，如 σ^*、π^* 轨道（镜面对称轨道，反键轨道的符号上常加“ * ”以与成键轨道区别）。

若组合得到的分子轨道的能量跟组合前的原子轨道能量没有明显差别，也就是说化合物分子中存在未参与成键的电子对，是孤对电子也叫非键电子，简称为 n 电子，所得的分子轨道称为非键分子轨道，即 n 轨道。

2)原子轨道线性组合的原则。

(1)对称性匹配原则。

只有对称性匹配的原子轨道才能组合成分子轨道，这称为对称性匹配原则。原子轨道有 s、p、d 等各种类型，从它们的角度分布函数的几何图形可以看出，它们对于某些点、线、面等有着不同的空间对称性。对称性是否匹配，可根据两个原子轨道的角度分布图中波瓣的正、负号对于键轴(设为 x 轴)或对于含键轴的某一平面的对称性决定。

(2)能量近似原则。

在对称性匹配的原子轨道中，只有能量相近的原子轨道才能组合成有效的分子轨道，而且能量越相近越好，这称为能量近似原则。

(3)轨道最大重叠原则。

对称性匹配的两个原子轨道进行线性组合时，其重叠程度越大，则组合成的分子轨道的能量越低，所形成的化学键越牢固，这称为轨道最大重叠原则。

在上述三条原则中，对称性匹配原则是首要的，它决定原子轨道有无组合成分子轨道的可能性。能量近似原则和轨道最大重叠原则是在符合对称性匹配原则的前提下，决定分子轨道组合效率的问题。

(4)电子在分子轨道中的排布也遵守电子在原子轨道中排布的原则，即 Pauli 不相容原理、能量最低原理和 Hund 规则。具体排布时，应先知道分子轨道的能级顺序。目前这个顺序主要借助于分子光谱实验来确定。

(5)在分子轨道理论中，用键级表示键的牢固程度。

键级的定义是：键级=(成键轨道上的电子数－反键轨道上的电子数)/2。键级也可以是分数。一般说来，键级越高，键越稳定；键级为零，则表明原子不可能结合成分子；键级越低(反键数越多)，键长越大。

(6)键能。

在绝对零度下，将处于基态的双分子 AB 拆开成也处于基态的 A 原子和 B 原子时，所需要的能量称为 AB 分子的键离解能，常用符号 D(A－B)来表示。

(7)键角。

键角是键和键的夹角。如果已知分子的键长和键角，则分子的几何构型就确定了。

3)电子跃迁类型。

分子轨道的能量大小关系如图 10.1 所示，$\sigma<\pi<n<\pi^*<\sigma^*$，通常情况下，分子中能产生跃迁的电子都是处于较低的能量状态，如 σ 轨道、π 轨道和 n 轨道。当电子受到紫外－可见光的作用后吸收辐射能量，发生电子跃迁，可以从成键轨道跃迁到反键轨道，或者从非键轨道跃迁到反键轨道。

具体包括以下六种跃迁：$n\rightarrow\pi^*$、$\pi\rightarrow\pi^*$、$n\rightarrow\sigma^*$、$\pi\rightarrow\sigma^*$、$\sigma\rightarrow\pi^*$、$\sigma\rightarrow\sigma^*$。其中 $n\rightarrow\pi^*$、$\pi\rightarrow\pi^*$ 两种跃迁的能量相对较小，相应波长多出现在紫外－可见光区域。而其他四种跃迁能量相对较大，所产生的吸收谱多位于真空紫外区(0～200 nm)。

也就是说不同的电子跃迁类型对应不同的跃迁能量，即吸收谱位置不一样。显然，电子跃迁类型和分子的结构及其基团密切相关。可以根据分子结构来预测可能产生的电子跃迁类型。反过来说，特殊的结构就会有特殊的电子跃迁，对应着不同的能量（波长），反映在紫外一可见吸收光谱图上就有一定位置、一定强度的吸收峰，根据吸收峰的位置和强度就可以推知待测样品的结构信息。

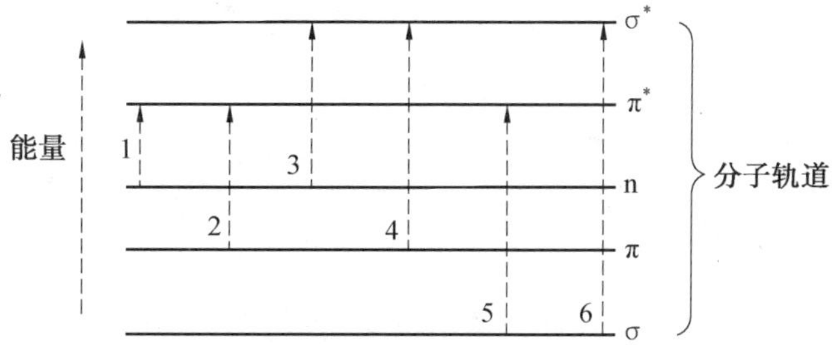

图 10.1　分子轨道与电子跃迁示意图

4)紫外一可见吸收光谱的影响因素。

紫外一可见吸收光谱所对应的电磁波长较短，能量大，它反映了分子中价电子能级跃迁情况。主要应用于共轭体系（共轭烯烃和不饱和羰基化合物）及芳香族化合物的分析。

由于电子能级改变的同时往往伴随振动能级的跃迁，所以电子光谱图比较简单，但峰形较宽。一般来说，利用紫外一可见光吸收光谱进行定性分析信号较少。紫外一可见吸收光谱常用于共轭体系的定量分析，灵敏度高，检出限低。

影响紫外一可见光吸收光谱的因素有共轭效应、超共轭效应、溶剂效应、溶剂 pH 值。各种因素对吸收谱带的影响表现为谱带位移、谱带强度的变化、谱带精细结构的出现或消失等。谱带位移包括蓝移（或紫移）和红移。蓝移（或紫移）指吸收峰向短波长移动，红移指吸收峰向长波长移动。吸收峰强度变化包括增色效应和减色效应。前者指吸收强度增加，后者指吸收强度减小。

2. 朗伯一比尔定律

当一束平行单色光（只有一种波长的光）照射有色溶液时，光的一部分被吸收，一部分透过溶液（图 10.2）。设入射光的强度为 I_0，溶液的浓度为 c，液层的厚度为 b，透射光强度为 I，则

$$\lg \frac{I_0}{I} = Kcb \tag{10.1}$$

式中，$\lg(I_0/I)$表示光线透过溶液时被吸收的程度，一般称为吸光度（A）或消光度（E）。

因此，式（10.1）又可写为

$$A = Kcb \tag{10.2}$$

式（10.2）为朗伯一比尔定律的数学表示式。它表示一束单色光通过溶液时，溶液的吸光度与溶液的浓度和液层厚度的乘积成正比。式中，K 为吸光系数，当溶液浓度 c 和液层厚度 b 的数值均为 1 时，$A=K$，即吸光系数在数值上等于 c 和 b 均为 1 时溶液的吸光度。对于同一物质和一定波长的入射光而言，它是一个常数。

比色法中常把 I/I_0 称为透光度，用 T 表示，透光度和吸光度的关系如下：

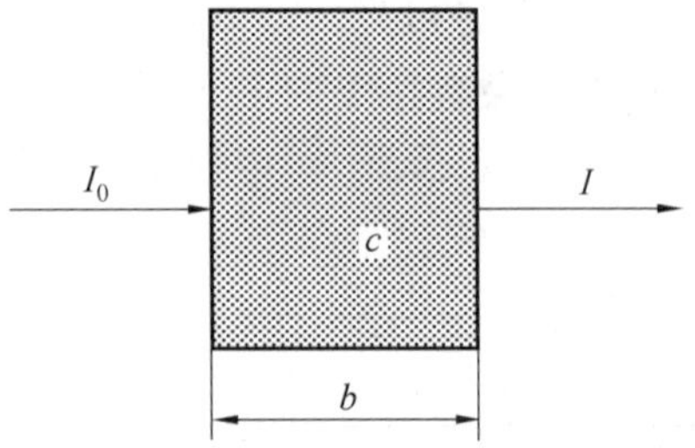

图 10.2　光吸收示意图

$$A=\lg \frac{I_0}{I}=\lg \frac{1}{T}=-\lg T \tag{10.3}$$

当 c 以 mol/L 单位时，吸光系数称为摩尔吸光系数，用 ε 表示，其单位是 L/(mol · cm)。当 c 以质量体积浓度(g/mL)表示时，吸光系数称为百分吸光系数，单位是 mL/(g · cm)。吸光系数越大，表示溶液对入射光越容易吸收，当 c 有微小变化时就可使 A 有较大的改变，故测定的灵敏度较高。一般 ε 值在 10^3 以上即可进行比色分析。

10.1.3　紫外－可见吸收光谱仪工作原理

紫外－可见吸收光谱仪由光源、单色器、吸收池、检测器以及数据处理及记录(计算机)等部分组成，如图 10.3 所示。为得到全波长范围(200～800 nm)的光，使用分立的双光源，其中氘灯的波长为 185～395 nm，钨灯的为 350～800 nm。绝大多数仪器都通过一个动镜实现光源之间的平滑切换，可以平滑地在全光谱范围扫描。光源发出的光通过光孔调制成光束，然后进入单色器，单色器由色散棱镜或衍射光栅组成，光束从单色器的色散元件发出后成为多组分不同波长的单色光，通过光栅的转动分别将不同波长的单色光经狭缝送入样品池，然后进入检测器(检测器通常为光电管或光电倍增管)，最后由电子放大电路放大，从微安表或数字电压表读取吸光度，或驱动记录设备，得到光谱图。

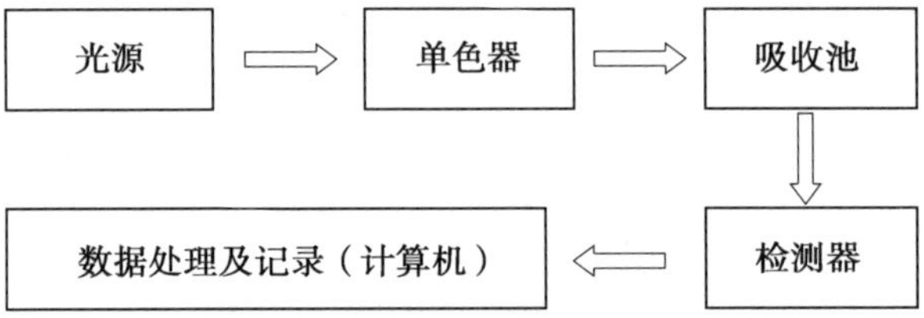

图 10.3　紫外－可见吸收光谱仪的工作原理图

10.1.4　紫外－可见吸收光谱法的应用

物质的紫外吸收光谱基本上是其分子中生色团及助色团的特征，而不是整个分子的特征。

生色团是指分子中含有的能对光辐射产生吸收，具有跃迁的不饱和基团。某些有机化合物分子中存在含有不饱和键的基团，能够在紫外及可见光区域内(200～800 nm)产生吸收，且吸收系数较大，这种吸收具有波长选择性，吸收某种波长(颜色)的光，而不吸收另外波长(颜色)的光，从而使物质显现颜色，所以称为生色团，又称发色团。

分子中本身不吸收辐射，而能使分子中生色基团的吸收峰向长波长移动，并增强其强度的基团有羟基、胺基和卤素等。当吸电子基(如—NO_2)或给电子基(含未成键 P 电子的杂原子基团，如—OH、—NH_2等)连接到分子中的共轭体系时，都能导致共轭体系电子云的流动性增大，分子中 $\pi \to \pi^*$ 跃迁的能级差减小，最大吸收波长移向长波，颜色加深，这些基团被称为助色团，助色团可分为吸电子助色团和给电子助色团。

如果物质组成的变化不影响生色团和助色团，就不会显著地影响其吸收光谱，如甲苯和乙苯具有相同的紫外吸收光谱。另外，外界因素如溶剂的改变也会影响吸收光谱，在极性溶剂中某些化合物吸收光谱的精细结构会消失，成为一个宽带。所以，只根据紫外光谱是不能完全确定物质的分子结构的，还必须与红外吸收光谱、核磁共振波谱、质谱以及其他化学、物理方法共同配合才能得出可靠的结论。

(1)化合物的鉴定。

利用紫外光谱可以推导有机化合物的分子骨架中是否含有共轭结构体系，如 C═C—C═C、C═C—C═O、苯环等。利用紫外光谱鉴定有机化合物远不如利用红外光谱有效，因为很多化合物在紫外没有吸收或者只有微弱的吸收，并且紫外光谱一般比较简单，特征性不强。利用紫外光谱可以用来检验一些具有大的共轭体系或发色官能团的化合物，可以作为其他鉴定方法的补充。

(2)纯度检查。

如果有机化合物在紫外—可见光区没有明显的吸收峰，而杂质在紫外区有较强的吸收，则可利用紫外光谱检验化合物的纯度。

(3)异构体的确定。

对于异构体的确定，可以通过经验规则计算出 λ_{max}，与实测值比较，即可证实化合物是哪种异构体。

(4)位阻作用的测定。

由于位阻作用会影响共轭体系的共平面性质，当组成共轭体系的生色基团近似处于同一平面，两个生色基团具有较大的共振作用时，λ_{max} 不改变，ε_{max} 略为降低，空间位阻作用较小；当两个生色基团具有部分共振作用，两共振体系部分偏离共平面时，λ_{max} 和 ε_{max} 略有降低；当连接两生色基团的单键或双键被扭曲得很厉害，以致两生色基团基本未共轭，或具有极小共振作用或无共振作用，剧烈影响其紫外光谱特征时，情况较为复杂化。在多数情况下，该化合物的紫外光谱特征近似等于它所含孤立生色基团光谱的“加合”。

(5)氢键强度的测定。

溶剂分子与溶质分子缔合生成氢键时，对溶质分子的紫外光谱有较大的影响。对于羰基化合物，根据在极性溶剂和非极性溶剂中 R 带的差别，可以近似测定氢键的强度。

(6)定量分析。

朗伯—比尔定律是紫外—可见吸收光谱法进行定量分析的理论基础。

10.1.5　紫外吸收光谱法在高分子材料分析中的应用

紫外吸收光谱法是高分子光谱分析中较简单的一种方法，它以高分子在紫外区的吸收与其结构的关系为依据。

紫外吸收光谱是由于分子吸收光能后，价电子由基态能级激发到能量更高的激发态而产生的。价电子主要包括三种电子：形成单键的电子、形成重键的电子和未共有的电子或称为非键的电子。对于紫外光谱，重要的两类价电子跃迁都要求分子中含有共价键的不饱和基团，如 C ═C、共轭双键、芳环、C≡C、N ═N、C ═S、NO_2、NO_3、COOH、$CONH_2$、C ═O 等，称为发色团。另有一些基团本身虽然没有生色作用，但与发色团相连时，能通过分配未成键电子来扩展发色团的共轭性，从而增加吸收系数。这类基团称为助色团，它们是具有未成键电子饱和基团，如 OH、OR、NH_2、NR_2、SH、SR、F、Cl 等。

用于紫外吸收光谱的样品，一般要制成溶液。虽然薄膜也可以直接用于测定，但只能用于定性，因为其不均匀性会给定量带来困难。制样的首要问题是溶剂的选择，用不同溶剂所测的吸收光谱往往不同。在选择溶剂时要注意三点：

(1)选择能将高分子充分溶解的溶剂。

(2)选择在测定范围内，没有吸收或吸收很弱的溶剂。

芳香族溶剂不宜在紫外线 300 nm 以下测定，脂肪醛和酮类在 280 nm 附近具有最大吸收。在近紫外区完全透明的有水、烃类、脂肪醇类、乙醚、稀 NaOH、NH_4OH、HCl 溶液等，大半透明的有氯仿和四氯化碳等。在测定样品前应先将选定的溶剂进行测试，检查是否符合要求。用 10 mm 石英吸收池装溶剂，以空吸收池为参比测定。一般对波长 220～240 nm 溶剂的吸收不得超过 0.4；对 241～250 nm，不得超过 0.2；对 250～300 nm，不得超过 0.1；对 300 nm 以上，不得超过 0.05。

(3)溶剂对吸收光谱的影响。

溶剂对紫外吸收光谱的影响是比较复杂的。一般来说，当溶剂从非极性变成极性时，光谱变得平滑，精细结构消失。溶剂极性对光谱的另一影响是改变谱带极大值的位置，使其产生红移或蓝移现象。溶剂的酸碱性也有很大影响。如苯胺在中性溶液中 λ_{max} = 280 nm，在酸性溶液中移至 254 nm。苯酚在中性溶液中 λ_{max} = 270 nm，在碱性溶液中移至 287 nm。这是由于 pH 值的变化使—NH_2或—OH 与苯环的共轭体系发生变化，增加共轭发生红移，反之发生蓝移。

1. 定性分析

由于高分子的紫外吸收峰通常只有 2～3 个，且峰形平缓，因此它的选择性远不如红外光谱。而且紫外光谱主要取决于分子中发色和助色团的特性，而不是整个分子的特征，所以紫外吸收光谱用于定性分析不如红外光谱重要和准确。

因为只有具有重键和芳香共轭体系的高分子才有近紫外活性，所以紫外光谱能测定的高分子种类受到很大局限。某些高分子的紫外特性数据列于表 10.1。

表 10.1　某些高分子的紫外特性

高分子	发色团	最长吸收波长/mn
聚苯乙烯	苯基	270,280(吸收边界)
聚对苯二甲酸乙二醇酯	对苯二甲酸酯基	290(吸收尾部),300
聚甲基丙烯酸甲酯	脂肪族酯基	250～260(吸收边界)
聚醋酸乙烯酯	脂肪族酯基	210(最大值处)
聚乙烯基咔唑	咔唑基	345

图 10.4 是聚苯乙烯和聚乙烯基咔唑的紫外吸收光谱，这是高分子紫外光谱的典型例子。

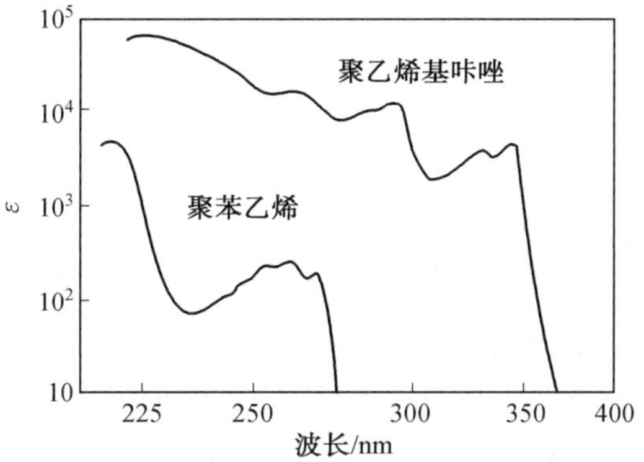

图 10.4　聚苯乙烯和聚乙烯基咔唑的紫外吸收光谱

在做定性分析时，如果没有相应高分子的标准谱图可供对照，也可以根据以下有机化合物中发色团的出峰规律来分析。例如，一个化合物在 220～800 nm 无明显吸收，它可能是脂肪族碳氢化合物、胺、腈、醇、醚、羧酸的二缔体、氯代烃和氟代烃，不含直链或环状的共轭体系，没有醛基、酮基、Br 或 I；如果在 210～250 nm 具有强吸收带（ε＝10 000），可能是含有 2 个不饱和单位的共轭体系；如果类似的强吸收带分别落在 260、300 或 330 nm 左右，则可能相应地具有 3、4 或 5 个不饱和单位的共轭体系；如果在 260～300 nm 间存在中等吸收峰（ε＝200～1 000 nm）并有精细结构，则表示有苯环存在；在 250～300 nm 有弱吸收峰（ε＝20～100 nm），表示羰基的存在，若化合物有颜色，则分子中所含共轭的发色团和助色团的总数将大于 5。某些发色团的紫外吸收特征列于表 10.2。

表 10.2　典型发色团的紫外吸收特征

发色团	λ_{max}/mm	ε_{max}	发色团	λ_{max}/mm	ε_{max}
C＝C	175	14 000	C＝O	185	5 000
	185	8 000		280	15
O＝C	175	10 000	C＝C—C＝C	217	20 000
	195	2 000		184	60 000
	223	150		200	4 400
C＝O	160	18 000		255	204

尽管只有有限的特征官能团才能发色，使紫外谱图过于简单而不利于定性，但利用紫外谱图，很易将具有特征官能团的高分子与不具特征官能团的高分子相区别开来。比如聚二甲基硅氧烷（硅树脂或硅橡胶）就易于与含有苯基的硅树脂或硅橡胶区分。首先用碱溶液破坏这类含硅高分子，配成适当浓度的溶液进行测定，含有苯基的在紫外区有 B 吸收带，不含苯基的则没有吸收。

2. 结构分析

(1)聚乙烯醇的键接方式。

聚乙烯醇的紫外吸收光谱在 λ_{max}=275 nm 有特征峰,ε=9,这与 2,4—戊二醇的吸收光谱相似。所以可以确定键接方式主要是头—尾结构,而不是头—头结构,因为头—尾结构的五碳单元组类似于 2,4—戊二醇。

①头—尾结构:—CH_2—CHOH—CH_2—CHOH—CH_2—。

②头—头结构:—CH_2—CHOH—CHOH—CH_2—CH_2—。

(2)立体异构和结晶。

有规立构的芳香族高分子有时会产生减色效应。所谓减色是指紫外吸收强度降低,由于邻近发色基团间色散相互作用的屏蔽效应。紫外光照射在发色基团而诱导了偶极,这种偶极作为很弱的振动电磁场而邻近发色团所感觉到,它们间的相互作用导致紫外吸收谱带交叠,减少发色团间距离或使发色基团的偶极矩平行排列,而使紫外吸收减弱。这种情况常发生在有规立构等比较有序的结构中。在共聚物分析中也应注意到有类似的效应,比如嵌段共聚物与无规共聚物相比就会因为较为有序而减色。

结晶可能使紫外光谱发生谱带的位移和分裂的变化。

总的来说,紫外光谱在高分子领域的应用主要是定量分析,而定性和结构分析还很有限。

10.2 原子发射光谱法

1. 概述

原子发射光谱法(atomic emission spectrometry,AES)是指利用物质在热激发或电激发下,每种元素的原子或离子发射特征光谱来判断物质的组成,而进行元素的定性与定量分析的方法。原子发射光谱法可对约 70 种元素(金属元素及磷、硅、砷、碳、硼等非金属元素)进行分析。在一般情况下,用于 1%(质量分数)以下含量的组分测定,检出限可达 10^{-6},精密度为±10%左右,线性范围约 2 个数量级。这种方法可有效地用于测量高、中、低含量的元素。

原子发射光谱法是指根据处于激发态的待测元素原子回到基态时发射的特征谱线对待测元素进行分析的方法。在正常状态下,元素处于基态,元素在受到热(火焰)或电(电火花)激发时,由基态跃迁到激发态,返回到基态时,发射出特征光谱(线状光谱)。原子发射光谱法包括三个主要的过程:

(1)由光源提供能量使样品蒸发,形成气态原子,并进一步使气态原子激发而产生光辐射。

(2)将光源发出的复合光经单色器分解成按波长顺序排列的谱线,形成光谱。

(3)用检测器检测光谱中谱线的波长和强度。

由于待测元素原子的能级结构不同,因此发射谱线的特征不同,据此可对样品进行定性分析;由于待测元素原子的浓度不同,因此发射强度不同,可实现元素的定量测定。

2. 原子发射光谱的基本原理

原子发射光谱分析是根据原子所发射的光谱来测定物质的化学组分的。不同物质由不同元素的原子所组成，而原子都包含着一个结构紧密的原子核，核外围绕着不断运动的电子。每个电子处于一定的能级上，具有一定的能量。在正常的情况下，原子处于稳定状态，它的能量是最低的，这种状态称为基态。但当原子受到能量(如热能、电能等)的作用时，原子由于与高速运动的气态粒子和电子相互碰撞而获得了能量，使原子中外层的电子从基态跃迁到更高的能级上，处在这种状态的原子称为激发态。电子从基态跃迁至激发态所需的能量称为激发电位。激发态是不稳定的，平均寿命为 $10^{-10}\sim10^{-8}$ s，容易发射出相应特征频率的光子返回到基态或低(亚)激发态而呈现一系列特征光谱线。随后激发原子就要跃迁回到低能态或基态，同时释放出多余的能量，如果以辐射的形式释放能量，该能量就是释放光子的能量。因为原子核外电子能量是量子化的，因此伴随电子跃迁而释放的光子能量就等于电子发生跃迁的两能级的能量差：

$$\Delta E=\frac{hc}{\lambda} \tag{10.4}$$

式中，h 为普朗克常数；c 为光速；λ 为发射谱线的特征波长。

这些特征光谱线经过光学色散系统分别被会聚在感光板上或被光电器件所接收，根据特征谱线的波长及强度对元素进行定性或定量分析，这便是原子发射光谱法。

由于原子在激发时可能被激发到不同的高能级，又可能以不同形式跃迁到不同的低能级，所以可以发射出不同波长的谱线。电子在两个能级间每秒跃迁发生可能性的大小称为跃迁概率。

$$I=N_iAh\nu \tag{10.5}$$

式中，I 为谱线强度；N_i 为单位体积内处于第 i 个能级的原子数；A 为电子在某两个能级之间的跃迁概率；h 为普朗克常数；ν 为发射谱线的频率。

原子从最低激发态返回到基态所发射的谱线常称为第一共振线，它是众多光谱线中最强的，一般也是元素分析中最灵敏的谱线。通常将它作为元素定性、定量分析的主要分析线。

3. 原子发射光谱仪的组成

原子发射光谱仪主要由激发光源、分光系统和检测器三部分组成，如图 10.5 所示。首先激发光源对样品作用，使得样品元素的原子发生辐射，辐射的特征光经过分光系统之后被检测器接收，随后送入信号处理器及计算机系统。这里分光系统包括各类光路系统、狭缝、色散元件等。

(1)激发光源。

光源具有使试样蒸发、解离、原子化、激发、跃迁产生光辐射的作用。光源对光谱分析的检出限、精密度和准确度都有很大的影响。目前常用的光源有火焰、直流电弧、交流电弧、电火花、激光及电感耦合等离子体(ICP)。火焰是最早的原子发射光谱光源。顾名思义就是通过燃气燃烧产生热量使得样品发生激发。优点是设备简单，操作方便，稳定性好，但是火焰温度一般只有 2 000～3 000 K，不能满足激发电位高的原子。电弧激发光源

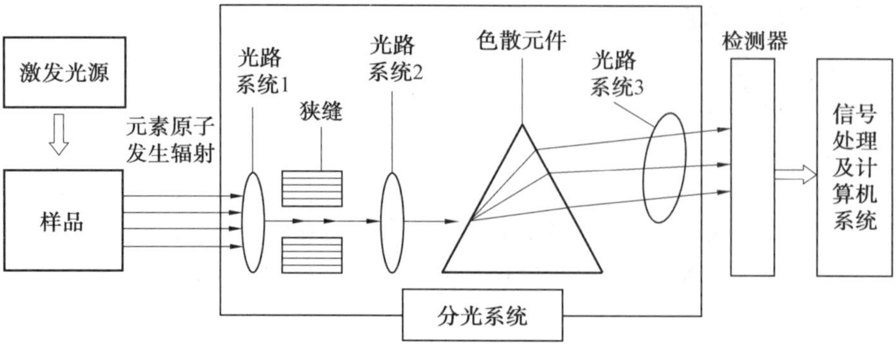

图 10.5　原子发射光谱仪的工作原理图

包括直流和交流电弧光源。原理是当较大的电流通过电极之间时产生强烈的电弧放电，能量高，当样品处于电弧放电区域时，能使样品激发，从而发射线光谱。直流电弧光源温度能够达到 4 000～7 000 K，优点是分析灵敏度高，适合定性分析。但是弧光稳定性差，不适合定量分析。交流电弧具有脉冲性，电流密度比直流电弧大得多，温度高，优点是稳定性好，但灵敏度稍差。电火花是指利用变压器把电压升高后，向电容器充电，当电容器的电压达到一定值之后将空气击穿发生放电。优点是稳定性好，温度高，缺点是灵敏度差。激光光源的单色性好，灵敏度高，焦点温度高。

ICP 光源是指采用等离子体作为加热光源。等离子体又称为电浆，是由部分电子被剥夺后的原子及原子被电离后产生的正负电子组成的离子化气体状物质，被视为是除去固、液、气外，物质存在的第四态。ICP 光源具有温度高，基体效应小，检出限度低，线性范围宽等优点，是比较理想的光源。样品由载气（氩气）引入雾化系统进行雾化后，以气溶胶形式进入等离子体的中心通道，在高温和惰性气氛中被充分蒸发、原子化、电离和激发，使所含元素发射各自的特征谱线。根据各元素特征谱线的存在与否，鉴别样品中是否含有某种元素（定性分析）；由特征谱线的强度测定样品中相应元素的含量（定量分析）。电感耦合等离子体光源的“点燃”，需具备持续稳定的纯氩气流、炬管、感应圈、高频发生器、冷却系统等条件。样品气溶胶被引入等离子体光源后，在 6 000～10 000 K 的高温下，发生去溶剂、蒸发、离解、激发、电离、发射谱线。

（2）分光系统。

分光系统由一些棱镜和光栅组合而成。不同波长的复合光通过棱镜后，光因为波长不同而被分开。光栅是用玻璃或者金属板做成，上面刻有大量宽度和距离都相等的平行线，利用单缝衍射和多缝干涉进行分光。

（3）检测器。

在原子发射光谱法中，常用的检测方法有目视法、摄谱法和光电法。目视法，顾名思义就是用眼看谱线的强度，此方法仅适合可见光波段，目前应用较少。摄谱法是指用感光板来记录光谱，通过对谱线的黑度来进行光谱定量分析的方法。光电法，以电感耦合等离子体原子发射光谱的检测系统为例，它的检测器为光电转换器，它是利用光电效应将不同波长光的辐射能转化成电信号。常见的光电转换器有光电倍增管和固态成像系统两类。固态成像系统是一类以半导体硅片为基材的光敏元件制成的多元阵列集成电路式的焦平面检测器，如电荷耦合器件(CCD)、电荷注入器件(CID)等，具有多谱线同时检测能力，检测速度快，动态线性范围宽，灵敏度高等特点。检测系统应保持性能稳定，具有良好的灵敏度、分辨率和光谱响应范围。

4. 原子发射光谱的应用及特点

1)原子发射光谱的应用。

(1)定性分析。

由于各种元素的原子结构不同，在光源的激发作用下，样品中每种元素都发射自己的特征光谱。根据原子光谱中的元素特征谱线就可以确定试样中是否存在被检元素。通常将元素特征光谱中强度较大的谱线称为元素的灵敏线。只要在试样光谱中检出了某元素的灵敏线，就可以确认试样中存在该元素。反之，若在试样中未检出某元素的灵敏线，就说明试样中不存在被检元素，或者该元素的含量在检测灵敏度以下。光谱定性分析常采用摄谱法，通过比较试样光谱与纯物质光谱或铁光谱来确定元素的存在。样品中所含元素只要达到一定的含量，都可以有谱线摄谱在感光板上。摄谱法操作简便，价格便宜，快速，在几小时内可将含有的数十种元素定性检出。它是目前进行元素定性检出的最好方法。

(2)半定量分析。

摄谱法是目前光谱半定量分析最重要的手段，它可以迅速地给出试样中待测元素的大致含量，常用的方法有谱线黑度比较法和显现法等。

(3)定量分析。

由于发射光谱分析受实验条件波动的影响，因此谱线强度测量误差较大，为了补偿这种因波动而引起的误差，通常采用内标法进行定量分析。内标法是利用分析线和比较线强度比对元素含量的关系来进行光谱定量分析的方法。所选用的比较线称为内标线，提供内标线的元素称为内标元素。

2)原子发射光谱的特点。

(1)操作简单，分析快速。通常无须对试样进行处理(如：化学转化等操作)，而可直接测量。对矿物、岩石等试样，可同时进行几十种金属元素的定性、半定量分析测定。利用光电光谱可在炼钢炉前 1～2 min 内同时测定钢中 20 多种元素。用等离子体发射光谱甚至可在 1 min 内同时测定水中 48 个元素，且灵敏度可达 ng/g 数量级。

(2)灵敏度高。相对灵敏度可达 0.1～10 μg/g，绝对灵敏度可达 10^{-9} g 甚至更小。但对非金属元素、卤素、氧族等元素测定灵敏度稍差。

(3)选择性好。不需经化学分离，只要选择合适条件，可同时测定几十种元素。对于化学性质相近的元素，如 Nb 与 Ta，Zr 与 Hf，特别是稀土元素，一般化学方法只能测定其总量，难以分别测定，而光谱分析却较易进行各元素的单独测定。

(4)试样用量较少。一般只需几毫克至数十毫克。有时可在基本不损坏试样的情况下做全分析。用激光光源可进行直径在 10～300 μm 的微区分析。

(5)微量分析准确度高。通常情况下相对误差仅为 5%～20%，但在质量分数小于 0.1%时，准确度优于化学分析法。含量越低，其优越性越突出，因此非常适用于微量及痕量元素的分析，而广泛应用于核能、国防工业、半导体材料、高纯材料的分析中。

(6)只能确定物质的元素组成与含量,不能给出物质分子及其结构的信息。

5. 电感耦合等离子体光谱在有色金属材料分析中的应用

1)铝基体样品。

使用ICP分析铝合金时,通常采用盐酸一硝酸混合酸分解试样,若单独使用稀硝酸或稀盐酸,试样分解速度慢,且有些元素如铜,盐酸无法分解。铝合金中的硅不溶于酸,因此无法测定硅的含量,通常采用碱溶酸中和分解试样,由于引进了大量可溶盐类,样品在分析前必须高倍稀释,提高了定量下限。碱溶酸中和分解试样要注意样品溶液的溶解固体总浓度不高于10 mg/mL,否则极易造成雾化器中心毛细管堵塞或部分堵塞,可观察到光谱信号逐渐衰减。

刘双庆等人选择有代表性的4×××、5×××系铝合金中的元素及铝合金中微量硼元素作为分析对象,选择适当的实验条件,在ICP光谱仪上进行测试,通过方法对比实验及精密度实验,确立一种快速、准确、变形铝合金成分分析方法。

(1) 5×××系铝合金的处理。称取0.200 0 g试样于烧杯中,加入25 mL盐酸硝酸混合酸(将浓盐酸300 mL与浓硝酸50 mL混合,加入350 mL二次蒸馏水混匀),加热溶解,溶解完全后冷却,移入250 mL容量瓶中(如浑浊则过滤),以水稀释至刻度,混匀,待测。

(2) 4×××系铝合金的处理。称取0.100 0 g试样于银烧杯中,加10 mL氢氧化钠(200 g/L),加热溶解,溶解完全后移入盛有30 mL盐酸硝酸混合酸(将浓盐酸100 mL与浓硝酸300 mL,混合,加入400 mL二次蒸馏水混匀)的烧杯中,继续加热至沸,冷却,移入500 mL容量瓶中,以水稀释至刻度,混匀,待测。

(3)铝合金中微量硼的处理。称取1.000 0 g试样于石英烧杯中,加入30 mL盐酸一硝酸混合酸(将浓盐酸100 mL与浓硝酸300 mL混合,加入400 mL二次蒸馏水混匀)加热溶解,溶解完全后冷却,移入100 mL石英容量瓶中(如浑浊则过滤),以二次蒸馏水稀释至刻度,混匀,待测。

校准曲线的配置:称取相应量的标准样品及高纯铝按样品处理方法溶解,以高纯铝溶液为空白,在待测元素分析线处进行多点线性校准。

2)铜基体样品。

(1)铜合金中元素测定。

孙福民采用电感耦合等离子体发射光谱仪对铜合金中硅、锰、铬、钼、钒、铝、钛的分析方法进行研究,着重做了内标实验、离峰校正实验及其他干扰实验,通过实验找到了一个分析铜合金的准确可靠的方法,本方法灵敏度及准确度高,操作简便快速。

样品的化学处理方法:在ICP光谱分析法中,铜合金的化学处理,由于单酸很难使之全部溶解,经多次实验,只有在硫酸、磷酸、水体积比为2∶1∶7时是最佳酸度和最佳混合酸,此时各元素之间的干扰效应最小,溶液的黏度对提取率的影响都达到最佳效果。所以我们选择此混合酸作为溶样酸。

(2)硫酸铜中元素测定。

刘大海用ICP－AES法测定硫酸铜中的铅、镉、铝等12种微量元素,钇作为内标元素校正大量铜基体的干扰。加标回收率93.5%～105%,相对标准偏差0.41%～3.61%,检出限可满足日常分析的需要。

称取 5 g 样品，精确至 0.000 1 g；用去离子水溶解后转入 100 mL 容量瓶中，加入 2.00 mL钇内标使用液、2 mL 硝酸(1+1)后用去离子水稀释至刻线。样品溶液中钇的浓度 4.00 μg/mL。

大量 Cu 基体的存在，使待测元素的雾化、激发行为与单纯水溶液相比有着较大差异，直接影响到测定结果的准确性，因此必须加以校正。常用的基体校正方法有基体匹配、内标元素校正等。内标法适用范围广泛，可校正基体所引起的各种干扰。由于不同厂家的生产工艺不同，废液中铜的含量相差很大，基体匹配法无法满足需要。为了使本方法既能满足硫酸铜质量检测的需要，同时也适用于含铜废液中多种元素的测定，本节采用内标法对基体干扰进行校正。通过实验，钇是合适的内标元素。

3)银基体样品。

游革新提出了以纳米 TiO_2 作为富集材料填充自制的微柱，同时分离富集高纯银中的多种杂质离子 Cu、Cr、Mn、Ni、Al 的方法，结合电感耦合等离子体一原子发射光谱法(ICP－AES)测定，本节主要考察了影响富集和洗脱的主要因素，确定了纳米 TiO_2 富集、解脱金属离子的最佳实验条件，并应用于标准样品和实际样品高纯银中杂质含量的测定，取得了很好的效果。

样品的制备及预处理：准确称取 1.000 g 高纯银试剂样品于 25 mL 比色管中，加入 5 mL 5 mol/L优级纯硝酸(在红外灯照射下加热以加速反应)，待完全溶解后，在不断振摇下，滴加 3 mol/L 优级纯盐酸，沉淀完全后，再加过量盐酸 3 mL(共约 6 mL 盐酸以保证银离子沉淀完全)。加二次蒸馏水稀释至 25 mL，摇匀，保温沉淀，待沉淀完全后，吸取上层清液 10 mL，用于富集测定。

称取 50 mg 纳米 TiO_2，采用干法装柱填充自制的 PTFE 微柱(30 mm × 3.0 mm)，两端填充少许玻璃棉，旋紧端螺帽，用 3 mol/L 优级纯盐酸过柱，再用二次去离子水淋洗柱子至中性，然后让 10.0 mL 样品在恒流泵控制下以 1 mL/min 的流速通过柱子，最后用 1.0 mL 2 mol/L 优级纯盐酸洗脱，接收滤液和洗脱液，用 ICP－AES 测定其中金属离子的含量。

pH 值对金属离子在纳米 TiO_2 上的吸附有较大影响。据文献报道金属阳离子在氧化物表面的吸附过程都有表面—OH 的参与，当溶液的 pH 值高于金属阳离子的等电点时，二氧化钛表面被－OH 覆盖而带有负电荷，因而可以吸附金属阳离子。我们实验了不同 pH 值条件下 TiO_2 对金属离子的吸附率。pH 在 6～8 范围内时，金属离子可以被定量吸附(吸附率在 94%以上)，实验选择 pH 为 8.0。

陈菲菲研究并建立了纯银样品经硝酸溶解，标准基体匹配，直接用电感耦合等离子体发射光谱测定纯银中铜、铁、铅、锑、铋、钯、硒、碲、锌等杂质。称取 2.000 0 g 试样于 100 mL 烧杯中，加入 10 mL 硝酸(1+1)，盖上表面皿，低温加热使试样溶解完全；打开表面皿使氮氧化物挥发掉，冷却至室温。根据样品中杂质元素的含量，将溶解试样倒入 50 mL 或 100 mL容量瓶中，用水稀释至刻度，与标准系列同时测定。

用平行测定 11 次基体空白溶液的 3 倍标准偏差计算出铜、铁、铅、锑、铋、钯、硒、碲、锌的检出限分别为 0.003 9 μg/mL、0.003 3 μg/mL、0.015 μg/mL、0.015 μg/mL、

0.007 3 μg/mL、0.024 μg/mL、0.008 0 μg/mL、0.004 2 μg/mL、0.003 0 μg/mL。

10.3　原子吸收光谱法

1. 概述

1859 年，G. Kirchhoff 与 R. Bunson 在研究碱金属和碱土金属的火焰光谱时，发现钠蒸气发出的光通过温度较低的钠蒸气时，会引起钠光的吸收，并且根据钠发射线与暗线在光谱中位置相同这一事实，断定太阳连续光谱中的暗线，正是太阳外围大气圈中的钠原子对太阳光谱中的钠辐射吸收的结果。原子吸收光谱作为一种实用的分析方法是从 1955 年开始的。澳大利亚的 A. Walsh 的研究工作“原子吸收光谱在化学分析中的应用”奠定了原子吸收光谱法的基础。到了 20 世纪 60 年代中期，原子吸收光谱开始进入迅速发展的时期。

近年来，使用连续光源和中阶梯光栅，结合使用光导摄像管、二极管阵列多元素分析检测器，设计出了微机控制的原子吸收分光光度计，为解决多元素同时测定开辟了新的前景。原子吸收光谱法根据蒸气相中被测元素的基态原子对其原子共振辐射的吸收强度来测定试样中被测元素的含量。它在地质、冶金、机械、化工、农业、食品、轻工、生物医药、环境保护、材料科学等各个领域有广泛的应用。

2. 原子吸收光谱的基本原理

当有辐射通过自由原子蒸气，且入射辐射的频率等于原子中的电子由基态跃迁到较高能态（一般情况下都是第一激发态）所需要的能量频率时，原子就要从辐射场中吸收能量，产生共振吸收，电子由基态跃迁到激发态，同时伴随着原子吸收光谱的产生，如图10.6所示。

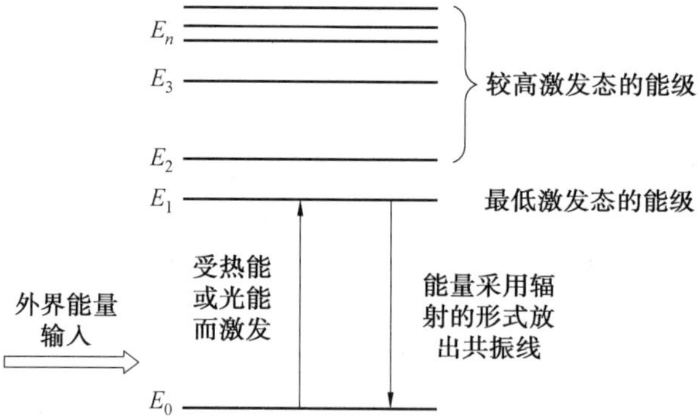

图 10.6　原子能级跃迁示意图

如图 10.7 所示，一束强度为 I_0 的入射光通过原子蒸气后，其透射光的强度为 I_x，设原子蒸气的长度为 b，则入射光和透射光的关系为

$$I_x = I_0 e^{-K_\nu b} \tag{10.6}$$

式中，K_ν 为原子吸收系数。

由于原子能级是量子化的，因此，在所有的情况下，原子对辐射的吸收都是有选择性

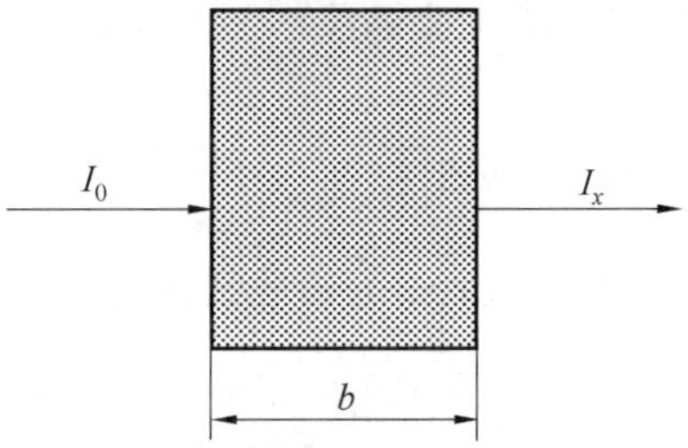

图 10.7　原子吸收示意图

的。由于各元素的原子结构和外层电子的排布不同，元素从基态跃迁至第一激发态时吸收的能量不同，因而各元素的共振吸收线具有不同的特征。能量吸收应满足

$$\Delta E = E_1 - E_0 = h\nu \tag{10.7}$$

原子吸收光谱位于光谱的紫外区和可见区。原子吸收光谱线并不是严格几何意义上的线，而是占据着有限的相当窄的频率或波长范围，即有一定的宽度。原子吸收光谱的轮廓以原子吸收谱线的中心波长和半宽度来表征。中心波长由原子能级决定。半宽度是指在中心波长的地方，极大吸收系数一半处，吸收光谱线轮廓上两点之间的频率差或波长差。半宽度受到很多实验因素的影响。原子吸收光谱的轮廓如图 10.8 所示。

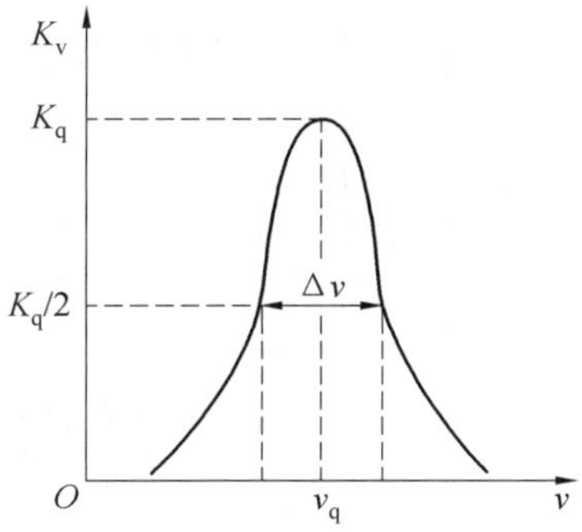

图 10.8　谱线轮廓与半高宽

原子吸收光谱产生于基态原子对特征谱线的吸收。在一定条件下，基态原子数 N_0 正比于吸收曲线下面所包括的整个面积。其定量关系式为

$$\int K_\nu \mathrm{d}\nu = sN_0 \tag{10.8}$$

$$s = \frac{\pi e^2}{mc} f \tag{10.9}$$

式中，e 为电子电荷；m 为电子质量；c 为光速；N_0 为单位体积原子蒸气中吸收辐射的基态原子数，亦即基态原子密度；f 为振子强度，代表每个原子中能够吸收或发射特定频率光的平均电子数，在一定条件下对一定元素，f 可视为一定值；s 为一常数。上式表明积分吸收与单位体积原子蒸气中能够吸收辐射的基态原子数成正比，这是原子吸收光谱分析的理论依据。

只要测得积分吸收值，即可算出待测元素的原子密度。但由于积分吸收测量的困难，通常以测量峰值吸收代替测量积分吸收。

峰值吸收法是直接测量吸收轮廓中心频率所对应的峰值原子吸收系数 K_q 来确认原子浓度

$$K_q=\frac{2w}{\Delta\nu}\int K_\nu \mathrm{d}\nu=\frac{2ws}{\Delta\nu}N_0 \tag{10.10}$$

式中，w 为谱线展宽过程中有关的常数；$\Delta\nu$ 为吸收线半宽度。

根据吸光度的定义

$$A=\lg\left(\frac{I_0}{I_\nu}\right)=\lg \mathrm{e}^{-K_\nu b}=0.434K_\nu b \tag{10.11}$$

在峰值处有 $K_q=K_\nu$，则

$$A=0.434K_q b=0.434\ \frac{2ws}{\Delta\nu}N_0 b \tag{10.12}$$

由此式可知，一旦体系确定，吸光度和 N_0 成正比。而 N_0 为单位体积原子蒸气中吸收辐射的基态原子数，那么由此可以进行定量分析。

3. 原子吸收光谱仪组成

原子吸收光谱仪由光源（如空心阴极灯）、原子化器、分光器（如单色器）、检测系统和信号处理及计算机系统组成，如图 10.9 所示。

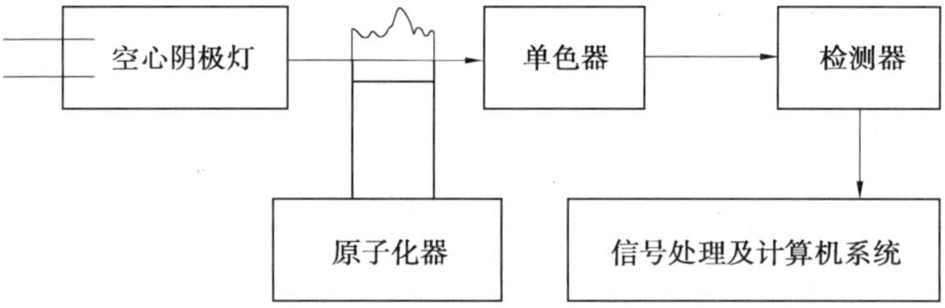

图 10.9　原子吸收光谱仪的工作原理图

(1)光源。

光源的功能是发射被测元素的特征共振辐射。对光源的基本要求是：发射的共振辐射的半宽度要明显小于吸收线的半宽度；辐射强度大，背景低，低于特征共振辐射强度的1%；稳定性好，30 min 之内漂移不超过 1%；噪声小于 0.1%；使用寿命长于 5 A · h。空心阴极灯是能满足上述各项要求的理想的锐线光源，应用最广。

(2)原子化器。

原子化器可分为预混合型火焰原子化器、石墨炉原子化器、石英炉原子化器、阴极溅射原子化器。以火焰原子化器为例，火焰原子化器是原子吸收光谱仪的主要组成部分，是利用火焰使试液中的元素变为原子蒸气的装置。它由喷雾器、雾化室和燃烧器组成。它对原子吸收光谱法测定的灵敏度和精度有重大的影响。图 10.10 所示为预混合型火焰原子化器。

喷雾器能使试液变为细小的雾滴，并使其与气体混合成为气溶胶。要求其有适当的提升量(一般为 4～7 mL/min)，高雾化率(10%～30%)和耐腐蚀，喷出的雾滴小、均匀、稳定。雾化室又称预混合室，它要求有一个充分混合的环境，能使较大的液滴得到沉降，里面的压力变化要平滑、稳定，不产生气体旋转噪声，排水畅通，记忆效应小，耐腐蚀。燃

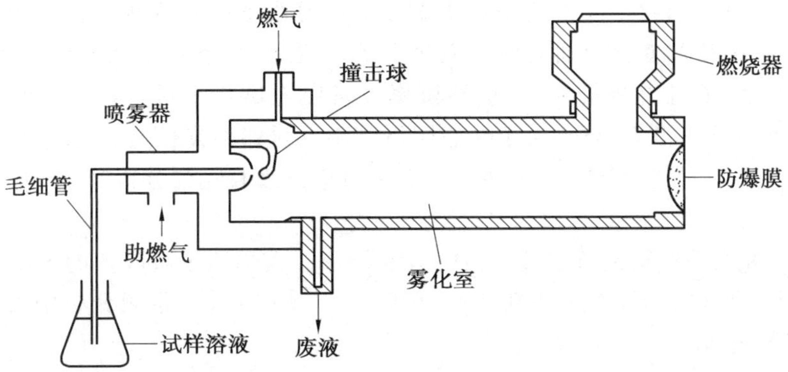

图 10.10　预混合型火焰原子化器示意图

烧器是根据混合气体的燃烧速度设计成的，因此不同的混合气体有不同的燃烧头。它应是稳定的、再现性好的火焰，有防止回火的保护装置，抗腐蚀，受热不变形，在水平和垂直方向能准确、重复地调节位置。一般以钛或钛钢制品为好。该种原子化器的特点是操作简便、重现性好。

石墨炉原子化器是指一类将试样放置在石墨管壁、石墨平台、碳棒盛样小孔或石墨坩埚内用电加热至高温实现原子化的系统。其中管式石墨炉是最常用的原子化器。原子化程序分为干燥、灰化、原子化、高温净化。该种原子化器的特点是原子化效率高，在可调的高温下试样利用率达 100%；灵敏度高，其检测限达 $10^{-14} \sim 10^{-6}$；试样用量少，适合难熔元素的测定。

石英炉原子化系统是指将气态分析物引入石英炉内，在较低温度下实现原子化的一种方法，又称低温原子化法。它主要是与蒸气发生法配合使用(氢化物发生、汞蒸气发生和挥发性化合物发生)。

阴极溅射原子化器是指利用辉光放电产生的正离子轰击阴极表面，从固体表面直接将被测定元素转化为原子蒸气。

(3)分光器(单色器)。

分光器(单色器)由凹面反射镜、狭缝或色散元件组成，色散元件为棱镜或衍射光栅，其作用是将所需要的共振吸收线分离出来。分光器的关键部件是色散元件，现在商品仪器都是使用光栅。原子吸收光谱仪对分光器的分辨率要求不高，曾以能分辨开镍三线(Ni 230.003、Ni 231.603、Ni 231.096 nm)为标准，后采用 Mn 279.5 nm 和 Mn 279.8 nm 代替 Ni 三线来检定分辨率。光栅放置在原子化器之后，以阻止来自原子化器内的所有不需要的辐射进入检测器。

(4)检测系统。

检测系统由检测器(光电倍增管)、放大器、对数转换器和计算机组成。信号通过光电倍增管检测到之后进行放大、信号转换，最后经过计算机系统处理输出。

4. 原子吸收光谱的特点

(1)选择性强。

这是因为原子吸收带宽很窄。因此，测定比较快速简便，并有条件实现自动化操作。

在发射光谱分析中，当共存元素的辐射线或分子辐射线不能和待测元素的辐射线相分离时，会引起表观强度的变化。而对原子吸收光谱分析来说，谱线干扰的概率小，由于谱线仅发生在主线系，而且谱线很窄，线重叠概率较发射光谱要小得多，所以光谱干扰较小。即便是和邻近线分离得不完全，由于空心阴极灯不发射那种波长的辐射线，所以辐射线干扰少，容易克服。在大多数情况下，共存元素不对原子吸收光谱分析产生干扰。

(2)灵敏度高。

原子吸收光谱分析法是目前最灵敏的方法之一。火焰原子吸收法的灵敏度是 10^{-9}～10^{-6}级，石墨炉原子吸收法绝对灵敏度可达到 10^{-14}～10^{-10} g。常规分析中大多数元素均能达到 10^{-6}数量级。

(3)分析范围广。

在原子吸收光谱分析中，只要使化合物离解成原子就行了，不必激发，所以测定的是大部分原子。目前应用原子吸收光谱法可测定的元素达 73 种。就含量而言，既可测定低含量元素和主量元素，又可测定微量、痕量甚至超痕量元素；就元素的性质而言，既可测定金属元素、类金属元素，又可间接测定某些非金属元素，也可间接测定有机物；就样品的状态而言，既可测定液态样品，也可测定气态样品，甚至可以直接测定某些固态样品，这是其他分析技术所不能及的。

(4)抗干扰能力强。

第三组分的存在，等离子体温度的变动，对原子发射谱线强度影响比较严重。而原子吸收谱线的强度受温度影响相对来说要小得多。和发射光谱法不同，不是测定相对于背景的信号强度，所以背景影响小。在原子吸收光谱分析中，待测元素只需从它的化合物中离解出来，而不必激发，故化学干扰也比发射光谱法少得多。

(5)精密度高。

火焰原子吸收法的精密度较好。在日常的一般低含量测定中，精密度为 1%～3%。如果仪器性能好，采用高精度测量方法，精密度小于 1%。无火焰原子吸收法较火焰法的精密度低，目前一般可控制在 15%之内。若采用自动进样技术，则可改善测定的精密度。

5. 原子吸收光谱在有色金属材料分析中的应用

1)火焰原子吸收光谱法测定铜镍合金中镁。

(1)方法提要。

试样用硝酸和氢氟酸溶解。在硝酸介质中，使用空气－乙炔火焰，于原子吸收分光光度计波长 285.2 nm 处测量镁的吸光度。加入硝酸锶可消除硅、铝的干扰，铜、镍、铅、锌等共存元素均不干扰测定。本方法适用于镁质量分数在 0.015%～0.060%范围的试样分析。

(2)试剂。

①氢氟酸(ρ 为 1.13 g/mL)。

②硝酸(1＋1)。

③硼酸溶液(3%)。

④硝酸锶溶液(1%)。

⑤镁标准储存溶液(100 μg/mL)。

⑥镁标准溶液：移取 10.00 mL 镁标准储存溶液，置于 100 mL 容量瓶中，用水稀释至刻度，混匀。此溶液 1 mL 含 10 μg 镁。

(3)仪器。

原子吸收分光光度计，附镁空心阴极灯。

在仪器最佳工作条件下，凡能达到下列指标者均可使用。

①最低灵敏度：工作曲线 5 个等差浓度标准溶液中最高浓度标准溶液的吸光度应不低于 0.40。

②工作曲线线性：5 个等差浓度标准溶液中最高与次高浓度标准溶液吸光度的差值应不低于最低浓度标准溶液与零浓度溶液吸光度差值的 0.90 倍。

③最低稳定性：工作曲线中最高浓度标准溶液与最低浓度溶液各进行 11 次测量，测定值的标准偏差应分别不大于 1.50%和 0.50%。

(4)分析步骤。

①称取 0.800 0 g 试样于 250 mL 塑料杯中，加入 10 mL 硝酸，2 滴氢氟酸，置于沸水浴中加热至试样完全溶解。加入 10 mL 硼酸溶液，混匀，冷却。移入 100 mL 容量瓶中，用水稀释至刻度，混匀。必要时同步做空白实验。

②移取 10.00 mL 溶液于 100 mL 容量瓶中，加入 5 mL 硝酸、10 mL 硝酸锶溶液，用水稀释至刻度、混匀。

③标准溶液系列的配制。移取 0.00 mL、1.00 mL、2.00 mL、3.00 mL、4.00 mL、5.00 mL镁标准溶液，分别置于一组 100 mL 容量瓶中，加入 5 mL 硝酸、10 mL 硝酸锶溶液，用水稀释至刻度，混匀。

④测定。使用空气－乙炔火焰，于原子吸收分光光度计波长 285.2 nm 处，以水调零，测量试样溶液和标准系列溶液的吸光度，所测吸光度减去试剂空白的吸光度。以标准系列溶液中镁浓度为横坐标，吸光度为纵坐标，绘制工作曲线，从工作曲线上求得试样溶液中镁的浓度。

(5)分析结果的计算。按下式计算镁的百分含量：

$$\mathrm{Mg}(\%)=\frac{CV_0V_2\times10^{-4}}{mV_1} \tag{10.13}$$

式中，C 为自工作曲线上查得的试样溶液的镁浓度，μg/mL；V_0 为试样溶液的总体积，mL；V_1 为分取试样溶液的体积，mL；V_2 为分取试样溶液稀释的体积，mL；m 为试样量，g。

2)火焰原子吸收光谱法测定铜镍合金中铅。

(1)方法提要。

试样用硝酸溶解，硫酸锶共沉淀铅与基体元素铜、镍等分离。在硝酸介质中，使用空气－乙炔火焰于原子吸收分光光度计波长 283.3 nm 处测量铅的吸光度。

(2)试剂。

①硝酸(1＋1)。

②氟硼硝酸：将 300 mL 硼酸溶液(4%)、30 mL 氢氟酸(2＋3)、500 mL 硝酸(ρ 为 1.42 g/mL)与 150 mL 水混合。

③硫酸(1+1)。

④硫酸(1+100)。

⑤硝酸锶溶液(30 g/L)。

⑥铅标准储存溶液(1 000 μg/mL)。

⑦铅标准溶液:移取 50.00 mL 铅标准储存溶液置于 500 mL 容量瓶中,加入 10 mL 硝酸,用水稀释至刻度,混匀。此溶液 1 mL 含 100 pg 铅。

(3)仪器。

原子吸收分光光度计,附铅空心阴极灯。在仪器最佳工作条件下,凡能达到下列指标者均可使用。

①最低灵敏度:工作曲线 5 个等差浓度标准溶液中最高浓度标准溶液的吸光度应不低于 0.25。

②工作曲线线性:5 个等差浓度标准溶液中最高与次高浓度标准溶液吸光度的差值应不低于最低浓度标准溶液与零浓度溶液吸光度差值的 0.90 倍。

③最低稳定性:工作曲线中最高浓度标准溶液与最低浓度溶液各进行 11 次测量,测定值的标准偏差应分别不大于 1.50%和 0.50%。

(4)分析操作。

①(根据试样中铅的含量称取试样)置于 400 mL 烧杯中,按试样量缓缓加入 6~20 mL硝酸(若试样中含有碳化物,则加入 6~20 mL 氟硼硝酸),加热溶解,煮沸除去氮的氧化物,用水稀释至 100 mL 左右。加入 8 mL 硫酸(1+1),在搅拌下缓缓加入 8 mL 硝酸锶溶液,搅拌 1~2 min,静置 1 h。用紧密滤纸过滤,烧杯及沉淀用硫酸(1+100)洗涤 2~3 次,再用水洗涤 2~3 次,弃去滤洗液。将滤纸摊开,用水将沉淀洗入原烧杯中,用 15 mL硝酸(1+1)分次冲洗滤纸,洗液并入原烧杯中。将溶液加热煮沸,搅拌使沉淀溶解,冷却。移入 50 mL 容量瓶中,用水稀释至刻度,混匀。

②工作曲线的绘制。移取 0.00 mL、3.00 mL、6.00 mL、9.00 mL、12.00 mL、15.00 mL铅标准溶液分别置于一组 100 mL 容量瓶中,加入 30 mL 硝酸、16mL 硝酸锶溶液,用水稀释至刻度,混匀。

③测定。使用空气一乙炔火焰,于原子吸收分光光度计波长 283.3 nm 处,以水调零,测量试样溶液和标准系列溶液的吸光度,所测吸光度减去试剂空白的吸光度。以标准系列溶液中铅浓度为横坐标,吸光度为纵坐标,绘制工作曲线,从工作曲线上求得试样溶液中铅的浓度。

(5)分析结果计算。按下式计算铅的百分含量:

$$\mathrm{Pb}(\%)=\frac{cV\times10^3}{M} \tag{10.14}$$

式中,c 为自工作曲线上查得试样溶液的铅浓度,μg/mL;V 为试样溶液的体积,mL;M 为试样质量,g。

10.4 原子荧光光谱法

基于被光致激发的原子的再发射现象,即自由原子吸收特定波长的光量子后被激发至高能态,受激原子以辐射方式去活化,再发射波长与激发光波长相同或不同的辐射,这种辐射被称为荧光光谱。原子荧光的波长在紫外、可见光区。若原子荧光的波长与吸收线波长相同,称为共振荧光;若不同,则称为非共振荧光。原子荧光是光致发光,也是二次发光。当激发光源停止照射之后,再发射过程立即停止。原子荧光光谱法是测量待测元素的原子蒸气在一定波长的辐射能激发下发射的荧光强度进行定量分析的方法。荧光光谱简单,谱线强度弱,背景辐射很低,以强度很高的激光作为激发光源,可以获得很低的检出限。

1. 原子荧光光谱分析原理

气态自由原子吸收光源的特征辐射后跃迁到较高能级,受激原子返回基态或较低能级时发射出原子荧光。每种元素的荧光光谱都依赖于其原子的结构和能量状态,即每种元素都具有其特征的荧光光谱,根据特征荧光光谱强度与分析元素间的关系,可测定分析试样中该元素的含量。

原子荧光可分为三类:共振原子荧光、非共振原子荧光与敏化原子荧光。共振原子荧光最强,在分析中应用最广。大多数元素所观察到的最强荧光就是共振荧光。

设一束均匀的平行光束以强度 I_0 投射到原子蒸气上,原子蒸气中分析元素浓度为 n,忽略自吸收,则对于指定频率 ν_0 的共振原子荧光,产生的共振荧光强度为 $I_{f\nu}$:

$$I_{f\nu} = \varphi I_{0\nu} \tag{10.15}$$

式中,φ 为荧光量子效率,表示发射荧光光量子数与吸收激发光量子数之比;$I_{0\nu}$ 为激发光强度。根据原子吸收理论,当原子蒸气中分析元素浓度较低且实验条件一定时,原子荧光强度与试样溶液中分析元素的浓度 C 有正比例关系,即

$$I = KC \tag{10.16}$$

此式为原子荧光光谱测量的基本公式。

2. 原子荧光光谱仪

原子荧光光谱仪分为色散型和非色散型两类。两类仪器的结构基本相似,差别在于非色散仪器不用单色器。色散型仪器(图 10.11)由激发光源、原子化器、单色器、检测器、显示和记录装置组成。

(1)激发光源。

激发光源用来激发样品使其产生原子荧光,可用连续光源或锐线光源。常用的连续光源是氙弧灯,常用的锐线光源是高强度空心阴极灯、无极放电灯、激光等。连续光源稳定,操作简便,寿命长,能用于多元素同时分析,但检出限较差。锐线光源辐射强度高,稳定,可得到更好的检出限。

(2)原子化器。

原子化器用来提供被分析元素自由原子蒸气,使分析元素高度原子化。原子荧光光谱仪对原子化器的要求与原子吸收光谱仪基本相同。

(3)单色器。

单色器的作用是充分利用激发光源的能量和选择所需要的荧光谱线,减少和除去杂散光,排除其他光谱线的干扰。单色器系统对分辨能力要求不高,但要求有较大的集光本

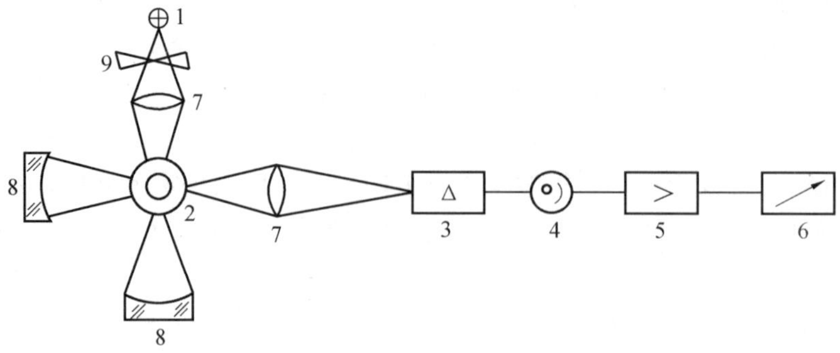

图 10.11　原子荧光光谱仪装置示意图

1—激发光源；2—原子化器；3—单色器；4—检测器；5—放大器；6—读出系统；7—聚光透镜；8—凹面反射镜；9—机械调制器

领，常用的色散元件是光栅。一般仪器中具有两个单色器：一是激发单色器，用于选择激发光波长；二是发射单色器，用于选择发射到检测器上的荧光波长。

(4)检测器。

检测器的作用是检测荧光信号，并将其转变为电信号，常用的是光电倍增管。由检测器出来的电信号经过放大器放大后，由记录显示系统记录下来，或送入计算机进行数据处理，并可显示和打印结果。

原子荧光分析所使用的仪器和原子吸收仪器基本相近，但由于荧光辐射在各个方向几乎相同，可以从原子化器的任意角度检测荧光信号。为了避免激发光源的辐射对检测原子荧光信号的影响，多数原子荧光仪器中，激发光源照射和荧光信号检测系统不是排布在一条直线上，而是互成直角。

3. 原子荧光分析方法及应用

原子荧光定量分析可采用标准曲线法。原子荧光辐射对激发光波长的选择性很强，通常是单个元素进行分析。荧光辐射的强度除正比于自由原子的浓度外，还随着激发光强度的增大而增强。原子荧光分析的灵敏度随激发光强度增加而增加。但是，当激发光源强度达到一定值之后，共振荧光的低能级与高能级之间的跃迁原子数达到动态平均，出现饱和效应，原子荧光强度不再随激发光源强度增大而增大。同时随着原子浓度的增加，荧光再吸收作用加强，荧光强度减弱，校正曲线弯曲，破坏原子荧光强度与被测元素含量之间的线性关系。

原子荧光分析技术与原子吸收、原子发射光谱分析技术互相补充，扩展了原子光谱分析技术的应用领域，对于许多元素能检测到 10^{-9} 量级，采用现代先进的仪器装置，利用激光荧光和激光电离技术，可以检测出单个原子。原子荧光光谱分析法具有很高的灵敏度，校正曲线的线性范围宽，能进行多元素同时测定，主要用于金属元素的测定，在环境科学、高纯物质、矿物、水质监控、生物制品和医学分析等方面有广泛的应用。

10.5　电化学分析法

电化学分析法是以测量某一化学体系的电响应为基础建立起来的一类分析方法。它把测定的对象构成一个化学电池的组成部分，通过测量电池的某些物理量，如电位、电流、电导或电量等，求得物质的含量或测定某些电化学性质。本章简要介绍电化学分析法的电位分析法、电解和库仑分析法。

1. 电位分析法

电位分析分为电位法和电位滴定法两种。

电位法是根据测量到的某一电极的电极电位，从能斯特公式的关系直接求得待测离子的浓(活)度。电位滴定法则是根据滴定过程中某电极电位的变化来确定滴定终点，从所消耗的滴定剂的体积及其浓度来计算待测物质的含量。

(1)膜电位的产生。

若在两相界面上含有带电粒子，例如离子、电子和双极分子等，它们在两相中的分布不均匀，就出现正负电荷的分离，那么界面上就有电位差产生。这一电位差称为膜电位，下面介绍扩散电位和道南(Donnan)电位两种模型。

①扩散电位。

如图 10.12 所示，有两个互相接触但其浓度(c)不同的盐酸溶液(也可以是两种同质量分数的不同的溶液)，若 c_2 大于 c_1，则盐酸由 2 向 1 扩散，由于 H^+ 的迁移速度较 Cl^- 快，因此两溶液界面上的电荷分布不均匀，溶液 1 带正电荷多而溶液 2 则带负电荷多，存在电位梯度，产生电位差。带正电荷的溶液 1 对 H^+ 有静电排斥力，而使之扩散减慢，最后达到平衡，使两溶液界面有稳定的界面电位。这一电位就是液接电位。由于它不只局限于出现在两个液体界面，也可以出现在固体界面间，所以这类电位通称扩散电位。很明显，当正负离子的迁移数相等时，扩散电位等于零。

这类扩散属于自由扩散，正、负两种离子都可以扩散通过界面，没有强制性和选择性。

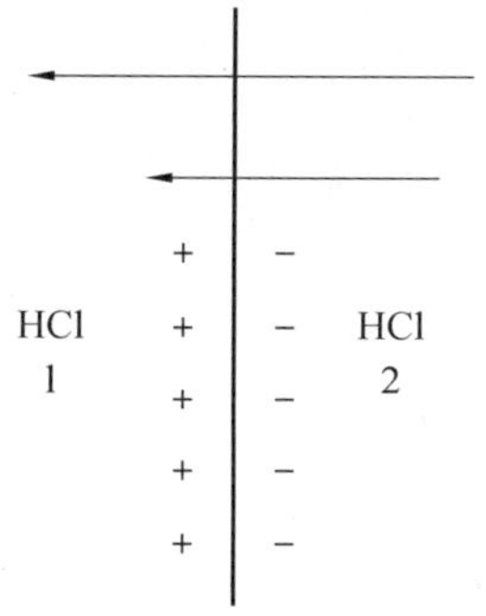

图 10.12　扩散电位示意图

②道南电位。

设有一个渗透膜，它至少能阻止一种离子从一个液相扩散至另一液相。如图 10.13 中的渗透膜，仅容许少量 K^+ 能扩散通过(当 $c_2>c_1$ 时)，而 Cl^- 不能通过，于是造成两相界面电荷分布不均匀，产生双电层结构而有电位差，这一电位称为道南电位。

这类扩散具有强制性和选择性，道南电位(φ_D)的公式为

$$\varphi_D=\varphi_1-\varphi_2=\frac{RT}{F}\ln\frac{a+(2)}{a+(1)} \tag{10.17}$$

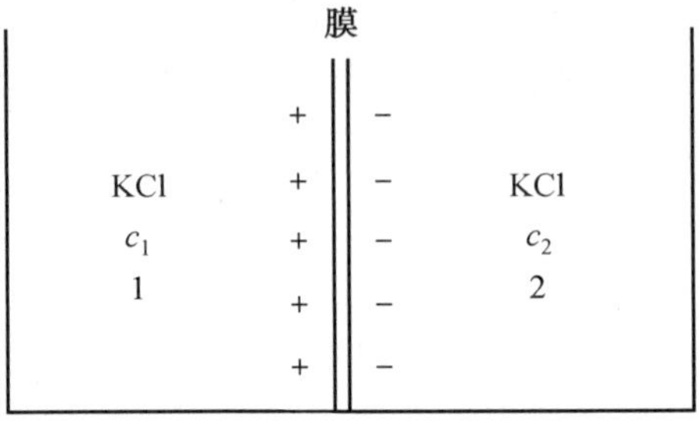

图 10.13　道南电位示意图

(2)离子选择电极的作用原理。

①电极构造。

离子选择电极的基本构造如图 10.14 所示。电极腔体系用玻璃或高分子聚合物材料制成；内参比电极常用银一氯化银丝；内参比溶液一般为响应离子的强电解质和氯化物溶液；敏感膜用黏结剂或机械方法固定于电极腔体的端部，由于敏感膜的电阻很高，所以电极需要良好的绝缘，以免发生旁路漏电而影响测定。同时，电极用金属隔离线与测量仪器连接，以消除周围交流电场及静电感应的影响。

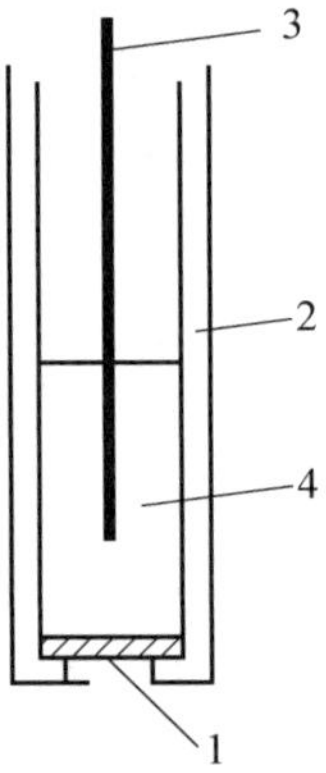

图 10.14　离子选择电极的基本构造

1—敏感膜；2—电极腔体；3—内参比电极；4—内参比溶液

②作用原理。

各种类型的离子选择电极的响应机理虽各有其特点，但其膜电位产生的基本原因是相似的，在敏感膜与溶液两相间的界面上，由于离子扩散的结果，破坏了界面附近电荷分布的均匀性而建立双电层结构，产生相间电位。另外，在膜相内部与内外两个膜表面的界面上尚有扩散电位产生，但其大小相同方向相反，互相抵消。因此，膜电位显示了膜外及膜内表面和溶液间的两个相间电位之差。

若敏感膜对阳离子 M^{Z+} 有选择性响应，当电极浸入含该离子的溶液中时，在膜内外的两个界面上，均产生道南型的相间电位（$\varphi_{内}$ 与 $\varphi_{外}$），电位从敏感膜到溶液的方向是正的。

$$\varphi_{外}=\kappa_1+\frac{RT}{ZF}\ln\frac{\alpha_{M(外)}}{\alpha'_{M(外)}} \tag{10.18}$$

$$\varphi_{内}=\kappa_2+\frac{RT}{ZF}\ln\frac{\alpha_{M(内)}}{\alpha'_{M(内)}} \tag{10.19}$$

式中，α_M 为液相中 M^{Z+} 离子活度；α'_M 为膜相中 M^{Z+} 离子活度；Z 为离子的电荷数。

溶液中能响应的阳离子活度越大，则相间电位越正。通常，敏感膜内外表面的性质可以看成是相同的，所以常数项 $\kappa_1=\kappa_2$，$\alpha'_{M(外)}=\alpha'_{M(内)}$，故膜电位为

$$\varphi_{膜}=\varphi_{外}-\varphi_{内}=\frac{RT}{ZF}\ln\frac{\alpha_{M(外)}}{\alpha'_{M(外)}} \tag{10.20}$$

由于膜内溶液中 M^{Z+} 离子的活度为常数，所以

$$\varphi_{膜}=常数+\frac{RT}{ZF}\ln\alpha_{M(外)} \tag{10.21}$$

膜电位与溶液中 M^{Z+} 离子活度之间的关系符合能斯特公式。

离子选择电极的电位（φ_{ISE}）为内参比电极的电位与膜电位之和，即

$$\varphi_{ISE}=\varphi_{内参}+\varphi_{膜}=\kappa+\frac{RT}{ZF}\ln\alpha_M \tag{10.22}$$

式中，κ 为常数项，包括内参比电极的电位与膜内的相间电位。

与此相似，对于阴离子 R^{Z-} 有响应的敏感膜来说，由于双电层结构中电荷的符号与阳离子敏感膜的情况相反，因此相间电位的方向也相反，从敏感膜到溶液的方向是负的，溶液中阴离子的活度（α_R）越大，相间电位越负，膜电位应为

$$\varphi_{膜}=\frac{RT}{ZF}\ln\frac{\alpha_{R(内)}}{\alpha_{R(外)}} \tag{10.23}$$

$$\varphi_{膜}=常数-\frac{RT}{ZF}\ln\alpha_{R(内)} \tag{10.24}$$

阴离子选择电极的电位则为

$$\varphi_{ISE}=\kappa-\frac{RT}{ZF}\ln\alpha_R \tag{10.25}$$

使用时，将离子选择电极与外参比电极（通常用饱和甘汞电极）组成电池，在接近零电流条件下测量电池电动势。若以饱和甘汞电极的电位当作零，则测得的电动势即为离子选择电极的电位（对参比电极 SCE）。如电动势显示正值，即离子选择电极为正极，反之则为负极。由于在外参比电极与样液的两个液相界面上有液接电位存在，所以在测得的电位值中还包括液接电位值在内。因此，在测量过程中，应设法减小或保持液接电位为稳定值，使之可并入常数项 κ 中，而不影响结果。

（3）定量分析方法。

①测量仪器。

电池测量体系如图 10.15 所示。离子选择电极、参比电极与样液组成电池体系，以磁力搅拌器搅拌样液，用高输入阻抗测试仪表如 pH/mV 计、离子计测量电池电动势。

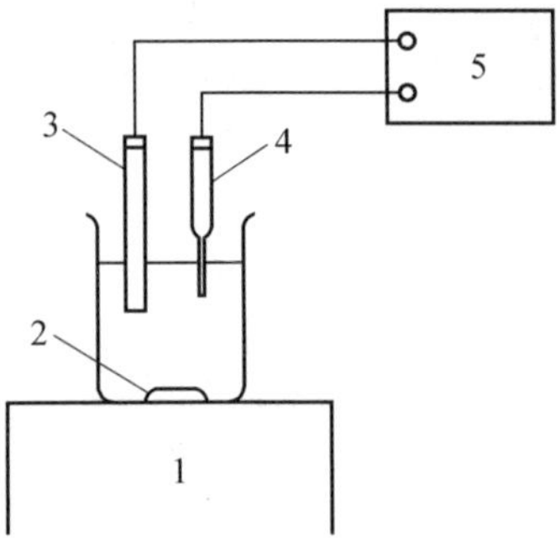

图 10.15　测量电池

1—磁力搅拌器；2—转子；3—离子电极；4—参比电极；5—测量仪表

②活度与浓度。

应用离子选择电极进行电位分析时，能斯特公式表示的是电极电位与离子活度之间的关系，在溶液中，一种离子的活度等于该离子的浓度与活度系数的乘积，而活度系数随着溶液的离子强度的变化而变化。

如果分析时能控制样液与标准溶液的总离子强度相一致，那么样液和标液中被测离子的活度系数也就相同。故

$$\varphi_{\mathrm{ISE}}=\kappa\pm\frac{RT}{ZF}\ln\alpha=\kappa\pm\frac{RT}{ZF}\ln c\gamma \tag{10.26}$$

由于活度系数(γ)可视为恒定值，并入常数项，则

$$\varphi_{\mathrm{ISE}}=\kappa\pm\frac{RT}{ZF}\ln c \tag{10.27}$$

说明电位与浓度的关系符合能斯特公式。

在实际工作中，常采用加入离子强度调节缓冲液的方法来控制溶液的总离子强度。

③直接比较法。

直接比较法主要用于以活度的负对数来表示结果的测定，如溶液 pH 值的测量。对样品组分较稳定的样液，也可采用此法，如电厂水汽中钠离子浓度的监测。测量仪器通常以 pH 或 pA 值作为标度。测量时，先用 1、2 个标准活度溶液校正仪器，然后测量样液，即可直接读取样液的 pH 或 pA 值。仪器的一个 pH 值标度，相当于 59.1 mV(25 ℃，对一价离子)或 29.5 mV(对二价离子)电位值。根据样液的温度和电极的响应斜率(能斯特公式中将自然对数改为常用对数后对数项的系数)，可使用温度补偿和斜率校正装置来调整能斯特系数。

由于本法测得的是 pH 值，因此需要有相应的以活度表示的标准溶液。美国国家标准局(NBS)制定了一套标准缓冲溶液，可供测定 pH 使用。

④校准曲线法。

校准曲线法适用于大批量样品的分析。标准系列溶液的配制及样液的处理有两种情况。

当样品中除待测离子外，还含有较高量但组成基本固定的其他离子时，可配制一系列组成与样液相似的标准溶液，使两者具有相近的总离子强度及活度系数。

在多数情况下，样品组成的差异较大。此外在测定中，还须控制溶液的 pH 值及掩蔽一些干扰离子等。这就需要在标准系列和样液中加入总离子强度调节缓冲液（TISAB）或离子强度调节液（ISA），总离子强度调节缓冲液有 3 个方面的作用：首先，保持样液与标准溶液有相同的总离子强度及活度系数；其次，含有缓冲剂可控制溶液的 pH 值；最后，含有络合剂，可以掩蔽干扰离子。

(4)电位滴定。

①方法原理与特点。

电位滴定与电位法一样，以指示电极、参比电极与样液组成电池，所不同者是加入滴定剂进行滴定，观察滴定过程中指示电极电位的变化。在化学计量点附近，由于被滴定物质的质量分数发生突变，所以指示电极的电位产生突跃，由此即可确定滴定终点. 电位滴定的测量仪表与电位法相同，滴定时用磁力搅拌器搅拌样液以加速反应尽快达到平衡。

电位滴定的基本原理与普通容量分析相同，其区别在于确定终点的方法不同，因而具有下述特点：

a. 准确度较电位法高，与普通容量分析一样，测定的相对误差可低至 0.2%；

b. 能用于难以用指示剂判断终点的浑浊或有色溶液的滴定；

c. 用于非水溶液的滴定，某些有机物的滴定需在非水溶液中进行，一般缺乏合适的指示剂，可采用电位滴定；

d. 能用于连续滴定和自动滴定，并适用于微量分析。

②滴定终点的确定。

以电池电动势 E（或指示电极的电位 φ）对滴定剂体积 V 作图，得图 10.16(a)的滴定曲线，对反应物系数相等的反应来说，曲线突跃的中点（转折点）即为化学计量点；对反应物系数不相等的反应来说，曲线突跃的中点与化学计量点稍有偏离，但偏差很小，可以忽略，仍可用突跃中点作为滴定终点。

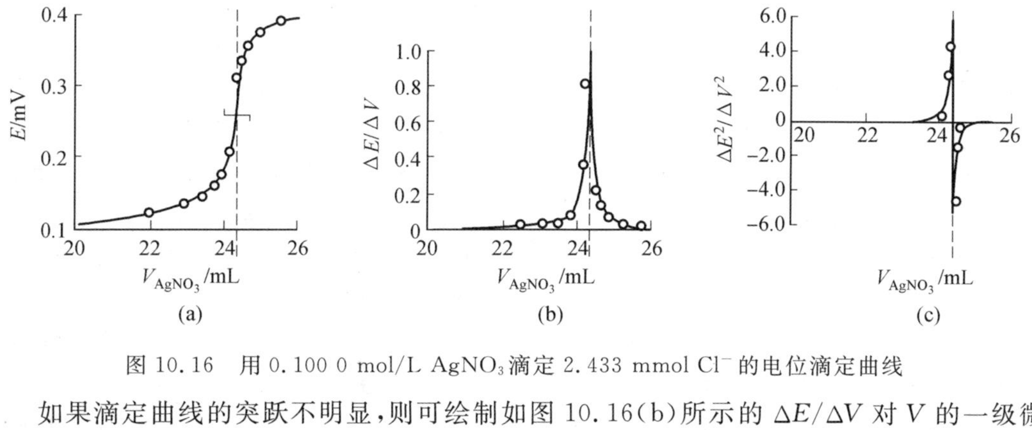

图 10.16　用 0.100 0 mol/L $AgNO_3$ 滴定 2.433 mmol Cl^- 的电位滴定曲线

如果滴定曲线的突跃不明显，则可绘制如图 10.16(b)所示的 $\Delta E/\Delta V$ 对 V 的一级微商滴定曲线，曲线上将出现极大值，极大值指示的就是滴定终点。也可以绘制对 $\Delta E^2/\Delta V^2$ 对 V 的二级微商滴定曲线，见图 10.16(c)，图中 $\Delta E^2/\Delta V^2$ 等于零的点即为滴定终点。

2. 电解和库仑分析法

电解分析包括两个方面的内容：

(1)应用外加电源电解样液，电解后直接称量在电极上析出的被测物质的质量来进行分析的方法，称为电重量法；

(2)将电解方法用于物质的分离，则称为电解分离法。

库仑分析的基本原理与电解分析是相似的，不同之处在于它是根据电解过程中所消耗的电量来求得被测物质的含量。

电重量法只能用来测定高含量的物质，而库仑分析法还可用于痕量物质的分析，且仍具有很高的准确度。与其他分析方法不同，它们还有一个共同的特点，就是在分析时不需要基准物质和标准溶液。

1)电解分析的基本原理。

(1)电解现象。

在电解池的两个电极上，加上一直流电压，使溶液中有电流通过，在两电极上便发生电极反应而引起物质的分解，这个过程称为电解。例如，在硫酸铜溶液中，浸入两个铂电极，电极通过导线分别与直流电源正极和负极相连接。如果在两电极间加有足够大的电压，则可观察到有明显的电极反应产生：

阴极反应：

$$Cu^{2+} + 2e^- = Cu \downarrow$$

阳极反应：

$$2H_2O = 4H^+ + O_2 \uparrow + 4e^-$$

于是阳极上有氧气放出，阴极上有金属铜析出，形成金属镀层。

电解池的负极为阴极，它与外电源的负极相连，电解时阴极上发生还原反应；电解池的正极为阳极，它与外电源的正极相连，电解时阳极上发生氧化反应。

(2)分解电压与析出电位。

电解时，外加电压要多大，才能使电解作用进行并有物质分解？两电极的电极电位各应具有什么数值，才能使电极上有电极反应发生并有物质析出？为了能定量地说明这些问题，必须引入分解电压与析出电位的概念。

如果按图 10.17 的装置，以很小的电压加于电解池，起初几乎没有电流通过。调节电阻 R 使外加电压增加，则电流略有增加。当达到某一定电压值时，如图 10.18 中的 D 点，通过电解池的电流就有明显的增加，同时在两电极上产生连续不断的电极反应，以后电流随电压的增加而直线上升，如图 10.18 所示。分解电压是指使被电解物质在两电极上产生迅速的、连续不断的电极反应时所需的最小的外加电压。图 10.18 中 D 点的电压就是分解电压，一种电解质的分解电压对于可逆过程来说，在数值上等于它本身所构成的自发电池的电动势。在电解池中，此电动势称为反电动势。反电动势的方向与外加电压的方向相反，它阻止电解作用的进行。

析出电位是指物质在阴极上产生迅速不断的电极反应而被还原析出时所需的最正的阴极电位(如图 10.18 中 D 点的阴极电位)或在阳极上被氧化析出时所需的最负的阳极电位。某一物质的析出电位，对于可逆过程，等于其平衡时的电极电位。

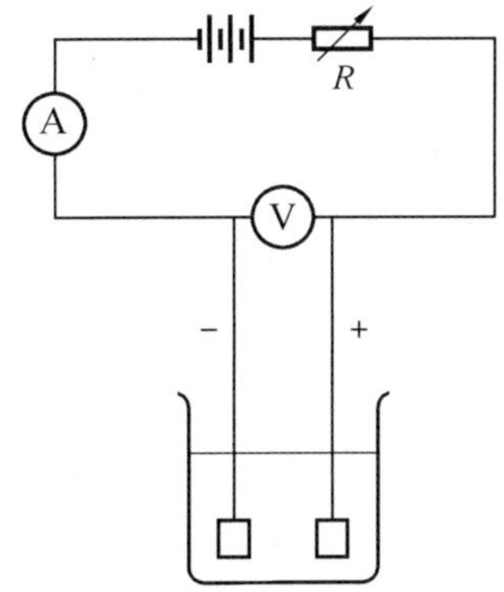

图 10.17　电解池

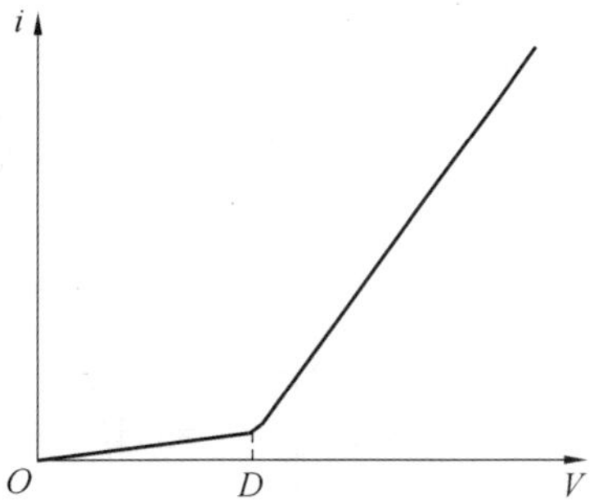

图 10.18　分解电压

2)电解分析方法。

电解分析方法有恒电流电解法、控制电位电解法及汞阴极电解分离法等。这里介绍控制电位电解法。控制电位电解法是在控制阴极或阳极电位为一定值的条件下进行电解的方法。

如果溶液中有 A、B 两种金属离子存在,则其电解时的电流与阴极电位的关系曲级如图 10.19 所示。图中 a、b 两点分别代表 A、B 离子的阴极析出电位。若控制电解时的阴极电位,使其负于 a 而正于 b,如图中 d 点的电位,则 A 离子能在阴极上还原析出而 B 离子则不能,从而达到分离 A、B 离子的目的。

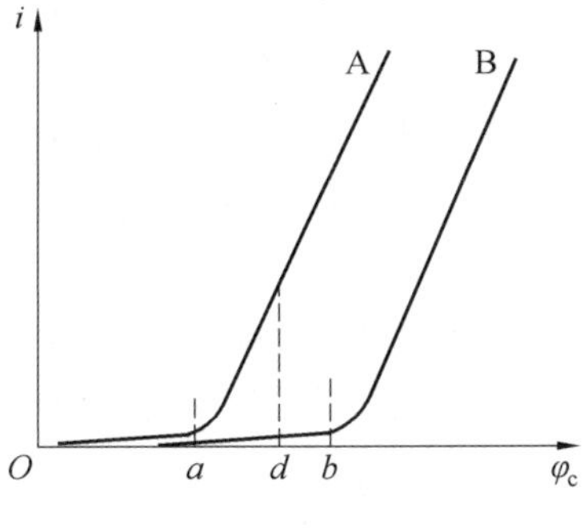

图 10.19　控制阴极电位与析出电位的关系

控制阴极电位电解装置如图 10.20 所示。它与恒电流电解装置的不同之处,在于它具有测量及控制阴极电位的装置。在电解过程中,阴极电位可用电位计或电子毫伏计准确测量,并且通过变阻器 R 来调节加于电解池的电压,使阴极电位保持在特定数值或一定范围。

在控制电位电解过程中,被电解的只有一种物质。由于电解开始时该物质的浓度较高,所以电解电流较大,电解速度很快。随着电解的进行,该物质的浓度越来越小,因此电解电流也越来越小。当该物质被全部电解析出后,电流就趋近于零,说明电解完成。

如电解时,仅有一种物质在电极上析出,且电流效率为 100%,则电流与时间的关系可由下式表示,即

$$i_t = i_0\ 10^{-kt} \tag{10.28}$$

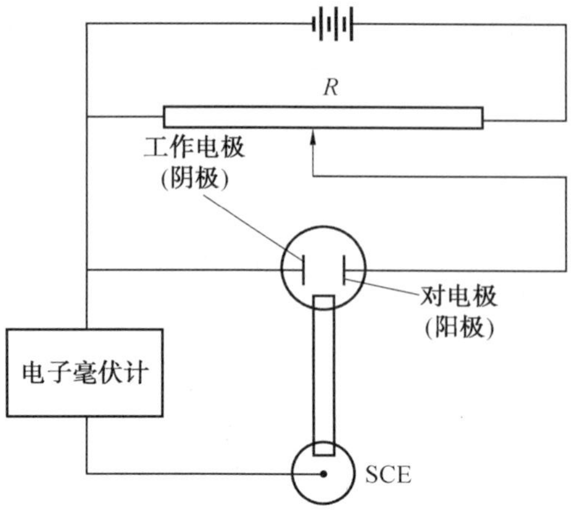

图 10.20　控制阴极电位电解装置示意图

式中，i_0 与 i_t 为开始电解时与时间 t 时的电流；κ 为常数（min^{-1}），与电极和溶液性质等因素有关，并具有如下关系，即

$$\kappa=\frac{26.1DA}{V\delta} \tag{10.29}$$

式中，D 为扩散系数（cm^2/s）；A 为电极表面积（cm^2）；V 为溶液体积（cm^3）；δ 为扩散层的厚度（cm）；D 和 δ 的数值一般分别为 10^{-5} cm^2/s 和 2×10^{-3} cm。

如要缩短电解时间，则应增大 κ 值，这就要求电极表面积要大，溶液的体积要小，增高溶液的温度以及要有良好的搅拌来提高扩散系数和降低扩散层的厚度。

控制电位电解法的主要特点是选择性高。控制电位电重量法，可用于分离并测定银（与铜分离）、铜（与铋、铅、银、镍等分离）、铋（与铅、锡、锑等分离）、镉（与锌分离）等。

3)库仑分析法。

根据电解过程中所消耗的电量来求得被测物质含量的方法，称为库仑分析法。库仑分析法分为控制电位库仑分析法与库仑滴定法（控制电流库仑分析法）两种。

(1)法拉第定律。

法拉第定律是指在电解过程中电极上所析出的物质的量[质量 m(g)，摩尔质量 M]与通过电解池的电量[通过溶液电流 i(A)，通过电流时间 t(s)]的关系，可用数学式表示为

$$m=\frac{M}{nF}it \tag{10.30}$$

式中，n 为电极反应中的电子数；F 为法拉第常数（96 487 C）。

法拉第定律是自然科学中最严格的定律之一，它不受温度、压力、电解质浓度、电极材料和形状、溶剂性质等因素的影响。

(2)控制电位库仑分析法。

控制电位库仑分析法是直接根据被测物质在电解过程中所消耗的电量来求其含量的方法，其基本装置与控制电位电解法相似，如图 10.21 所示。电解池中除工作电极和对电极外，尚有参比电极（SCE），它们共同组成电位测量与控制系统。在电解过程中，控制工

作电极的电位保持恒定值，使被测物质以 100%的电流效率进行电解，当电解电流趋近于零时，指示该物质已被电解完全。

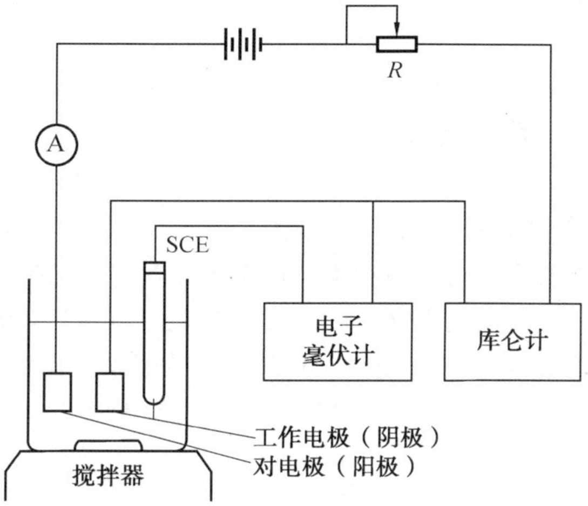

图 10.21　控制电位库仑分析法的基本装置

如果用与之串联的库仑计，精确测量使该物质被全部电解所需的电量，即可由法拉第定律计算其含量。常用的工作电极有铂、银、汞、碳电极等。

例如，用控制电位库仑法测定铜时，是将 Cu^{2+} 溶液与 0.4 mol/L 酒石酸钠、0.1 mol/L 酒石酸氢钠及 0.1～0.3 mol/L 氯化钠溶液，置于汞阴极电解池中进行电解. 由于铜在此底液中的极谱波的半波电位为−0.09 V，故控制电解时的阴极电位为(−0.24±10.02)V (均对 SCE)，即可保证其电解完全。电解前，通入氮气来驱除溶液中的氧，防止氧在电极上还原，以保证电解铜时有 100%的电流效率。电解 40～60 min 后，当电解电流降低至 1 mA以下时，即可认为电解已经完全。根据库仑计所测得的电量值，即可计算出铜的含量。

由于库仑分析的电流效率要求达到 100%，以使电解时所消耗的电量能全部用于被测物质的电极反应，因此必须避免在工作电极上有副反应发生。一般说来，电极上可能发生的副反应有下列几种：

①溶剂的电解。由于电解一般都是在水溶液中进行的，所以要控制适当的电极电位及溶液 pH 范围，以防止水的分解。当工作电极为阴极时，应避免有氢气析出；为阳极时，则要防止有氧气产生。采用汞阴极，能提高氢的过电位，使用范围比铂电极广。

②电极本身参与反应。铂电极在较正的电位时，尚不致被氧化，$\varphi_{Pt^{2+},Pt} = 1.2$ V，所以常用作工作阳极。但当溶液中有能与铂络合的试剂存在时，则会降低其电极电位，而铂电极有可能被氧化。

③氧的还原。溶液中溶解有氧气，会在阴极上还原为过氧化氢或水，故电解前必须将其除去。

④电解产物的副反应。如在汞阴极上还原 Cr^{3+} 为 Cr^{2+} 时，电解产物 Cr^{2+} 会被溶液中的 H^+ 氧化又生成 Cr^{3+} 。

⑤析出电位相近的物质或较被测物质易于还原(对阴极反应)、易于氧化(对阳极反

应)的物质,这实际上属于干扰情况,一般可采用络合、分离等方法消除。

在控制电位电解时,电流随时间而变化,并为时间的复杂函数,所以电解过程中消耗的电量不能简单地根据电流与时间的乘积来计算,而要采用库仑计或电流一时间积分仪进行测量。

常用的库仑计是氢氧气体库仑计,使用时与控制电位电解装置相串联,通过测量水被电解后产生的氢氧混合气体的体积,可求得电解过程中所消耗的电量。根据水的电极反应及法拉第定律:96 487 C 的电量可以产生 11 200 mL 的氢气、5 600 mL 的氧气,共 16 800 mL的氢氧混合气体,即每库仑电量析出 0.174 1 mL 的混合气体。

气体库仑计的构造如图 10.22 所示。A 是电解管,内有两片铂电极 C,其中充以 0.5 mol/L硫酸钠溶液,通过厚壁皮管与刻度管 B 相连。电解后,由于电解管中产生氢氧混合气体,而使刻度中的液面上升并量得气体体积。为了避免温度的影响,电解管外有恒温水套 D。气体库仑计能准确测量 10 C 以上的电量,测量误差约 0.1%。

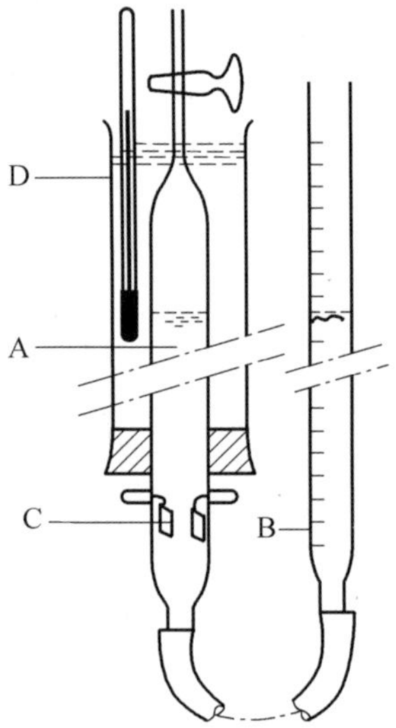

图 10.22　气体库仑计

A—电解管;B—刻度管;C—铂电极;D—恒温水套

思考题与作业

1. 紫外一可见光谱分析法主要用于定量还是定性分析?
2. 紫外一可见光谱分析法主要有哪些方面的应用?
3. 简述原子吸收光谱的基本原理。
4. 原子发射光谱法主要用于定量还是定性分析?它的基本原理是什么?
5. 原子发射光谱法主要有哪些方面的应用?其特点是什么?
6. 原子荧光光谱分析的原理是什么?
7. 什么是电化学分析?有哪些具体的方法?
8. 简述电化学分析的基本原理。

参考文献

[1] 杨植，杨昕宇，周永强. 材料工艺学[M]. 北京：清华大学出版社，2024.
[2] 周玉. 材料分析方法[M]. 北京：机械工业出版社，2020.
[3] 张倩. 高分子近代分析方法[M]. 成都：四川大学出版社，2020.
[4] 俞瀚，黄明清，汪炳树. 材料测试分析综合实验教程[M]. 北京：化学工业出版社，2020.
[5] 唐正霞. 材料研究方法[M]. 西安：西安电子科技大学出版社，2018.
[6] 马毅龙. 材料分析测试技术与应用[M]. 北京：化学工业出版社，2017.
[7] 黎兵，曾广根. 现代材料分析技术[M]. 成都：四川大学出版社，2017.
[8] 周天楠. 聚合物材料结构表征与分析实验教程[M]. 成都：四川大学出版社，2016.
[9] 吕彤. 材料近代测试与分析实验[M]. 北京：化学工业出版社，2015.
[10] 周永强. 材料剖析技术[M]. 北京：清华大学出版社，2014.
[11] 郭立伟，朱艳，戴鸿滨. 现代材料分析测试方法[M]. 北京：北京大学出版社，2014.
[12] 杜希文，原续波. 材料分析方法[M]. 天津：天津大学出版社，2014.
[13] 刘庆锁. 材料现代测试分析方法[M]. 北京：清华大学出版社，2014.
[14] 朱和国，杜宇雷，赵军. 材料现代分析技术[M]. 北京：国防工业出版社，2012.
[15] 董炎明，熊晓鹏，郑薇，等. 高分子研究方法[M]. 北京：中国石化出版社，2011.
[16] 陈厚. 高分子材料分析测试与研究方法[M]. 北京：化学工业出版社，2011.
[17] 杨万泰. 聚合物材料表征与测试[M]. 北京：中国轻工业出版社，2008.
[18] 王培铭，许乾慰. 材料研究方法[M]. 北京：科学出版社，2005.
[19] 吴刚. 材料结构表征及应用[M]. 北京：化学工业出版社，2001.
[20] 左演声，陈文哲，梁伟. 材料现代分析方法[M]. 北京：北京工业大学出版社，2000.
[21] 张美珍. 聚合物研究方法[M]. 北京：中国轻工业出版社，2000.
[22] 常铁军. 近代分析测试方法[M]. 哈尔滨：哈尔滨工业大学出版社，1999.
[23] 于世林. 波谱分析法[M]. 2 版. 重庆：重庆大学出版社，1994.
[24] 蔡正千. 热分析[M]. 北京：高等教育出版社，1993.
[25] 杨南如. 无机非金属材料测试方法[M]. 武汉：武汉工业大学出版社，1990.
[26] 夏笃纬，张肇熙. 高聚物结构分析[M]. 北京：化学工业出版社，1990.
[27] 周贵恩. 聚合物 X 射线衍射[M]. 合肥：中国科学技术大学出版社，1989.
[28] 王英华. X 光衍射技术基础[M]. 北京：原子能出版社，1987.
[29] 吴人洁. 现代分析技术在高聚物中的应用[M]. 上海：上海科学技术出版社，1987.
[30] 周华. 质谱学及其在无机分析中的应用[M]. 北京：科学出版社，1986.
[31] 陈镜弘，李传儒. 热分析及其应用[M]. 北京：科学出版社，1985.
[32] 洪山海. 光谱解析法在有机化学中的应用[M]. 北京：科学出版社，1981.